应用型本科机电类专业"十三五"规划精品教材

数控技术及应用

SHUKONG JISHU JI YINGYONG

主　编　王海文　曹　锋

副主编　林　月　张翠芳

华中科技大学出版社

http://www.hustp.com

中国·武汉

内 容 简 介

本书主要讲述数字控制原理、数控系统、数控机床主轴驱动与控制、数控机床进给驱动与控制、数控机床的典型机械结构、数控机床的选用和维修、数控加工工艺、数控程序的编制等内容,面向应用型本科生,能够很好地体现专业特色。

本书注重理论和实际应用相结合,内容由浅入深、通俗易懂,各章配有适量的思考与练习题,既便于教学又利于自学。本书可以作为学校教学或工程技术人员的参考教材。

为了方便教学,本书还配有电子课件等教学资源包,任课教师和学生可以登录"我们爱读书"网免费注册并浏览,或者发邮件至 hustpeiit@163.com 免费索取。

图书在版编目(CIP)数据

数控技术及应用/王海文,曹锋主编.—武汉:华中科技大学出版社,2016.11
应用型本科机电类专业"十三五"规划精品教材
ISBN 978-7-5680-1855-5

Ⅰ.①数…　Ⅱ.①王…　②曹…　Ⅲ.①数控机床-高等学校-教材　Ⅳ.①TG659

中国版本图书馆 CIP 数据核字(2016)第 125246 号

数控技术及应用
Shukong Jishu ji Yingyong
　　　　　　　　　　　　　　　　　　　　　　　王海文　曹　锋　主编

策划编辑:康　序
责任编辑:张　琼
封面设计:原色设计
责任监印:朱　玢
出版发行:华中科技大学出版社(中国·武汉)　　　电话:(027)81321913
　　　　　武汉市东湖新技术开发区华工科技园　　　邮编:430223
录　　排:武汉正风天下文化发展有限公司
印　　刷:武汉科源印刷设计有限公司
开　　本:787mm×1092mm　1/16
印　　张:21
字　　数:573千字
版　　次:2016年11月第1版第1次印刷
定　　价:45.00元

前言

PREFACE

数控技术是机械加工自动化的基础，是数控机床的核心技术。本书根据应用型本科人才培养目标的要求，从工程实际出发，重点放在工程应用中的基本知识、分析问题的思路和解决问题的方法上。课程内容兼顾电气和仪表类专业的特点，拓宽基础知识的范围。在编写过程中始终以"够用为度"为方针来安排相关内容，使学生在学习时能够正确处理好知识的广度和深度，强调理论知识与工程实践的关系。

本书着重叙述了数控编程的基础及方法、计算机数控装置的软硬件、数控装置的轨迹控制原理、数控机床的伺服系统工作原理，同时叙述了数控技术的基本概念、数控机床的检测装置、数控机床的机械结构、数控机床的故障诊断以及数控技术的发展等课程的主要知识，并以数控加工信息流这条主线对课程内容进行了复合、衔接和综合，使其有机地串联起来，成为一门完整、系统的综合课程。

本书可以满足80～120学时的教学需要，在教学时各专业可根据教学要求，对相关章节进行取舍。

本书由大连工业大学王海文、大连工业大学艺术与信息工程学院曹锋担任主编，大连工业大学艺术与信息工程学院林月、张翠芳担任副主编，具体分工如下：王海文编写第1章和第7章，曹锋编写第9章，林月编写第6章和第8章，张翠芳编写第2章、第3章、第4章、第5章。肖杨、贾树彬、王晓俊、殷铭一、刘倩伶、王艺荧协助进行了编写资料的整理工作。全书由大连工业大学艺术与信息工程学院的金崇源进行主审。

在编写过程中参考了大量的文献，在此对文献作者致以谢意，对给予我们关心和帮助的同人深表感谢。

为了方便教学，本书还配有电子课件等教学资源包，任课教师和学生可以登录"我们爱读书"网免费注册并浏览，或者发邮件至 hustpeiit@163.com 免费索取。

限于篇幅及编者的业务水平，书中难免存在欠妥之处，竭诚希望同行和读者赐予宝贵的意见。

目录

CONTENTS

第①章　　　　　绪　　论

1.1　数控技术的基本概念

数字控制（numerical control，NC）技术，简称数控技术，是一种自动控制技术，它能够对机器的运动和动作进行控制。采用数控技术的控制系统称为数控系统。装备了数控系统的机床称为数控机床。

在加工机床中得到广泛应用的数控技术是一种采用计算机对机械加工过程中各种控制信息进行数字化运算、处理，并通过高性能的驱动单元对机械执行构件进行自动化控制的高新技术。当前已有大量机械加工装备采用了数控技术，其中最典型而且应用面最广的是数控机床。为了便于后面的讨论，下面给出数控技术、数控系统、计算机数控（CNC）系统和数控机床几个概念的定义。

（1）数控技术：用数字、字母和符号对某一工作过程进行可编程的自动控制技术。

（2）数控系统：实现数控技术相关功能的软硬件模块有机集成系统。它是数控技术的载体。

（3）计算机数控系统：以计算机为核心的数控系统。

（4）数控机床：应用数控技术对机床加工过程进行控制的机床。

随着生产的发展，数控技术已不仅用于金属切割机床，还用于其他多种机械设备，如机器人、坐标测量机、编织机、缝纫机等多种加工设备。

1.2　数控机床的组成

数控机床是用数控技术实施加工控制的机床，是机电一体化的典型产品，是集机床、计算机、电动机及其拖动、运动控制等技术为一体的自动化设备。如图 1-1 所示，数控机床一般由输入/输出（I/O）装置、数控装置、伺服系统、反馈装置和机床本体等组成。数控机床的结构如图 1-2 所示。

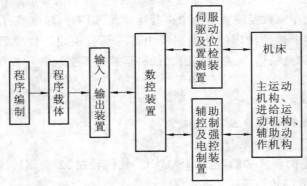

图 1-1　数控机床的组成

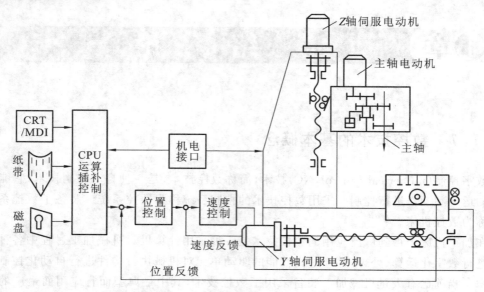

图 1-2　数控机床的结构

1）I/O 装置

数控机床工作时,不需要人去直接操作机床,但数控机床又要执行人的意图,这就必须在人和数控机床之间建立某种联系,这种联系的中间媒介物即程序载体(常被称为控制介质)。在普通机床上加工零件时,工人按图样和工艺要求操纵机床进行加工。在数控机床加工中,控制介质是存储数控加工所需要的全部动作和刀具相对于工件位置等信息的信息载体,它记载着零件的加工工序。数控机床中,常用的控制介质有穿孔纸带、盒式磁带、软盘、磁盘、U 盘及其他可存储代码的载体。至于数控机床采用哪一种控制介质,则取决于数控系统的类型。早期使用的是 8 单位(8 孔)穿孔纸带,并规定了 ISO 代码(国际标准化组织制定)和 EIA 代码(美国电子工业协会制定)。随着技术的不断发展,控制介质也在不断改进。不同的控制介质有相应的输入/输出装置:穿孔纸带,要配用光电阅读机;盒式磁带,要配用录放机;软盘,要配用软盘驱动器和驱动卡。现代数控机床,还可以通过手动方式(MDI 方式)、DNC 网络通信、RS-232C 串口通信等方式输入程序。

2）数控装置

数控装置是数控机床的核心。它接收输入装置输入的数控程序中的加工信息,经过译码、运算和逻辑处理后,发出相应的指令给伺服系统,伺服系统带动机床的各个运动部件按数控程序预定要求动作。数控装置是由中央处理单元(CPU)、存储器、总线和相应的软件构成的专用计算机。整个数控机床的功能主要由这一部分决定。数控装置作为数控机床的"指挥系统",能完成信息的输入、存储、变换、插补运算以及实现各种控制功能。它具备的主要功能如下:

① 多轴联动控制;

② 直线、圆弧、抛物线等多种插补;

③ 输入、编辑和修改数控程序功能;

④ 数控加工信息的转换功能,包括 ISO/EIA 代码转换、公英制转换、坐标转换、绝对值和相对值的转换、计数制转换等;

⑤ 刀具半径和长度补偿、传动间隙补偿、螺距误差补偿等补偿功能;

⑥ 具有固定循环、重复加工、镜像加工等多种加工方式选择；

⑦ 在 CRT 上显示字符、轨迹、图形和动态演示等功能；

⑧ 具有故障自诊断功能；

⑨ 通信和联网功能。

3）伺服系统

伺服系统由伺服驱动电动机和伺服驱动装置组成，是接收数控装置的指令驱动机床执行机构运动的驱动部件。它包括主轴驱动单元（主要是速度控制）、进给驱动单元（主要有速度控制和位置控制）、主轴电动机和进给电动机等。一般来说，数控机床的伺服系统要求具有快速响应性能及灵敏、准确地跟踪指令的功能。数控机床的伺服系统有步进电动机伺服系统、直流伺服系统和交流伺服系统等，现在常用的是后两者。直流伺服系统和交流伺服系统都带有感应同步器、脉冲编码器等位置检测元件，而交流伺服系统正在取代直流伺服系统。

机床上的执行部件和机械传动部件组成数控机床的进给系统，它根据数控装置发来的速度和位移指令控制执行部件的进给速度、方向、位移量。每个进给运动的执行部件都配有一套伺服系统。伺服系统的作用是把来自数控装置的脉冲信号转换为机床运动部件的运动，它相当于手工操作人员的手，使工作台（或溜板）精确定位或按规定的轨迹做严格的相对运动，最后加工出符合图样要求的零件。

4）反馈装置

反馈装置由检测元件和相应的电路组成，其作用是检测数控机床坐标轴的实际移动速度和位移，并将信息反馈到数控装置或伺服驱动装置中，构成闭环控制系统。检测装置的安装、检测信号反馈的位置，取决于数控系统的结构形式。无测量反馈装置的系统称为开环系统。由于先进的伺服系统都采用了数字式伺服驱动技术，伺服驱动装置和数控装置间一般都采用总线进行连接。反馈信号在大多数场合都是与伺服驱动装置进行连接，并通过总线传送到数控装置的，只有在少数场合，反馈装置才需要直接与数控装置进行连接，当采用模拟量控制的伺服驱动装置（称为模拟伺服装置）时，反馈装置也需要直接与数控装置进行连接。伺服电动机中的内装式脉冲编码器和感应同步器、光栅及磁尺等都是数控机床常用的检测器件。

5）机床本体

机床本体是数控机床的主体，它包括机床的主运动部件、进给运动部件、执行部件和基础部件，如底座、立柱、工作台、滑鞍、导轨等。数控机床的主运动和进给运动都由单独的伺服电动机驱动，因此它的传动链短，结构比较简单。为了保证数控机床的高精度、高效率和满足高自动化加工要求，数控机床的机械机构应具有较高的动态特性、动态刚度、耐磨性及抗热变形等性能。为了保证数控机床功能的充分发挥，还有一些配套部件（如冷却、排屑、防护、润滑、照明等一系列装置）和辅助装置（如对刀仪、编程机等）。加工中心类的数控机床还有存放刀具的刀库、交换刀具的机械手等部件。数控机床的机床本体，在其诞生之初沿用的是普通机床结构，只是在自动变速、刀架或工作台自动转位和手柄等方面做了一些改变。随着数控技术的发展，对机床结构的技术性能要求更高，在总体布局、外观造型、传动系统结构、刀具系统及操作性能方面都已经发生了很大的变化。因为数控机床的切削用量大、连续加工发热量大等特点会影响工件精度，且其加工是自动控制的，不能由人工来进行补偿，所以其设计要比通用机床的设计更完善,其制造要比通用机床的制造更精密。

1.3 数控机床的分类

数控机床规格、品种繁多,其分类方法较多,一般可根据其工艺方法、运动方式、控制原理和功能水平,从不同角度进行分类。

1.3.1 按加工工艺分类

按加工工艺分类,数控机床可分为金属切削类数控机床、金属成型类数控机床、特种加工类数控机床。

1. 金属切削类数控机床

1) 普通数控机床

普通数控机床是指加工用途、加工工艺相对单一的数控机床。与传统的车、铣、钻、磨、齿轮加工相对应,普通数控机床可以分为数控车床、数控铣床、数控钻床、数控磨床、数控齿轮加工机床等。尽管这些数控机床在加工工艺方法上存在差别,具体的控制方式也各不一样,但机床的动作和运动都是在数字化信息的控制下进行的,与传统机床相比,普通数控机床具有较好的精度保持性、较高的生产率和自动化程度。

2) 加工中心

加工中心是指带有刀库和自动换刀装置的一种高度自动化的多功能数控机床。加工中心在数控卧式镗铣床的基础上增加了自动换刀装置,从而实现了工件一次装夹后即可进行铣削、钻削、镗削、铰削和攻螺纹等多种工序的集中加工,可以有效地避免由于工件多次安装造成的定位误差,特别适合加工箱体类零件。加工中心减少了机床的台数和占地面积,缩短了辅助时间,进一步提高了机床的加工质量、自动化程度和生产效率。

加工中心按其加工工序分为镗铣加工中心、车削加工中心和万能加工中心,按控制轴数可分为三轴加工中心、四轴加工中心和五轴加工中心。

2. 金属成型类数控机床

常见的金属成型类数控机床有数控压力机、数控剪板机、数控折弯机和数控组合冲床等。

3. 特种加工类数控机床

除了金属切削类数控机床和金属成型类数控机床以外,还有数控电火花线切割机床、数控电火花成型机床、数控等离子弧切割机床、数控火焰切割机床、数控激光加工机床及专用组合数控机床等。

1.3.2 按机床运动轨迹控制方式分类

按机床运动轨迹控制方式分类,数控机床可分为点位控制数控机床、直线控制数控机床和轮廓控制数控机床。

1. 点位控制数控机床

点位控制数控机床的特点是机床的运动部件只能实现从一个位置点到另一个位置点的精确移动,而在移动、定位的过程中,不进行任何切削运动,且对运动轨迹没有要求。如图1-3所示,在数控钻床上加工孔 3 时,只需要精确控制孔 3 中心的位置即可,至于走 a 路径还是走 b 路径并没有要求。为了减少移动和定位时间,机床的运动部件一般先快速移动并接近定位终点坐标,然后低速移动以准确到达定位终点坐标,这样不仅定位时间短,而且定位精度高。

常见的点位控制数控机床主要有数控钻床、数控坐标镗床、数控冲床、数控点焊机、数控弯管机等。

2. 直线控制数控机床

直线控制数控机床的特点是其运动部件能以适当的进给速度实现平行于坐标轴的直线运动和切削加工运动。进给速度根据切削条件可在一定范围内调节。早期,简易的两轴数控车床可用于加工台阶轴。简易的三轴数控铣床可用于平面的铣削加工。现代组合机床采用数控进给伺服系统驱动动力头带着多轴箱轴向进给进行钻镗加工,它也可以算作一种直线控制的数控机床。直线控制数控机床的缺点是运动部件只能做单坐标切削运动,因此不能加工复杂轮廓。

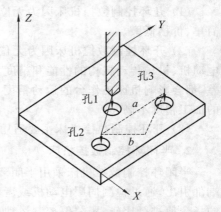

图 1-3　在点位控制数控钻床上加工孔 3

需要指出的是,现在仅仅具有直线控制功能的数控机床已不多见。

3. 轮廓控制数控机床

轮廓控制数控机床又称连续控制数控机床、多轴联动数控机床,能够实现两个或两个以上的坐标轴同时协调运动,使刀具相对于工件按程序规定的轨迹和速度运动,在运动过程中进行连续切削加工的功能。由此可见,轮廓控制数控机床不仅能控制机床运动部件的起点坐标位置与终点坐标位置,而且能控制整个加工过程每一点的速度和位移量,即可以控制机床运动部件的运动轨迹,从而可以加工出轮廓形状比较复杂的零件,如图 1-4 所示。可实现两轴及以上坐标轴联动加工是这类数控机床的本质特征。轮廓控制数控机床用于加工曲线和曲面等形状复杂的零件。

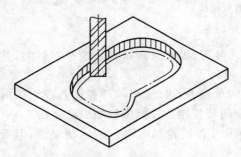

图 1-4　轮廓形状比较复杂的零件

数控车床、数控铣床、加工中心等现代的数控机床基本上都属于这种类型。若根据其联动轴数分类,轮廓控制数控机床还可细分为两轴联动数控机床、三轴联动数控机床、四轴联动数控机床、五轴联动数控机床。

1.3.3　按进给伺服系统的控制原理分类

按进给伺服系统的控制原理分类,数控机床可分为开环控制数控机床、半闭环控制数控机床和全闭环控制数控机床。

1. 开环控制数控机床

开环控制数控机床是指没有位置反馈装置的数控机床,一般以功率步进电动机作为伺服驱动元件,其信号流是单向的,如图 1-5 所示。

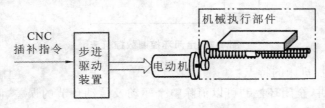

图 1-5　开环控制数控机床

开环控制数控机床的特点：

（1）开环控制数控机床因为无位置反馈装置，所以结构简单、工作稳定、调试方便、维修简单、价格低廉。

（2）开环控制数控机床因为无位置反馈装置，所以机床加工精度主要取决于伺服驱动电动机、机械传动机构的性能和精度，如步进电动机步距误差，齿轮副、丝杠螺母副的传动误差，都会影响机床工作台的运动精度，并最终影响零件的加工精度，因此开环控制数控机床的加工精度不高。

（3）开环控制数控机床主要适用于负载较小且变化不大的场合。

2．半闭环控制数控机床

半闭环控制数控机床采用半闭环伺服系统，系统的位置采样点从伺服电动机或丝杠的端部引出，通过检测伺服电动机或者丝杠的转角，从而间接检测运动部件的位移，并与输入的指令值进行比较，用差值控制运动部件向减小误差的方向运动，如图 1-6 所示。

图 1-6　半闭环控制数控机床

半闭环控制数控机床的特点：

（1）半闭环环路内不包括或只包括少量机械传动装置，因此可获得稳定的控制性能，其系统的稳定性较好。

（2）半闭环控制系统能够消除电动机或丝杠的转角误差，因此，半闭环控制数控机床的加工精度较开环控制数控机床的加工精度高，但比全闭环控制数控机床的加工精度低。

（3）半闭环控制系统难以消除由于丝杠的螺距误差和齿轮间隙引起的运动误差，但可对这类误差进行补偿，因此加工精度较高。

（4）半闭环伺服系统设计方便、传动系统简单、结构紧凑、性价比较高且调试方便，因此在现代 CNC 机床中得到了广泛应用。

3．全闭环控制数控机床

全闭环控制数控机床采用闭环伺服控制，其位置反馈信号的采样点从工作台直接引出，可直接对最终运动部件的实际位置进行检测，利用工作台的实际位置与指令位置差值进行控制，使运动部件严格按实际需要的位移量运动，因此能获得更高的加工精度，如图 1-7 所示。

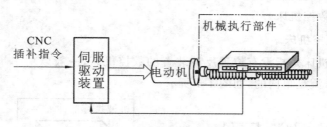

图 1-7　全闭环控制数控机床

全闭环控制数控机床的特点：

（1）从理论上讲，全闭环控制可以消除整个驱动及传动环节的误差、间隙和磨损对加工精度的影响,即机床加工精度只取决于检测装置的精度,而与传动链误差等因素无关。但实际对传动链和机床结构仍有严格要求。

(2)由于全闭环控制系统内的许多机械传动装置的摩擦特性、刚度和间隙都是非线性的,很容易造成系统的不稳定,使得全闭环控制系统的设计、安装和调试都相当困难,因此全闭环控制系统主要用于精度要求很高的镗铣床、超精车床、超精磨床及较大型的数控机床等。

1.3.4 按控制坐标数分类

控制坐标数是指同时能控制且相互独立的轴数。按控制坐标轴数分类,数控机床可分为2轴、2.5轴、3轴、4轴和5轴等数控机床。

2.5轴控制是指两根轴连续控制而第三根轴点位或直线控制,从而实现三根轴X、Y、Z内的二维控制。图1-8所示为MAHO加工中心。

图1-8　MAHO加工中心

5轴是指三个移动坐标X、Y、Z以及两个旋转坐标A、B。刀具可以在空间任意方向给定,可用来加工极为复杂的空间曲面,如叶片、叶轮等。

 ## 1.4 数控机床的特点

1. 数控机床的优点

数控机床是采用数控技术的机械装备中最具代表性的一种。数控机床在机械制造业中得到日益广泛的应用,是因为它具有以下优点。

(1)加工精度高、加工质量稳定。由于数控机床本身的精度较高,而且可以利用软件进行精度校正和补偿,加上它能根据数控程序自动进行加工,可以避免人为的误差,因此,数控机床加工提高了加工精度和同一批工件的重复精度,保证了加工质量的稳定性。

(2)具有较高的生产效率。数控机床上可以采用较大的切削用量,能有效地节省机动工时。同时它还有自动变速、自动换刀和其他辅助操作自动化等功能,使辅助时间大为缩短,而且无须工序间的检验与测量,所以,数控机床的生产率一般比普通机床的生产率高3～4倍,甚至更高。数控机床能高效、优质地完成普通机床不能完成或难以完成的复杂型面零件的加工。对于复杂型面零件的加工,数控机床的生产效率比通用机床的生产效率高十几倍甚至几十倍。

(3)增加了设备的柔性。数控机床可以适应不同品种、规格和尺寸及不同批量的零件的自动加工。数控机床是按照被加工零件的数控程序来进行自动加工的,当被加工零件改变时,只需改变数控程序,不必更换凸轮、靠模、样板或钻镗模等专用工艺装备。因此,使用数控机床加工生产准备周期短,有利于机械产品的更新换代。

(4) 功能复合程度高,一机多用。数控机床,特别是自动换刀的数控机床,在一次装夹的情况下,可以完成大部分加工工序,一台数控机床可以代替数台普通机床。这样可以减少装夹误差,节约工序之间的运输、测量和装夹等辅助时间,还可以节省机床的占地面积,带来较高的经济效益。

(5) 降低了操作工人的劳动强度。

(6) 有利于生产管理。

(7) 有利于向高级计算机控制与管理方面发展。

2. 数控机床的缺点

任何事物都有两面性。数控机床虽然有上述各种优点,但在某些方面也存在不足之处。

(1) 数控机床单位工时的加工成本较高。

(2) 数控机床的生产效率比刚性自动生产线的生产效率低,因而数控机床只适用于多品种、小批量或中批量生产(占机械加工总量 70%~80%),而不适用于大批量生产。

(3) 在数控机床加工中的调整相对复杂。

(4) 数控机床的操作和维修难度大,要求具有较高技术水平的人员来操作和维修。

(5) 数控机床价格较高,初始投资大。

1.5 数控技术的产生与发展

1. 数控技术的产生与发展

数控机床是机、电、液、气、光等多学科高科技的综合性组合的产品,以电子、计算机技术为其发展的基石。数控技术的发展是以这些相关技术的相互配套和发展为前提的。综观数控技术的发展过程,可以把数控机床划分为五代产品。

1952 年,在美国飞机工业的零件制造中,为了能采用电子计算机对加工轨迹进行控制和数据处理,美国空军与麻省理工学院(MIT)合作,研制出第一台工业三坐标数控铣床,体现了机电一体化机床在控制方面的巨大创新。这是第一代数控系统,采用的是电子管,其体积庞大、功耗大。

随着晶体管的问世,晶体管元件和印刷电路板等开始应用,数控系统进入第二代。1959 年,美国克耐·杜列克公司开始生产带刀库和换刀机械手的加工中心,从而把数控机床的应用推上了一个新的层次,为以后各类加工中心的发展打下了基础。

20 世纪 60 年代,出现了集成电路,数控系统进入第三代。这时的数控机床还都比较简单,以点位控制数控机床为多,数控系统还属于硬逻辑数控系统级别。1967 年,在英国实现了用一台计算机控制多台数控机床的集中控制系统,它能执行生产调度程序和数控程序,具有工间传输、储存和检验自动化的功能,从而开辟了柔性制造系统(FMS)的先河。

随着计算机技术的发展,数控系统开始采用小型计算机,这种数控系统称为计算机数控(CNC)系统,数控系统进入第四代。

20 世纪 70 年代,美国、日本等发达国家推出了以微处理器为核心的数控系统(统称为 CNC 系统),这是第五代数控系统。至此,数控系统开始蓬勃发展。

进入 20 世纪 80 年代,与微处理器及数控系统相关的其他技术都达到了更先进的水平,促进数控机床向柔性制造系统、计算机集成制造系统、自动化工厂等更高层次的自动化方向发展。

2. 数控技术的发展现状

1) 发达国家的数控技术概况

数控技术随着现代科技,特别是微电子、计算机技术的进步而不断发展。发达国家普遍重视机床工业,不断研究机床的发展方向和提出科研任务,并为此网罗世界性人才和提供充足的经费。美、德、日三国是当今世界上在数控机床科研、设计、制造、使用方面技术比较先进和经验比较丰富的国家。

美国由于其汽车等制造业发达,电子、计算机技术又处于世界领先地位,因此发展了大量大批量生产自动化所需的自动线。其数控机床的主机设计、制造及数控系统基础扎实,且一贯重视科研和创新,其高性能数控机床技术在世界也一直领先。当今美国既生产用于宇航产品加工的高性能数控机床,也为中小企业生产廉价实用的数控机床。

德国重视机床工业的重要战略地位。德国的数控机床,尤其是大型、重型、精密数控机床,由于质量及性能良好、先进实用,在世界上享有盛誉。德国特别重视数控机床主机及配套件的先进和优质,其机、电、液、气、光、刀具、测量、数控系统和各种功能部件在质量、性能上居世界前列。如西门子公司的数控系统和 Heidenhain 公司的精密光栅均世界闻名。

日本也和美、德两国相似,充分发展大批量生产自动线,继而全力发展中小批量柔性生产自动化的数控机床。在中档数控机床方面,日本的出口量居世界第一位。日本从 20 世纪 80 年代开始进一步加强科研,发展高性能数控机床。日本突出发展数控系统,日本 FANUC 公司生产的数控系统,在技术上领先,在产量上居世界第一。

2) 我国数控技术现状及需求概况

我国生产数控机床的厂约占机床厂总数的 1/3。数控机床产量不断增长,但数控机床的需求量增长得更快,国产数控机床产量还满足不了社会发展的需求,大量的数控机床需要进口。

我国从 1958 年研制出第一台数控机床到如今数控机床的发展大致可分为两大阶段:1958—1979 年为第一阶段,从 1979 年至今为第二阶段。第一阶段由于数控系统的稳定性、可靠性尚未很好地解决,限制了国产数控机床的发展。而数控线切割机床由于结构简单,得到了较快的发展。在第二阶段,通过引进先进的数控技术和合作生产等方式,解决了数控机床的可靠性、稳定性等问题,数控机床开始批量生产和使用。经过第二阶段的发展,我国数控机床的设计和制造技术有了较大提高,开发了立式加工中心、卧式加工中心,以及数控车床、数控铣床等多种数控机床;培训了一些数控机床设计、制造、使用维护方面的人才;通过利用国外的先进元器件及数控系统配套,能自行设计系统配套,能自行设计及制造高速、高性能、多面、多轴联动的数控机床。在加工中心的基础上,研制了柔性制造单元,建造了柔性制造系统。到 20 世纪 80 年代末,我国在一定范围内探索实施了 CIMS(计算机集成制造系统),取得了宝贵的经验,掌握了一定的技术。

虽然我国的数控技术有了一定的发展,但是和其他先进国家的相比,差距还很大。目前,我国数控机床的数量和品种尚不能完全满足国内市场需求,出口量少;设计制造水平还处于学习、仿造走向自行开发阶段;严重缺乏各方面专家人才和熟练的技术工人;重要功能部件、自动化刀具、数控系统需要国外技术的支撑;还需要提高关键技术的试验、消化、掌握及创新能力。

随着世界科技进步和机床工业的发展,数控机床作为机床工业的主流产品,已成为实现装备制造业现代化的关键设备,是国防军工装备发展的战略物资。我国航天航空、国防军工制造业需要大型、高速、精密、多轴、高效数控机床;汽车、摩托车、家电制造业需要高效、高可靠性、高自动化的数控机床和成套柔性生产线;电站设备、冶金石化设备、轨道交通设备、造船业、制造业需要以高精度、重型为特征的数控机床;IT、生物工程等高技术产业需要纳米级和亚微米超级精密加工数控机床;产业升级的工程机械、农业机械等传统制造行业,特别是蓬勃发展的民营企业,需要大量数控机床进行装备。因此,加快发展数控机床产业也是我国装备制造业发展的现实要求。

1.6　常见数控系统介绍

数控系统是数控机床的核心,它的性能在很大程度上决定了数控机床的品质。目前,在我国应用较广泛的数控系统主要有 FANUC 数控系统、西门子数控系统、华中数控系统等。

1.6.1　FANUC 数控系统

1. FANUC 公司简介

日本 FANUC 公司创建于 1956 年,1959 年推出了电液步进电动机,在后来的若干年中逐步发展并完善了以硬件为主的开环控制数控系统。

1976 年 FANUC 公司研制成功数控系统 5,随后又与西门子公司联合研制了具有先进水平的数控系统 7,FANUC 公司逐步发展成为世界上最大的专业数控系统生产厂家,产品日新月异,年年翻新。

1979 年 FANUC 公司研制出数控系统 6。数控系统 6 是具备一般功能和部分高级功能的中档 CNC 系统,6M 适用于铣床和加工中心;6T 适用于车床。

1980 年 FANUC 公司在数控系统 6 的基础上同时向低档和高档两个方向发展,研制了数控系统 3 和数控系统 9。数控系统 3 是在数控系统 6 的基础上简化而形成的。数控系统 3 体积小、成本低,容易组成机电一体化系统,适用于小型、廉价的机床。数控系统 9 是在数控系统 6 的基础上强化而形成的具有高级性能的可变软件型 CNC 系统。

1984 年 FANUC 公司推出了新型系列产品数控系统 10、数控系统 11 和数控系统 12。

1985 年 FANUC 公司推出了数控系统 0。数控系统 0 体积小、价格低,适用于机电一体化的小型机床,因此它与适用于中、大型机床的数控系统 10、数控系统 11、数控系统 12 一起组成了这一时期的全新系列产品。

1987 年 FANUC 公司成功研制出数控系统 15(被称为划时代的人工智能型数控系统),它应用了 MMC(man machine control,人机控制)、CNC(computer numerical control,计算机数控)、PMC(programmable machine control,可编程控制)等新概念。数控系统 15 采用了高速度、高精度、高效率加工的数字伺服单元,数字主轴单元和纯电子式绝对位置检测器,还增加了 MAP(manufacturing automatic protocol,制造自动化协议)、窗口功能等。

FANUC 公司目前生产的数控装置有 F0、F10、F11、F12、F15、F16、F18 系列。F00、F100、F110、F120、F150 系列分别在 F0、F10、F11、F12、F15 的基础上加了 MMC 功能,即CNC、PMC、MMC 三位一体的系统。

2. FANUC 数控系统的主要特点

日本 FANUC 公司的数控系统具有高质量、高性能、全功能,适用于各种机床和生产机械的特点,其市场占有率远远超过其他数控系统的市场占有率,主要体现在以下几个方面。

(1)系统在设计中大量采用模块化结构。这种结构易于拆装,各个控制板高度集成,使可靠性有很大提高,而且便于维修、更换。

(2)具有很强的抵抗恶劣环境影响的能力,工作环境温度为 0～45 ℃,相对湿度为 75%。

(3)有较完善的保护措施。FANUC 公司对自身的系统采用比较好的保护电路。

(4)FANUC 系统所配置的系统软件具有比较齐全的基本功能和选项功能。对于一般的机床来说,基本功能完全能满足使用要求。

(5)提供大量丰富的 PMC 信号和 PMC 编程指令。这些丰富的信号和编程指令便于用户编制机床侧 PMC 控制程序,而且增加了编程的灵活性。

(6)具有很强的 DNC(分布式数控)功能。系统提供串行 RS-232C 传输接口,使通用计算机和机床之间的数据传输能方便、可靠地进行,从而实现高速的 DNC 操作。

(7)提供丰富的维修报警和诊断功能。FANUC 维修手册为用户提供了大量的报警信息,并且以不同的类别进行了分类。

3. FANUC 数控系统的主要系列

(1)高可靠性的 PowerMate 0 系列:用于控制 2 轴的小型车床,取代步进电动机的伺服系统,可配画面清晰、操作方便、中文显示的 CRT/MDI,也可配性价比高的 DPL/MDI。

(2)普及型 CNC 0-D 系列:0-TD 用于车床,0-MD 用于铣床及小型加工中心,0-GCD 用于圆柱磨床,0-GSD 用于平面磨床,0-PD 用于冲床。

(3)全功能型的 0-C 系列:0-TC 用于通用车床、自动车床,0-MC 用于铣床、钻床、加工中心,0-GCC 用于内圆磨床、外圆磨床,0-GSC 用于平面磨床,0-TTC 用于双刀架 4 轴车床。

(4)高性价比的 0i 系列:具有整体软件功能包,适用于高速、高精度加工,并具有网络功能。0i-MB/MA 用于加工中心和铣床,4 轴 4 联动;0i-TB/TA 用于车床,4 轴 2 联动;0i-mate MA 用于铣床,3 轴 3 联动;0i-mate TA 用于车床,2 轴 2 联动。

(5)具有网络功能的超小型、超薄型 CNC 16i/18i/21i 系列:控制单元与 LCD 集成于一体,具有网络功能、超高速串行数据通信功能。其中,F16i-MB 的插补、位置检测和伺服控制以纳米为单位。16i 最大可控 8 轴,6 轴联动;18i 最大可控 6 轴,4 轴联动;21i 最大可控 4 轴,4 轴联动。

(6)实现机床个性化的 CNC 16/18/160/180 系列。

除上述数控系统外,常见的数控系统还有 GSK(广州数控)系统、HEIDENHAIN(海德汉)系统、KND(凯恩帝)系统、FAGOR(发哥)系统和 MAZAK(马扎克)系统等。

1.6.2 西门子数控系统

1. 西门子数控系统产品种类

西门子(SIEMENS)数控系统是西门子公司旗下自动化与驱动集团的产品,西门子数控系统 SINUMERIK 发展了很多代,目前广泛使用的主要有 802、810、840 等几种类型。

2. 西门子数控系统的特点

西门子公司的数控装置采用模块化结构设计,经济性好,在一种标准硬件上配置多种软件,使其具有多种工艺类型,满足各种机床的需要。随着微电子技术的发展,西门子数控系统越来越多地采用大规模集成电路(LSI)、表面安装器件(SMC)及应用先进加工工艺,新的系统结构更为紧凑、性能更强、价格更低。数控装置采用 SIMATICS 系列可编程控制器或集成式可编程控制器,用 SYEP 编程语言,具有丰富的人机对话功能,具有多种语言的显示。图 1-9 所示为西门子各系统的定位。

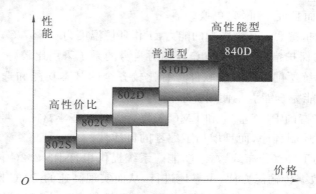

图 1-9　西门子各系统的定位

3. 西门子数控系统系列

西门子公司 CNC 装置主要有 SINUMERIK3/8/810/820/850/880/805/802/840 系列。

1）SINUMERIK 802S、802C 系列

SINUMERIK 802 系列数控系统的共同特点是结构简单、体积小、可靠性高,此外系统软件功能也比较完善。

SINUMERIK 802S、802C 系列是西门子公司专为简易数控机床开发的经济型数控系统,两种系列的区别是:802S/Se/S base line 系列采用步进电动机驱动,802C/Ce/C base line 系列采用数字式交流伺服驱动系统。

2）SINUMERIK 802D 系列

具有免维护性能的 SINUMERIK 802D 系列,其核心部件 PCU(面板控制单元)将 CNC、PLC、人机界面和通信等功能集成于一体,可靠性高、易于安装。

SINUMERIK 802D 系列可控制四个进给轴和一个数字或模拟主轴。通过过程现场总线(PROFIBUS)将驱动器、输入/输出模块连接起来。

模块化的驱动装置 SIMODRIVE 611Ue 配套 1FK6 系列伺服电动机,为机床提供全数字化的动力。

通过视窗化的调试工具软件,可以便捷地设置驱动参数,并对驱动器的控制参数进行动态优化。

SINUMERIK 802D 系列集成了内置 PLC 系统,以对机床进行逻辑控制。SINUMERIK 802D 系列采用标准的 PLC 的编程语言 Micro/WIN 进行控制逻辑设计,并且随机提供标准的 PLC 子程序库和实例程序,简化了制造厂的设计,缩短了设计周期。

3）SINUMERIK 810D 系列

在数字化控制的领域中,SINUMERIK 810D 系列第一次将 CNC 和驱动控制集成在一块板子上。SINUMERIK 810D 系列快速的循环处理能力,使其在模块加工中独显威力。

SINUMERIK 810D NC 软件选件的一系列突出优势助其在竞争中脱颖而出。SINUMERIK 810D NC 的优势如下。

（1）提前预测功能,可以在集成控制系统上实现快速控制。

（2）坐标变换功能。

（3）固定点停止可以用来卡紧工件或定义简单参考点。

（4）模拟量控制模拟信号输出。

（5）刀具管理也是另一种功能强大的管理软件选件。

（6）样条（A、B、C 样条）插补功能用来产生平滑过渡。

（7）压缩功能用来压缩 NC 记录。

（8）多项式插补功能可以提高 810D/810DE 的运行速度。

（9）温度补偿功能保证数控系统在高技术、高速度运行状态下保持正常温度。

（10）系统提供钻、铣、车等加工循环。

4）SINUMERIK 840D 系列

（1）控制类型：采用 32 位微处理器，实现 CNC 控制，可完成 CNC 连续轨迹控制以及内部集成式 PLC 控制。

（2）机床配置：最多可控制 31 个轴（最多 31 个主轴）；插补功能有样条插补、三阶多项式插补、控制值互联和曲线表插补，为加工各类曲线曲面类零件提供了便利条件；具备进给轴和主轴同步操作的功能。

（3）操作方式：主要有 AUTOMATIC（自动）、JOG（手动）、TEACH IN（交互式程序编制）、MDA（手动过程数据输入）。

（4）轮廓和补偿：可根据用户程序进行轮廓的冲突检测、刀具半径补偿的接近和退出及交点计算、刀具长度补偿、螺距误差补偿和测量系统误差补偿、反向间隙补偿、过象限误差补偿等。

（5）安全保护功能：数控系统可通过预先设置软极限开关的方法，进行工作区域的限制，超程时可触发程序进行减速，对主轴的运行可以进行监控。

1.6.3 华中数控系统

1. 华中数控系统简介

华中数控系统是基于通用 PLC 的数控装置。华中数控系统具有开放性好、结构紧凑、集成度高、可靠性好、性价比高、操作维护方便等特点。

2. 华中数控系统主要技术规格

1）华中 I 型（HNC-1）高性能数控系统

华中 I 型（HNC-1）高性能数控系统的主要特点如下。

（1）具有以通用工控机（工业控制计算机）为核心的开放式体系结构。系统采用基于通用 32 位工控机和 DOS 平台的开放式体系结构，可充分利用计算机的软件和硬件资源，二次开发容易，易于系统维护和更新换代，可靠性好。

（2）有独创的曲面直接插补算法和先进的数控软件技术。处于国际领先水平的曲面直接插补技术将目前 CNC 上的简单直线插补、圆弧插补功能提高到曲面轮廓的直接控制，可实现高速、高效和高精度的复杂曲面加工。华中 I 型高性能数控系统采用汉字用户界面，提供完善的在线帮助功能，具有三维仿真校验和加工过程图形动态跟踪功能，图形显示形象、直观。

（3）系统配套能力强，具备了全套数控系统的配套能力。系统可选配武汉华中数控股份有限公司生产的 HSV-11D 交流永磁同步伺服驱动与伺服电动机、HC5801/5802 系列步进电动机驱动单元与电动机、HG.BQ3-5B 三相正弦波混合式驱动器与步进电动机和国内外各类模拟式、数字式伺服驱动单元。

2）华中-2000 型高性能数控系统

华中-2000 型高性能数控系统（HNC-2000）是在华中 I 型高性能数控系统（HNC-1）的

基础上开发的高档数控系统。该系统采用通用工业控制计算机、TFT（薄膜晶体管）真彩色液晶显示器,具有多轴多通道控制能力和内装式 PLC,可与多种伺服驱动单元配套使用,具有开放性好、结构紧凑、集成度高、可靠性好、性价比高、操作维护方便等优点,是适合中国国情的高性能、高档数控系统。

3）华中"世纪星"数控系统

华中"世纪星"数控系统是在华中Ⅰ型、华中-2000 型数控系统的基础上,为满足用户对数控系统低价格、高性能、简单、可靠的要求而开发的数控系统。华中"世纪星"数控单元（HNC-21T、HNC-21/22M）采用先进的开放式体系结构,内置嵌入式工业控制计算机,配置 7.5 in(1 in≈2.54 cm)或 9.4 in 彩色液晶显示屏和通用工程面板,集进给轴接口、主轴接口、手持单元接口、内嵌式 PLC 接口于一体,支持硬盘、电子盘等程序存储方式以及软驱、DNC、以太网等程序交换功能,具有低价格、高性能、配置灵活、结构紧凑、易于使用、可靠性高的特点,主要应用于车床、铣床、加工中心等各种机床的控制。

HNC-21/22M 铣削系统功能介绍如下。

（1）最大联动轴数为 4 轴。

（2）可选配各种类型的脉冲式、模拟式交流伺服驱动单元或步进电动机驱动单元以及 H5v 系列串口式伺服驱动单元。

（3）除标准机床控制面板外,配置 40 路光电隔离开关量输入和 32 路开关量输出接口、手持单元接口、主轴控制与编码器接口,还可扩展远程 128 路输入/128 路输出端子板。

（4）采用 7.5 in 彩色液晶显示器（分辨率为 640×480）,全中文操作界面,具有故障诊断与报警、多种形式的图形加工轨迹显示和仿真功能,操作简便,易于掌握和使用。

（5）采用国际标准 G 代码编程,与各种流行的 CAD/CAM 自动编程系统兼容,具有直线插补、圆弧插补、螺旋线插补、固定循环、旋转、缩放、镜像、刀具补偿、宏程序等功能。

（6）小线段连续加工功能,特别适合 CAD/CAM 设计的复杂模具零件加工。

（7）加工断点保存/恢复功能,方便用户使用。

（8）反向间隙和单向、双向螺距误差补偿功能。

（9）超大程序加工能力,不需 DNC,配置硬盘可直接加工单个高达 2 GB 的 G 代码程序。

（10）内置 RS-232 通信接口,轻松实现机床数据通信。

4）HNC-210 系列数控装置

HNC-210 系列数控装置（HNC-210A、HNC-210B、HNC-210C）采用先进的开放式体系结构,内置嵌入式工业控制计算机、高性能 32 位中央处理器,配置 8.4 in（HNC-210A）/10.4 in（HNC-210B）/15 in（HNC-210C）彩色液晶显示屏和标准机床工程面板,集成进给轴接口、主轴接口、手持单元接口、内嵌式 PLC 接口,支持工业以太网总线扩展,采用电子盘程序存储方式,支持 USB、DNC、以太网等程序交换功能,主要适用于数控车床、铣床和加工中心的控制,具有高性能、配置灵活、结构紧凑、易于使用、可靠性高的特点。

（1）最大联动轴数为 8 轴（HNC-210A 为 4 轴）。

（2）可选配各种类型的脉冲指令式交流伺服驱动器或步进电动机驱动器。

（3）配置标准机床工程面板,不占用 PLC 的输入/输出接口。操作面板颜色、按键名称可按用户要求定制。

（4）配置 40 路（可扩至 60 路）输入接口和 32 路（可扩至 48 路）功率放大光电隔离开关量输出接口、手持单元接口、模拟主轴控制接口与编码器接口。

（5）支持工业以太网总线扩展 PLC 输入/输出,最多可分别扩展 512 路。

（6）采用 8.4 in、分辨率 640×480（HNC-210A），10.4 in、分辨率 640×480（HNC-210B），15 in、分辨率 1024×768（HNC-210C）的彩色液晶显示器，全中文操作界面，具有故障诊断与报警、多种图形加工轨迹显示和仿真功能，操作简便，易于掌握和使用。

（7）采用国际标准 G 代码编程，与各种流行的 CAD/CAM 自动编程系统兼容，具有直线插补、圆弧插补、螺旋线插补、固定循环、旋转、缩放、镜像、刀具补偿、宏程序等功能。

（8）小线段连续加工功能，特别适合复杂模具零件加工。

（9）加工断点保存/恢复功能，为用户安全、方便使用提供保证。

（10）反向间隙和单向、双向螺距误差补偿功能，有效提高加工精度。

（11）超大程序加工能力，可直接加工高达 2 GB 的 G 代码程序。

（12）内置以太网、RS-232 接口，易于实现机床联网。

（13）8 MB Flash RAM（不需电池的存储器），可用作用户程序存储区，支持最大 2 GB 的 CF 卡扩展；256 MB RAM 可用作加工程序缓冲区。

思考与练习

1-1 什么是数控机床？它由哪些部分组成？

1-2 用框图说明一般数控机床的工作原理。

1-3 数控机床的机械结构与普通机床的机械结构相比，有何特点？

1-4 简述机床数控系统的工作原理和组成部分。

1-5 机床数控系统的类型很多，根据进给伺服系统的控制原理来分类，数控系统可分为_____、_____和_____；根据机床运动轨迹控制方式来分类，数控系统可分为_____、_____和_____；根据坐标值的表示方式分类，数控系统可分为_____坐标控制系统、_____坐标控制系统、_____坐标控制系统、_____坐标控制系统和_____坐标控制系统。

1-6 什么叫脉冲当量？它影响数控机床的什么性能？它的值一般为多少？

1-7 开环控制系统中，多采用_____作为伺服电机。

1-8 闭环控制系统的反馈装置_____。
①在电机轴上　　　　　　　　　②装在位移传感器上
③装在传动丝杠上　　　　　　　④装在机床运动部件上

1-9 闭环控制系统比开环控制系统及半闭环控制系统_____。
①稳定性好　　　　　　　　　　②故障率低
③精度高　　　　　　　　　　　④精度低

1-10 点位控制系统_____。
①必须采用增量坐标控制方式
②必须采用绝对坐标控制方式
③刀具沿各坐标轴的运动之间有确定的函数关系
④仅控制刀具相对于工件的定位，不规定刀具运动的途径

1-11 近年来数控系统发展很快，数控机床进给速度已从_____增加到_____，而最小设定单位已从_____减少到_____。

第②章　数字控制原理

数字控制技术与计算机技术、集成电路技术、纳米技术和高分子技术等一样,成为对制造技术发展有着深远影响的共性工程技术。目前,机床数字控制技术仍处于方兴未艾的大发展时期,成为衡量国家制造技术特别是装备制造业发展水平的重要指标之一,世界各工业发达国家均对机床数字控制技术的发展给予高度重视。

人们发展机床数字控制是从程序控制开始的,主要是为了加工一些单件小批量生产中难以加工的曲线和曲面,如样板、叶片和手柄等。在我国,数字控制机床最早被称为程序控制机床,强调了加工程序的自动控制。又由于这种机床是用脉冲信号来控制的,是通过数字信号进行自动控制的,很快被普遍称为数字控制机床,简称数控机床。

数字控制技术用于机床上就出现了数控机床,但它不仅可用于数控机床,还可用于其他机器和装置上。数控机床出现后,由于是自动加工,大大减少了人为加工的影响,因此数控机床加工具有良好的尺寸、位置和形状的一致性,且效率很高,随着制造成本的不断降低和应用的普及,数控机床成为工厂企业中的重要生产手段和关键设备,并受到广泛的重视。

2.1 概述

数字控制顾名思义就是数字化控制。随着大规模集成电路技术和计算机技术的迅速发展,20 世纪 70 年代以前采用数字逻辑电路连接而成的硬件数控系统很快被计算机数控(computer numerical control, CNC)系统代替,接着出现了微型计算机数控(microsoft numerical control, MNC)系统。现代数控机床绝大部分为 MNC 系统,习惯上把 MNC 系统和 CNC 系统都称为 CNC 系统。

CNC 系统是一种位置控制系统。它的实质是将被加工零件的图样及工艺信息数字化,用规定的代码和程序格式编写加工程序,然后将所编写程序指令输入到机床的数控装置中。数控装置再将程序(代码)进行译码、运算,对程序数据段进行相应的处理,让数据段插补出理想的刀具运动轨迹并将插补结果输出到执行部件,控制机床和刀具的相对运动,加工出合格的零件。

CNC 装置的工作过程是在硬件的支持下执行软件的控制逻辑的全过程。由系统监控软件的控制逻辑,对输入、译码、刀具补偿、速度处理、插补、位置控制、I/O 处理、显示和诊断等方面进行控制。CNC 装置在工作过程中,需要采集机床、控制面板和辅助加工设备的状态信息(如行程开关信号、按钮开关信号等);需要通过感知机构测量运动位置、运动速度和工件尺寸等;需要向各种驱动装置(伺服驱动器、电磁阀等)发送控制信号。下面简要说明CNC 装置的工作情况。

1. 输入

CNC 控制器输入的有零件加工程序、机床参数和刀具补偿参数。机床参数一般在机床出厂时或用户安装调试时已设定好,所以输入 CNC 系统的主要是零件加工程序和刀具补偿参数。输入的方式有键盘手动输入、磁盘输入、纸带阅读机输入、通信接口输入、上级计算机的 DNC(direct numerical control)接口输入及网络输入。CNC 装置在输入过程中还要完成校验、代码转换及无效码删除等工作,输入的全部信息都放在 CNC 装置的内部存储器中。

CNC 数控输入工作方式有存储方式和数控方式。存储方式是指将整个零件加工程序一次全部输入到 CNC 装置内部存储器中,加工时再从存储器中把一个一个程序调出的一种方式,该方式应用较多。数控方式是指 CNC 装置一边输入零件加工程序一边加工零件的方式,即在前一程序段加工时,输入后一程序段的内容。

2. 译码

译码过程是以零件程序的一个程序段为单位进行处理,把其中零件的轮廓信息(起点、终点、直线或圆弧等)、加工速度 F 代码以及其他辅助功能 S、T、M 代码等功能信息按一定的语法规则解释(编译)成计算机能够识别的数据形式,并以一定的数据格式存放在指定的内存专用区域。在译码过程中,还要完成程序段的语法检查,若发现语法错误则立即报警。

3. 刀具补偿

刀具补偿包括刀具半径补偿和刀具长度补偿。为了方便编程人员编制零件加工程序,编程时零件程序是根据零件轮廓轨迹来编制的,与刀具尺寸无关。程序输入和刀具参数输入分别进行。刀具补偿的作用是把零件轮廓轨迹按系统存储的刀具尺寸数据自动转换成刀具中心(刀位点)相对于工件的移动轨迹。刀具补偿包括 B 机能和 C 机能刀具补偿功能。在较高档次的 CNC 系统中一般应用 C 机能刀具补偿。C 机能刀具补偿能够实现程序段之间的自动转接和过切削判断等功能。

4. 速度处理

根据程序给出的合成进给速度计算出各运动坐标方向的分速度,为插补时计算各坐标的行程量做准备;另外,根据机床允许的最低和最高速度进行限速处理、软件的自动加减速处理等。辅助功能如换刀、主轴启停、切削液开关等的一些开关量信号在此程序中处理。

5. 插补

要进行轨迹加工,必须在一条已知起点和终点的曲线上自动进行“数据点的密化”工作,即在给定运动轨迹的起点和终点之间插入一些中间点,这就是插补。插补在每个规定的周期内进行一次,即在每个周期内,按指令进给速度计算出一个微小的直线数据段,通常经过若干个插补周期后,插补完一个程序段的加工,完成从程序段起点到终点的“数据点的密化”工作。

6. 位置控制

位置控制是指将 CNC 装置送出的位置进给脉冲和进给速度指令,经变换和放大后转化为进给电动机的转动,从而带动机床工作台移动。在闭环控制系统中,它的主要任务是在每个采样周期内,将插补计算的理论位置与实际反馈位置进行比较,用其差值去控制进给电动机,进而控制工作台或刀具的位移。在位置控制中通常还要完成位置回路的增益调整、坐标方向的螺距误差补偿和反向间隙补偿等,以提高机床的定位精度。位置控制的原理如图 2-1 所示。

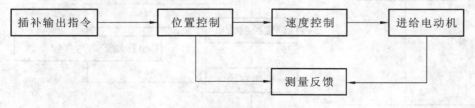

图 2-1　位置控制的原理

7. I/O 处理

CNC 系统的 I/O 处理是 CNC 系统与机床之间的信息传递和变换的通道。其作用一方面是将机床运动过程中的有关参数输入到 CNC 系统中,另一方面是将 CNC 系统的输出命令(如换刀、主轴变速挡、开切削液等)变为执行机构的控制信号,实现对机床的控制。

8. 显示

CNC 装置的显示主要是为操作者提供方便,通常显示零件加工程序、参数设置、刀具位置、机床状态、报警信息等。有的 CNC 装置中还有刀具加工轨迹的静态和动态模拟加工图形显示。

9. 诊断

诊断是指 CNC 装置利用内装诊断程序进行自诊断,主要有启动诊断和在线诊断。启动诊断是指 CNC 装置每次从通电开始进入正常的运行准备状态中,系统相应的内装诊断程序通过扫描自动检查系统硬件、软件及有关外设是否正常。只有检查的每个项目都确认正确无误后,整个系统才能进入正常的准备状态。否则,CNC 装置将通过报警方式给出故障的信息,此时,启动诊断不结束,系统不能投入运行。在线诊断是指在系统处于正常运行状态中,由系统相应的内装诊断程序,通过定时中断周期扫描检查系统本身以及各外设。只要系统不停电,在线诊断就不会停止。

当系统出现故障时,还可通过网络与远程通信诊断中心的计算机相联,利用诊断程序分析并确定故障所在,将诊断结论和处理方法通知用户。

CNC 系统的工作过程如图 2-2 所示。

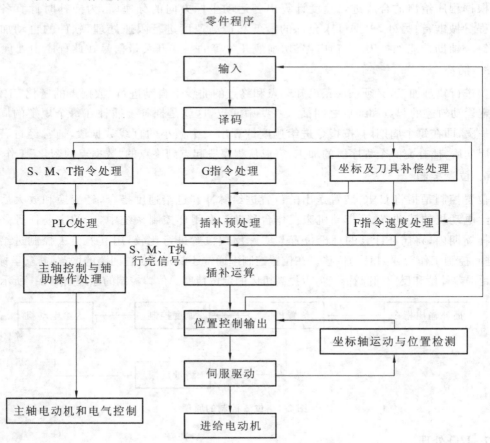

图 2-2 CNC 系统的工作过程

2.2 插补原理的数学建模方法

利用数控机床加工零件,要解决的核心问题就是如何控制刀具和工件的相对运动。对于平面曲线的运动轨迹需要两根坐标轴联动才能走出其运动轨迹,对于空间曲线或曲面的运动轨迹则需要三根及以上坐标轴联动才能走出其运动轨迹。数控加工时,要按规定将信息输入数控装置,输入的信息可以用直接计算的方法得出。例如 $y=f(x)$ 的轨迹运动,可以按精度要求递增给出 x 值,然后按函数式算出 y 值,只要给出 x 的范围,就能得到近似的轨迹,正确控制 x 向、y 向速比,就能走出精确的轨迹。但是,这种计算方法阶次越高,计算越复杂,计算量越大,速比也越难控制。另外,用离散数据表示的曲线、曲面很难计算。因此,数控加工控制信息的输入不采用这种直接计算的方法。

数控机床加工过程中,一般已知运动轨迹的起点坐标、终点坐标和曲线方程,CNC 装置根据这些信息,实时地计算出各个中间点的坐标,这种机床数控系统依照一定的方法确定刀具运动轨迹的过程就叫做"插补"。插补的实质是在一条曲线的起点和终点之间进行"数据点的密化"工作。数控系统根据输入的基本数据(直线起点、终点坐标,圆弧圆心、起点、终点坐标等),运用一定的算法,自动地在有限坐标点之间形成一系列的坐标数据,从而自动地对各坐标轴进行脉冲分配,完成轨迹分析,以满足加工精度的要求。插补计算就是数控装置根据输入的基本数据,通过计算,把工件轮廓的形状描述出来,边计算边根据计算结果向各坐标发出进给脉冲,对应每个脉冲,机床在响应的坐标方向上移动一个脉冲当量的距离,从而将工件加工出所需要的形状。

大多数 CNC 系统都具有直线和圆弧插补功能。对于非直线或非圆弧组成的轨迹,可以用小段的直线或圆弧来拟合。某些要求高的系统才具有抛物线、螺旋线插补功能。对于轮廓控制系统来说,插补是最重要的控制任务,由于每个中间点计算所需的时间直接影响系统的控制精度,而插补中间点坐标值的计算精度又影响到整个 CNC 系统的控制精度,所以插补算法是整个 CNC 系统控制的核心。目前常用的插补算法有两类:一类是以脉冲形式输出的基准脉冲插补;另一类是以数字量形式输出的数据采样插补。

2.2.1 基准脉冲插补

基准脉冲插补又称为脉冲增量插补,就是分配脉冲的计算,在插补过程中不断向各坐标轴发出相互协调的进给脉冲,控制机床坐标做相应的移动。

脉冲增量插补算法中较为成熟并得到广泛应用的有逐点比较法、数字积分法和比较积分法等。

1. 逐点比较法

逐点比较法又称为代数运算法或醉步法。它的基本原理是:数控装置在控制刀具按要求的轨迹移动的过程中,不断比较刀具当前位置与给定轮廓的偏差,由此偏差决定下一步刀具移动的方向,使刀具向减少偏差的方向移动,且只向一个方向移动。

利用逐点比较法进行插补,每进给一步都要经过四个工作节拍(见图 2-3)。

第一个工作节拍——偏差判别。判别刀具当前位置相对于给定轮廓的偏离情况,以此决定刀具移动的方向。

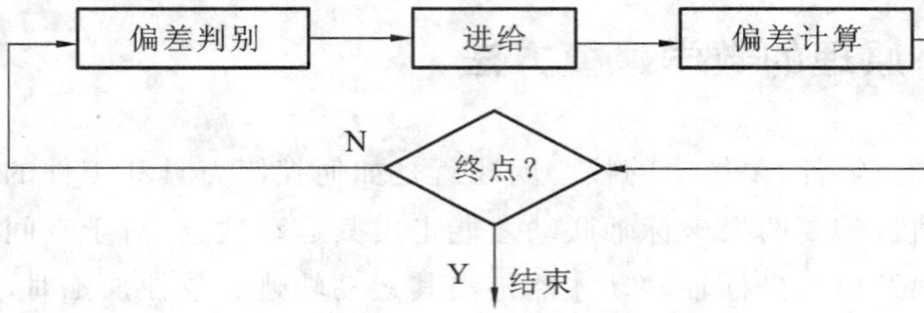

偏差判别 → 进给 → 偏差计算

终点？ N

Y 结束

图 2-3 逐点比较法的工作节拍

第二个工作节拍——进给。根据偏差判别结果,控制刀具向给定轮廓靠拢,减少偏差。

第三个工作节拍——偏差计算。由于刀具进给已改变了位置,因此应计算出刀具当前位置的新偏差,为下一次偏差判别做准备。

第四个工作节拍——终点判别。判别刀具是否已到达被加工轮廓线段的终点,若已到达终点,则停止插补;若未到达终点,则继续插补。

如此不断重复上述四个工作节拍就可以加工出所要求的轮廓。

逐点比较法既可用于直线插补,又可用于圆弧插补。这种算法的特点:运算直观,插补误差小于一个脉冲量,输出脉冲均匀,而且输出脉冲的速度变化小,调节方便。因此,逐点比较法在两坐标轴联动的数控机床中应用较为广泛。

1) 直线插补

(1) 偏差计算。设被加工线段 OE 位于 XOY 平面的第一象限内,起点为坐标原点,终点为 $E(x_e, y_e)$,如图 2-4 所示。

方程为:

$$\frac{x}{y} = \frac{x_e}{y_e} \tag{2-1}$$

改写为:

$$yx_e - xy_e = 0 \tag{2-2}$$

直线插补时,所在位置可能有三种情况:①位于直线的上方(如 A 点);②位于直线的下方(如 C 点);③在直线上(如 B 点)。

对于位于直线上方的点 $A(x_A, y_A)$,则有:

$$y_A x_e - x_A y_e > 0$$

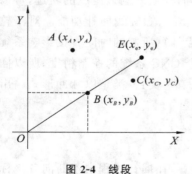

图 2-4 线段

对于位于直线下方的点 $C(x_C, y_C)$,则有:

$$y_C x_e - x_C y_e < 0$$

对于位于直线上的点 $B(x_B, y_B)$,则有:

$$y_B x_e - x_B y_e = 0$$

因此偏差判别函数 F 为:

$$F = yx_e - xy_e \tag{2-3}$$

用式(2-3)来判别刀具和直线的偏差。

综合以上三种情况,偏差判别函数 F 与刀具位置有以下关系:

$F = 0$,刀具在直线上;

$F > 0$,刀具在直线上方;

$F < 0$,刀具在直线下方。

为了便于计算机计算,下面将 F 的计算简化如下:

设在第一象限中的点 (x_i, y_i) 的 F 值为 F_i,则:

$$F_i = y_i x_e - x_i y_e$$

若沿 $+X$ 方向走一步,则:

$$x_{i+1} = x_i + 1, \quad y_{i+1} = y_i$$

因此,新的偏差判别函数为:

$$F_{i+1} = y_{i+1} x_e - x_{i+1} y_e = y_i x_e - (x_i + 1) y_e = F_i - y_e$$

若向 $+Y$ 方向走一步,则:

$$x_{i+1} = x_i, \quad y_{i+1} = y_i + 1$$

新的偏差判别函数为:

$$F_{i+1} = y_{i+1} x_e - x_{i+1} y_e = (y_i + 1) x_e - x_i y_e = F_i + x_e$$

(2)进给。第一象限直线偏差判别函数与进给方向的关系如下:

$F \geqslant 0$,沿 $+X$ 方向走一步, $\qquad F \leftarrow F - y_e$ $\qquad\qquad$ (2-4)

$F < 0$,沿 $+Y$ 方向走一步, $\qquad F \leftarrow F + x_e$ $\qquad\qquad$ (2-5)

(3)终点判别。每进给一步后,都要进行一次终点判别,以确定是否到达终点。

直线插补的终点判别,可采用两种方法:一是把每个程序段中的总步数求出来,即 $n = |x_e| + |y_e|$,每走一步 n 减去 1,直到 $n = 0$ 时为止;二是每走一步判断 $x_i - x_e \geqslant 0$,且 $y_i - y_e \geqslant 0$ 是否成立,如果成立,则插补结束。

(4)直线插补软件流程图。逐点比较法第一象限直线插补软件流程图如图 2-5 所示。

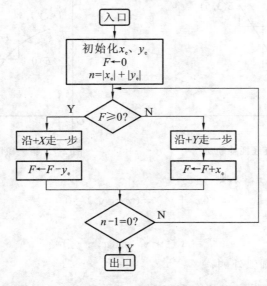

图 2-5 逐点比较法第一象限直线插补软件流程图

(5)直线插补举例。

例 2-1 设欲加工第一象限线段 OE,终点坐标为 $x_e = 3, y_e = 5$,用逐点比较法加工线段 OE。

解 总步数 $n = 3 + 5 = 8$

开始时刀具在线段起点,即在线段上,故 $F_0=0$。表 2-1 列出了直线插补运算过程,直线插补轨迹如图 2-6 所示。

表 2-1　直线插补运算过程

序　号	偏差判别	进给方向	偏差计算	终点判别
0			$F_0=0$	
1	$F=0$	$+X$	$F_1=F_0-y_e=0-5=-5$	$n=8-1=7$
2	$F_1<0$	$+Y$	$F_2=F_1+x_e=-5+3=-2$	$n=7-1=6$
3	$F_2<0$	$+Y$	$F_3=F_2+x_e=-2+3=1$	$n=6-1=5$
4	$F_3>0$	$+X$	$F_4=F_3-y_e=1-5=-4$	$n=5-1=4$
5	$F_4<0$	$+Y$	$F_5=-4+3=-1$	$n=4-1=3$
6	$F_5<0$	$+Y$	$F_6=-1+3=2$	$n=3-1=2$
7	$F_6>0$	$+X$	$F_7=2-5=-3$	$n=2-1=1$
8	$F_7<0$	$+Y$	$F_8=-3+3=0$	$n=1-1=0$

2）圆弧插补

（1）偏差计算。现以第一象限逆圆为例推导出偏差计算公式。设圆弧的起点为 (x_s,y_s)，终点为 (x_e,y_e)，以圆心为坐标原点，如图 2-7 所示。

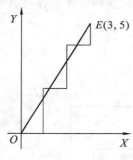

图 2-6　直线插补轨迹

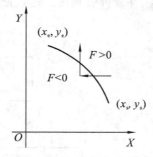

图 2-7　第一象限逆圆弧

设圆上任意一点为 (x,y)，则：

$$(x^2+y^2)-(x_s^2+y_s^2)=0 \tag{2-6}$$

取偏差函数 F 为：

$$F=(x_i^2+y_i^2)-(x_s^2+y_s^2) \tag{2-7}$$

若 $F>0$，则动点在圆弧外侧；

$F=0$，则动点在圆弧上；

$F<0$，则动点在圆弧内侧。

设第一象限动点 (x_i,y_i) 的 F 值为 F_i，则：

$$F_i=(x_i^2+y_i^2)-(x_s^2+y_s^2)$$

若动点沿 $-X$ 方向走一步，则：

$$x_{i+1}=x_i-1,y_{i+1}=y_i$$

$$F_{i+1}=(x_{i+1}^2+y_{i+1}^2)-(x_s^2+y_s^2)=(x_i-1)^2+y_i^2-(x_s^2+y_s^2)=F_i-2x_i+1$$

若动点沿+Y方向走一步,则:

$$x_{i+1}=x_i,y_{i+1}=y_i+1$$

$$F_{i+1}=(x_{i+1}^2+y_{i+1}^2)-(x_s^2+y_s^2)=x_i^2+(y_i+1)^2-(x_s^2+y_s^2)=F_i+2y_i+1$$

(2)进给。第一象限逆圆偏差判别函数 F 与进给方向的关系如下:

$F \geqslant 0$,沿$-X$方向走一步,

$$F \leftarrow F-2x+1 \tag{2-8}$$
$$x \leftarrow x-1$$

$F<0$,沿+Y方向走一步,

$$F \leftarrow F+2y+1 \tag{2-9}$$
$$y \leftarrow y+1$$

(3)终点判别。圆弧插补时每进给一步也要进行终点判别,其方法与直线插补时的终点判别方法相同。

(4)圆弧插补软件流程图。逐点比较法第一象限圆弧插补软件流程图如图 2-8 所示。

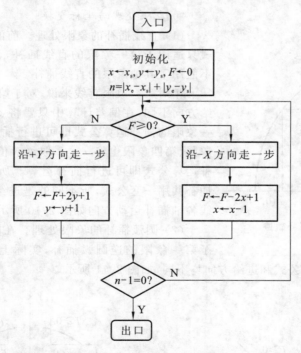

图 2-8 逐点比较法第一象限圆弧插补软件流程图

(5)圆弧插补举例。

例 2-2 设$\overgroup{AB}$为第一象限逆圆弧,起点为 $A(5,0)$,终点为 $B(0,5)$,用逐点比较法加工圆弧$\overgroup{AB}$。

解 $n=|5-0|+|0-5|=10$

开始加工时刀具在起点,即在圆弧上,$F_0=0$。圆弧插补运算过程如表 2-2 所示,圆弧插补轨迹如图 2-9 所示。

表 2-2　圆弧插补运算过程

序号	偏差判别	进给方向	偏差计算		终点判别
0			$F_0=0$	$x_0=5, y_0=0$	$n=10$
1	$F_0=0$	$-X$	$F_1=F_0-2x+1=0-2\times5+1=-9$	$x_1=4, y_1=0$	$n=10-1=9$
2	$F_1<0$	$+Y$	$F_2=F_1+2y+1=-9+2\times0+1=-8$	$x_2=4, y_2=1$	$n=8$
3	$F_2<0$	$+Y$	$F_3=-8+2\times1+1=-5$	$x_3=4, y_3=2$	$n=7$
4	$F_3<0$	$+Y$	$F_4=-5+2\times2+1=0$	$x_4=4, y_4=3$	$n=6$
5	$F_4=0$	$-X$	$F_5=0-2\times4+1=-7$	$x_5=3, y_5=3$	$n=5$
6	$F_5<0$	$+Y$	$F_6=-7+2\times3+1=0$	$x_6=3, y_6=4$	$n=4$
7	$F_6=0$	$-X$	$F_7=0-2\times3+1=-5$	$x_7=2, y_7=4$	$n=3$
8	$F_7<0$	$+Y$	$F_8=-5+2\times4+1=4$	$x_8=2, y_8=5$	$n=2$
9	$F_8>0$	$-X$	$F_9=4-2\times2+1=1$	$x_9=1, y_9=5$	$n=1$
10	$F_9>0$	$-X$	$F_{10}=1-2\times1+1=0$	$x_{10}=0, y_{10}=5$	$n=0$

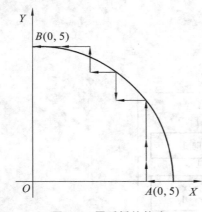

图 2-9　圆弧插补轨迹

3）象限处理与坐标变换

（1）直线插补的象限处理。前面介绍的插补运算公式只适用于第一象限的直线插补，若不采取措施，则它不能用于其他象限的直线插补。

相对第一象限直线来说，对于第二象限直线，x 的进给方向不同，在偏差计算中只要将 x_e 取绝对值，代入第一象限的插补运算公式即可进行插补运算。同理，第三象限、第四象限也将 x_e、y_e 取绝对值代入第一象限的插补运算公式即可进行插补运算。所以不同象限的直线插补共用一套公式，所不同的是进给方向。四个象限直线各轴插补运动方向如图 2-10 所示。

（2）圆弧插补的象限处理。在圆弧插补中，仅讨论了第一象限的逆圆弧插补，实际上圆弧所在的象限不同、逆顺不同，则插补公式和进给方向均不同，如图 2-11 所示。

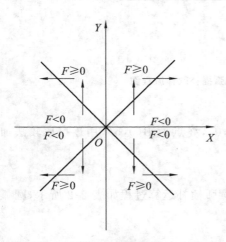

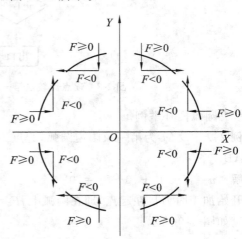

图 2-10　四个象限直线各轴插补运动方向　　　图 2-11　四个象限圆弧进给方向

根据图 2-11 可推导出用代数值进行插补计算的公式如下：

沿 $+X$ 方向走一步：

$$x_{i+1}=x_i+1$$
$$F_{i+1}=F_i+2x_i+1 \tag{2-10}$$

沿 $+Y$ 方向走一步：

$$y_{i+1}=y_i+1$$
$$F_{i+1}=F_i+2y_i+1 \tag{2-11}$$

沿 $-X$ 方向走一步：

$$x_{i+1}=x_i-1$$
$$F_{i+1}=F_i-2x_i+1 \tag{2-12}$$

沿 $-Y$ 方向走一步：

$$y_{i+1}=y_i-1$$
$$F_{i+1}=F_i-2y_i+1 \tag{2-13}$$

现将圆弧插补的八种情况和直线插补的四种情况偏差计算及进给方向列于表 2-3 中，其中用 R 表示圆弧，S 表示顺时针，N 表示逆时针，四个象限分别用数字 1、2、3、4 标注，例如 SR_1 表示第一象限顺圆弧，NR_3 表示第三象限逆圆弧。用 L 表示直线，L_1、L_2、L_3、L_4 分别表示第一象限、第二象限、第三象限、第四象限直线。

表 2-3　XY 平面内圆弧和直线插补的进给与偏差计算

线　　型	偏　　差	偏 差 计 算	进 给 方 向
SR_2，NR_3	$F \geqslant 0$	$F \leftarrow F+2x+1$	$+X$
SR_1，NR_4	$F<0$	$x \leftarrow x+1$	
NR_1，SR_4	$F \geqslant 0$	$F \leftarrow F-2x+1$	$-X$
NR_2，SR_3	$F<0$	$x \leftarrow x-1$	
NR_4，SR_3	$F \geqslant 0$	$F \leftarrow F+2y+1$	$+Y$
NR_1，SR_3	$F<0$	$y \leftarrow y+1$	
SR_1，NR_2	$F \geqslant 0$	$F \leftarrow F-2y+1$	$-Y$
NR_3，SR_4	$F<0$	$y \leftarrow y-1$	
L_1，L_4	$F \geqslant 0$	$F \leftarrow F-|y_e|$	$+X$
L_2，L_3	$F \geqslant 0$		$-X$
L_1，L_2	$F<0$	$F \leftarrow F-|x_e|$	$+Y$
L_3，L_4	$F<0$		$-Y$

四象限直线插补流程图、四象限圆弧插补流程图分别如图 2-12 和图 2-13 所示。

（3）圆弧自动过象限。所谓圆弧自动过象限，是指圆弧的起点和终点不在同一象限内，如图 2-14 所示。为实现一个程序段的完整功能，需设置圆弧自动过象限功能。

要完成过象限功能，首先应判别何时过象限。过象限有一显著特点，就是过象限时刻正好是圆弧与坐标轴相交的时刻，因此在两个坐标值中必有一个为零，判断是否过象限只要检查是否有坐标值为零即可。

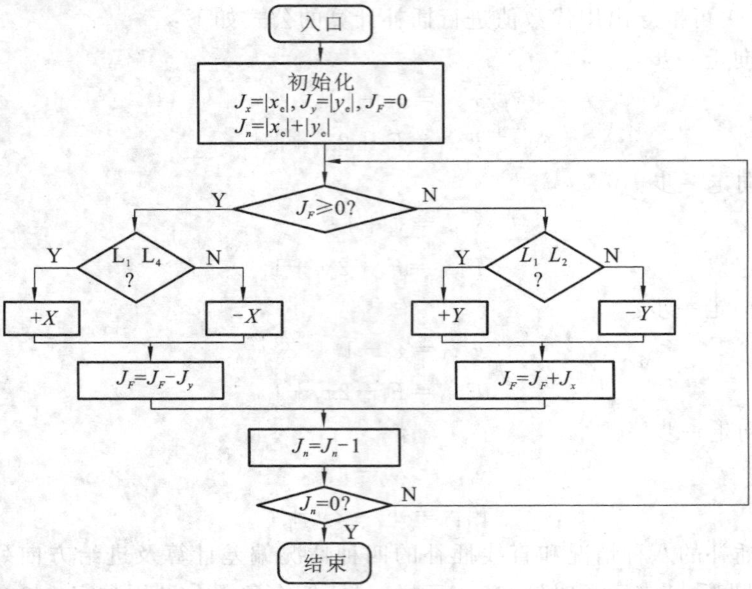

入口

初始化
$J_x=|x_e|, J_y=|y_e|, J_F=0$
$J_n=|x_e|+|y_e|$

$J_F \geq 0?$　Y　N

$L_1\ L_4$?　Y　N

$L_1\ L_2$?　Y　N

$+X$　$-X$　$+Y$　$-Y$

$J_F=J_F-J_y$　$J_F=J_F+J_x$

$J_n=J_n-1$

$J_n=0?$　N

结束

图 2-12　四象限直线插补流程图

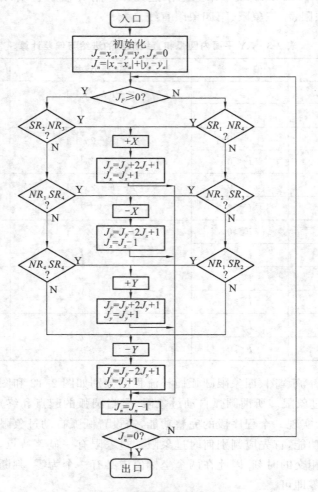

图 2-13　四象限圆弧插补流程图

过象限后,圆弧线型也改变了,以图 2-13 为例,由 SR_2 变为 SR_1。但过象限时象限的转换是有一定规律的。当圆弧起点在第一象限时,逆时针圆弧过象限后转换顺序是 $NR_1 \rightarrow NR_2 \rightarrow NR_3 \rightarrow NR_4 \rightarrow NR_1$,每过一次象限,象限顺序号加 1,当从第四象限向第一象限过象限时,象限顺序号从 4 变为 1;顺时针圆弧过象限的转换顺序是 $SR_1 \rightarrow SR_4 \rightarrow SR_3 \rightarrow SR_2 \rightarrow SR_1$,即每过一次象限,象限顺序号减 1,当从第一象限向第四象限过象限时,象限顺序号从 1 变为 4。

(4)坐标变换。前面所述的逐点比较法插补是在 XOY 平面中讨论的。对于其他平面的插补可采用坐标变换方法实现。用 Y 代替 X,Z 代替 Y,即可实现 YOZ 平面内的直线插补和圆弧插补;用 Z 代替 Y 而 X 坐标不变,就可以实现 XOZ 平面内的直线插补与圆弧插补。

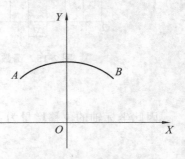

图 2-14　圆弧自动过象限

2. 数字积分法

数字积分法又称数字微分分析(digital differential analyzer,DDA)法。数字积分法具有运算速度快、脉冲分配均匀、易于实现多坐标轴联动及描绘平面各种函数曲线的特点,应用比较广泛。其缺点是速度调节不便,插补精度需要采用一定措施才能满足要求。由于计算机有较强的功能和灵活性,采用软件插补时,可克服上述缺点。

根据积分法的基本原理,函数 $y = f(t)$ 在 $t_0 \sim t_n$ 区间的积分,就是该函数曲线与横坐标 t 在区间($t_0 \sim t_n$)所围成的面积(见图 2-15)。

$$s = \int_{t_0}^{t_n} f(t) \, \mathrm{d}t \tag{2-14}$$

当 Δt 足够小时,将区间 $t_0 \sim t_n$ 划分为间隔为 Δt 的子区间,则此面积可以看作是许多小矩形面积之和,矩形的宽为 Δt,高为 y_i。

$$s = \int_{t_0}^{t_n} y_i \, \mathrm{d}y = \sum_{i=1}^{n} y_i \Delta t \tag{2-15}$$

在数学运算中,若 Δt 取为最小的基本单位"1",则式(2-15)简化为:

$$s = \sum_{i=1}^{n} y_i \tag{2-16}$$

1)DDA 直线插补

(1)DDA 直线插补原理。以 XOY 平面为例,设线段 OE,起点在原点 O,终点为 $E(x_e, y_e)$,如图 2-16 所示。令 v 表示运点移动速度大小,v_x、v_y 分别表示动点在 X 轴、Y 轴方向的速度大小,L 表示线段 OE 的长度,根据前述积分原理计算公式,在 X 轴、Y 轴方向上微小位移增量 Δx、Δy 应为:

$$\begin{cases} \Delta x = v_x \Delta t \\ \Delta y = v_y \Delta t \end{cases} \tag{2-17}$$

对于直线函数来说,v_x、v_y、v 和 L 满足:

$$\begin{cases} \dfrac{v_x}{v} = \dfrac{x_e}{L} \\ \dfrac{v_y}{v} = \dfrac{y_e}{L} \end{cases}$$

从而有:

$$\begin{cases} v_x = k x_e \\ v_y = k y_e \end{cases} \tag{2-18}$$

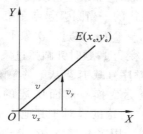

图 2-15 函数曲线　　　　　　　图 2-16 线段 OE

$$k = \frac{v}{L}$$

因此坐标轴的位移增量为：

$$\begin{cases} \Delta x = k x_e \Delta t \\ \Delta y = k y_e \Delta t \end{cases} \tag{2-19}$$

各坐标轴的位移量为：

$$\begin{cases} x = \int_0^t k x_e \mathrm{d}t = k \sum_{i=1}^n x_e \Delta t \\ y = \int_0^t k y_e \mathrm{d}t = k \sum_{i=1}^n y_e \Delta t \end{cases} \tag{2-20}$$

所以，动点从原点走向终点的过程，可以看作是各坐标轴每经过一个单位时间间隔 Δt，分别以增量 $k x_e$、$k y_e$ 同时累加的过程。据此可以作出 XOY 平面直线插补原理图，如图 2-17 所示。

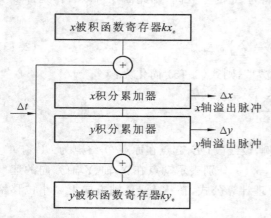

图 2-17　XOY 平面直线插补原理图

平面直线插补器由两个数字积分器组成，每个坐标的积分器由累加器和被积函数寄存器组成。终点坐标值存放在被积函数寄存器中，Δt 相当于插补控制脉冲源发出的控制信号。每发生一个插补迭代脉冲（即来一个 Δt），使被积函数 $k x_e$ 和 $k y_e$ 向各自的累加器里累加一次，累加的结果有无溢出脉冲 Δx（或 Δy），取决于累加器的容量和 $k x_e$（或 $k y_e$）的大小。

假设经过 n 次累加后（取 $\Delta t = 1$），x 和 y 分别（或同时）到达终点 $E(x_e, y_e)$，则式 (2-21) 成立。

$$\begin{cases} x = \sum_{i=1}^n k x_e \Delta t = k x_e n = x_e \\ y = \sum_{i=1}^n k y_e \Delta t = k y_e n = y_e \end{cases} \tag{2-21}$$

由此得到 $nk = 1$，即 $n = \dfrac{1}{k}$，表明比例常数 k 和累加（迭代）次数 n 的关系，由于 n 必须是整数，所以 k 一定是小数。k 的选择主要考虑每次增量 Δx 或 Δy 不大于 1，以保证坐标轴上每次分配进给脉冲不超过一个，也就是说，要使式 (2-22) 成立：

$$\begin{cases} \Delta x = k x_e < 1 \\ \Delta y = k y_e < 1 \end{cases} \tag{2-22}$$

若取寄存器位数为 N 位,则 x_e 及 y_e 的最大寄存器容量为 2^N-1,故有:

$$\begin{cases} \Delta x = k x_e = k(2^N-1) < 1 \\ \Delta y = k y_e = k(2^N-1) < 1 \end{cases} \tag{2-23}$$

所以:

$$k < \frac{1}{2^N-1}$$

一般取:

$$k = \frac{1}{2^N}$$

可满足:

$$\begin{cases} \Delta x = k x_e = \dfrac{2^N-1}{2^N} < 1 \\ \Delta y = k y_e = \dfrac{2^N-1}{2^N} < 1 \end{cases} \tag{2-24}$$

因此,累加次数 n 为:

$$n = \frac{1}{k} = 2^N$$

因为 $k = 1/2^N$,对于一个二进制数来说,使 $k x_e$(或 $k y_e$)等于 x_e(或 y_e)乘以 $1/2^N$ 是很容易实现的,即 x_e(或 y_e)数字本身不变,只要把小数点左移 $1/2^N$ 位即可。所以一个 N 位的寄存器存放 x_e(或 $k x_e$)和存放 y_e(或 $k y_e$)的数字是相同的。

DDA 直线插补的终点判别较简单,因为直线程序段需要进行 2^N 次累加运算,进行 2^N 次累加后就一定到达终点,故可由一个与积分器中寄存器容量相同的终点计数器(J_E)实现,其初值为 0。每累加一次,J_E 加 1,累加 2^N 次后,产生溢出,使 $J_E=0$,完成插补。

(2) DDA 直线插补软件流程图。

用 DDA 法进行插补时,x 和 y 两坐标可同时进给,即可同时送出 Δx、Δy 脉冲,同时每累加一次,要进行一次终点判别。DDA 直线插补软件流程图如图 2-18 所示,其中 J_{Vx}、J_{Vy} 为积分函数寄存器值,J_{Rx}、J_{Ry} 为余数寄存器值,J_E 为终点计数器值。

(3) DDA 直线插补举例。

例 2-3 设有一线段 OA,起点在坐标原点 O,终点的坐标为 A(4,6)。试用 DDA 直线插补此线段。

解 $J_{Vx}=4$,$J_{Vy}=6$,选寄存器位数 $N=3$,则累加次数 $n=2^3=8$,DDA 直线插补运算过程如表 2-4 所示,DDA 直线插补轨迹如图 2-19 所示。

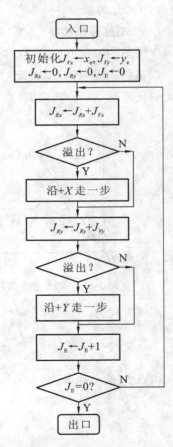

图 2-18 DDA 直线插补软件流程图

表 2-4　DDA 直线插补运算过程

累加次数 n	x 积分器 $J_{Rx}+J_{Vx}$	溢出 Δx	y 积分器 $J_{Ry}+J_{Vy}$	溢出 Δy	终点判别 J_E
0	0	0	0	0	0
1	0＋4＝4	0	0＋6＝6	0	1
2	4＋4＝8＋0	1	6＋6＝8＋4	1	2
3	0＋4＝4	0	4＋6＝8＋2	1	3
4	4＋4＝8＋0	1	2＋6＝8＋0	1	4
5	0＋4＝4	0	0＋6＝6	0	5
6	4＋4＝8＋0	1	6＋6＝8＋4	1	6
7	0＋4＝4	0	4＋6＝8＋2	1	7
8	4＋4＝8＋0	1	2＋6＝8＋0	1	8

2）DDA 圆弧插补

（1）DDA 圆弧插补原理。从上面的叙述可知，数字积分直线插补的物理意义是使动点沿速度矢量的方向前进，这同样适合于圆弧插补。

以第一象限为例，设圆弧 $\overset{\frown}{AE}$，半径为 R，起点 $A(x_s,y_s)$，终点 $E(x_e,y_e)$，$N(x_i,y_i)$ 为圆弧上的任意动点，动点移动速度大小为 v，分速度大小为 v_x 和 v_y，如图 2-20 所示。

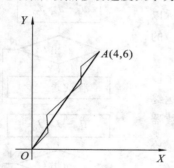

图 2-19　DDA 直线插补轨迹

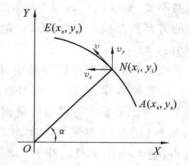

图 2-20　第一象限逆圆弧 DDA 插补

圆弧方程为：

$$\begin{cases} x_i = R\cos\alpha \\ y_i = R\sin\alpha \end{cases} \tag{2-25}$$

动点 N 的分速度为：

$$\begin{cases} v_x = \dfrac{\mathrm{d}x_i}{\mathrm{d}t} = -v\sin\alpha = -v\dfrac{y_i}{R} = -\dfrac{v}{R}y_i \\ v_y = \dfrac{\mathrm{d}y_i}{\mathrm{d}t} = v\cos\alpha = v\dfrac{x_i}{R} = \dfrac{v}{R}x_i \end{cases} \tag{2-26}$$

在单位时间 Δt 内，x、y 位移增量方程为：

$$\begin{cases} \Delta x_i = v_x \Delta t = -\dfrac{v}{R} y_i \Delta t \\ \Delta y_i = v_y \Delta t = \dfrac{v}{R} x_i \Delta t \end{cases} \tag{2-27}$$

当 v 恒定不变时,则有 $\dfrac{v}{R} = k$。式中,k 为比例常数。

式(2-27)可写为:

$$\begin{cases} \Delta x_i = -k y_i \Delta t \\ \Delta y_i = k x_i \Delta t \end{cases} \tag{2-28}$$

与 DDA 直线插补一样,在 DDA 圆弧插补中取累加容器容量为 2^N,$k = \dfrac{1}{2^N}$,N 为累加器、寄存器的位数,则各坐标的位移量为:

$$\begin{cases} x = \displaystyle\int_0^t -ky\,\mathrm{d}t = -\dfrac{1}{2^N} \sum_{i=1}^{n} y_i \Delta t \\ y = \displaystyle\int_0^t kx\,\mathrm{d}t = \dfrac{1}{2^N} \sum_{i=1}^{n} x_i \Delta t \end{cases} \tag{2-29}$$

由此可构成如图 2-21 所示的 DDA 圆弧插补原理框图。

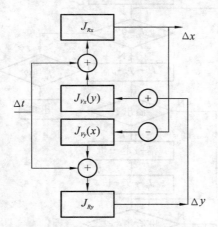

图 2-21　DDA 圆弧插补原理框图

DDA 圆弧插补与直线插补的主要区别有两点:一是坐标值 x、y 存入被积函数寄存器 J_{Vx}、J_{Vy} 的对应关系与直线插补时的不同,即 x 存入 J_{Vy} 而 y 存入 J_{Vx} 中;二是被积函数寄存器 J_{Vx}、J_{Vy} 中寄存的数值与 DDA 直线插补中的有本质的区别,直线插补时,寄存的是终点坐标值,为常数,而在 DDA 圆弧插补时寄存的是动点坐标,是个变量。因此在插补过程中,必须根据动点位置的变化来改变 J_{Vx} 和 J_{Vy} 中的内容。在起点时,J_{Vx} 和 J_{Vy} 寄存起点坐标为 y_i、x_i。在插补过程中,J_{Ry} 每溢出一个 Δy 脉冲,J_{Vx} 该加 1;当 J_{Rx} 溢出一个 Δx 脉冲时,J_{Vy} 应减 1。是加 1 还是减 1,取决于动点坐标所在象限及圆弧的走向。

DDA 圆弧插补时,由于 x、y 方向到达终点的时间不同,需对 x、y 两个坐标分别进行终点判别。因此可利用两个终点计数器 J_{Ex} 和 J_{Ey},把 x、y 坐标所需输出的脉冲数 $|x_s - x_e|$、$|y_s - y_e|$ 分别存入这两个计数器中,x 或 y 坐标的积分累加器每输出一个脉冲,相应的减法

计数器减 1,当某一个坐标的计数器为零时,说明该坐标已到达终点,停止该坐标的累加运算。当两个计数器均为零时,圆弧插补结束。

（2）DDA 圆弧插补软件流程图。DDA 圆弧插补软件流程图如图 2-22 所示。

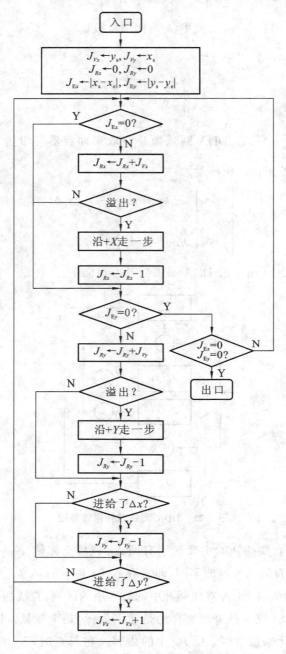

图 2-22 DDA 圆弧插补软件流程图

（3）DDA 圆弧插补举例。

例 2-4 设有第一象限逆圆弧$\overset{\frown}{AB}$,起点 $A(5,0)$,终点 $B(0,5)$,设寄存器位数为 3。试用 DDA 法插补此圆弧。

解 $J_{Vx}=0$,$J_{Vy}=5$,寄存器容量为 $2^3=8$。DDA 圆弧插补运算过程如表 2-5 所示,

DDA 圆弧插补轨迹如图 2-23 所示。

表 2-5　DDA 圆弧插补运算过程

累加器 n	x 积分器				y 积分器			
	J_{Vx}	J_{Rx}	Δx	J_{Ex}	J_{Vy}	J_{Ry}	Δy	J_{Ey}
0	0	0	0	5	5	0	0	5
1	0	0	0	5	5	5	0	5
2	0	0	0	5	5	8+2	1	4
3	1	1	0	5	5	7	0	4
4	1	2	0	5	5	8+4	1	3
5	2	4	0	5	5	8+1	1	2
6	3	7	0	5	5	6	0	2
7	3	8+2	1	4	5	8+3	1	1
8	4	6	0	4	4	7	0	1
9	4	8+2	1	3	4	8+3	1	0
10	5	7	0	3	3	停止累加	0	0
11	5	8+4	1	2	2			
12	5	8+1	1	2				
13	5	6	0	1	1			
14	5	8+3	1	0	1			
15	5	停止累加	0	0				

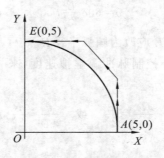

图 2-23　DDA 圆弧插补轨迹

3）不同象限的脉冲分配

不同象限的直线、顺圆及逆圆的 DDA 插补有一共同点，就是累加方式是相同的，都是做 $J_R \leftarrow J_R + J_V$ 运算，被积函数为绝对值。只是进给脉冲的分配（正或负）及圆弧插补时对动点瞬时值 x_i、y_i 做 +1 或 −1 修正的情况不同。各种情况下的脉冲分配方向及 ±1 修正方式如表 2-6 所示。

表 2-6   各种情况下的脉冲分配方向及±1 修正方式

	NR_1	NR_2	NR_3	NR_4	SR_1	SR_2	SR_3	SR_4
$J_{v_x}(y)$	+1	−1	+1	−1	−1	+1	−1	+1
$J_{v_y}(x)$	−1	−1	−1	+1	+1	−1	+1	−1
Δx	−	−	−	+	+	+	−	−
Δy	+	−	−	+	−	+	+	−

4）DDA 插补的合成进给速度及稳速控制

（1）合成进给速度。DDA 插补的特点：控制脉冲源每发出一个脉冲，进行一次累加运算。结果 f_x、f_y 分别为 x、y 坐标进给脉冲的频率，f_{MF} 为控制脉冲源的频率，累加器的容量为 $x/2^N$，而 y 方向的平均进给比率为 $y/2^N$。故 x 和 y 方向的指令脉冲频率分别为：

$$\begin{cases} f_x = \dfrac{x}{2^N} f_{MF} \\ f_y = \dfrac{y}{2^N} f_{MF} \end{cases} \tag{2-30}$$

各坐标进给速度的大小为：

$$\begin{cases} v_x = f_x \delta = \delta f_{MF} \dfrac{x}{2^N} \\ v_y = f_y \delta = \delta f_{MF} \dfrac{y}{2^N} \end{cases} \tag{2-31}$$

式（2-31）中 δ 为脉冲当量，合成速度的大小为：

$$v = v_x^2 + v_y^2 = \delta \frac{f_{MF}}{2^N} \sqrt{x^2 + y^2} = \delta \frac{L}{2^N} f_{MF} \quad (L = \sqrt{x^2 + y^2}) \tag{2-32}$$

上述频率的量纲为 1/s，而速度的时间单位是分（min），故式（2-32）可写为：

$$v = 60\delta \frac{L}{2^N} f_{MF} \tag{2-33}$$

圆弧插补时，式（2-33）中的 L 应改为圆弧半径 R。

插补合成的轮廓速度与插补控制脉冲源虚拟速度（来一个 f_{MF}，坐标轴走一步）的比值称为插补速度变速率，其表达式为：

$$\frac{v}{v_{MF}} = \frac{L}{2^N} \quad 或 \quad \frac{v}{v_{MF}} = \frac{R}{2^N} \tag{2-34}$$

式中，v_{MF} 为虚拟速度。

由式（2-34）可以看出，当 v_{MF} 不变时，v 随 L 或 R 变化。由于 L 或 R 的变化范围是 0～2^N，故合成进给速度大小的变化范围为 $v = (0～1) v_{MF}$。当 L 较小时，脉冲溢出速度慢，进给慢；当 L 较大时，脉冲溢出速度快，进给快。显然这样难以实现编程进给速度，必须设法加以改善。

（2）稳速控制。DDA 插补实施稳速的方法有左移规格化、按 FRN（feed rate number，进给率数）代码编程等。

① 左移规格化。直线插补时，若寄存器中的数的最高位为"1"时，该数称为规格化数；若寄存器中的数的最高位为"0"，则该数为非规格化数。显然，规格化数经过两次累加后必

有一次溢出;而非规格化数必须经过两次以上的累加后才会有溢出。直线插补的左移规格化方法是:将被积函数寄存器 J_{Vx}、J_{Vy} 中的数同时左移(最低有效位输入零),并记下左移位数,直到 J_{Vx} 或 J_{Vy} 中的一个数是规格化数为止。直线插补经过左移规格化处理后,x、y 两个方向的脉冲分配速度扩大同样倍数,而两者数值之比不变,所以斜率也不变。因为规格化后,每累加运算两次必有一次溢出,溢出速度不受被积函数的大小的影响,溢出速度为匀速,所以加工的效率和质量都大为提高。

由于左移后,被积函数变大,为使发出的进给脉冲总数不变,就要相应减少累加次数。如果左移 Q 次,则累加次数为 2^{N-Q}。只要在 J_{Vx}、J_{Vy} 左移的同时,终点判别计数器 J_E 从最高位输入"1",进行右移,使 J_E 使用长度(位数)缩小 Q 位,就能实现累加次数减少的目的。

圆弧插补的左移规格化处理与直线插补的左移规格化处理相似,不同的是:圆弧插补的左移规格化是指使坐标值最大的被积函数寄存器的次高位为"1"(即前面保留一个零)。也就是说,在圆弧插补中 J_{Vx}、J_{Vy} 寄存器中的数 y_i、x_i 随插补而不断修正(即做 $+1$ 或 -1 修正),做了 $+1$ 修正后,函数不断增加,若仍取数的最高位"1"作为规格化数,则有可能在 $+1$ 修正后溢出。规格化数为数的次高位"1",就避免了溢出。

另外,左移 i 位相当于 x、y 坐标值扩大了 2^i 倍,即 J_{Vx}、J_{Vy} 寄存器中的数分别为 $2^i y$ 和 $2^i x$。当 y 积分器有溢出时,J_{Vx} 寄存器中的数应改为:

$$2^i y \to 2^i(y+1) = 2^i y + 2^i$$

说明:若规格化处理时左移了 i 位,对于第一象限逆圆插补来说,当 J_{Ry} 中溢出一个脉冲时,J_{Vx} 中的数应该加 2^i(而不是加1),即应在 J_{Vx} 的第 $i+1$ 位加1;同理,若 J_{Rx} 有一个脉冲溢出,J_{Vy} 的数应减少 2^i,即在第 $i+1$ 位减1。

综上所述,虽然直线插补和圆弧插补时规格化处理不一样,但均能提高进给脉冲溢出速度。

② 按 FRN 代码编程。如前所述,DDA 插补时,合成速度 v 与 L 或 R 成正比:

$$v = 60\delta \frac{L}{2^N} f_{MF} \quad (直线) \tag{2-35}$$

$$v = 60\delta \frac{R}{2^N} f_{MF} \quad (圆弧) \tag{2-36}$$

令

$$F = \frac{60\delta}{2^N} f_{MF}$$

即

$$f_{MF} = \frac{2^N}{60\delta} F$$

则

$$v = LF \quad (直线) \tag{2-37}$$

$$v = RF \quad (圆弧) \tag{2-38}$$

编程进给速度代码 F 是根据加工要求的切削速度 v_0 选择的。于是可定义进给率数 FRN 为:

$$\mathrm{FRN} = \frac{v_0}{L}\left(或 \frac{v_0}{R}\right) \tag{2-39}$$

编程时,可按 FRN 代码编制进给速度,即按 FRN 代码选择编程 F 代码,使:

$$F = \mathrm{FRN} = \frac{v_0}{L} \quad (直线) \tag{2-40}$$

$$F = \mathrm{FRN} = \frac{v_0}{R} \quad (圆弧) \tag{2-41}$$

从而得合成进给速度：

$$v = LF = v_0 \quad （直线） \tag{2-42}$$

$$v = RF = v_0 \quad （圆弧） \tag{2-43}$$

式(2-42)和式(2-43)中，v 与 L 或 R 无关，稳定了进给速度。

由此可见，若不同的程序段要求相同大小的切削速度 v_0，则可选择不同的 F 代码予以实现。用软件计算 FRN 很方便，根据 FRN 可选择时钟频率 f_{MF}。

例 2-5 已知某 CNC 系统的脉冲当量 $=0.01$ mm，被加工直线长度 $L=40$ mm，要求的进给速度 $v_0 = 240$ mm/min，设寄存器位数 $N = 8$，试计算时钟频率 f_{MF}。

解 $$FRN = \frac{v_0}{L} = 240/40 \ \text{min}^{-1} = 6 \ \text{min}^{-1}$$

按此代码选择编程 F 代码：

$$F = FRN$$

则

$$f_{MF} = \frac{2^N}{60\delta}F = \frac{2^8 \times 6}{60 \times 0.01} \ \text{s}^{-1} = 2560 \ \text{s}^{-1}$$

插补时将 f_{MF} 作为中断频率。

5) 提高 DDA 插补精度的措施

DDA 直线插补的插补误差小于脉冲当量，DDA 圆弧插补的插补误差小于或等于两个脉冲当量。其原因是：当在坐标轴附近进行插补时，一个积分器的被积函数值接近于 0，而另一个积分器的被积函数值接近最大值（圆弧半径），这样，后者连续溢出脉冲，而前者几乎没有溢出脉冲，两个积分器的溢出脉冲速率相差很大，致使插补轨迹偏离理论曲线。

减小插补误差的方法有以下两种。

(1) 减小脉冲当量。减小脉冲当量，加工误差变小。但参加运算的数（如被积函数值）变大，寄存器的容量则变大。欲获得同样大小的进给速度，需要提高插补运算速度。

(2) 余数寄存器预置数。在 DDA 插补之前，余数寄存器 J_{Rx}、J_{Ry} 预置某一数值。通常采用余数寄存器半加载。所谓半加载，就是在 DDA 插补前，给余数寄存器置容量的一半值 2^{N-1}。这样只要再累加 2^{N-1}，就可以产生第一个溢出脉冲，改善了溢出脉冲的时间分布，减小了插补误差。

6) 多坐标插补

DDA 插补算法的优点是可以实现多坐标直线插补联动。下面介绍实际加工中常用的空间直线插补和螺旋线插补。

(1) 空间直线插补。

设在空间直角坐标系中有一线段 OE（见图 2-24），起点 $O(0,0,0)$，终点 $E(x_e, y_e, z_e)$。假定进给速度 v 为匀速，v_x、v_y、v_z 分别表示动点在 x、y、z 方向上的移动速度的大小，则有：

$$\frac{v}{|OE|} = \frac{v_x}{x_e} = \frac{v_y}{y_e} = \frac{v_z}{z_e} = k \tag{2-44}$$

式中，k 为比例常数。

动点在时间内的坐标轴位移分量为：

$$\begin{cases} \Delta x = v_x \Delta t = k x_e \Delta t \\ \Delta y = v_y \Delta t = k y_e \Delta t \\ \Delta z = v_z \Delta t = k z_e \Delta t \end{cases} \tag{2-45}$$

参照平面内的直线插补可知,各坐标轴经过 2^N 次累加后分别到达终点,当 Δt 足够小时,有:

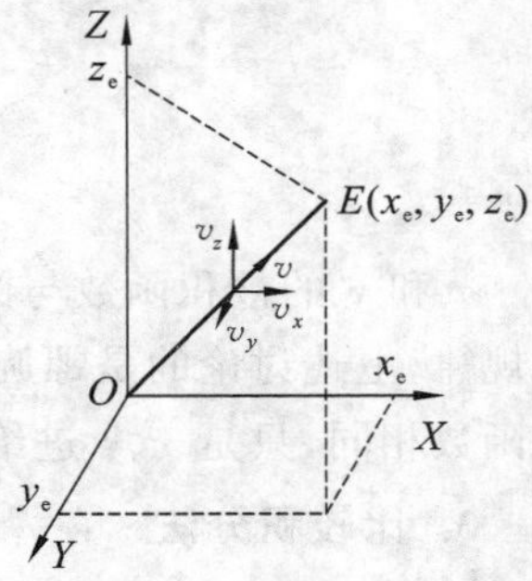

$$\begin{cases} x = \displaystyle\sum_{i=1}^{n} kx_e \Delta t = kx_e \sum_{i=1}^{n} \Delta t = knx_e = x_e \\[2mm] y = \displaystyle\sum_{i=1}^{n} ky_e \Delta t = ky_e \sum_{i=1}^{n} \Delta t = kny_e = y_e \\[2mm] z = \displaystyle\sum_{i=1}^{n} kz_e \Delta t = kz_e \sum_{i=1}^{n} \Delta t = knz_e = z_e \end{cases} \tag{2-46}$$

与平面内直线插补一样,每来一个 Δt,最多只允许产生一个进给单位的位移增量,故 k 也为 $1/2^N$。

图 2-24　线段

由此可见,空间直线插补,x、y、z 单独累加溢出,彼此独立,易于实现。

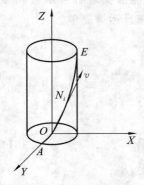

图 2-25　螺旋线 AE

(2) 螺旋线插补。设有一螺旋线 AE(见图 2-25),其导程为 P,螺旋线圆弧半径为 R,动点 $N_i(x_i,y_i,z_i)$ 的运动速度大小为 v,螺旋升角 $\lambda = \arctan \dfrac{P}{2\pi R}$,则沿三个坐标轴的速度分量大小为:

$$\begin{cases} v_x = v\cos\lambda\sin\theta_i = \dfrac{v}{\sqrt{R^2 + \dfrac{P^2}{2\pi}}} y_i = Qy_i \\[4mm] v_y = -v\cos\lambda\cos\theta_i = \dfrac{-v}{\sqrt{R^2 + \dfrac{P^2}{2\pi}}} x_i = -Qx_i \\[4mm] v_z = v\sin\lambda = \dfrac{v}{\sqrt{R^2 + \dfrac{P^2}{2\pi}}} \dfrac{P}{2\pi} = Q\dfrac{P}{2\pi} \end{cases} \tag{2-47}$$

其中 $\theta_i = \arctan \dfrac{y_i}{x_i}$。

$$Q = \frac{v}{\sqrt{R^2 + \left(\dfrac{P}{2\pi}\right)^2}}$$

每来一个 Δt,各坐标位移增量:

$$\begin{cases} \Delta x = v_x \Delta t = Qy_i \Delta t \\ \Delta y = v_y \Delta t = Qx_i \Delta t \\ \Delta z = v_z \Delta t = Q\dfrac{P}{2\pi} \Delta t \end{cases} \tag{2-48}$$

若 Δt 足够小,则可得:

$$\begin{cases} x = \displaystyle\sum_{i=1}^{n} \Delta x = Q \sum_{i=1}^{n} y_i \Delta t = Q \sum_{i=1}^{n} y_i \\[3mm] y = \displaystyle\sum_{i=1}^{n} \Delta y = Q \sum_{i=1}^{n} x_i \Delta t = -Q \sum_{i=1}^{n} x_i \\[3mm] z = \displaystyle\sum_{i=1}^{n} \Delta z = Q \sum_{i=1}^{n} \dfrac{P}{2\pi} \Delta t = Q \sum_{i=1}^{n} \dfrac{P}{2\pi} \end{cases} \tag{2-49}$$

从而得到 x、y、z、三个积分的被积函数:

$$J_{Vx} \leftarrow y_i$$

$$J_{Vy} \leftarrow x_i$$

$$J_{Vz} \leftarrow \frac{P}{2\pi}$$

x 和 y 的被积函数与圆弧插补的被积函数相同,螺旋线在 XOY 平面内符合圆弧插补运动规律,上述讨论的是螺旋线影响到 XOY 平面第一象限的插补运算情况,在其他情况下被积函数相同,只是 x、y 进给方向发生变化,其变化规律与圆弧插补中 x、y 进给方向一致。

3. 比较积分法

DDA 法可灵活地实现各种函数的插补和多坐标直线的插补,但是由于溢出脉冲频率与被积函数值大小有关,因此存在着速度调节不便的缺点。逐点比较法由于以判断原理为基础,其进给脉冲是跟随插补运算频率的,因而速度平稳、调节方便,但在使用的方便性方面不如 DDA 插补。比较积分法集 DDA 插补和逐点比较法插补于一身,能够实现各种函数和多坐标插补,且插补精度高,直线插补误差小于一个脉冲当量,易于调速且运算简单。

1)比较积分法的原理

我们先用直线插补来说明。设已知直线方程:

$$y = \frac{y_e}{x_e} x \tag{2-50}$$

求微分得:

$$\frac{\mathrm{d}y}{\mathrm{d}x} = \frac{y_e}{x_e} \tag{2-51}$$

下面用比较判别的方法来建立两个积分的联系。式(2-51)可改写为:

$$y_e \mathrm{d}x = x_e \mathrm{d}y \tag{2-52}$$

用矩形公式求积就得到:

$$y_e + y_e + \cdots = x_e + x_e + \cdots \tag{2-53}$$

或

$$\sum_{i=0}^{x-1} y_e = \sum_{j=0}^{y-1} x_e \tag{2-54}$$

式(2-54)表明,x 方向每发出一个进给脉冲,相当于积分值增加一个量 y_e;y 方向每发出一个进给脉冲,积分值增加一个量 x_e。为了得到直线,必须使两个积分值相等。

在时间轴上分别做 x 轴和 y 轴的脉冲序列,如图 2-26 所示。把时间间隔作为积分增量,x 轴上每隔一段时间 y_e 发出一个脉冲,就得到一个时间间隔 y_e;y 轴上每隔一段时间 x_e 发出一个脉冲,就得到一个时间间隔 x_e。x 轴发出 x 个脉冲后,有:

$$\sum_{i=0}^{x-1} y_e = y_e + y_e + \cdots \tag{2-55}$$

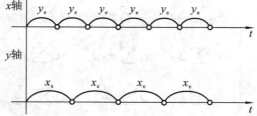

图 2-26 直线插补的脉冲序列

同样,y 轴发出 y 个脉冲后,有:

$$\sum_{i=0}^{y-1} x_e = x_e + x_e + \cdots \tag{2-56}$$

要实现直线插补,必须始终保持上述两个积分式相等。因此,参照逐点比较法,我们引入一个判别函数 F,令:

$$F = \sum_{i=0}^{x-1} y_e - \sum_{i=0}^{y-1} x_e \tag{2-57}$$

若 x 轴进给一步,则:

$$F_{i+1} = F_i + y_e \tag{2-58}$$

若 y 进给一步,则:

$$F_{i+1} = F_i - x_e \tag{2-59}$$

若 x 轴和 y 轴同时进给,则:

$$F_{i+1} = F_i + y_e - x_e \tag{2-60}$$

根据 F 可以决定两轴的脉冲分配关系。为实现比较积分法插补,下面介绍一种 SFG (伸缩式函数发生器)的运算程序,又称目标点跟踪法。

2)　直线插补

设第一象限线段 OE(见图 2-27),起点 $O(0,0)$,终点 $E(x_e, y_e)$。根据比较积分法原理,其理想的脉冲分配应为:X 轴 x_e 个脉冲,时间间隔为 y_e;Y 轴 y_e 个脉冲,时间间隔为 x_e。现取脉冲间隔小的轴为基准轴,即脉冲密度高的轴,每次判别,该轴都发出一个脉冲,另一轴即非基准轴则根据判别函数 F 决定。

假设 $x_e > y_e$,则有:

$F \geqslant 0$,x、y 均进给一步;

$F < 0$,x 进给一步、y 不进给。

也就是说,在 X 轴的整个脉冲进给期间,逐次判断其相对的 Y 轴脉冲是否存在。SFG 方式直线插补软件流程图如图 2-28 所示。

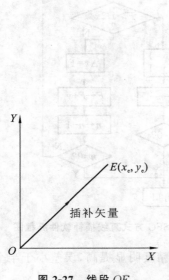

图 2-27　线段 OE

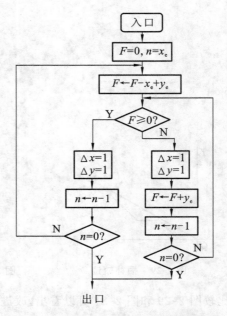

图 2-28　SFG 方式直线插补软件流程图

例 2-6 设有第一象限线段 $OE,O(0,0),E(5,3)$,试用 SFG 方式插补。

解 判别函数初值 $F_0=0,n=5$。SFG 方式插补运算过程如表 2-7 所示,插补轨迹如图 2-29 所示。

表 2-7 SFG 方式插补运算过程

序 号	计算判别函数	判别 F	进 给	终点判别
0	$F_0=0$			$n=5$
1	$F_1=F_0+y_e-x_e=-2$	$F_1<0$	Δx	$n=4$
2	$F_2=F_1+y_e=1$	$F_2>0$	$\Delta x,\Delta y$	$n=3$
3	$F_3=F_2+y_e-x_e=-1$	$F_3<0$	Δx	$n=2$
4	$F_4=F_3+y_e=2$	$F_4>0$	$\Delta x,\Delta y$	$n=1$
5	$F_5=F_4+y_e-x_e=0$	$F_5=0$	$\Delta x,\Delta y$	$n=0$

SFG 方式插补误差较大,须予以适当改进。

若将判别关系改为:

$F>\dfrac{1}{2}x_e$,进给 Δx、Δy;

$F\leqslant\dfrac{1}{2}x_e$,进给 Δx。

改进后的 SFG 方式直线插补软件流程图如图 2-30 所示,改进后的 SFG 方式直线插补轨迹如图 2-31 所示。

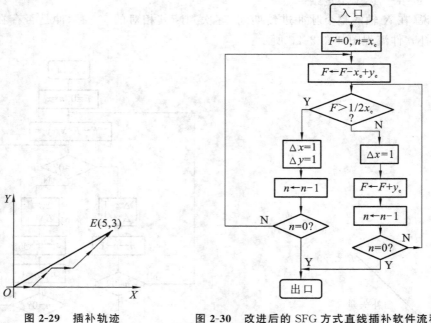

图 2-29 插补轨迹　　图 2-30 改进后的 SFG 方式直线插补软件流程图

比较图 2-29 和图 2-31 可以看出,改进后的插补轨迹精度明显提高,误差小于半个脉冲当量。

3）圆弧插补

对于以 $B(x_0, y_0)$ 为圆心,坐标原点为起点的顺时针圆弧(见图 2-32),插补矢量是指向动点切线方向的矢量,设 B' 点是圆弧起点 O 的切线终点,则圆弧插补就是从起点开始沿切线方向的直线插补。每进给一步都要及时修改所在位置到中心的坐标值。

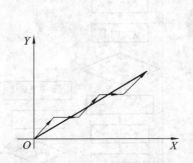

图 2-31 改进后的 SFG 方式直线插补轨迹

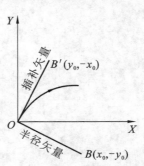

图 2-32 圆弧插补矢量

修改原则:每进给一步 Δx,执行 $x_0 - 1$;每进给一步 Δy,执行 $y_0 + 1$。也就是随时跟踪目标点到 B 点的坐标值。

圆的方程为:

$$(x - x_0)^2 + (y - y_0)^2 = x_0{}^2 + y_0{}^2 \tag{2-61}$$

对式(2-61)两端微分,得:

$$(x - x_0)\mathrm{d}x + (y + y_0)\mathrm{d}y = 0$$

移项得:

$$(x_0 - x)\mathrm{d}x = (y_0 + y)\mathrm{d}y \tag{2-62}$$

利用矩形公式对式(2-62)求积得:

$$\sum_{i=0}^{x-1}(x_0 - i) = \sum_{j=0}^{y-1}(y_0 + j) \tag{2-63}$$

将式(2-63)展开:

$$x_0 + (x_0 - 1) + (x_0 - 2) + \cdots = y_0 + (y_0 + 1) + (y_0 + 2) + \cdots \tag{2-64}$$

式(2-64)两边可分别用两组等差数列表示,等式左边数列的公差为 -1,右边数列的公差为 $+1$,说明在插补过程中,X 轴(或 Y 轴)每发出一个进给脉冲之后,对被积函数 x(或 y)进行减 1(或加 1)的修正,恰好证明了圆弧插补就是沿切线方向的直线插补。圆函数的脉冲分配序列如图 2-33 所示,改进后的圆弧插补软件流程图如图 2-34 所示。

4）空间直线插补

现以三坐标直线插补为例来说明比较积分法实现多坐标插补的原理。

设空间直线的起点为 $(0, 0, 0)$,终点为 (x_e, y_e, z_e),若 x 轴是三个坐标中脉冲间隔最小的,则取 x 轴为基准轴,分别在 XOY 及 xOz 平面作判别函数。

$$F_{i+1} = F_i - x_e + y_e \tag{2-65}$$

$$F'_{i+1} = F'_i - x_e + z_e$$

在 XOY 和 xOz 平面上同时进行脉冲分配即可实现三坐标直线插补。

空间直线插补软件流程图如图 2-35 所示,空间直线插补脉冲分配序列如图 2-36 所示。图 2-36 中的终点为 $(9, 5, 7)$。

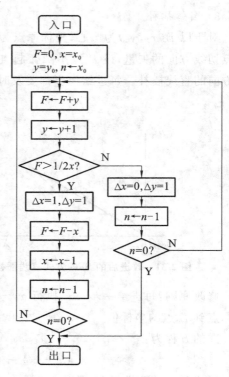

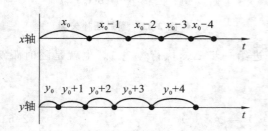

图 2-33　圆函数的脉冲分配序列

图 2-34　改进后的圆弧插补软件流程图

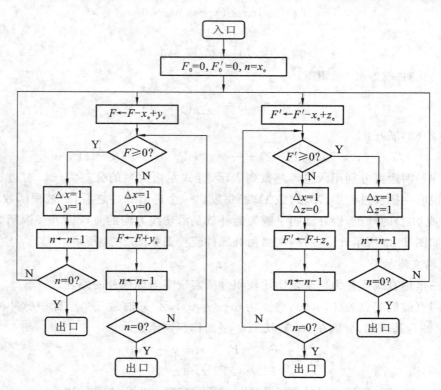

图 2-35　空间直线插补软件流程图

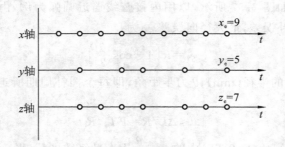

图 2-36　空间直线插补脉冲分配序列

2.2.2　数据采样插补

1. 概述

在以直流伺服电动机或交流伺服电动机为驱动器件的数控系统中，一般不再采用脉冲增量法进行插补，而采用结合了计算机采样思想的数据采样法进行插补。

数据采样法的原理：利用一系列首尾相连的微小直线段来逼近给定的待插补曲线。由于这些线段是按加工时间来分割的，因此数据采样法又称为时间分割法。一般来说，分割后的微小直线段相对于系统精度而言仍然很长，需要在微小直线段的基础上进一步密化数据点。获得微小直线段的过程称为粗插补，一般由软件来实现。将微小直线段进一步密化的过程称为精插补，精插补大多采用脉冲增量插补，可以采用硬件实现，也可以采用软件实现，当采用软件实现时，大多采用汇编语言完成。通过粗、精插补的紧密配合即可实现高性能零件的轮廓插补。

1）插补周期与位置控制周期

通常把相邻两条微小直线段之间的插补时间间隔称为插补周期 T_s，把数控系统中伺服位置环的采样控制时间间隔称为位置控制周期 T_c。对于给定的数控系统而言，插补周期和位置控制周期是两个固定不变的时间参数。

为了便于系统内部控制软件的处理，通常取 $T_s \geqslant T_c$，当 T_s 与 T_c 不相等时，通常插补周期 T_s 是位置控制周期 T_c 的整数倍。由于数据采样插补运算较复杂，处理时间比较长，而伺服位置环的数字控制算法比较简单，处理时间较短，因此每次插补运算的结果可供伺服位置环重复使用。假设编程进给速度大小为 F，数据采样插补周期为 T_s，由此可得粗插补微小线段的长度 $\Delta L = F T_s$。

插补周期 T_s 对数控系统的稳定性没有任何影响，但是对加工轮廓的轨迹误差有影响。一般来讲，插补周期 T_s 越长，插补计算的轨迹误差就越大，因此，从精度角度考虑，插补周期越短越好。另一方面周期 T_s 也不能太短，因为 T_s 也不仅是指 CPU 完成插补计算所需要的时间，还必须留出一部分时间来处理其他数控任务，所以插补周期 T_s 不能太短，必须长于插补运算所用的时间和处理其他任务所用的时间总和，数据采样插补周期一般不长于20 ms。位置控制周期 T_c 对系统的稳定性和轮廓轨迹误差均有影响，所以位置控制周期 T_c 的选择需从伺服系统的稳定性和动态跟踪误差两方面来考虑。

2）插补周期与精度、速度之间的关系

采用数据采样插补法插补直线不存在插补误差问题，因为当插补时的轮廓为直线时，插补分割后的小线段与给定理论轮廓线是重合的。但是进行圆弧插补计算时，一般采用切线、内接弦线和割线来逼近圆弧，这些微小线段是不可能与插补圆弧完全重合的，因此就存在圆弧轮廓的插补误差。如图 2-37 所示，以用内接弦线逼近圆弧为例，由图示关系可知最大的径向误差即圆弧的插补误差，最大径向误差 e_r 为：

$$e_r = R\left(1 - \cos\frac{\theta}{2}\right) \tag{2-66}$$

式中，R 为被插补圆弧的半径（mm）；θ 为步距角，即每个插补周期所走过的弦线对应的圆心角大小，其值为：

$$\theta \approx \Delta L/R = FT_s/R$$

由于 θ 很小，因此可将式（2-66）中的 $\cos\frac{\theta}{2}$ 用泰勒级数展开，得：

$$\cos\frac{\theta}{2} = 1 - \frac{\left(\frac{\theta}{2}\right)^2}{2!} + \frac{\left(\frac{\theta}{2}\right)^2}{4!} - \cdots \tag{2-67}$$

若取式（2-67）前两项代入式（2-66），可得：

$$e_r \approx R\left\{1 - \left[1 - \frac{\left(\frac{\theta}{2}\right)^2}{2!}\right]\right\} = \frac{\theta^2}{8}R = \frac{(FT_s)^2}{8}\frac{1}{R} \tag{2-68}$$

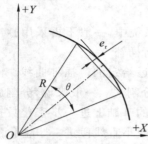

图 2-37 内接弦线逼近圆弧

由式（2-68）可知：利用数据采样法插补圆弧时，插补误差与被插补圆弧半径 R 成反比，与插补周期 T_s 及编程速度 F 的平方成正比。即若 T_s 越长、F 越大，则 R 越小，圆弧插补的误差 e_r 就越大；反之误差就越小。在给定圆弧半径 R 及插补误差 e_r 的前提下，为了提高加工效率，获得较高的进给速度 F，尽量选用较短的插补周期 T_s。在插补周期 T_s 和插补误差 e_r 不变的情况下，被加工轮廓的半径越大，所允许的切削速度就越高。

在给定所允许的最大径向误差 e_r 的前提下，也可以求出最大步距角。

$$\theta_{max} = 2\arccos\left(1 - \frac{e_r}{R}\right) \tag{2-69}$$

2. 数据采样法直线插补

假设加工 XOY 平面内线段 OE，起点坐标为 $O(0,0)$，终点坐标为 $E(x_e, y_e)$，动点 $N_{i-1}(x_{i-1}, y_{i-1})$，进给速度大小为 F，插补周期为 T_s，如图 2-38 所示。

在一个插补周期内，进给线段的长度为 $\Delta L = FT_s$，由三角函数关系求出该插补周期内各坐标轴对应的位置增量为：

$$\Delta x_i = \frac{\Delta L}{L}x_e = Kx_e \tag{2-70}$$

$$\Delta y_i = \frac{\Delta L}{L}y_e = Ky_e \tag{2-71}$$

式中，L 为被插补直线的长度，其计算公式为 $L = \sqrt{x_e^2 + y_e^2}$；K 为每个插补周期内的进给速率数，其计算公式为 $K = \frac{\Delta L}{L} = \frac{FT_s}{L}$。

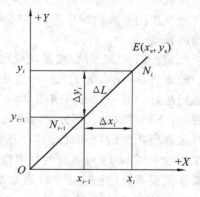

图 2-38 线段 OE

因此下一个动点 N_i 的坐标值为：

$$x_i = x_{i-1} + \Delta x_i = x_{i-1} + \frac{\Delta L}{L}x_e \tag{2-72}$$

$$y_i = y_{i-1} + \Delta y_i = y_{i-1} + \frac{\Delta L}{L} y_e \tag{2-73}$$

3. 数据采样法圆弧插补

数据采样法圆弧插补的思路是在满足加工精度要求的前提下,用弦线或割线来代替弧线实现进给,即用直线段逼近圆弧。下面以内接弦线法逼近插补圆弧为例进行分析。所谓内接弦线法,就是利用圆弧上相邻两个采样点之间的弦线来逼近插补圆弧的计算方法,又称为直接函数法。为了计算方便,通常可把位置增量较大的轴称为长轴,位置增量小的轴称为短轴,也可把 N_{i-1} 点坐标绝对值较小的坐标轴称为长轴,N_{i-1} 点坐标绝对值较大的轴称为短轴。通常先计算长轴,再计算短轴。

1) 基本原理

如图 2-39 所示,以第一象限顺圆弧为例,设圆弧上两个已知点 $A(x_{i-1}, y_{i-1})$、$B(x_i, y_i)$,是两个相邻的插补点,$\overset{\frown}{AB}$ 的弦长为 ΔL,M 为弦长的中点,$OM \perp AB$。若插补周期为 T_s,编程进给速度大小为 F,则 $\Delta L = FT_s$,即每个插补周期的进给步长。插补时,刀具由 A 点移动到 B 点,其 X 的坐标增量为 $|\Delta x_i|$,Y 的坐标增量为 $|\Delta y_i|$,A、B 两点都在圆弧上,所以满足圆弧方程。

$$x_i^2 + y_i^2 = (x_{i-1} + \Delta x_i)^2 + (y_{i-1} + \Delta y_i)^2 = R^2 \tag{2-74}$$

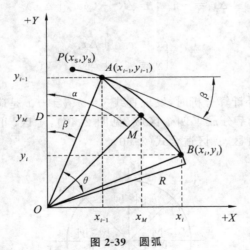

图 2-39 圆弧

因为是第一象限顺圆弧,所以式(2-74)中 $\Delta x_i > 0$,$\Delta y_i < 0$,由 A 移动到 B 点,当 A 点的 $|y_{i-1}| > |x_{i-1}|$,则 X 轴为长轴,Y 轴为短轴。由图 2-39 所示几何关系可得:

$$\alpha = \beta + \frac{1}{2}\theta \tag{2-75}$$

$$\cos\alpha = \frac{OD}{OM} = \frac{y_{i-1} - \dfrac{|\Delta y_i|}{2}}{R} \tag{2-76}$$

式(2-75)中 θ 为 $\overset{\frown}{AB}$ 所对应的圆心角,即步距角,β 为 OA 与 Y 轴之间的夹角。

$$|\Delta x_i| = \Delta L \cos\alpha = \Delta L \frac{y_{i-1} - \dfrac{|\Delta y_i|}{2}}{R} \quad \left(注意:\alpha = \beta + \frac{1}{2}\theta\right) \tag{2-77}$$

由于 $|\Delta y_i|$ 未知,只有通过近似的方法求得。由于在圆弧插补的过程中,两个相邻插

补点之间的未知增量值相差很小,尤其是短轴,这样可以利用 $|\Delta y_{i-1}|$ 近似代替 $|\Delta y_i|$ 进行计算。取消绝对值后,式(2-77)可改写为:

$$\Delta x_i = \Delta L \frac{y_{i-1} + \dfrac{\Delta y_{i-1}}{2}}{R} \tag{2-78a}$$

由式(2-74),可计算 Δy_i。

$$\Delta y_i = -y_{i-1} \pm \sqrt{R^2 - (x_{i-1} + \Delta x_i)^2} \tag{2-78b}$$

通常,θ 很小,Δx_i 和 Δy_i 的初值如下,$P(x_s, y_s)$ 为圆弧起点。

$$\Delta x_0 = \Delta L \cos\left(\beta_0 + \frac{1}{2}\theta\right) \approx \Delta L \cos \beta_0 = \Delta L \frac{y_s}{R} \tag{2-79a}$$

$$\Delta y_0 = \Delta L \sin\left(\beta_0 + \frac{1}{2}\theta\right) \approx \Delta L \sin \beta_0 = \Delta L \frac{x_s}{R} \tag{2-79b}$$

其中 β_0 为 OP 与 Y 轴之间的夹角,Δx_0 为圆弧起点 x_s 到弦线数据采样插补第一点 X 方向的位置增量,Δy_0 为圆弧起点 y_s 到弦线数据采样插补第一点 Y 方向的位置增量。

同理,当 $|x_{i-1}| > |y_{i-1}|$ 时,应取 Y 轴作为长轴,得

$$\Delta y_i = \frac{\Delta L}{R}\left(x_{i-1} + \frac{1}{2}\Delta x_{i-1}\right) \tag{2-80a}$$

$$\Delta x_i = -x_{i-1} \pm \sqrt{R^2 - (y_{i-1} + \Delta y_i)^2} \tag{2-80b}$$

动点坐标为:

$$\begin{cases} x_i = x_{i-1} + \Delta x_i \\ y_i = y_{i-1} + \Delta y_i \end{cases} \tag{2-81}$$

2) 象限处理

在进行数据采样插补计算分析时,发现直线 $y=x$、$y=-x$ 是确定长轴、短轴的分界线,即两条直线将 XOY 坐标系分成了四个区域(见图 2-40):Ⅰ 区、Ⅱ 区、Ⅲ 区、Ⅳ 区。其中 Ⅰ 区、Ⅲ 区适合式(2-78),Ⅱ 区、Ⅳ 区适合式(2-80)。

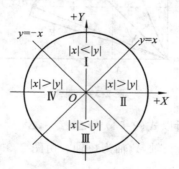

图 2-40 数据采样插补区域划分

对于 Ⅰ 区而言,因为 $y_i \geqslant 0$,所以 $y_{i-1} + \Delta y_i \geqslant 0$,$y_{i-1} + \Delta y_i = \sqrt{R^2 - (x_{i-1} + \Delta x_i)^2} \geqslant 0$
所以

$$\Delta y_i = -y_{i-1} + \sqrt{R^2 - (x_{i-1} + \Delta x_i)^2} \tag{2-82}$$

对 Ⅲ 区而言,因为 $y_i \leqslant 0$,所以 $y_{i-1} + \Delta y_i \leqslant 0$,即

$$y_{i-1} + \Delta y_i = -\sqrt{R^2 - (x_{i-1} + \Delta x_i)^2} \leqslant 0$$

所以

$$\Delta y_i = -y_{i-1} - \sqrt{R^2 - (x_{i-1} + \Delta x_i)^2} \tag{2-83}$$

对 Ⅱ 区而言,因为 $x_i \geqslant 0$,所以 $x_{i-1} + \Delta x_i = \sqrt{R^2 - (y_{i-1} + \Delta y_i)^2} \geqslant 0$,则

$$\Delta x_i = -x_{i-1} + \sqrt{R^2 - (y_{i-1} + \Delta y_i)^2} \tag{2-84}$$

对 Ⅳ 区而言,因为 $y_i \leqslant 0$,所以 $x_{i-1} + \Delta x_i = \sqrt{R^2 - (y_{i-1} + \Delta y_i)^2} \leqslant 0$,则

$$\Delta x_i = -x_{i-1} - \sqrt{R^2 - (y_{i-1} + \Delta y_i)^2} \tag{2-85}$$

将第一象限的顺圆弧直接函数法插补的计算公式汇总在表 2-8 中。

表 2-8　直接函数法圆弧插补计算公式

动点属性	长轴	区域	位置增量	动点坐标
当 $\lvert y_{i-1} \rvert > \lvert x_{i-1} \rvert$ 时	X 轴	Ⅰ	$\Delta x_i = \dfrac{\Delta L}{R}\left(y_{i-1} + \dfrac{1}{2}\Delta y_{i-1}\right)$ $\Delta y_i = -y_{i-1} + \sqrt{R^2 - (x_{i-1} + \Delta x_i)^2}$	
		Ⅲ	$\Delta x_i = \dfrac{\Delta L}{R}\left(y_{i-1} + \dfrac{1}{2}\Delta y_{i-1}\right)$ $\Delta y_i = -y_{i-1} - \sqrt{R^2 - (x_{i-1} + \Delta x_i)^2}$	$x_i = x_{i-1} + \Delta x_i$ $y_i = y_{i-1} + \Delta y_i$
当 $\lvert x_{i-1} \rvert > \lvert y_{i-1} \rvert$ 时	Y 轴	Ⅱ	$\Delta y_i = \dfrac{\Delta L}{R}\left(x_{i-1} + \dfrac{1}{2}\Delta x_{i-1}\right)$ $\Delta x_i = -x_{i-1} + \sqrt{R^2 - (y_{i-1} + \Delta y_i)^2}$	
		Ⅳ	$\Delta y_i = \dfrac{\Delta L}{R}\left(x_{i-1} + \dfrac{1}{2}\Delta x_{i-1}\right)$ $\Delta x_i = -x_{i-1} - \sqrt{R^2 - (y_{i-1} + \Delta y_i)^2}$	

从表 2-8 中可以发现,当根号前引入 S_i 时,$S_i = -1$,Ⅰ 区和 Ⅱ 区的公式分别变换成 Ⅲ 区和 Ⅳ 区的公式。若进一步考虑逆圆插补情况,则需引入圆弧走向符号 S_2,来实现转换,顺圆 $S_2 = 1$,逆圆 $S_2 = -1$。

3) 误差分析

根据几何关系,可推得:

$$(\Delta L/2)^2 = R^2 - (R - e_r)^2$$

所以

$$\Delta L = F T_s = 2\sqrt{2R e_r - e_r^2} \leqslant \sqrt{8R e_r} \tag{2-86}$$

2.3　刀具补偿技术

如图 2-41 所示,在铣床上用半径为 r 的刀具加工外形轮廓为 A 的工件时,刀具中心沿着与轮廓 A 距离为 r 的轨迹 B 移动。因为控制系统控制的是刀具中心的运动,所以我们要根据轮廓 A 的坐标参数和刀具半径 r 值计算出刀具中心轨迹 B 的坐标参数,然后再编制程序进行加工。在轮廓加工中,由于刀具总有一定的半径,如铣刀半径或线切割机的钼丝半径等,刀具中心(刀位点)的运动轨迹并不等于所加工零件的实际轨迹(直接按零件轮廓形状编程所得轨迹),数控装置的刀具半径补偿就是指把零件轮廓轨迹转换成刀具中心轨迹。

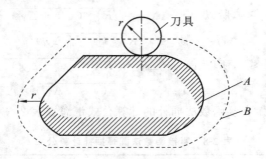

图 2-41　工件加工时刀具中心的移动轨迹

当实际刀具长度与编程长度不一致时,利用刀具长度补偿功能可以实现对刀具长度差额的补偿。

加工中心:一个重要组成部分就是自动换刀系统,在一次加工中使用多把长度不同的刀具,需要有刀具长度补偿功能。

轮廓铣削加工:为使刀具中心沿所需轨迹运动,需要有刀具半径补偿功能。

车削加工:可以使用多种刀具,数控装置具备了刀具长度和刀具半径补偿功能,使数控程序与刀具形状和刀具尺寸尽量无关,可大大简化编程。

如果具有刀具补偿功能,在编制加工程序时,就可以按零件实际轮廓编程,加工前测量实际的刀具半径、长度等,作为刀具补偿参数输入数控装置,可以加工出合乎尺寸要求的零件轮廓。

刀具补偿一般分为刀具长度补偿和刀具半径补偿。铣刀主要需要采用刀具半径补偿;钻头只需长度补偿;车刀需要选用两坐标长度补偿和刀具半径补偿。

刀具补偿功能可以满足加工工艺等其他一些要求,可以通过逐次改变刀具半径补偿值大小的办法,调整每次进给量,以达到利用同一程序实现粗、精加工循环。另外,因刀具磨损、重磨而使刀具尺寸变化时,仍用原程序,势必造成加工误差,用刀具长度补偿可以解决这个问题。

2.3.1　刀具长度补偿

为了简化数控编程,使数控程序与刀具的形状、尺寸尽可能无直接关系,数控机床一般都具有长度补偿功能。刀具长度补偿就是在刀具的长度方向偏移一个刀具长度值进行修正,数控编程时,一般不需要考虑刀具长度。这样就避免了加工过程中因换刀刀具长度不同而造成的欠切或过切现象。刀具长度补偿对于立式加工中心而言,一般用于刀具轴向(Z 轴)的补偿,编程时将某一把刀具作为基准刀(视其长度为零),其余刀具与基准刀比较所得的刀具长度之差设定于刀具偏置存储器中,地址字段为 H。刀具补偿存储器界面如图 2-42 所示。

加工时通过程序中的相关准备功能(G43 或 G44)指令或由系统自动建立刀具长度补偿值,由数控系统自动计算刀具在长度方向的位置,使刀具在长度方向偏移设定的长度,从而正确地加工出满足要求的零件。采用 G43 和 G44 指令进行长度补偿如图 2-43 所示。

当刀具发生磨损或安装有误差时,或者更换刀具后,不需要重新修改或编制新的加工程序,也不需要重新对刀或重新调整刀具,可通过长度补偿功能来弥补刀具在长度方向的尺寸变化。

工具补正				O1058 N00040
番号	形状(H)	磨耗(H)	形状(D)	磨耗(D)
001	−312.039	0.000	5.000	0.000
002	−309.658	0.000	6.000	0.000
003	−298.561	0.000	7.000	0.000
004	−335.175	0.000	8.000	0.000
005	−327.693	0.000	9.000	0.000
006	−297.658	0.000	3.000	0.000
007	−333.621	0.000	3.500	0.000
008	−339.987	0.000	10.000	0.000

现在位置(相对坐标)

    X   359.389   Y   −201.026
    Z   −362.039

>_   OS100% L   0%
HND 10:58:36

[补正] [SETTNG] [坐标系] [   ] [(操作)]

图 2-42　刀具补偿存储器界面

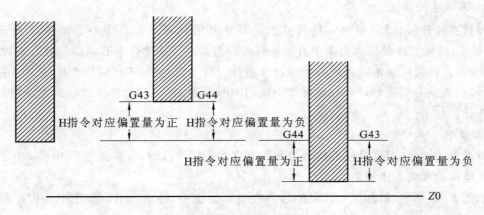

图 2-43　刀具长度补偿

2.3.2　刀具半径补偿

ISO 标准规定,当刀具中心轨迹在编程轨迹(零件轮廓 $ABCD$)前进方向的左侧时,称为左刀补,用 G41 表示;当刀具中心轨迹在编程轨迹前进方向的右侧时,称为右刀补,用 G42 表示,如图 2-44 所示。G40 为取消刀具补偿指令。

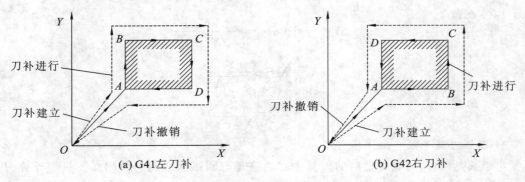

(a) G41左刀补　　　　　(b) G42右刀补

图 2-44　左刀补和右刀补

1. 刀具半径补偿过程

在切削过程中,刀具半径补偿的补偿过程分为三个步骤。

1)刀补建立

刀具从起刀点接近工件,在原来的程序轨迹基础上偏移一个刀具半径值,即刀具中心从与编程轨迹重合过渡到与编程轨迹距离一个刀具半径值。在该步骤中,动作指令只能用 G00 或 G01。

2)刀补进行

刀具补偿进行期间,刀具中心轨迹始终偏离编程轨迹刀具半径的距离。在此状态下,G00、G01、G02、G03 都可使用。

3)刀补撤销

刀具中心轨迹从与编程轨迹相距刀具半径距离过渡到与编程轨迹重合。此时动作指令也只能用 G00、G01。

2. 刀具半径算法

刀具半径补偿计算:根据零件尺寸和刀具半径值计算出刀具中心轨迹。对于一般的 CNC 系统,所能实现的轮廓仅限于直线和圆弧。刀具半径补偿分为 B 功能刀补与 C 功能刀补,B 功能刀补能根据本段程序的轮廓尺寸进行刀具半径补偿,不能解决程序段之间的过渡问题,编程人员必须先估计刀补后可能出现的间断点和交叉点等情况,进行人为处理。B 功能刀补计算如下。

1)直线刀具补偿计算

对于直线而言,刀具补偿后的轨迹是与原直线平行的直线,只需要计算出刀具中心轨迹的起点坐标值和终点坐标值。

如图 2-45 所示,被加工直线段的起点在坐标原点 O,终点为 A。假定上一程序段加工完后,刀具中心在 O' 点。O' 点的坐标是已知的。设刀具半径为 r,需要计算出刀具右补偿后直线段 $O'A'$ 的终点 A' 点的坐标。设刀具补偿矢量 AA' 在坐标轴上的投影为 ΔX 和 ΔY,则:

$$X' = X + \Delta X$$

$$Y' = Y + \Delta Y$$

$$\angle XOA = \angle A'AK = \alpha$$

$$\Delta X = r\sin\alpha = r\frac{Y}{\sqrt{X^2 + Y^2}}$$

$$\Delta Y = -r\cos\alpha = -r\frac{X}{\sqrt{X^2 + Y^2}}$$

$$X' = X + \frac{rY}{\sqrt{X^2 + Y^2}}$$

$$Y' = Y - \frac{rX}{\sqrt{X^2 + Y^2}}$$

2)圆弧刀具半径补偿计算

对于圆弧而言,刀具补偿后的刀具中心轨迹是与圆弧同心的一段圆弧。只需计算刀补后圆弧的起点坐标值和终点坐标值。如图 2-46 所示,被加工圆弧的圆心坐标在坐标原点 O,圆弧半径为 R,圆弧起点 A,终点 B,刀具半径为 r。

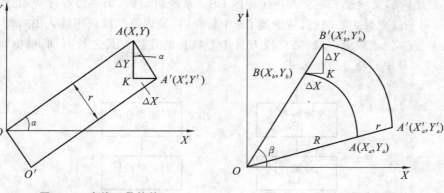

图 2-45　直线刀具补偿　　　　　　　图 2-46　圆弧刀具半径补偿

假定上一个程序段加工结束后刀具中心为 A'，其坐标已知，那么圆弧刀具半径补偿计算的目的，就是计算出刀具中心轨迹的终点坐标 $B'(X'_b,Y'_b)$。设 BB' 在两个坐标上的投影为 ΔX、ΔY，则：

$$X'_b = X_b + \Delta X$$

$$Y'_b = Y_b + \Delta Y$$

$$\angle BOX = \angle B'BK = \beta$$

$$\Delta X = r\cos\beta = r\frac{X_b}{R} \quad X'_b = X_b + r\frac{X_b}{R}$$

$$\Delta Y = r\sin\beta = r\frac{Y_b}{R} \quad Y'_b = Y_b + r\frac{Y_b}{R} \tag{2-87}$$

加工如图 2-47 所示零件外部轮廓 $ABCD$ 时，由 AB 直线段开始，接着加工直线段 BC，根据给出的两个程序段，按 B 刀补处理后可求出相应的刀具中心轨迹 A_1B_1 和 B_2C_1。

加工完第一个程序段，刀具中心落在 B_1 点上，而第二个程序段的起点为 B_2，两个程序段之间出现了间断点，只有刀具中心走一个从 B_1 至 B_2 的附加程序，即在两个间断点之间增加一半径为刀具半径的过渡圆弧 $\overarc{B_1B_2}$，才能正确加工出整个零件轮廓。

可见，B 功能刀补采用了读一段，算一段，再走一段的控制方法，这样，无法预计到由于刀具半径所造成的下一段加工轨迹对本程序段加工轨迹的影响。为解决下一段加工轨迹对本程序段加工轨迹的影响，在计算本程序段加工轨迹后，提前将下一段程序读入，然后根据

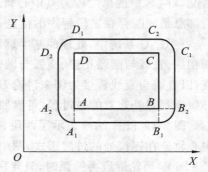

图 2-47　零件外部轮廓 $ABCD$

它们之间转接的具体情况，再对本程序段的加工轨迹做适当修正，得到本程序段正确的加工轨迹，这就是 C 功能刀补。C 功能刀补更为完善，这种方法能根据相邻轮廓段的信息自动处理两个程序段刀具中心轨迹的转换，并自动在转接点处插入过渡圆弧或直线，从而避免刀具干涉和产生间断点情况的发生。

图 2-48(a) 给出了普通数控装置的工作方法，在系统内，数据缓冲寄存区 BS 用以存放下一加工程序段的信息，设置工作寄存区 AS，存放正在加工的程序段的信息，其运算结果送到输出寄存区 OS，直接作为伺服系统的控制信号。

图 2-48(b) 所示为 CNC 系统中采用 C 功能刀补方法的原理框图，与图 2-48(a) 不同的

是,CNC 系统内部又增设了一个刀补缓冲区 CS。系统启动后,第一段程序先被读入 BS,在 BS 中算得第一段刀具中心轨迹,被送到 CS 中暂存后,又将第二段程序读入 BS,算出第二段刀具中心轨迹。接着对第一段、第二段刀具中心轨迹的连接方式进行判别,根据判别结果,再对第一段刀具中心轨迹进行修正。

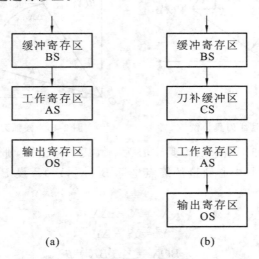

(a)   (b)

图 2-48   两种数控装置的工作流程

修正结束后,顺序地将修正后的第一段刀具中心轨迹由 CS 送入 AS 中,第二段刀具中心轨迹由 BS 送入 CS 中。然后,由 CPU 将 AS 中的内容送到 OS 中进行插补运算,运算结果送到伺服系统中予以执行。修正了的第一段刀具中心轨迹开始被执行后,利用插补间隙,CPU 又命令将第三段程序读入 BS,随后,又根据 BS 和 CS 中的第三段、第二段轨迹的连接情况,对 CS 中的第二段刀具中心轨迹进行修正。依此进行下去,可见在刀补工作状态,CNC 内部总是同时存在三段程序的信息。

在 CNC 系统中,处理的基本廓形是直线和圆弧,它们之间的相互连接方式有:直线与直线相接、直线与圆弧相接、圆弧与圆弧相接。在刀具补偿执行的三个步骤中,都会有转接过渡,以直线与直线转接为例来讨论刀补建立、刀补进行过程中可能碰到的三种转接形式。刀补撤销是刀补建立的逆过程,可参照刀补建立操作。

图 2-49 和图 2-50 表示了两段相邻程序在直线与直线连接,G41 左刀补的情况下,刀具中心轨迹在连接处的过渡形式,图中 α 为工件侧连接处两个运动方向的夹角,其变化范围为 0°～360°,当轮廓段为圆弧时,只要用其在交点处的切线作为角度定义的对应直线即可。

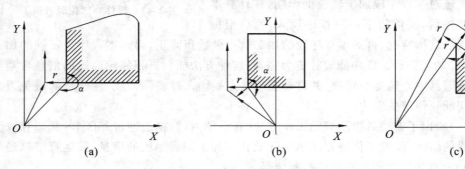

(a)   (b)   (c)

图 2-49   G41 左刀补建立示意图

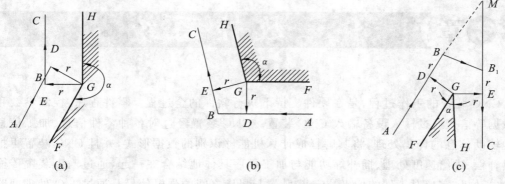

图 2-50 刀补进行直线与直线连接的情况

在图 2-50(a)中,编程轨迹为 FG 和 GH,刀具中心轨迹为 AB 和 BC,相对于编程轨迹缩短了 BD 与 BE 的长度,这种转接为缩短型。

图 2-50(b)中,刀具中心轨迹 AB 和 BC 相对于编程轨迹 FG 和 GH 伸长了 BD 与 BE 的长度,这种转接为伸长型。图 2-50(c)中,若采用伸长型,刀具中心轨迹为 AM 和 MC,相对于编程轨迹 FG 和 GH 来说,刀具空行程时间较长,为缩短刀具非切削的空行程时间,可在中间插入过渡直线 BB_1,并令 BD 等于 B_1E 且等于刀具半径 r,这种转接为插入型。根据转接角 α 不同,可以将 C 功能刀补的各种转接过渡形式分为三类:

(1) 当 $180° < \alpha < 360°$ 时,属缩短型,如图 2-49(a)和图 2-50(a)所示。

(2) 当 $90° \leqslant \alpha < 180°$ 时,属伸长型,如图 2-49(b)和图 2-50(b)所示。

(3) 当 $0° < \alpha < 90°$ 时,属插入型,如图 2-49(c)和图 2-50(c)所示。

思考与练习

2-1 简述 CNC 系统的工作过程。

2-2 何谓插补?有哪些插补算法?

2-3 试述逐点比较法的四个节拍。

2-4 利用逐点比较法插补线段 OE,起点 $O(0,0)$,终点 $E(6,10)$,试写出插补计算过程并绘出轨迹。

2-5 逐点比较法如何实现 XOY 平面第一象限的直线插补和圆弧插补?

2-6 简述 DDA 插补的原理。

2-7 何谓刀具半径补偿?刀具半径补偿分为哪几个过程?

2-8 B 功能刀补和 C 功能刀补有何区别?

第❸章　数控系统

CNC 装置的工作过程，是在硬件支持下执行软件的全过程。零件程序、控制参数和补偿数据等信息通过输入设备输入 CNC 装置。CNC 装置经过对各种零件信息、加工信息和其他辅助信息的译码处理，将其解释成计算机能够识别的数据形式，并且 CNC 装置再把如刀具补偿、进给速度处理、插补等功能与加工程序具体地结合在一起，通过输出装置传输给进给电动机，完成对工件的加工。CNC 装置与机床之间的强电信号是通过 I/O 处理回路来完成传输的。在 CNC 装置的工作过程中，它的自诊断程序运行，不间断地对机床各部分监测点实施监测，如果发现故障，就发送报警信号，方便维修人员快速准确地判断、定位并修复有关 CNC 系统或非系统内部的各种故障。

3.1　数控系统的总体结构及部分功能

数控系统是数控机床的大脑和核心，而数控系统的核心是完成数字信息运算、处理和控制的计算机，即计算机控制装置。随着计算机技术的发展，现代数控装置以微型计算机数控（MNC）装置为主体，统称为 CNC 数控装置。数控装置（习惯称为数控系统）是对机床进行控制，并完成零件自动加工的专用电子计算机。它接收数字化的零件图样和工艺要求等信息，按照一定的数字模型进行插补运算，根据运算结果实时地对机床的各运动坐标进行速度和位置控制，完成零件的加工。随着科学技术的进步，特别是微电子技术和计算机技术的发展，数控系统不断得到新的硬件、软件资源而飞速发展。

3.1.1　CNC 装置的结构

CNC 系统（又称计算机数控系统）是数控机床的重要部分，随着计算机技术的发展而发展。现在的数控装置由计算机完成以前由硬件数控所做的工作。数控系统由操作面板、输入/输出设备、CNC 装置、可编程控制器（PLC）、主轴伺服单元、进给伺服单元、主轴驱动装置和进给驱动装置（包括检测装置）等组成，有时也称为 CNC 系统。CNC 系统框图如图 3-1 所示。CNC 系统的核心是 CNC 装置。CNC 装置由硬件和软件组成，CNC 装置的软件在硬件的支持下，合理地管理整个系统并组织整个系统正常运行。随着计算机技术的发展，CNC 装置性能越来越优，价格越来越低。

3.1.2　CNC 装置的特点

1. 较高的柔性

柔性即灵活性，与硬件数控装置相比，灵活性是 CNC 装置的主要特点。硬件数控装置的功能一旦制成就难以改变；而 CNC 装置只要改变相应的控制软件，就可以改变和扩展其功能，补充新技术，满足用户的不同需要。这就延长了硬件结构的使用期限。

2. 良好的通用性

CNC 装置硬件结构形式多样，有多种通用的模块化结构，使系统易于扩展，模块化软件

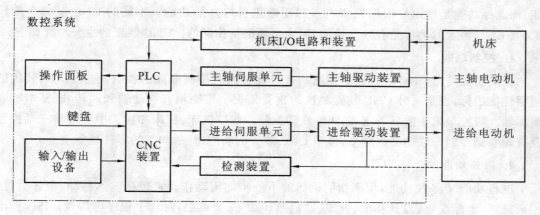

图 3-1　CNC 系统框图

能满足各类数控机床(如数控车床、数控铣床、加工中心等)的不同控制要求。标准化的用户接口、统一的用户界面,既方便系统维护,又方便用户培训。开放式系统的引入,不但发展了模块化的概念,而且将计算机系统的标准化和开放性思想引进来,使数控系统的通用性大大提高。

3. 可实现复杂控制功能

CNC 装置利用计算机的高速计算能力,能方便地实现许多复杂的数控功能,如多种补偿功能、动静态图形显示功能、高次曲线插补功能、数字伺服控制功能等。同时,随着处理器的速度越来越快,很多对速度有要求的功能也能由软件来处理,这样既可以相对简化硬件设计,又可以增加系统的灵活性。

4. 较高的可靠性

数控机床待加工零件的加工程序在加工前输入到 CNC 装置中,经系统检查后方可调用执行,这就避免了零件程序错误。CNC 装置的许多功能由软件实现,使硬件的元器件数目大为减少,硬件结构大大简化,整个系统的可靠性得到很大改善,特别是大规模和超大规模集成电路的使用,使硬件高度集成、体积更小,进一步提高了系统的可靠性。

5. 维修、使用方便

CNC 装置的诊断程序使维修、使用 CNC 装置变得非常方便,其自诊断功能能够迅速地报警,或显示故障的原因和位置,大大方便了维修,减少了停机时间。CNC 装置有零件程序编辑功能、自动在线编程功能等,使程序编制很方便。零件加工程序编好后,CNC 装置可显示程序,还可以通过空运行将刀具轨迹显示出来,检查程序是否正确,体现了其方便的使用性。

6. 易于实现机电一体化

随着集成电路技术的发展以及先进制造和安装技术的应用,CNC 装置的功能不断增强,功耗逐渐减小,大大缩小了板卡等硬件结构的尺寸,体积越来越小,易于和机床的机械结构融合,占地面积小,操作方便。CNC 装置的通信功能不断增强,利用 CNC 装置容易组成数控加工自动生产线(如 FMS 和 CIMS 等),易于实现机电一体化。

3.1.3　CNC 装置的功能

CNC 装置的硬件采用模块化结构,许多复杂的功能靠软件实现。CNC 装置的功能通常包括基本功能和选择功能。不管用于什么场合的 CNC 装置,基本功能是其必备的数控功能;而选择功能是供用户根据机床特点和用途进行选择的功能。不同的 CNC 装置生产厂家,其 CNC 装置的功能是有些差异的,但主要功能是相同的。CNC 装置的主要功能如下。

1. 控制功能

控制功能是指 CNC 装置能够控制的并且能够同时控制联动的轴数,它是 CNC 装置的重要性能指标,也是区分 CNC 装置档次的重要依据。控制轴有移动轴和回转轴、基本轴和附加轴。数控车床一般只需 X、Z 两轴联动控制。数控铣床、钻床和加工中心等需三轴控制及三轴联动控制。联动轴数越多,说明 CNC 装置的功能越强,加工的零件越复杂。

2. 准备功能

准备功能又称 G 功能,用来指明机床的下一步如何动作。它包括基本移动、程序暂停、平面选择、坐标设定、刀具补偿、镜像、固定循环加工、公英制转换、子程序等指令。ISO 标准规定,用指令 G 和后续的两位数字组成表示指令的功能。西门子公司新出的 CNC 装置(如840D、802D)用 G 带三位数表示某一功能。

3. 插补功能

插补功能用于对零件轮廓加工的控制,一般的 CNC 装置有直线插补功能、圆弧插补功能,特殊的 CNC 装置还有二次曲线插补功能和样条曲线插补功能。

实现插补运算的方法有逐点比较法、数字积分法、直接函数法和双 DDA 法等。

4. 固定循环加工功能

用数控机床加工零件,一些典型的加工工序,如钻孔、铰孔、攻螺纹、深孔钻削、切螺纹等,所需完成的动作循环十分典型,若用基本指令编写则较麻烦,使用固定循环加工功能可以简化编程工作。固定循环加工指令将典型动作事先编好程序并储存在内存中,用 G 代码进行指定。固定循环加工指令有钻孔、铰孔、攻螺纹循环,车削、铣削循环,复合加工循环及车螺纹循环等。

5. 进给功能

进给功能用 F 指令给出各进给轴的进给速度大小。在数控加工中常用到以下几种与进给速度有关的术语。

1)切削进给速度

切削进给速度(mm/min)指定刀具切削时的移动速度,例如 F100 表示切削进给速度大小为 100 mm/min。

2)同步进给速度

同步进给速度(mm/r)即主轴每转一圈时进给轴的进给量。只有主轴装有位置编码器的机床才能指令同步进给速度。

3)快速进给速度

快速进给速度指机床的最高移动速度,用 G00 指令,通过参数设定。它可通过操作面板上的快速开关改变。

4)进给倍率

操作面板上设置了进给倍率开关,使用进给倍率开关不用修改零件加工程序就可改变进给速度。进给倍率可在 0~200% 之间变化。

6. 主轴功能

主轴功能包括以下几方面。

1）指定主轴转速

用 S 后跟 4 位数表示，单位为转/分（r/min），例如 S1500 表示主轴转速指定为 1500 r/min。

2）设置恒定线速度

该功能主要用于车削和磨削加工中，能使工件端面质量提高。

3）主轴准停

该功能使主轴在径向的某一位置准确停止。加工中心必须有主轴准停功能，换刀时主轴准停后进行卸刀和装刀动作。

7. 辅助功能

辅助功能主要用于指定主轴的正转、反转、停止，切削液泵的打开和关闭及换刀等动作，用 M 字母后跟 2 位数表示。没有特指的辅助功能可作其他用途。

8. 刀具功能

刀具功能用来选择刀具并且指定有效刀具的几何参数的地址。

9. 补偿功能

补偿包括刀具补偿（刀具半径补偿、刀具长度补偿、刀具磨损补偿）、丝杠螺距误差补偿和反向间隙补偿。CNC 装置采用补偿功能可以把刀具相应的补偿量、丝杠螺距误差的补偿量和反向间隙的补偿量输入到其内部存储器，在控制机床进给时按一定的计算方法将这些补偿量补上。

10. 显示功能

CNC 装置配置的 CRT 显示器或液晶显示器，用于显示程序、零件图形、人机对话编程菜单、故障信息等。

11. 通信功能

通信功能主要用于完成上级计算机与 CNC 装置之间的数据和命令传送。一般的 CNC 装置带有 RS32C 串行接口，可实现 DNC 方式加工。高级一些的 CNC 装置带有 FMS 接口，按 MAP（制造自动化协议）通信，可实现车间和工厂自动化。

12. 自诊断功能

CNC 装置安装了各种诊断程序，这些程序可以嵌入其他功能程序中，在 CNC 装置运行过程中进行检查和诊断。诊断程序也可作为独立的服务性程序，在 CNC 装置运行前或因故障停机后进行诊断，查找故障的部位。有些 CNC 装置具有远程诊断功能。

3.2 数控系统的硬件结构

随着大规模集成电路技术和表面安装技术的发展，CNC 系统硬件模块及安装方式不断改进。早期数控系统的输入、运算、插补、控制功能均由电子管、晶体管、中小规模集成电路组成的逻辑电路实现，不同的数控机床需要设计专门的逻辑电路。世界上第一个 CNC 系统于 1970 年问世，1974 年美、日等国便研究出了以微处理器为核心的数控系统，之后 8 位、16位、后 16 位、32 位、64 位 CNC 系统相继被应用。CNC 系统具有体积小、结构紧凑、功能丰富、可靠性好等优点。

3.2.1 单片机数控装置

单片机是指集成了 CPU、存储器及输入/输出接口电路的半导体芯片,习惯上称之为单片微型计算机。它的主要特点是抗干扰性好、可靠性高、速度快、指令系统的效率高、体积小、价格低,适用于简易的和小型专用的数控装置。单片机的典型结构如图 3-2 所示。

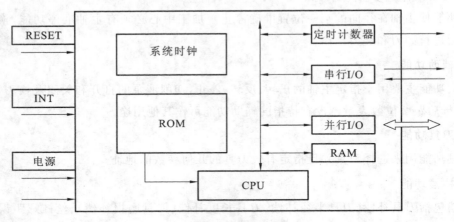

图 3-2 单片机的典型结构

单片机的典型应用系统是指单片机要完成工业测试、控制功能所必须具备的硬件结构系统。由于单片机主要用于工业测试、控制,因此,其典型应用系统应具备用于测试、控制目的的前向传感器通道、后向伺服控制通道和基本的人机对话手段。它包括了系统扩展和系统配置两部分的内容。系统扩展是指当单片机中的 ROM、RAM 及 I/O 接口等片内部件不能满足系统要求时,在片外扩展相应的部分。系统配置是指单片机为满足应用要求,配置的基本外部设备,如键盘、显示器等。单片机的典型应用系统如图 3-3 所示,整个系统包括基本部分和测控增强部分及外设增强部分。

图 3-4 所示为用 80C31 单片机组成的简易数控装置的硬件系统图。这是一个裁纸机的数控装置,包含了输入/输出、运动控制和开关量控制等数控装置的基本功能。图 3-4 中74LS02 为双极 TTL 数字逻辑电路,2764 为 EPROM(可擦除可编程只读存储器),GND 为信号地,RST 为复位,DG1 至 DG6 为 LED 显示器。

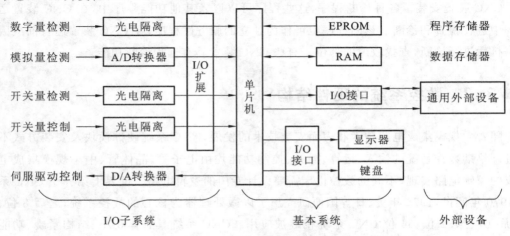

图 3-3 单片机的典型应用系统

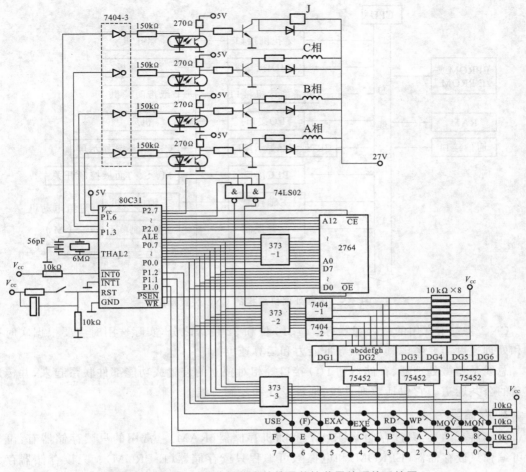

图 3-4 用 80C31 单片机组成的简易数控装置的硬件系统图

3.2.2 单 CPU 数控装置

在单微处理机结构的 CNC 装置中,只有一个中央处理器(CPU),采用集中控制,分时处理数控的每一项任务。对于有些 CNC 装置虽然有两个以上的 CPU,但只有一个 CPU(主CPU)能控制总线并访问存储器,其他的 CPU(从 CPU)只完成某一辅助功能,例如键盘管理、CRT 显示等。这些从 CPU 也接受主 CPU 的指令。它们组成主从结构,所以也被归类于单微处理机结构中。单微处理机结构的 CNC 装置框图如图 3-5 所示(虚线左边部分)。

单微处理机结构的 CNC 装置由微处理器、存储器、总线、I/O 接口、MDI 接口、纸带阅读机接口、位置控制器、CRT 或液晶显示接口、PLC 接口、主轴控制、通信接口等组成。

1. 微处理器及总线

微处理器由控制器和运算器组成,是微处理机的核心,它完成控制和运算两方面的内容。在 CNC 装置中,控制器的控制任务为:从程序存储器中依次取出指令,对其进行解释,按照指令向 CNC 装置各部分按顺序发出执行操作的控制信号,从而使指令得以执行,并接收执行部件发回来的反馈信号,控制器根据程序中的指令信息及这些反馈信息,决定下一步命令操作。运算器的任务主要是:零件加工程序的译码、刀补计算、插补计算、位置控制计算及其他数据的计算和逻辑运算。

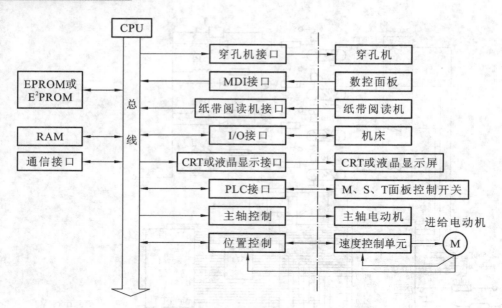

图 3-5　单微处理机结构的 CNC 装置框图

CNC 装置中常用的微处理器有 8 位、16 位和 32 位等之分,实际选用时主要根据实时控制和处理速度需要考虑其字长、寻址能力和运算速度。

总线是将微处理器、存储器和 I/O 接口等相对独立的装置或功能部件联系起来,并传送信息的公共通道。它包括数据总线、地址总线和控制总线。

2. 存储器

存储器有两类:只读存储器(ROM)和随机存储器(RAM)。常用的只读存储器有:可擦除可编程只读存储器(EPROM)和电擦除可编程只读存储器(E^{2}PROM)。只读存储器存放系统程序,由 CNC 装置生产厂家写入或者由厂家提供系统程序软件和操作工具,由使用者通过上位计算机下装到 CNC 装置中,也将用户的参数存放在 E^{2}PROM 中,以保持不丢失。随机存储器用于存放中间运行结果,显示数据及运算中的状态、标志信息等。

随机存储器分为静态随机存储器(SRAM)和动态随机存储器(DRAM)。静态随机存储器在加电使用期间,除非进行改写,否则其存储的信息不会改变。动态随机存储器在加电使用期间,当超过一定时间(一般为 2 ms)时,其存储的信息会自动丢失。因此,为了保持动态随机存储器存储的信息不丢失,必须另外设置刷新电路,每隔一定时间按原存储内容重新刷新(写)一遍。

3. I/O 接口

1) I/O 接口的标准化

同其他工业上的 I/O(输入/输出)接口标准一样,CNC 装置与机床间的接口也有国际标准。它是 1975 年由国际电工委员会(IEC)第 44 技术委员会制定并批准的,称为机床/数控接口标准。图 3-6 所示为 CNC 装置、控制设备和机床之间的连接。

数控装置与机床及机床电器设备之间的接口电路分为三种类型。

第一类:与驱动控制器和测量装置之间的连接电路。

第二类:电源及机床电器保护电路。

第三类:开/关信号和代码信号连接电路。

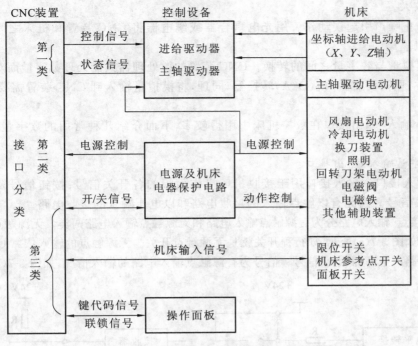

图 3-6 CNC 装置、控制设备和机床之间的连接

第一类接口电路传送的信息是 CNC 装置与伺服单元、伺服电动机、位置检测和速度检测之间的控制信息。它们属于数字控制、伺服控制和检测控制。

第二类电源及机床电器保护电路由数控机床强电线路中的电源控制电路构成。强电线路由电源变压器、继电器、接触器、保护开关、熔断器等连接而成，以便为驱动单元、主轴电动机、辅助电动机（如风扇电动机、切削液泵电动机、换刀电动机等）、电磁铁、电磁阀、离合器等功率执行元件供电。强电线路不能与低压下工作的控制电路或弱电线路直接连接，只能通过中间继电器、热保护器、控制开关等转换。用继电器控制回路或 PLC 控制中间继电器，用中间继电器的触点给接触器通电，接通主回路（强电线路）。

第三类开/关信号和代码信号连接电路，是指 CNC 装置与机床参考点、限位、面板开关等及一些辅助功能输出控制连接的电路。当数控机床没有 PLC 时，这些信号在 CNC 装置与机床间直接传送。当数控机床带有 PLC 时，这些信号除一些高速信号外，均通过 PLC 输入/输出。

2）I/O 信号的分类及接口电路的任务

从机床向 CNC 装置传送的信号称为输入信号，从 CNC 装置向机床传送的信号称为输出信号。输入/输出信号的主要类型有数字量输入/输出信号、模拟量输入/输出信号、交流输入/输出信号。这些信号中，模拟量输入/输出信号主要用于进给坐标轴和主轴的伺服控制或其他接收、发送模拟量信号的设备。交流信号用于直接控制功率执行器件。接收或发送模拟量信号需要专门的电子线路。应用最多的输入/输出信号是数字量输入/输出信号，数字量输入/输出接收接口电路相对简单些。

接口电路的主要任务如下。

（1）进行电平转换和功率放大。一般 CNC 装置的信号电平是 TTL 电平，而控制机床和来自机床的信号电平通常不是 TTL 电平，因此要进行电平转换。在重负载情况下，还要进行功率放大。

（2）防止噪声引起误动作。用光电耦合器或继电器将 CNC 装置和机床之间的信号在电器上加以隔离。

（3）模拟量与数字量之间的转换。CNC 装置的微处理器只能处理数字量而对于模拟量控制的地方，则需要有数/模（D/A）转换器，同理，将模拟量输入到 CNC 装置需要模/数（A/D）转换器。

数字量输入/输出接口在数控机床中用得较多，下面介绍几种常用的数字量输入/输出接口。

3）数字量输入/输出接口

（1）输入接口 输入接口用于接收机床操作面板的各开关信号、按钮信号及机床的各种限位开关信号。因此有以触点输入的接收电路和以电压输入的接收电路。

触点（接点）输入电路分为有源触点输入电路和无源触点输入电路两类。无源触点输入电路的输入情况如图 3-7(a)所示，如行程开关就是无源触点开关。无源触点的输入依靠 CNC 接口的触点供电回路产生高、低电平信号。信号为有源触点输入电路的输入情况，如图 3-7(b)所示。

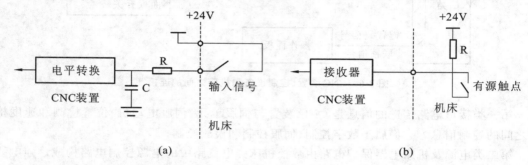

图 3-7　输入/输出接口电路

信号滤波常采用阻容滤波器，电平转换采用晶体三极管或光电耦合器。光电耦合器既有隔离信号以防干扰的作用，又起到了电平转换的作用，在 CNC 装置接口电路中被大量使用。在触点输入电路中不光要防滤波还要防触点抖动。常用的防抖动的方法是采用斯密特触发器［见图 3-8(a)］或 R-S 触发器［见图 3-8(b)］来整形。

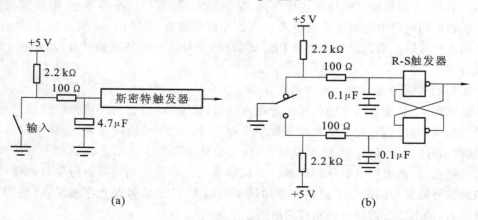

图 3-8　使用触发器去抖动电路

在机床输入信号中有些以电压作为输入信号，比如接近开关，当遇到铁块时输出低电平信号，当无铁块时输出高电平信号。以电压作为输入信号的接口电路如图 3-9 所示。

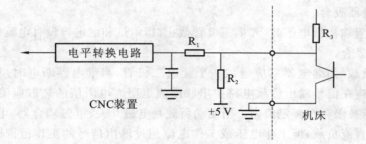

图 3-9　以电压作为输入信号的接口电路

（2）输出接口　输出接口是将各种机床工作状态的信息送到机床操作面板上用指示灯显示，把控制机床动作的信号送到强电箱中。在实际使用中，输出接口电路有继电器输出电路和无触点输出电路两种，如图 3-10 所示。

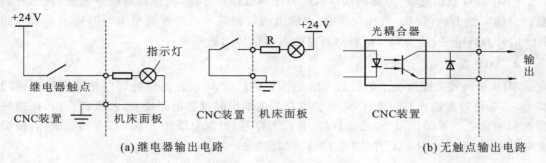

　　　　　　　　　（a）继电器输出电路　　　　　　　　　　　　　　　　（b）无触点输出电路

图 3-10　输出接口电路

图 3-11 所示是负载为指示灯的典型信号输出电路。

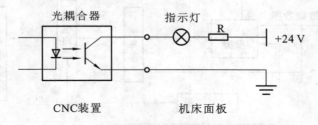

图 3-11　负载为指示灯的典型信号输出电路

图 3-12 所示是负载为继电器线圈的典型信号输出电路。

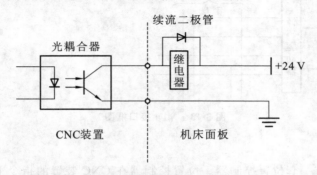

图 3-12　负载为继电器线圈的典型信号输出电路

当 CNC 装置输出高电平时，光耦三极管导通，这样指示灯或继电器线圈有电流通过，使指示灯亮或继电器吸合。

当 CNC 装置输出低电平时,光耦三极管截止,指示灯和继电器没有电流回路,故指示灯不亮,继电器不吸合。

对于感性负载(如继电器),应增加一个续流二极管,当继电器断电时,将电能释放掉。对于容性负载,应在信号输出负载电路中串联限流电阻。电阻值的选取应确保负载承受的瞬间电流和电压被限制在额定值内。当驱动负载是电磁开关、电磁耦合器、电磁阀线圈等交流负载,或虽是直流负载,但工作电压或工作电流超过输出信号的工作范围时,应选用输出信号驱动中间继电器(电压为 24 V),然后用它们的触点接通强电线路的功率继电器或直接去激励这些负载。当 CNC 装置带有 PLC 装置,且具有交流输入/输出信号接口,或有用于直流负载驱动的专用接口时,输出信号就不必经中间继电器过渡,即可以直接驱动负载器件。

CNC 装置数据量输入/输出接口对应有接口数据锁存器,锁存器对应一地址,其二进制数位对应一位 I/O 信号。若锁存器输入/输出的数据某一二进制数位为"1",则表示对应的 I/O 信号为高电平;若为"0",则表示对应的 I/O 信号为低电平。

4. MDI 接口

MDI 是通过数控面板上的键盘来进行操作的。CNC 装置的微处理器扫描到按下键的信号时,就将数据送入移位寄存器,移位寄存器的输出经报警电路检查,若按键有效,按键数据在控制选通信号的作用下,经选择器、移位寄存器、数据总线送入 RAM 存储起来;若按键无效,则数据不送入 RAM。MDI 接口框图如图 3-13 所示。

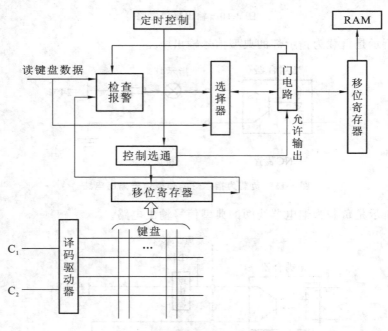

图 3-13 MDI 接口框图

5. 位置控制器

每一进给轴对应一套位置控制器。位置控制器在 CNC 装置的指令下控制电动机带动工作台按要求的速度移动规定的距离。轴控制是数控机床上要求最高的位置控制,不仅对单根轴的运动和位置精度的控制有严格要求,而且多轴联动时,还要求各移动轴有很好的运动配合。

对主轴的控制要求在很宽的范围内速度连续可调,并且在不同的转速下输出恒转矩。在有换刀装置的机床中还需要对主轴进行位置控制(准停)。

加工中心要实现根据指令到刀库放刀、取刀、自动换刀,必须控制刀库(或取刀、放刀机构)位置,使刀库(或取刀、放刀机构)准确地停在要选用的刀具位置。与轴控制相比,刀库(或取刀、放刀机构)位置控制没有复杂计算,比较简单,可以用 PLC 控制。

进给坐标轴的位置控制的硬件一般采用大规模专用集成电路位置控制芯片(如 FANUC 公司的 MB8720、MB8739、MB87103 等)和位置控制模板(如西门子公司的 MS230、MS250、MS300 等)。

6. 纸带阅读机接口

CNC 装置采用 8 单位纸带阅读机阅读程序。零件加工程序通过纸带穿孔机放在纸带上,纸带上的八个孔组成 8 位信息,另外还有一中导孔。图 3-14 所示是带卷带盘的纸带阅读机接口框图。该纸带阅读机以发光二极管作为发光体,以光敏三极管为信号接收器,把纸带的 8 孔信号变换为电信号,然后送入纸带数据寄存器寄存;纸带中导孔信号经脉冲形成电路形成一个脉冲,送到中断请求触发器,向 CPU 发出中断请求信号。若 CPU 响应此中断,则从数据寄存器中接收存储器的 8 孔信号。纸带进给控制电路接收来自 CPU 的控制指令,驱动相应电磁铁,使纸带正向、反向或停止走带;走带和纸带控制电路接收来自 CPU 的控制指令,驱动正向或反向走带电动机。此外还有人工控制正绕或反绕的开关。纸带盘电动机还受到左臂开关和右臂开关的控制,自动调节纸带盘的旋转。

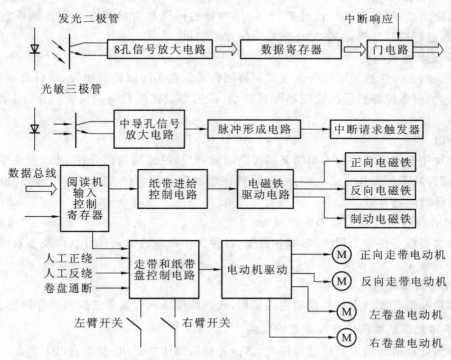

图 3-14　带卷带盘的纸带阅读机接口框图

纸带阅读机的工作由硬件和软件配合完成,其工作过程大致如下。

(1)把载有零件加工程序的纸带装在阅读机上,纸带阅读机操作面板的工作方式开关置于纸带方式位置,阅读机卷盘控制开关置于卷盘接通的位置,然后按下数控面板上的循环

启动按键。

（2）CPU 在按键扫描过程中发现循环启动键已按下，于是 CPU 向阅读机接口发出走带信号，正向电磁铁吸合，纸带正向移动。

（3）当阅读机发光二极管的光照到中导孔时，由中导孔信号形成一个脉冲，向 CPU 发出中断信号，另一方面八个孔信号送到 8 孔数据寄存器寄存。

（4）CPU 响应中断后，向阅读机接口发出中断响应信号，接收 8 孔数据寄存器的数据，转存入零件加工程序存储器。至此一排八个孔数据读入完毕，接着再向阅读机发出走带信号，重复（3）、（4）过程。

（5）当阅读机读到代码 M02LF、M30LF 或 ER（错误码）时，阅读机停止走带。其中 M30LF 还接着使阅读机倒带至纸带的起点。

3.2.3 多 CPU 数控装置

在多微处理机结构的 CNC 装置中，有两个或两个以上的 CPU，多重操作系统有效地实行并行处理。

1. 多微处理机结构的 CNC 装置的基本功能模块

1) CNC 装置管理模块

CNC 装置管理模块实现管理和组织整个 CNC 系统工作过程所需要的功能，如系统初始化、中断管理、总线裁决、系统出错的识别和处理等。

2) CNC 装置插补模块

该模块完成译码、刀具补偿计算、坐标位移量的计算和进给速度处理等插补前的预处理，然后再进行插补计算，为各坐标轴提供位置给定量。

3) 位置控制模块

插补后的坐标位置给定值与位置监测器测得的位置实际值进行比较，进行自动加减速、回基准点、伺服系统滞后量的监视和漂移补偿，最后得到速度控制的模拟电压，驱动进给电动机。

4) PLC 模块

该模块用于实现零件加工中的某些辅助功能，对从机床来的信号在 PLC 模块中做逻辑处理，实现各功能与操作方式之间的连接，机床电器设备的启停、刀具交换、转台分度、工件数量和运转时间的计数等。

5) 操作与控制数据 I/O 和显示模块

该模块实现零件加工程序、参数和数据、各种操作命令的输入/输出，以及显示所要求的各种电路。

6) 存储器模块

该模块是指存放程序和数据的主存储器，或功能模块间数据传送的共享存储器。

2. 多微处理机结构的数控装置的优点

与单微处理机结构的数控装置相比，多微处理机结构的 CNC 装置有以下优点。

1) 运算速度快，性能价格比高

多微处理机结构中每一微处理器完成某一特定功能，相互独立，并且并行工作，所以运算速度快。多微处理机结构的 CNC 装置适应多轴控制及高进给速度、高精度、高效率的数控要求，由于系统共享资源，故性价比高。

2）适应性强、扩展容易

多微处理机结构的 CNC 装置大都采用模块化结构。可将微处理器、存储器、输入/输出控制分别制作成插件板，或将其组成独立的硬件模块，相应的软件也是模块结构，固化在硬件模块中，这样可以积木式组成 CNC 装置，具有良好的适应性和扩展性，维修也方便。

3）可靠性高

由于多微处理机功能模块独立完成某一任务，因此当某一功能模块出故障时，其他模块照常工作，不至于整个系统瘫痪，提高了系统的可靠性。

4）硬件易于组织规模生产

一般硬件是通用的，易于配置，只要开发新的软件就可以构成不同的 CNC 装置，便于组织规模生产，保证质量。

3. 多微处理机的 CNC 装置各模块之间的结构

多微处理机的 CNC 装置各模块之间的互连和通信主要采用共享总线、共享存储器两类结构。

1）共享总线结构

共享总线结构数控系统硬件结构如图 3-15 所示，总线将各模块连在一起，按要求传递信号，实现预定功能。共享总线结构数控系统配置灵活，结构简单，容易实现。共享总线结构的缺点是各主模块使用总线时会引起"竞争"，使信息传输效率降低。总线一旦出现故障，会影响全局。但它由于具有结构简单、系统配置灵活、实现容易、无源总线造价低等优点而常被采用。

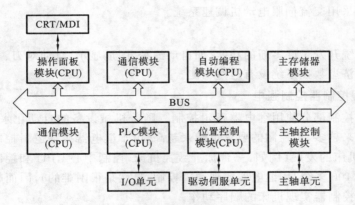

图 3-15 共享总线结构数控系统硬件结构

2）共享存储器结构

共享存储器结构数控系统硬件结构如图 3-16 所示，采用多端口存储器来实现各微处理器之间的互连和通信，每个端口都配有一套数据、地址、控制线，以供端口使用访问。由于多端口存储器设计较复杂，而且对于两个以上的主模块，可能会因争用存储器造成存储器传输信息的阻塞，因此这种结构一般采用双端口随机存储器（双端口 RAM）。

3.2.4 全功能型 CNC 系统硬件的特点

全功能型数控系统功能齐全，又称标准数控系统。与经济型数控系统相比，全功能型数控系统硬件具有以下特点。

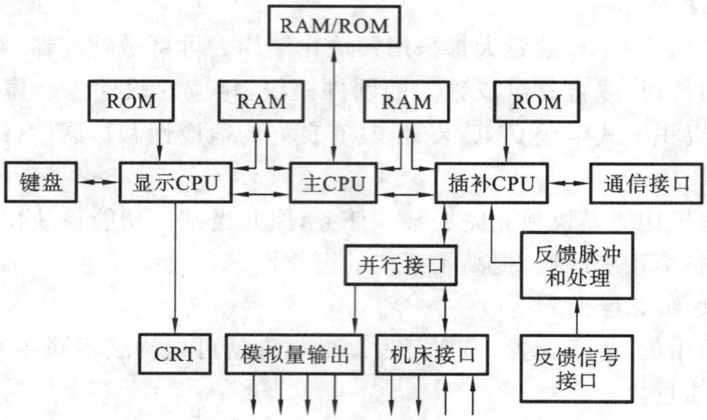

图 3-16　共享存储器结构数控系统硬件结构

1. 具有多个微处理器

全功能型数控系统一般有 2～4 个 CPU,各 CPU 并行工作,所以运算速度高,使机床进给速度大大提高。例如,经济型数控系统的快进速度为 6 mm/min,全功能型数控系统可以达到 24 mm/min。

2. 采用闭环或半闭环控制

经济型数控系统采用步进电动机开环控制,全功能数控系统采用闭环或半闭环控制。电动机采用直流伺服电动机或交流伺服电动机。由于交流电动机调速技术迅速发展,数控系统越来越多地采用交流伺服电动机调速系统。

3. 功能强

标准数控系统开发了许多新的功能,如自动编程、图形显示、自动对刀、刀具磨损自动测量及补偿等。经济型数控系统没有这些功能。

4. 用可编程控制器控制强电

机床的顺序控制部分使用继电器逻辑控制。随着机械设备的自动化水平不断提高,机床本身的信号越来越多,对控制的要求也越来越高,由于继电器接触逻辑控制本身的固有缺陷,已无法适应机床的发展(例如,一台标准数控机床,控制中心 CPU 和控制面板及强电逻辑之间的信号达 100 多个,用继电器实现逻辑控制,显然是很困难的),因而越来越多的数控机床采用可编程控制器实现机床的顺序动作。

3.3　数控系统的软件结构

CNC 装置的软件是为完成 CNC 数控机床的各项功能而专门设计和编制的,是一种专用软件,其结构既取决于软件的分工,也取决于软件本身的工作特点。软件功能是 CNC 装置的功能体现。一些厂商生产的 CNC 装置,硬件设计好后基本不变,而软件功能不断升级,以满足制造业发展的要求。

3.3.1　CNC 装置软件结构的特点

CNC 系统是一个专用的实时多任务计算机控制系统,它的控制软件也采用了计算机软件技术中的许多先进技术。其中多任务并行处理和实时中断处理两项技术的运用是 CNC 装置软件结构的特点。

1．多任务并行处理

1）CNC 装置的多任务性

CNC 装置系统软件分为管理软件和控制软件两部分。数控加工时，控制软件与管理软件经常同时运行。例如，插补时同时在屏幕上显示坐标位置。此外，为了保证加工过程的连续性，即刀具在各程序段不停刀，译码、刀具补偿和速度处理模块必须与插补模块同时运行，而插补又必须与位置控制同时进行。图 3-17 所示为软件任务的并行处理关系，其中双箭头表示两个模块之间有并行处理关系。

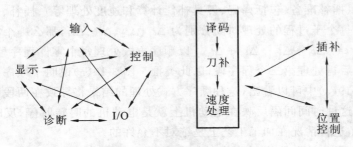

图 3-17　软件任务的并行处理关系

2）并行处理

并行处理是指计算机在同一时刻或同一时间间隔内完成两种或两种以上性质相同或不相同的工作。运用并行处理技术可以提高运算速度。

并行处理方法有资源共享、资源重复和时间重叠。

资源共享根据分时共享的原则，使多个用户按时间顺序使用同一套设备。资源重复通过增加资源（如多 CPU）提高运算速度。时间重叠根据流水线处理技术，使多个处理过程在时间上相互错开，轮流使用同一套设备的几个部分。

CNC 装置的硬件设计普遍采用资源重复这一并行处理方法。而 CNC 装置的软件设计则常采用资源分时共享和资源重叠的流水线处理技术。

（1）资源分时共享并行处理。在单 CPU 的 CNC 装置中，主要采用 CPU 分时共享的原则来解决多任务的同时处理。分时共享要解决的主要问题是如何分配各任务占用 CPU 的时间，即各任务何时占用 CPU，以及允许占用 CPU 多长时间。

在 CNC 装置中，对各任务占用 CPU 用循环轮流和中断优先相结合的方法来解决，如图 3-18 所示。

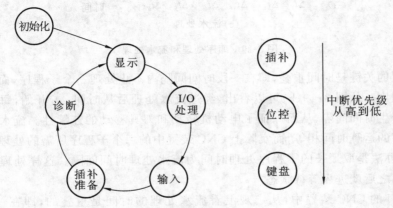

图 3-18　循环轮流和中断优先

系统在完成初始化以后自动进入时间分配中,在环中依次轮流处理各任务。而对于系统中一些实时性很强的任务则按优先级排队,分别放在不同中断优先级上作为环外的任务,环外的任务可以随时中断环内各任务的执行。每个任务允许占用 CPU 的时间是受限制的,对于某些占用 CPU 时间比较长的任务(如插补准备),通常的处理方法是:在其中的某些地方设置断点,当程序执行到断点处时,该任务自动让出 CPU,等到下一个运行时间自动跳到断点处继续执行。

(2) 资源重叠流水处理。当 CNC 装置采用自动加工工作方式时,其数据的转换过程将由零件程序输入、插补准备(包括译码、刀具补偿计算和速度处理等)、插补、位置控制四个子过程组成。如果每个子过程的处理时间分别为 Δt_1、Δt_2、Δt_3、Δt_4,那么一个零件程序段的数据转换时间将是 $t = \Delta t_1 + \Delta t_2 + \Delta t_3 + \Delta t_4$。以顺序方式处理每个零件程序段,即第一个零件程序段处理完以后再处理第二个程序段,以此类推。图 3-19(a)说明了顺序处理时的时间空间关系。从图 3-19(a)中可以看出,这种顺序方式处理的结果将导致在两段程序的输出之间产生时间间隔。这种时间间隔反映在电动机上就是电动机的时转时停,反映在刀具上就是刀具的时走时停,这种情况在加工工艺上是绝对不允许的。

消除这种间隔的方法是使用流水处理技术。采用流水处理后的时间空间关系如图 3-19(b)所示。

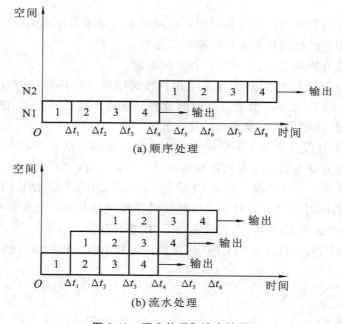

图 3-19 顺序处理和流水处理

流水处理的关键是时间重叠,即在一段时间间隔内不止处理一个子程序,而是处理两个或更多的子程序。从图 3-19(b)可以看出,经过流水处理后从时间 Δt_4 开始,每段程序的输出之间不再产生时间间隔,从而保证了电动机转动和刀具移动的连续性。流水处理要求处理每个子程序的运算时间相等,而实际上 CNC 装置中的每个子程序所需的处理时间都是不同的,解决的办法是取最长的子程序处理时间为流水处理时间间隔。这样处理完所需时间较短的子程序之后就进入等待状态。

在单 CPU 的 CNC 装置中,从宏观上看流水处理的时间是重叠的,即在一段时间内,CPU 处理多个子程序,而实际上,各子程序分时占用 CPU 的时间。

（3）并行处理中的信息交换和同步。在 CNC 装置中信息交换主要通过各种缓冲存储区来实现。图 3-20 表示在自动加工方式中，CNC 装置通过缓冲存储区交换信息的情况。

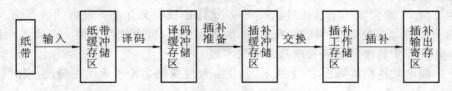

图 3-20　通过缓冲存储区交换信息

图 3-20 中零件程序通过输入程序的处理先存入纸带缓冲存储区，这是一个有 128 字节的循环队列。译码程序先从纸带缓冲存储区中把一段程序的数据读入译码缓冲存储区，然后对其进行译码、刀具补偿计算和速度处理，并将结果放在插补缓冲存储区，插补程序每次初始执行一段程序的插补运算时，把插补缓冲存储区的内容读入插补工作存储区，然后用插补工作存储区中的数据进行插补计算，并将结果送到插补输出寄存器。

2. 实时中断处理

CNC 装置软件结构的另一个特点是实时中断处理。CNC 装置的多任务性和实时性决定了中断成为整个装置必不可少的组成部分。CNC 装置的中断管理主要靠硬件完成，而其中中断结构决定了 CNC 装置软件的结构。

1）CNC 装置的中断类型

（1）外部中断　主要有纸带光电阅读机读孔中断、外部监控中断（如紧急停止等）、键盘和操作面板输入中断。前两种外部中断的实时性要求很高，通常将它们放在较高的中断优先级上，而键盘和操作面板输入中断则放在较低的中断优先级上。

（2）内部定时中断　包括插补周期定时中断和位置采样定时中断。在有些系统中，这两种内部定时中断合二为一。但在处理过程中，总是先处理位置控制，然后处理插补运算。

（3）硬件故障中断　它是 CNC 装置各种硬件故障检测装置发出的中断。

（4）程序性中断　它是程序中出现的各种异常情况的报警中断。

2）CNC 装置中断结构的模式

（1）中断型结构模式　这种模式的特点是除了初始化程序之外，整个系统软件的各种任务模块分别安排在不同级别的中断服务程序中，整个软件就是一个大的中断系统。其管理的功能主要通过各级中断服务程序之间的相互通信来解决。

（2）前后台型结构模式　这种模型的前台程序是一个中断服务程序，完成全部实时功能（如插补和位置控制）。后台程序（背景程序）是一个循环程序，包括管理软件和插补准备程序。后台程序运行时实时中断程序不断插入，与后台程序相互配合，共同完成零件加工任务。图 3-21 所示为这种结构的前后台程序关系图。

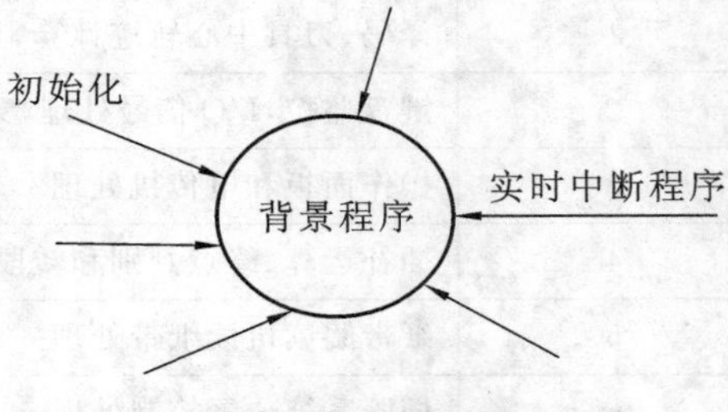

图 3-21　前后台结构

3.3.2　CNC 装置软件结构的模式

CNC 装置的软件结构指系统软件的任务或程序组织管理方式，取决于系统采用的中断结构。在常规的 CNC 系统中，有多重中断型软件结构和前后台型软件结构两种模式。

1. 多重中断型软件结构

多重中断型软件结构的特征是除了开机初始化外,数控加工程序的输入、预处理、插补、辅助功能控制、位置伺服控制及通过数控面板、机床面板等交互设备进行的数据输入和显示等各功能子程序均被安排在不同级别的中断服务程序中,整个软件就是一个大的中断系统,系统程序管理依靠各中断服务程序间的通信实现。

多重中断型软件结构如图 3-22 所示,其任务调度机制为抢占式优先调度,实时性好。

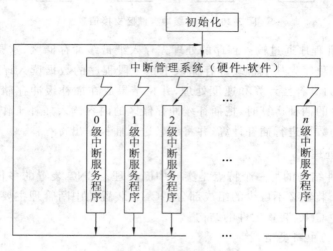

图 3-22　多重中断型软件结构图

由于中断级别较多(最多可达 8 级),强实时性任务可安排在优先级较高的中断服务程序中。但是模块间关系复杂,耦合度大,不利于系统的维护和扩充。

FANUC-BESK 7CM CNC 系统是采用多重中断型软件结构的典型。整个系统的各个功能模块被划分为 8 级不同优先级的中断服务程序,如表 3-1 所示。其中伺服系统位置控制被安排成很高的级别,因为机床的刀具运动实时性很强。CRT 显示被安排为 0 级,其中断请求通过硬件接线始终保持存在。只要 0 级以上的中断服务程序均未发生,就进行 CRT 显示。

表 3-1　FANUC-BESK 7CM CNC 系统的各级中断功能

中断级别	主要功能	中断源
0	控制 CRT 显示	硬件
1	译码、刀具中心轨迹计算,显示器控制	软件,16 ms 定时
2	键盘监控,I/O 信号处理,穿孔机控制	软件,16 ms 定时
3	操作面板和电传机处理	硬件
4	插补运算、终点判别和转段处理	软件,8 ms 定时
5	纸带阅读机读纸带处理	硬件
6	伺服系统位置控制处理	4 ms 实时钟
7	系统测试	硬件

1 级中断相当于后台程序的功能,进行插补前的准备工作。如表 3-2 所示,1 级中断有 13 种功能,对应口状态字中的 13 位,每位对应一个处理任务。在进入 1 级中断服务时,先依次查询口状态字 0～12 位状态,再转入相应的中断服务。其处理过程如图 3-23 所示。口状

态字的置位有两种情况：一种是由其他中断根据需要置1级中断请求的同时置相应的口状态字；另一种是在执行1级中断的某个口子处理时，置口状态字的另一位。某一口的处理结束后，程序口状态字的对应位清除。

表 3-2　FANUC-BESK 7CM CNC 系统 1 级中断的 13 种功能

口状态字	对应口的功能
0	显示处理
1	公制、英制转换
2	部分初始化
3	从存储区（MP、PC 或 SP 区）读一段数控程序到 BS 区
4	轮廓轨迹转换成刀具中心轨迹
5	"再启动"处理
6	"再启动"开关无效时，刀具回到断点"启动"处理
7	按"启动"按钮时，要读一段程序到 BS 区的预处理
8	连续加工时，要读一段程序到 BS 区的预处理
9	纸带阅读机反绕或存储器指针返回首址的处理
A	启动纸带阅读机使纸带正常进给一步
B	置 M、S、T 指令标志及 G96 速度换算
C	置纸带反绕标志

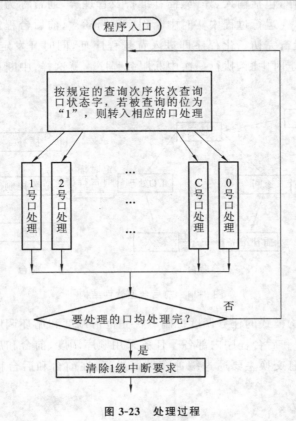

图 3-23　处理过程

2 级中断服务程序的主要工作是对数控面板上的各种工作方式和 I/O 信号进行处理。

3 级中断对用户选用的外部操作面板和电传机进行处理。

4 级中断主要的功能是完成插补运算。FANUC-BESK 7CM CNC 系统中采用了时间分割法(数据采样法)插补。此方法经过 CNC 插补计算输出的是一个插补周期 $T(8\ ms)$ 的 F 指令值,这是一个粗插补进给量,而精插补进给量则是由伺服系统硬件与软件来完成的。一次插补处理分为速度计算、插补计算、终点判别和进给量变换四个阶段。

5 级中断服务程序主要对纸带阅读机读入的孔信号进行处理。这种处理基本上可以分为输入代码的有效性判别、代码处理和结束处理三个阶段。

6 级中断主要完成位置控制、4 ms 定时计时和存储器奇偶校验工作。

7 级中断实际上属于工程师的系统调试工作,非使用机床的正式工作。

中断请求的发生,除了 6 级中断是由 4 ms 时钟发生之外,其余的中断均靠别的中断设置,即依靠各中断程序之间的相互通信来解决。例如 6 级中断程序中每两次设置一次 4 级中断请求(8 ms);每四次设置一次 1、2 级中断请求。插补 4 级中断在插补完一个程序段后,要从缓冲器中取出一段程序,并进行刀具半径补偿,这时就设置 1 级中断请求,并把 4 号口置"1"。

2. 前后台型软件结构

前后台型软件结构如图 3-24 所示,适合于采用集中控制的单微处理机 CNC 系统。在这种软件结构中,前台程序为实时中断程序,承担了几乎全部实时功能,这些功能都与机床动作直接相关,如位置控制、插补、辅助功能处理、面板扫描及输出等。后台程序主要用来完成准备工作和管理工作,包括输入、译码、插补准备及管理等,通常称为背景程序。背景程序是一个循环运行程序,在运行过程中实时中断程序不断插入,前后台程序相互配合完成加工任务。程序启动后,运行完初始化程序即进入背景程序环,同时开发定时中断,每隔一个固定时间间隔发生一次定时中断,执行一次中断服务程序。就这样,中断程序和背景程序有条不紊地协同工作。

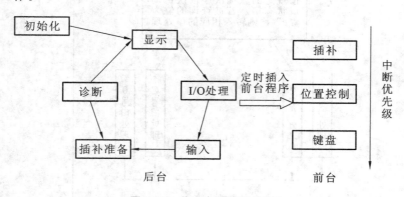

图 3-24　前后台型软件结构

前后台型软件结构模式的任务调度机制有优先抢占调度和循环调度。前台程序的调度是优先抢占式的,前台和后台程序内部各子任务采用顺序调度,前台和后台程序之间以及内部各子任务之间的信息交换主要通过缓冲存储区进行,在前台和后台程序内无优先级等级且无抢占机制。

3.4 可编程控制器

3.4.1 数控机床用可编程控制器的分类

可编程控制器(PLC)根据输入离散信息,在内部进行逻辑运算,并完成输出功能。PLC在数控机床中的配置形式有两种。

1. 内装型 PLC

图 3-25 所示为内装型 PLC 的 CNC 机床系统框图。内装型 PLC 从属于 CNC 装置,PLC 与 NC 间的信号传送在 CNC 装置内部即可实现。PLC 与机床之间通过 CNC I/O 电路实现信号传送。

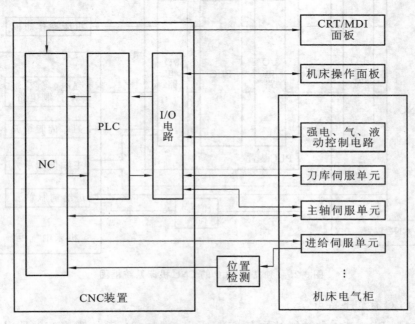

图 3-25 内装型 PLC 的 CNC 机床系统框图

内装型 PLC 有如下特点:

(1) 内装型 PLC 实际上是 CNC 装置带有的 PLC 功能,其性能指标是根据所从属的 CNC 系统的规格、性能、适用机床的类型等确定的。其硬件和软件部分被作为 CNC 系统的基本功能统一设计、制造。因此,内装型 PLC 具有结构紧凑、适配性强的优点。

(2) 在系统的具体结构上,内装型 PLC 可与 CNC 系统共用 CPU,也可以单独使用一个 CPU。

(3) 硬件控制电路可与 CNC 系统其他电路制作在同一块印制电路板上,也可以单独使用一块附加板,当 CNC 装置需要附加 PLC 功能时,再将此附加板插装到 CNC 装置上。

(4) 内装型 PLC 一般不单独配置 I/O 电路,而是使用 CNC 系统本身的 I/O 电路。PLC 控制电路及部分 I/O 电路(一般为输入电路)所用电源由 CNC 装置提供,不需另备电源。

(5) 采用内装型 PLC 结构,CNC 系统可以具有某些高级的控制功能,且造价低,例如可以使用梯形图编辑和传送高级功能,又如在 CNC 系统内部直接处理 NC 窗口的大量信息等。

国内常见外国公司生产的带有内装型 PLC 的系统有：FANUC 公司的 FS-0（PMC-L/M）、FS-0 Mate（PMC-L/M）、FS-3（PLC-D）、FS-6（PLC -A、PLC-B）、FS -10/11（PMC-1）、FS-15（PMC-N），西门子公司的 SINUMERIK 810、SINUMERIK 820，A-B 公司的 8200、8400、8600 等。

2. 独立型 PLC

独立型 PLC 的 CNC 机床系统框图如图 3-26 所示。独立型 PLC 又称通用型 PLC。独立型 PLC 是独立于 CNC 装置，具有完备的硬件和软件功能，能够独立完成规定控制任务的装置。

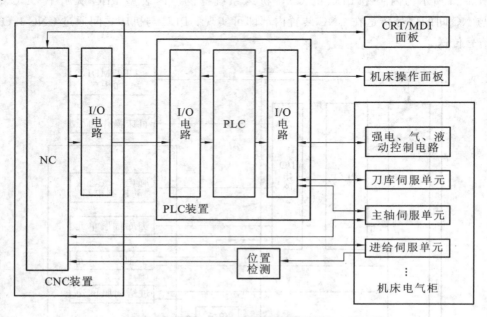

图 3-26　独立型 PLC 的 CNC 机床系统框图

独立型 PLC 有如下特点：

（1）独立型 PLC 基本的功能结构有 CPU 及其控制电路、系统程序存储器、用户程序存储器、I/O 电路、与编程设备等外设通信的接口和电源等。

（2）独立型 PLC 一般采用积木式模块化结构或笼式插板式结构，各功能电路多制作成独立的模板或印制电路板，具有安装方便，功能易于扩展和变更等优点。例如：可采用通信模块与外部 I/O 设备、编程设备、上位机、下位机等进行数据交换；可采用 D/A 模块对外部伺服装置直接进行控制；可采用计数模块对加工工件数量、刀具使用次数、回转体回转分度数等进行检测和控制；可采用定位模块直接对诸如刀库、转台、直线运动轴运动部件或装置进行控制。

（3）独立型 PLC 的输入/输出点数可以通过 I/O 模块或插板的增减灵活配置。有的独立型 PLC 还可通过多个远程终端连接器构成有大量输入/输出点的网络，以实现大范围的集中控制。

那些专为 FMS（柔性制造系统）、FA（工厂自动化）而开发的独立型 PLC 具有强大的数据处理、通信和诊断功能，主要用作单元控制器，是现代自动化生产制造系统重要的控制装置。独立型 PLC 也用于单机控制。

国内已引进应用的独立型 PLC 有：西门子公司的 SIMATI CS5 系列产品，A-B 公司的 PLC 系列产品，FANUC 公司的 PMC-J 等。

3.4.2 数控机床用可编程控制器的功能

PLC 在现代数控系统中有着重要的作用。综合来看 PLC 主要有以下几个方面的功能。

1. 机床操作面板控制

将机床操作面板上的控制信号直接送入 PLC，以控制数控系统的运行。

2. 机床外部开关输入信号控制

将机床侧的开关信号送入 PLC，经逻辑运算后，输出给控制对象。这些控制开关包括各类按钮开关、行程开关、接近开关、压力开关和温控开关等。

3. 输出信号控制

PLC 输出的信号经强电柜中的继电器、接触器，通过机床侧的液压或气动电磁阀，对刀库、机械手和回转工作台等装置进行控制，另外还对冷却泵电动机、润滑泵电动机及电磁制动器等进行控制。

4. 伺服控制

控制主轴和伺服进给驱动装置的使能信号，以满足伺服驱动的条件。通过驱动装置，驱动主轴电动机、伺服进给电动机和刀库电动机等。

5. 报警处理控制

PLC 收集强电柜、机床侧和伺服驱动装置的故障信号，报警标志区中的相应报警标志位置位，数控系统便显示报警号及报警文本，以方便故障诊断。

6. 软盘驱动装置控制

有些数控机床用计算机软盘取代了传统的光电阅读机，通过控制软盘驱动装置，实现与数控系统进行零件程序、机床参数、零点偏置和刀具补偿等数据的传输。

7. 转换控制

有些加工中心的主轴可以立/卧转换，当进行立/卧转换时，PLC 完成下述工作：

（1）切换主轴控制接触器。

（2）通过 PLC 的内部功能，在线自动修改有关机床数据位。

（3）切换伺服系统进给模块，并切换用于坐标轴控制的各种开关、按键等。

不同制造厂家生产的数控系统中或同一制造厂家生产的不同数控系统中的 PLC 的具体功能与作用有所区别，进行数控系统故障诊断时一定要具体分析、具体对待。熟练掌握相应数控系统中 PLC 的功能、结构、线路连接及编程是进行数控系统故障诊断的基本要求之一。

3.4.3 典型数控机床用可编程控制器的指令系统

不同厂家的产品采用的编程语言不同，这些编程语言有梯形图、语句表、控制系统流程图等。众多的 PLC 产品虽然制造厂家不同及指令系统的表示方法和语句表中助记符不尽相同，但原理是完全相同的。以 FANUC-PMC-L 为例，简单介绍适用于数控机床控制的 PLC 指令系统。在 FANUC 系列的 PLC 中，不同规格型号的 PLC 只是功能指令的数目有所不同,如北京机床研究所与 FANUC 公司合作开发的 FANUC-BESK PLC-B 功能指令 23 条,除此之外,指令系统完全一样。

PLC 的指令分为基本指令和功能指令两种。基本指令主要包括读写指令、位逻辑运算指令等,它们都是简单的、基本的操作。功能指令都是较复杂的、组合的操作。当设计顺序程序时,使用最多的是基本指令,FANUC-PMC-L 的基本指令有 12 条。功能指令便于机床特殊控制运行的编程,功能指令有 35 条。

1. 基本指令

基本指令共 12 条。基本指令及其处理内容参见表 3-3。

基本指令格式如图 3-27 所示。

图 3-27 基本指令格式

表 3-3 基本指令及其处理内容

序号	指　令	处 理 内 容
1	RD	读指令信号的状态,并写入 ST0 中。在一个阶梯开始的是常开节点时使用
2	RD. NOT	将信号的"非"状态读出,送入 ST0 中。在一个阶梯开始的是常开节点时使用
3	WRT	输出运算结果(ST0 的状态)到指定地址
4	WRT. NOT	输出运算结果(ST0 的状态)的"非"状态到指定地址
5	AND	将 ST0 的状态与指定地址的信号状态相"与"后,再置于 ST0 中
6	AND. NOT	将 ST0 的状态与指定地址的"非"信号状态相"与"后,再置于 ST0 中
7	OR	将指定地址的状态与 ST0 相"或"后,再置于 ST0 中
8	OR. NOT	将指定地址的"非"状态相"或"后,再置于 ST0 中
9	RD. STK	堆栈寄存器左移一位,并把指定地址的状态置于 ST0 中
10	RD. NOT. STK	堆栈寄存器左移一位,并把指定地址的状态取"非"后再置于 ST0 中
11	AND. STK	将 ST0 和 ST1 的内容执行逻辑"与",结果存于 ST0,堆栈寄存器右移一位
12	OR. STK	将 ST0 和 ST1 的内容执行逻辑"或",结果存于 ST0,堆栈寄存器右移一位

2. 功能指令

功能指令都是一些子程序,应用功能指令就是调用相对子程序。数控机床用 PLC 的指令必须满足数控机床信息处理和动作控制的特殊要求。例如由 NC 输出的 M、S、T 二进制代码的译码(DEC),机械运动状态或液压系统动作状态的延时(TMR)确认,加工零件的计数(CTR),刀库、分度工作台沿最短路径旋转和现在位置至目标位置步数的计算(ROT),换刀时数据检索(DSCH)等。对于上述译码、延时确认、计数、最短路径选择,以及比较、检索、转移、代码转换、四则运算、信息显示等控制功能,仅用一位操作的基本指令编程,实现起来将会十分困难。因此要增加一些具有专门控制功能的指令,这些专门指令就是功能指令。表 3-4 列出了 35 种功能指令及其处理内容。

表 3-4　功能指令及其处理内容

序号	指　　令			处 理 内 容
	格式 1(梯形图)	格式 2(纸带穿孔与程序显示)	格式 3(程序输入)	
1	END1	SUB1	S1	1 级(高级)程序结束
2	END2	SUB2	S2	2 级程序结束
3	END3	SUB48	S48	3 级程序结束
4	TMR	TMR	T	定时处理器
5	TMRB	SUB24	S24	固定定时处理器
6	DEC	DEC	D	译码
7	CTR	SUB5	S5	计数处理
8	ROT	SUB6	S6	旋转控制
9	COD	SUB7	S7	代码转换
10	MOVE	SUB8	S8	数据"与"后传输
11	COM	SUB9	S9	公共线控制
12	COME	SUB29	S29	公共线控制结束
13	JMP	SUB10	S10	跳转
14	JMPE	SUB30	S30	跳转结束
15	PARI	SUB11	S11	奇偶检查
16	DCNV	SUB14	S14	数据转换(二进制 BCD 码)
17	COMP	SUB15	S15	比较
18	COIN	SUB16	S16	符合检查
19	DSCH	SUB17	S17	数据检查
20	XMOV	SUB18	S18	变址数据检查
21	ADD	SUB19	S19	加法运算
22	SUB	SUB20	S20	减法运算
23	MUL	SUB21	S21	乘法运算
24	DIV	SUB22	S22	除法运算
25	NUME	SUB23	S23	定义常数
26	PACTL	SUB25	S25	位置 Mate-A
27	CODE	SUB27	S27	二进制代码转换
28	DCNVE	SUB31	S31	扩散数据转换
29	COMPB	SUB32	S32	二进制数比较
30	ADDB	SUB36	S36	二进制数加
31	SUBB	SUB37	S37	二进制数减
32	MULB	SUB38	S38	二进制数乘
33	DIVB	SUB39	S39	二进制数除
34	NUMEB	SUB48	S40	定义二进制常数
35	DISP	SUB49	S49	在 NC 的 CTR 上显示信息

思考与练习

3-1　机床数控系统主要由哪几部分组成？

3-2　计算机数控系统（CNC 系统）由哪些部分构成？各部分的功能如何？

3-3　CNC 系统中微机的控制功能有哪些？

3-4　CNC 系统中微机译码程序的功能是什么？

3-5　工业控制计算机与通用计算机相比，有什么显著特点？

3-6　简述内装型 PLC 和独立型 PLC 的特点。

3-7　CNC 系统控制功能是如何由 PLC 实现的？

3-8　CNC 系统常用的软件插补方法中，有一种是数据采样法，采用这种方法时计算机执行
插补程序输出的是数据而不是脉冲。这种方法适用于_____。

　　①开环控制系统　　　　　　　　　②闭环控制系统

　　③点位控制系统　　　　　　　　　④连续控制系统

3-9　为了提高 CNC 系统的可靠性，可采取的措施有_____。

　　①采用单片机　　　　　　　　　　②采用双 CPU

　　③提高时钟频率　　　　　　　　　④采用模块化结构

　　⑤采用光电隔离电路

第④章 数控机床的主轴驱动与控制

数控机床的主传动系统用来实现机床的主运动,它将主传动电动机的原动力变成可供主轴上刀具切削加工的切削力矩和切削速度。它的精度决定了零件的加工精度。为适应各种不同的加工及各种不同的加工方法,数控机床的主传动系统应具有较大的调速范围、较高的精度与刚度,并尽可能降低噪声与减小热变形,从而获得最佳的生产率、加工精度和表面质量。数控机床的主传动运动是指产生切削的传动运动,它是通过主传动电动机拖动的。例如,数控车床上主轴带动工件的旋转运动,立式加工中心上主轴带动铣刀、镗刀和铰刀等的旋转运动。

 ## 4.1 主轴驱动与控制

4.1.1 数控装置对主轴驱动的控制

数控装置对主轴要完成的两个最基本的控制任务是旋转方向的控制和转速大小的控制。实现该控制任务的方式有三种。

(1)数控装置通过主轴模拟电压输出接口输出 0～10 V 模拟电压至主轴驱动装置(变频器或伺服驱动装置),电压极性控制电动机的正反转实现,电压的大小控制电动机的转速,从而实现无级调速。

(2)数控装置通过主轴模拟电压输出接口输出 0～10 V 模拟电压至主轴驱动装置控制转速(无级调速),电动机正反转通过 PLC 的开关量信号来控制。

(3)数控装置通过输出开关量信号控制相应的接触器实现主轴的有级调速。

4.1.2 主轴无级调速

由于直流电动机已逐渐被淘汰,主轴驱动常使用交流电动机,又由于受永磁体的限制,大功率交流同步电动机成本太高,因此目前在数控机床的主轴驱动中,均采用鼠笼式感应电动机。目前,交流主轴电动机广泛采用变频器来进行调速。变频器调速具有平滑、调速范围大、效率高、启动电流小、运行平稳,而且节能效果明显的优点。

图 4-1 所示为西门子 802C 数控系统的变频调速控制连接图。主轴电动机的正反转通过继电器 KA2 和 KA3 控制,转速通过 X7 口模拟电压值控制。

4.1.3 主轴分段无级调速

1. 主轴分段无级调速原理

采用电动机无级调速,使主轴齿轮箱的结构大大简化,但其低速段输出力矩常常无法满足数控机床强力切削的要求。如果片面追求无级调速,势必要增大主轴电动机的功率,使主轴电动机与驱动装置的体积增大、质量增大及成本大大增加。因此数控机床常采用 1～4 挡

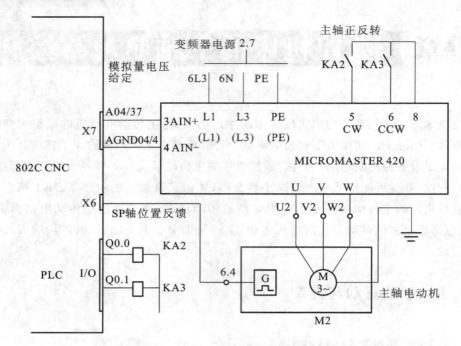

图 4-1　西门子 802C 数控系统的变频调速控制连接图

齿轮变速与无级调速相结合的方式,即所谓的分段无级调速。当机床需要重力切削时,可以通过 M 代码进行齿轮减速,从而可以增大输出转矩。主轴分段无级调速通常采用齿轮自动变速,达到同时满足低速转矩和最高主轴转速的要求。一般来说,数控系统均提供 4 挡变速功能,而数控机床通常使用 2 挡即可满足要求。

　　数控机床在加工时,主轴按零件加工程序中主轴速度指令所指定的转速自动运行。数控系统通过两类主轴速度指令信号进行控制,即用模拟量信号或数字量信号(程序中的 S 代码)来控制主轴电动机的驱动调速电路,同时采用开关量信号来控制机械齿轮变速自动换挡的执行机构,如图 4-2 所示。

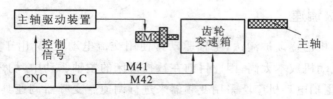

图 4-2　主轴调速系统简图

2. 自动换挡的实现

　　数控系统根据当前 S 指令值的大小判断齿轮变速的挡位,并通过 M41 至 M44 自动控制换挡机构切换到相应的齿轮挡,从而改变主轴的输出转矩,实现自动换挡。常用的自动换挡机构有液压拨叉和电磁离合器两种。

　　1) 液压拨叉换挡

　　液压拨叉是一种用液压缸带动齿轮移动的变速机构。图 4-3 所示为三位液压拨叉换挡原理图。

　　三位液压拨叉主要由液压缸、活塞杆、拨叉和套筒组成,通过不同的通油方式可以使三

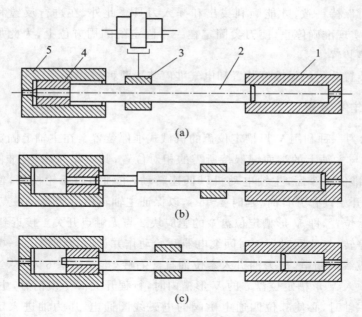

图 4-3　三位液压拨叉换挡原理图
1、5—液压缸；2—活塞杆；3—拨叉；4—套筒

联齿轮获得三个不同的变速位置。其换挡原理如下：

当液压缸 1 通压力油而液压缸 5 排油卸压时，活塞杆 2 带动拨叉 3 使三联齿轮移到左端极限位置，此时左端齿轮处于啮合状态，如图 4-3(a) 所示。

当液压缸 5 通压力油而液压缸 1 排油卸压时，活塞杆 2 和套筒 4 一起向右移动，在套筒 4 碰到液压缸 5 的端部之后，活塞杆 2 继续右移到极限位置，此时三联齿轮被拨叉 3 移到右端极限位置，此时右端齿轮处于啮合状态，如图 4-3(b) 所示。

当压力油同时进入左右两缸时，由于活塞杆 2 的两端直径不同，活塞杆 2 向左移动。在设计活塞杆 2 和套筒 4 的截面面积时，应使油压作用在套筒 4 的圆环上向右的推力大于活塞杆 2 向左的推力，因而套筒 4 仍然压在液压缸 5 的右端，使活塞杆 2 紧靠在套筒 4 的右端，此时，拨叉 3 和三联齿轮被限制在中间位置，此时中间齿轮处于啮合状态，如图 4-3(c) 所示。

因此，通过控制压力油进入液压缸的方式，可以实现三种不同齿轮啮合比，从而得到不同转矩。要注意的是每个齿轮的到位，需要有到位检测元件（如感应开关）检测，该检测信号能有效说明变挡已经结束。液压拨叉换挡的缺点是需附加一套液压装置，因而增加了其结构的复杂性。

2）电磁离合器换挡

电磁离合器换挡是利用电磁效应接通或切断运行的元件，从而实现自动换挡的。在数控机床中常使用无滑环摩擦片式电磁离合器和牙嵌式电磁离合器换挡机构。

4.2　主轴的准停控制

在加工中心这样带有刀库的数控机床上自动更换刀具时，必须使主轴停转且能准确地停在一个固定位置上，否则无法进行换刀，因为传递扭矩的端面键在圆周方向上的位置必须在每一次换刀时保持一致,才能顺利拔出和插入刀具。此外,在进行反镗和反倒角等加工时,也要求主轴实现准确停止,使刀尖固定在一个固定的圆周方位上,为此加工中心主轴必须具有主轴准停装置。

主轴准停装置分为机械准停装置和电气准停装置两种。

4.2.1 机械准停装置

图 4-4 所示为一种利用 V 形槽定位盘的机械式准停装置。在主轴上固定有 V 形槽定位盘 3,使 V 形槽与主轴上的端面键保持所需的相对位置,其工作原理是:准停前主轴处于停止状态,接收到准停指令后,主轴电动机以低速转动,主轴箱内齿轮换挡,使主轴以低速旋转,时间继电器开始动作并计时,延时 4~6 s,以保证主轴转稳后接通无触点开关 1 的电源,当主轴转到图示位置,即 V 形槽定位盘 3 的感应块 2 与无触点开关 1 接近到位时发出信号,使主轴电动机停转,与此同时另一时间继电器开始动作并计时,延时 0.2~0.4 s 后,二位四通电磁阀的电磁线圈断电,压力油进入定位油缸 4 右腔,推动活塞 6 左移,当装在活塞 6 上的定向滚轮 5 顶入 V 形槽定位盘 3 的 V 形槽内时,行程开关 LS_2 发信号,主轴准停完成。

重新启动主轴时,必使二位四通电磁阀的电磁线圈通电,压力油进入定位油缸 4 的左腔,推动活塞 6 右移,到位时行程开关 LS_1 发信号,表明定向滚轮 5 已退出 V 形槽,主轴即可重新启动工作。

机械准停装置虽然动作准确可靠,但因结构复杂,现代数控机床一般都采用电气准停装置。

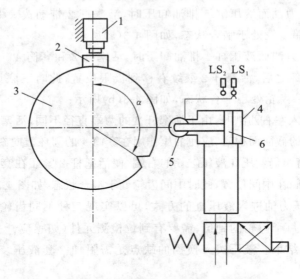

图 4-4　利用 V 形槽定位盘的机械式准停装置
1—无触点开关;2—感应块;3—V 形槽定位盘;4—定位油缸;5—定向滚轮;6—活塞

4.2.2 电气准停装置

电气准停装置如图 4-5 所示,在主轴或与主轴相关联的传动轴上安装一块永久磁铁 4,在距永久磁铁 4 的转动轨迹外 1~2 mm 处,固定一磁传感器 5。换刀时,机床数控装置发出主轴停转指令,主轴电动机 3 即降速,主轴低速回转,当永久磁铁 4 对准磁传感器 5 时,磁传感器即发出准停信号,信号放大后,由定向电路使电动机准确地停在规定的圆周位置上。这种准停装置结构简单,定向时间短,定向精度和可靠性较高,能满足一般换刀要求。

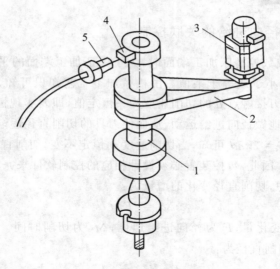

图 4-5　电气准停装置

1—主轴；2—同步带；3—主轴电动机；4—永久磁铁；5—磁传感器

 ## *4.3*　主轴旋转与进给轴的关联控制

当加工回转类零件（如螺纹和端面的加工）时，还要保证主轴旋转与进给轴的运动按照一定的关系进行。

4.3.1　主轴旋转与轴向进给的关联控制

在数控机床上加工螺纹时，为保证切削螺纹的螺距，需要保证以下条件。

（1）为保证螺纹不出现乱扣现象，应保证加工同一螺纹的切入点相同。

（2）当加工等螺距螺纹时，应保证带动工件旋转的主轴每转1周，进给轴进给的位移量为螺距。

（3）当加工有规律的递增或递减的变螺距螺纹时，应使带动工件旋转的主轴转数与进给轴的进给量按照一定的规律递减或递增。

为保证上述要求，一般在数控机床的主轴上安装脉冲编码器来检测主轴的转角、相位和零位等信号。常用的主轴脉冲发生器每转的脉冲数为1024，输出相位差为90°的A、B两相信号。A、B两相信号经4倍频后，每转变成4096个脉冲进给数控装置。

主轴旋转时，脉冲编码器不断地发送脉冲给数控装置，这些脉冲作为控制坐标轴进给的脉冲源。根据插补计算结果控制进给坐标轴位置伺服系统，使进给量与主轴转数保持所要求的比例关系。

脉冲编码器还输出一个零位脉冲信号，对应主轴旋转的每一转，零位脉冲信号可以用于主轴绝对位置的定位。例如，当多次循环切削同一螺纹时，该零位脉冲信号可以作为刀具的切入点，以确保螺纹螺距不出现乱扣现象。也就是说，在每次螺纹切削进给前，刀具必须经过零位脉冲定位后才能切削，以确保刀具在工件圆周上的同一点切入。

加工左螺纹或右螺纹时通过主轴的旋转方向控制螺纹的方向，而主轴旋转方向是通过脉冲编码器发出正变的A、B两相脉冲信号相位的先后顺序判别出来的。

加工螺纹时还应注意主轴转速的恒定性，以免因主轴转速的变化而引起跟踪误差的变化，影响螺纹的正常加工。

4.3.2 主轴旋转与径向进给的关联控制

当利用数控车床或数控磨床加工端面时,为了保证加工端面的平整、光洁,就必须使该表面的表面粗糙度 Ra 小于或等于某值。由机械加工工艺知识可知,要使表面粗糙度为某值,需保证工件与切削刃接触点处的切削速度为一恒定值,即要实现恒线速度加工。由于加工端面时,刀具要不断地做径向进给运动,从而使刀具的切削直径逐渐减小。由切削速度 v_c 与主轴转速 n 的关系 $v_c = 2\pi n d$ 可知,当切削速度 v_c 恒定不变,切削直径 d 逐渐减小时,主轴转速 n 必须逐渐增大。因此,数控装置必须设计相应的控制软件来完成主轴转速的调整。

在端面加工过程中,切削直径变化的增量为:

$$\Delta d_i = 2F\Delta t_i$$

式中,Δd_i 为切削直径变化量;F 为径向进给速度;Δt_i 为切削时间。根据切削直径变化量 Δd_i 可以计算出当前切削直径为:

$$d_i = d_{i-1} - \Delta d_i$$

根据切削速度与主轴转速的关系,实时计算出主轴转速 n 为:

$$n = \frac{v}{2\pi d_i}$$

将计算出的主轴转速值送至主轴驱动系统,调节出相应的转速,从而保证主轴旋转与刀具径向进给之间的关联关系。

应当注意,计算出的主轴转速不能超过其允许的极限转速。当采用恒线速度加工端面时,一般会使用 G50 S×× 来限制最高转速。

 ## 4.4 数控机床主轴伺服系统实例

数控机床主轴伺服系统品牌较多,这里以国产华中数控 HNC-210 为例说明。

4.4.1 数控装置与主轴伺服系统的控制连接形式

HNC-210 数控装置可连接各种主轴驱动装置,实现正转、反转、调速等控制,还可以外接主轴编码器,实现螺纹车削和铣床上的刚性攻螺纹功能。

HNC-210 数控装置的主轴控制接口包括以下两组(见图 4-6)。

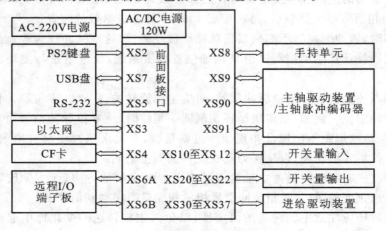

图 4-6　数控装置的主轴控制接口

主轴控制接口 0：XS9。

主轴控制接口 1：XS90，XS91。

为了方便接线，接口（XS9、XS91）内均集成了与主轴控制相关的 PLC 输入/输出信号，其中 XS9 内的 PLC 输入/输出信号是独立的；XS91 内的 PLC 输入/输出信号与 PLC 接口（XS11、XS20）内的同名信号为并联关系。使用者可以根据实际需要选择。

XS9 与 XS90 内的主轴脉冲编码器接口是并联关系。

1. 主轴启停

主轴启停控制由 PLC 承担，一般定义接通有效，当 Y1.0 接通时，可控制主轴装置正转；当 Y1.1 接通时，主轴装置反转；当二者都不接通时，主轴装置停止旋转。当使用某些主轴变频器或主轴伺服单元时也用 Y1.0、Y1.1 作为主轴单元的使能信号。

部分主轴装置的运转方向由速度给定信号的正、负极性控制，这时可将主轴正转信号用作主轴使能控制，主轴反转信号不用。

部分主轴控制器有速度到达和零速信号，因此可使用主轴速度到达和主轴零速输入，实现 PLC 对主轴运转状态的监控。

与主轴启停有关的输入/输出开关量信号如表 4-1 所示。

表 4-1　与主轴启停有关的输入/输出开关量信号

信号说明	标号（X/Y 地址）		所在接口	信号名	脚号
	铣	车			
输入开关量					
主轴速度到达	X3.1	X3.1	XS11	I25	23
主轴零速	X3.2	X3.2		I26	10
输出开关量					
主轴正转	Y1.0	Y1.0	XS20	O08	9
主轴反转	Y1.1	Y1.1		O09	21

2. 主轴速度控制

主轴工作在速度方式时，HNC-210 数控装置通过 XS91 主轴接口中的模拟量输出可控制主轴转速，其中 AOUT1 的输出范围为 $-10\sim+10$ V，用于双极性速度指令输入的主轴驱动单元或变频器，这时采用使能信号控制主轴的启、停。电压正负控制转向，电压大小控制转速。AOUT2 的输出范围为 $0\sim+10$ V，用于单极性速度指令输入的主轴驱动单元或变频器，这时采用主轴正转、主轴反转信号开关量控制主轴的正转、反转。

模拟电压的值由用户 PLC 程序送到 Y[12]、Y[13] 确定，Y[12]、Y[13] 组成的 16 位数字量与模拟电压的对应关系如表 4-2 所示。

表 4-2　Y[12]、Y[13] 组成的 16 位数字量与模拟电压的对应关系

数字量：模拟电压	$-0x7FFF\sim+0xFFFF$
X91 引脚下 1：AOUT1	$-10\sim+10$ V
X91 引脚下 1：AOUT2	$0\sim+10$ V

主轴工作在位置方式时,HNC-210 数控装置通过 XS9 主轴接口中的脉冲指令的频率和相位关系控制主轴转速、旋转方向,和进给轴的控制方式相同。

3. 主轴定向控制

实现主轴定向控制的方案一般有:

(1) 用带主轴定向功能的主轴驱动单元;

(2) 用伺服主轴,即主轴工作在位置控制方式下;

(3) 用机械方式。

对于第(1)种控制方式,由 PLC 发出主轴定向命令,即 Y1.3 接通,主轴单元完成定向后送回主轴定向完成信号 X3.3。表 4-3 为与主轴定向有关的输入/输出开关量信号。

表 4-3　与主轴定向有关的输入/输出开关量信号

信号说明	标号(X/Y 地址) 铣	所在接口	信号名	脚号
输入开关量				
主轴定向完成	X3.3	XS11	I27	27
输出开关量				
主轴定向	Y1.3	XS20	O11	20

对于第(2)种控制方式,主轴作为一个伺服轴控制,可在需要时由用户 PLC 程序控制定向到任意角度。

对于第(3)种控制方式,根据所采用的具体方式,用户可自行定义有关的 PLC 输入/输出点,并编制相应的 PLC 程序控制外部电磁阀、液压阀驱动机械机构实现定向。

三种主轴定向控制的方案及控制方式如表 4-4 所示。

表 4-4　三种主轴定向控制的方案及控制方式

序号	控制的方案	控制方式及说明
1	用带主轴定向功能的主轴驱动单元	标准铣床 C 程序中定义了相关的输入/输出信号。由 PLC 发出主轴定向命令,即 Y1.3 接通主轴单元完成定向后送回主轴定向完成信号 X3.3
2	用伺服主轴即主轴工作在位置控制方式下	主轴作为一个伺服轴控制,可在需要时由用户 PLC 程序控制定向到任意角度
3	用机械方式实现	根据所采用的具体方式,用户可自行定义有关的 PLC 输入/输出点,并编制相应 PLC 程序

4. 主轴换挡控制

主轴自动换挡通过 PLC 控制完成。

使用主轴变频器或主轴伺服时,需要在用户 PLC 程序中根据不同的挡位确定主轴速度指令(模拟电压)的值。

车床通常需要手动换挡,如果安装了主轴脉冲编码器,则需要在用户 PLC 程序中根据主轴脉冲编码器反馈的主轴实际转速自动判断主轴目前的挡位,以调整主轴速度指令(模拟电压)的值。

主轴自动换挡的过程根据实际确定,可参考 PLC 编程手册。

5. 主轴脉冲编码器连接

通过主轴接口 XS9 或 XS90 可外接主轴编码器,用于螺纹加工等,本数控装置可接入两种输出类型的脉冲编码器,差分 TTL 方波或单极性 TTL 方波。

一般建议使用差分编码器,从而确保长的传输距离的可靠性及提高抗干扰能力。

4.4.2　数控装置与主轴伺服系统的控制连接实例

1. 主轴连接实例——普通三相异步电动机

当用无调速装置的交流异步电动机作为主轴电动机时,只需利用数控装置输出开关量控制中间继电器和接触器,即可控制主轴电动机的正转、反转、停止。如图 4-7 所示,KA3、KM3 控制电动机正转,KA4、KM4 控制电动机反转。它可配合主轴机械换挡实现有级调速,还可外接主轴编码器实现螺纹车削或刚性攻螺纹。

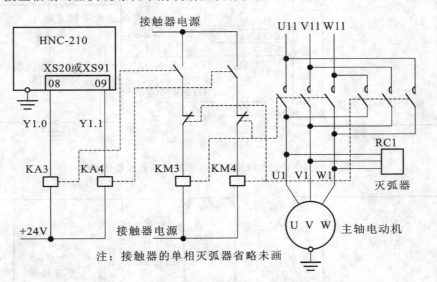

图 4-7　HNC-210 数控装置与普通三相异步主轴电动机的连接

2. 主轴连接实例——交流变频主轴

采用交流变频器控制交流变频电动机,可在一定范围内实现主轴的无级变速,这时需利用数控装置的主轴控制接口(XS91)中的模拟量电压输出信号作为变频器的速度给定,采用开关量输出信号控制主轴启、停(或正、反转)。HNC-210 数控装置与主轴变频器的一般连接如图 4-8 所示,若反馈来自主轴驱动装置,则连接如图 4-9 所示。

主轴变频器的主要接口如图 4-10 所示。

采用交流变频主轴时,由于低速特性不是很理想,一般需配合机械换挡以兼顾低速特性和调速范围。

需要车削螺纹或攻螺纹时,可外接主轴脉冲编码器。

3. 主轴连接实例——伺服驱动主轴

采用伺服驱动主轴可获得较宽的调速范围和良好的低速特性,还可实现主轴定向控制、位置控制等。

伺服驱动主轴采用模拟指令控制,仅工作在速度方式时,连线请参照前文。

当需要位置控制方式,以便实现插补式刚性攻螺纹、任意角度定位、C 轴插补等功能时,一般连接如图 4-11 所示。

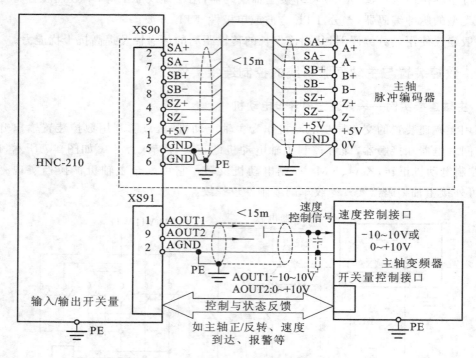

图 4-8　HNC-210 数控装置与主轴变频器的接线图 1

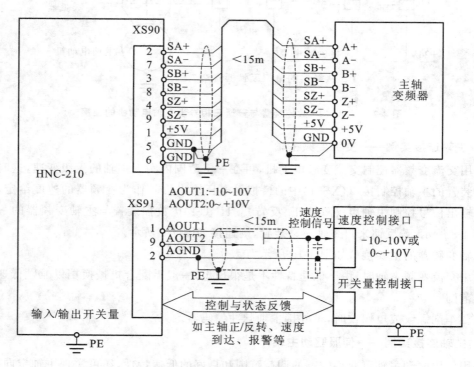

图 4-9　HNC-210 数控装置与主轴变频器的接线图 2

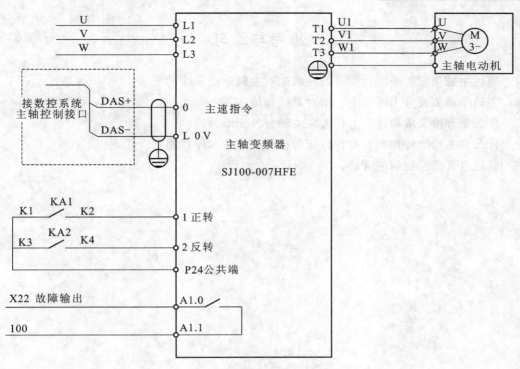

图 4-10 主轴变频器的主要接口

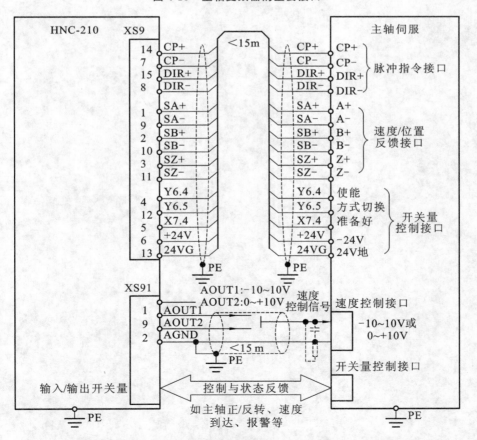

图 4-11 HNC-210 数控装置与伺服主轴的接线图(位置方式)

思考与练习

4-1 简述主轴伺服系统的功能及数控机床对主轴驱动系统的要求。

4-2 主轴驱动装置分为哪几类？请对其进行描述。

4-3 什么是分段无级调速？怎样实现主轴分段无级调速？

4-4 什么是主轴准停控制？数控机床为什么要实现准停控制？

4-5 简述电气准停控制的方法。

第5章 数控机床进给驱动与控制

5.1 进给伺服系统概述

数控机床的进给传动系统常用进给伺服系统来工作。进给伺服系统的作用是对数控系统传来的指令信息进行放大，并根据其控制执行部件的运动，不仅控制进给运动的速度，同时还要精确控制刀具相对于工件的移动位置和轨迹。一个典型的数控机床闭环控制的进给系统通常由位置比较、放大元件、驱动单元、机械传动装置和检测反馈元件等几部分组成，而其中的机械传动装置是位置控制环中的一重要部件。

图 5-1 所示为数控工作台传动系统的机械结构图。直流伺服电动机通过滚珠丝杠与工作台螺母座连接，驱动工作台运动，两坐标上下垂直布置，直线运动采用滚动导航，这种结构较简单。对于半闭环控制，编码器可安装在伺服电动机轴上；对于闭环控制，可将检测装置沿导轨方向安装。直流伺服电动机还可通过齿轮传动或同步齿形带与丝杠连接，同步齿形带可隔离直流伺服电动机的振动和发热，直流伺服电动机的安装位置也比较灵活。

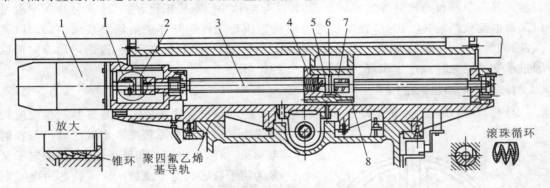

图 5-1 数控工作台传动系统的机械结构图
1—直流伺服电动机；2—滑块联轴器；3—滚珠丝杠；4—左螺母；5—键；6—半圆垫片；7—右螺母；8—螺母座

伺服驱动系统是指以位置和速度作为控制对象的自动控制系统，又称拖动系统或随动系统。

数控机床的伺服驱动系统作为一种实现切削刀具与工件间运动的进给驱动和执行机构，是数控机床的重要部分，在很大程度上决定了数控机床的性能。数控机床的最高转动速度、跟踪精度、定位精度等一系列重要指标主要取决于伺服驱动系统的性能。

5.2 步进电动机及其驱动

步进电动机伺服系统一般构成典型的开环伺服系统，其基本机构如图 5-2 所示。在这种开环伺服系统中，执行元件是步进电动机。步进电动机是一种可将电脉冲转换为机械角位移的控制电动机，并通过丝杠带动工作台移动。通常该系统中无位置、速度检测环节，其精度主要取决于步进电动机的步距角和与之相连传动链的精度。步进电动机的最高转速通常均比直流伺服电动机和交流伺服电动机的低,且在低速时容易产生振动,影响加工精度。但步进电动机伺服系统的制造与控制比较容易,在速度和精度要求不太高的场合有一定的使用价值,同时步进电动机细分技术的应用,使步进电动机开环伺服系统的定位精度显著提高,并可有效地降低步进电动机的低速振动,从而使步进电动机伺服系统得到更加广泛的应用,尤其适用于中、低精度的经济型数控机床和普通机床的数控化改造。

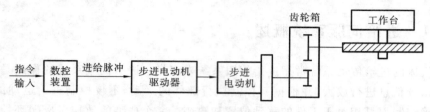

图 5-2　步进电动机伺服系统的基本机构

步进电动机伺服系统主要应用于开环位置控制中,该系统由环形分配器、步进电动机、驱动电源等部分组成。这种系统结构简单,容易控制,维修方便且控制为全数字化,比较适应当前计算机技术发展的趋势。

5.2.1　步进电动机的工作原理与特点

步进电动机是一种用电脉冲信号进行控制,并将电脉冲信号转换成相应的角位移的执行器。其角位移量与电脉冲数成正比,其转速与电脉冲频率成正比,通过改变脉冲频率就可以调节电动机的转速。因此,在以步进电动机为执行元件的开环进给伺服系统中,刀具(或工件)进给速度、位移的调节,可以通过控制电脉冲的频率和数量来实现,进给运动方向可以通过改变通电先后顺序来实现。

1. 步进电动机的结构

目前,我国使用的步进电动机多为反应式步进电动机。图 5-3 所示为典型三相反应式步进电动机的结构原理图。步进电动机与普通电动机一样,也由定子和转子构成,其中定子又分为定子铁芯和定子绕组。定子铁芯由电工钢片叠压而成,定子绕组是绕置在定子铁芯六个均匀分布的齿上的线圈,在直径方向上相对的两个齿上的线圈串联在一起,构成一相控制绕组。因此,图 5-3 所示的步进电动机可构成 A、B、C 三相控制绕组,故它称为三相步进电动机。若电动机的任一相绕组通电,便形成一组定子磁极,其方向即图中所示的 N、S 极。在定子的每个磁极上,面向转子的部分又均匀分布着五个小齿,这些小齿呈梳状排列,齿槽等宽,齿间夹角为 9°。转子上没有绕组,只有均匀分布的

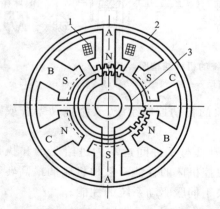

图 5-3　典型三相反应式步进电动机的结构原理图
1—绕组;2—定子铁芯;3—转子铁芯

四十个齿,其大小和间距与定子上的完全相同。但三相定子磁极上的小齿在空间位置上依次错开 1/3 齿距(即 3°),如图 5-4 所示。当 A 相磁极上的小齿与转子上的小齿对齐时,B 相磁极上的齿刚好超前(或滞后)转子齿 1/3 齿距角,C 相磁极齿超前(或滞后)转子齿 2/3 齿距角。步进电动机每走一步所转过的角度称为步距角,其大小等于错齿的角度。错齿角度

的大小取决于转子上的齿数,转子上的齿数越多,步距角越小,步进电动机的位置精度越高,其结构也越复杂。

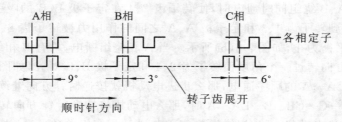

图 5-4　步进电动机的齿距

2. 步进电动机的工作原理

图 5-5 所示为三相反应式步进电动机的工作原理图。从图 5-5 可知,电动机定子上有六个极,每极上都装有控制绕组,每两个相对的极组成一相。转子上有四个均匀分布的齿,上面设有绕组。当 A 相绕组通电时,转子上的齿 1、3 被磁极 A 吸住,因此转子齿 1、3 和定子极 A、A′对齐,如图 5-5(a)所示。当 A 相断电,B 相绕组通电时,磁极 A 产生的磁场消失,磁极 B 产生磁场,因磁通总是沿着磁阻最小的路径闭合,因此距离磁极 B 最近的齿 2、4 被吸引,从而使转子沿逆时针方向转过 α 角,使转子齿 2、4 和定子极 B、B′对齐,如图 5-5(b)所示,从图中分析可知 $\alpha=30°$。当 B 相绕组断电,C 相绕组通电时,转子沿逆时针继续转过 30°角,使转子齿 1、3 和定子极 C、C′对齐,如图 5-5(c)所示。如此循环往复,并按 A—B—C—A 的顺序通电,电动机便按一定的速度沿逆时针方向转动。电动机的转速直接取决于绕组与电源接通或断开的变化频率。同理,若按 A—C—B—A 的顺序通电,则电动机将反向转动。电动机绕组与电源的接通或断开,通常是由电子逻辑电路来控制的。

(a) A相绕组通电　　　　　(b) B相绕组通电　　　　　(c) C相绕组通电

图 5-5　三相反应式步进电动机的工作原理图

电动机定子绕组每改变一次通电状态,称为一拍。此时电动机转子转过的空间角度称为步距角 α。上述通电方式称为三相单三拍。"单"是指每次通电时,只有一相绕组通电;"三拍"是指经过三次切换绕组的通电状态为一个循环,第四拍通电时就重复第一拍通电的情况。可见,在这种通电方式下,三相步进电动机的步距角 α 应为 30°。

三相步进电动机除了单三拍通电方式外,还经常工作在三相六拍通电方式下。这时通电顺序为 A—AB—B—BC—C—CA—A 或 A—AC—C—CB—B—BA—A,即先接通 A 相绕组,以后再同时接通 A、B 相绕组;然后断开 A 相绕组,使 B 相绕组单独接通;再同时接通 B、C 相绕组,依次进行。在这种通电方式下,定子绕组需经过六次切换才能完成一个循环,故称为"六拍",而且当通电时,有时是单个绕组接通,有时又是两个绕组同时接通,因此称为"三相六拍"。

在这种通电方式下,步进电动机的步距角与"单三拍"时的情况有所不同,如图 5-6 所示。当 A 相绕组通电时,和单三拍运行的情况相同,转子齿 1、3 和定子极 A、A′对齐,如图 5-6(a)所示。当 A、B 绕组同时通电时,使转子齿 2、4 在定子极 B、B′的吸引下,使转子沿逆时针方向转动,直到转子齿 1、3 和定子极 A、A′之间的作用力被转子齿 2、4 和定子极 B、B′之间的作用力所平衡为止,如图 5-6(b)所示。当 A 相绕组断电,只有 B 相绕组通电时,转子将继续沿逆时针方向转过一个角度使转子齿 2、4 和定子极 B、B′对齐,如图 5-6(c)所示。若继续按 BC—C—CA—A 的顺序通电,那么步进电动机就按逆时针方向继续转动。如果通电顺序改为 A—AC—C—CB—B—BA—A 时,那么电动机将按顺时针方向转动。采用三相六拍通电方式后,步进电动机由 A 相绕组单独通电到 B 相绕组单独通电,中间还要经过 A、B 两相绕组同时通电这个状态,也就是说要经过两拍,转子才转过 30°。所以这种通电方式下,三相步进电动机的步距角 $\alpha = 30°/2 = 15°$。

(a) A 相绕组通电　　　　(b) B 相绕组通电　　　　(c) C 相绕组通电

图 5-6　单、双六拍工作示意图

实际使用中,单三拍通电方式由于在切换时一相绕组断电而另一相绕组开始通电,容易造成失步。此外,由单一绕组通电吸引转子,也容易使转子在平衡位置附近产生振荡,运行的稳定性较差,所以很少采用。通常将它改成"双三拍"通电方式,即按 AB—BC—CA—AB 的通电顺序运行,这时每种通电状态均为两相绕组同时通电。在双三拍通电方式下的步距角和单三拍通电方式下的相同,也是 30°。

以上介绍的反应式步进电动机结构简单,步距角较大,如在数控机床中应用会影响加工工件的精度,实际中采用的一般是小步距角的步进电动机。

3. 步进电动机的特点

(1) 步进电动机受脉冲的控制,其转子的角位移量、转速严格地与输入脉冲的数量和脉冲频率成正比,没有累积误差。控制输入步进电动机的脉冲数就能控制位移量,改变通电频率可改变电动机的转速。

(2) 当停止送入脉冲时,只要维持控制绕组的电流不变,步进电动机便停在某一位置上不动,不需要机械制动。

(3) 改变通电顺序可改变步进电动机的旋转方向。

(4) 步进电动机的缺点是效率低,拖动负载的能力不强,脉冲当量(步距角)不能太大,调速范围不大,最高输入脉冲频率一般不超过 18 kHz。

5.2.2　步进电动机的主要特性

1. 步距角与步距误差

步距角是指步进电动机每改变一次通电状态,转子转过的角度。它反映步进电动机的分辨能力,是决定步进伺服系统脉冲当量的重要参数。步距角与步进电动机的相数、通电方式及电动机转子齿数的关系如下。

$$\alpha = \frac{360^\circ}{mzk} \qquad (5-1)$$

式中：α 为步进电动机的步距角；m 为电动机相数；z 为转子齿数；k 为系数，当相邻两次通电相数相同时 $k=1$；当相邻两次通电相数不同时 $k=2$。

步距误差是指步进电动机运行时，转子每一步实际转过的角度与理论步距角之差，主要由步进电动机齿距制造误差引起，会产生定子和转子间气隙不均匀、各相电磁转矩不均匀现象。连续走若干步时，上述步进误差的累积值称为步距的累积误差。步进电动机转过一转后，将重复上一转的稳定位置，即步进电动机的步距累积误差将以一转为周期重复出现，不能累加。

2. 单相通电时的静态矩角特性

当步进电动机保持通电状态不变时称为静态，如果此时在步进电动机轴上外加一个负载转矩，则转子会偏离平衡位置向负载转矩方向转过一个角度（称为失调角）。此时步进电动机所受的电磁转矩称为静态转矩，这时静态转矩等于负载转矩。静态转矩与失调角之间的关系叫矩角特性，如图 5-7 所示，近似为正弦曲线。该矩角特性上的静态转矩最大值称为最大静态转矩，在静态稳定区内，当外加负载转矩除去时，转子在电磁转矩的作用下，仍能回到稳定平衡点位置。

3. 空载启动频率

步进电动机在空载情况下，不失步启动所能允许的最高频率称为空载启动频率，又称为启动频率或突跳频率。步进电动机在启动时，既要克服负载力矩，又要克服惯性力矩，如果加给步进电动机的指令脉冲频率高于启动频率，步进电动机就不能正常工作，因此启动频率不能太高。步进电动机在带负载（惯性负载）情况下的启动频率比空载时的要低。而且，随着负载加大（在允许范围内），启动频率会进一步降低。

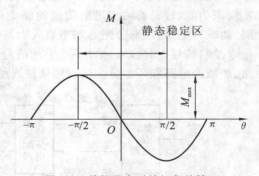

图 5-7 单相通电时的矩角特性

4. 连续运行频率

步进电动机启动后，其运行速度能根据指令脉冲频率连续上升而不丢步的最高工作频率称为连续运行频率（远高于启动频率）。它也随着电动机所带负载的性质、大小而异，与驱动电源也有很大的关系。

5. 矩频特性

矩频特性描述步进电动机连续稳定运行时，输出转矩与运行频率之间的关系。图 5-8 所示曲线称为步进电动机的矩频特性曲线，当步进电动机正常运行时，电动机所能带动的负载转矩会随输入脉冲频率的提高而逐渐减小。

6. 加减速特性

步进电动机的加减速特性描述步进电动机由静止到工作频率和由工作频率到静止的加减速过程中，定子绕组通电状态的变化频率与时间的关系，如图 5-9 所示。当要求步进电动机由启动到高于突跳频率的工作频率时，变化速度必须逐渐上升；反之，变化速度必须逐渐下降。上升和下降的时间不能过短，否则易产生失步现象。

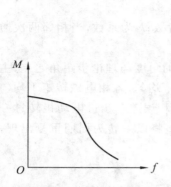

图 5-8　步进电动机的矩频特性曲线

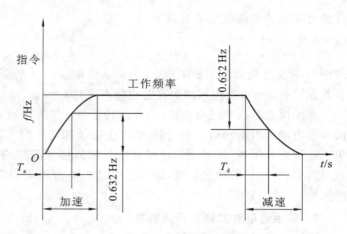

图 5-9　加减速特性

5.2.3　步进电动机的驱动控制线路

根据步进式伺服系统的工作原理,步进电动机驱动控制线路的功能是,将具有一定频率 f、一定数量和方向的进给脉冲转换成控制步进电动机各相定子绕组通断电的电平信号。电平信号的变化频率、变化次数和通断电顺序与进给指令脉冲的频率、数量、方向对应。为了实现该功能,较完善的步进电动机的驱动控制线路应包括脉冲混合电路、加减脉冲分配电路、加减速电路、环形分配器和功率放大器(见图 5-10),并应能接收和处理各种类型的进给指令控制信号,如自动进给信号、手动信号和补偿信号等。脉冲混合电路、加减脉冲分配电路、加减速电路和环形分配器可用硬件线路来实现,也可用软件来实现。

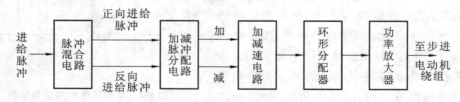

图 5-10　驱动控制线路框图

1. 脉冲混合电路

无论是来自于数控系统的插补信号,还是各种类型的误差补偿信号、手动进给信号及手动回原点信号等,它们的目的无非是使工作台正向进给或负向进给。这些信号必须混合为使工作台正向进给的"正向进给"信号或使工作台负向进给的"负向进给"信号。这一功能,由脉冲混合电路实现。

2. 加减脉冲分配电路

当机床在进给脉冲的控制下正在沿某一方向进给时,由于各种补偿脉冲的存在,可能还会出现极个别的反向进给脉冲,这些与正在进给方向相反的个别脉冲的出现,意味着执行元件即步进电动机正在沿着一个方向旋转时,在向相反的方向旋转极个别几个步距角。根据步进电动机的工作原理,要做到这一点,必须首先使步进电动机从正在旋转的方向静止下来,然后才能向相反的方向旋转,待旋转极个别几个步距角后,再恢复至原来的方向继续旋转进给。这从机械加工工艺性方面来看是不允许的,即使是允许的,控制线路也相当复杂。一般采用的方法是,从正在进给方向的进给脉冲中抵消相同数量的相反方向补偿脉冲,这也正是加减脉冲分配电路的功能和作用。

3. 加减速电路(自动升降速电路)

根据步进电动机加减速特性,进入步进电动机定子绕组的电平信号的频率变化要平滑,而且应有一定的时间常数。但由加减脉冲分配电路来的进给脉冲频率的变化是有跃变的,因此,为了保证步进电动机能够正常、可靠地工作,此跃变频率必须首先进行缓冲,使之变成符合步进电动机加减速特性的脉冲频率,然后再送入步进电动机的定子绕组。加速电路就是为此而设置的。图 5-11 所示为加减速电路的原理框图。

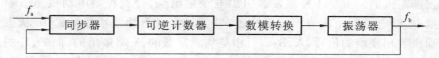

图 5-11　加减速电路的原理框图

该加减速电路由同步器、可逆计数器、数模转换电路和 RC 变频振荡器四部分组成。同步器的作用是使得进给脉冲 p_a(其频率为 f_a)和由 RC 变频振荡器来的脉冲 p_b(其频率是 f_b)不会在同一时刻出现,以防止 p_a 和 p_b 同时进入可逆计数器,使可逆计数器在同一时刻既做加法又做减法,产生计数错误。RC 变频振荡器的作用是将经数模转换器输出的电压信号转换成脉冲信号,脉冲的频率与电压值的大小成正比。可逆计数器是既可做加法又可做减法计数的计数器,但不允许在同一时刻既做加法又做减法。数模转换线路的作用是将数字量转换为模拟量。

系统工作前,先将可逆计数器清"0",振荡器输出脉冲的频率 $f_b = 0$。

进给开始时,进给脉冲的频率 f_a 由 0 跃变到 f_1,而 $f_b = 0$,可逆计数器的存数 i 以频率 f_1 变化、增长。但由于开始时计数器内容为 0,RC 变频振荡器输出脉冲的频率 f_b 也就由 0 以对应于计数器存数增长的速度逐渐提高,f_b 增大以后,又反馈回去使可逆计数器做减法计数,抑制计数器存数的增长。计数器存数 i 增长速度减缓之后,振荡器输出脉冲的频率 f_b 提高的速度也随之减缓,经时间 t_T 后,$f_a = f_b (f_1 = f_2)$,达到平衡,这就是升速过程。

在 $f_a = f_b$ 后,计数器存数 i 增长速度为 0,即存数不变,因而振荡器的频率稳定下来,此过程是匀速过程。

若经过一段时间 t_2 后,进给脉冲由 f_2 突变为 0,计数器的存数便以 $f_b = f_1$ 的频率减少,相应地,振荡器输出的脉冲频率 f_b 随之降低,直到计数器为 0,$f_b = 0$,步进电动机停止运转,这个过程就是降速过程。

在整个升速、匀速和降速过程中,进给脉冲 p_a 使可逆计数器做加法计数,RC 变频振荡器的输出脉冲 p_b 使可逆计数器做减法计数,而最后计数器的内容为 0,故进给脉冲 p_b 的个数和 RC 变频振荡器的输出脉冲 p_b 的个数相等。由于 RC 变频振荡器输出的脉冲 p_b 是进入步进电动机的工作脉冲,因此,经过该加减速电路保证不会产生丢步。图 5-12 所示为加减速电路输入/输出特性曲线。

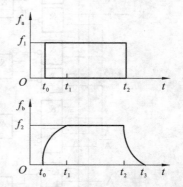

图 5-12　加减速电路输入/输出特性曲线

4. 环形分配器

环形分配器的作用是把来自于加减速电路的一系列进给脉冲指令转换成控制步进电动机定子绕组通电、断电的电平信号,电平信号状态的改变次数及顺序与进给脉冲的个数及方向对应。如对于三相三拍步进电动机,若"1"表示通电,"0"表示断电,A、B、C 是其三相定子绕组,则经环形分配器后,每来一个进给脉冲指令,A、B、C 应按(100)→(010)→(001)→(100)→……的顺序改变一次。

功率步进电动机一般采用五相或六相制,现以五相十拍为例说明环形分配器的工作原理。五相步进电动机,五相十拍的通电顺序是 AB—ABC—BC—BCD—CD—CDE—DE—DEA—EA—EAB……

五相十拍环形分配器逻辑原理图如图 5-13 所示。它是由集成电路与非门、驱动反相器和 J-K 触发器组成的。五个 J-K 触发器引出五个输出端,分别控制电动机 A、B、C、D、E 五相绕组的通电、断电。开始由清零控制线置"0"信号将五个触发器都置成"0"状态。由于连到步进电动机各相绕组的信号,A、B、C 三相是从触发器的 A 端接出的,而 D、E 两相是从触发器的 $\overline{A}$ 端接出的。触发器的"0"状态对 A、B、C 三相而言,是激磁状态,而对 D、E 两相而言,为非激磁状态,所以清零状态为 A、B、C 三相通电。所有触发器的同步触发脉冲由数控装置的进给控制脉冲经两级驱动反向器控制。触发器 J、K 端的控制信号由数控装置来的正向进给信号 K^+ 或负向进给信号 K^- 和各触发器的反馈信号经逻辑控制门组合而成,以保证各触发器按一定的规律翻转。下面以正向进给情况为例,此时 K^+ 为"1",K^- 为"0",则 K^- 信号封住负向控制门,只有正向控制门起作用。进给脉冲未到之前,各触发器为原始清零状态,A、B、C 三相通电。此时各触发器的 J 控制端状态如下:

$$A_{1J} = K^+ \cdot A_3 = 1 \cdot 1 = 1$$
$$A_{2J} = K^+ \cdot A_4 = 1 \cdot 0 = 0$$
$$A_{3J} = K^+ \cdot A_5 = 1 \cdot 0 = 0$$
$$A_{4J} = K^+ \cdot A_1 = 1 \cdot 0 = 0$$
$$A_{5J} = K^+ \cdot A_2 = 1 \cdot 0 = 0$$

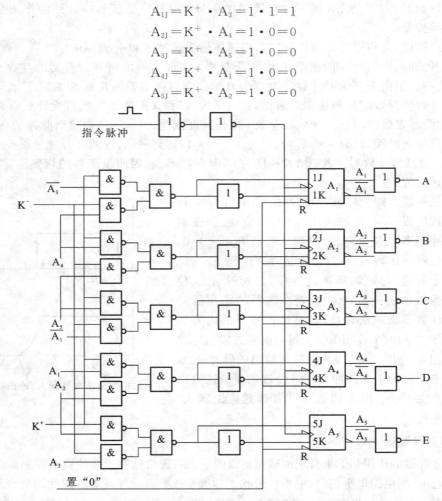

图 5-13　五相十拍环形分配器逻辑原理图

由此看来,只有 A₁触发器的 J 端信号与 A₁触发器本身状态不符,这为下次翻转准备了条件。当第一个进给脉冲来到时,进给脉冲的下降沿只使 A₁触发器由"0"态翻转成"1"态,其余触发器保持原态不变,故此时通电相变为 B、C。由于 A₁触发器翻转,使 A₄触发器的 J 端控制信号 A₄J由"0"变成"1",A₁J仍为"1",其余全为"0"。同理可知,此时只有 A₄J信号与 A₄触发器本身状态不符,为其下次翻转准备了条件。第二个进给脉冲的下降沿到来,使 A₄触发器由"0"翻成"1"状态,其余触发器保持原态不变,故此时通电相变为 B、C、D。与此同时,A₂J为"1",为 A₂触发器翻转准备了条件。以此类推,不难得到如表 5-1 所示正向进给时环形分配器的真值表。负向进给时,K⁺为"0",封住正向控制门,K⁻为"+",打开负向控制门,其动作的原理与正向进给一样,只是各相绕组通电循环变成:ABC—AB—EAB—EA—DEA—DE—CDE—CD—BCD—BC—ABC。在实际使用中,应尽量避免采用各单相轮流通电的控制方式,而应采用控制拍数为电动机相数两倍的通电方式。这对增大电磁力矩,提高启动和连续运行频率,减小振荡及提高电动机运行稳定性有很大好处。

表 5-1　正向进给时环形分配器的真值表

进给控制脉冲输入顺序	$A_{1J}=K^+ \cdot A_3$	$A_{2J}=K^+ \cdot A_4$	$A_{3J}=K^+ \cdot A_5$	$A_{4J}=K^+ \cdot A_1$	$A_{5J}=K^+ \cdot A_2$	触发器状态					输出通电相
						A_1	A_2	A_3	A_4	A_5	
0	1	0	0	0	0	0	0	0	1	1	ABC
1	1	0	0	1	0	1	0	0	1	1	BC
2	1	1	0	1	0	1	0	0	0	1	BCD
3	1	1	0	1	1	1	1	0	0	1	CD
4	0	1	1	1	1	1	1	1	0	0	CDE
5	0	0	1	1	1	1	1	1	0	0	DE
6	0	0	1	1	0	0	1	1	1	0	DEA
7	0	0	1	0	0	0	1	1	1	0	EA
8	0	0	1	0	0	0	0	1	1	0	EAB
9	0	0	0	1	0	0	0	1	1	1	AB
10	1	0	0	0	0	0	0	0	1	1	(ABC)

另外,近年来国内外集成电路厂家针对步进电动机的种类、相数和驱动方式等开发了一系列步进电动机控制专用集成电路,如国内的 PM03(三相电动机控制)、PM04(四相电动机控制)、PM05(五相电动机控制)、PM06(六相电动机控制),国外的 PMM8713、PPMC101B 等专用集成电路,采用专用集成电路有利于降低系统的成本和提高系统的可靠性,而且能够大大方便用户。当需要更换电动机本身时,不必改变电路设计,仅仅改变电动机的输入参数就可以了,同时通过改变外部参数也能变换励磁方式。在一些具体应用场合,还可以用计算机软件实现脉冲序列的环形分配。

5. 功率放大器

从环形分配器来的进给控制信号的电流只有几毫安,而步进电动机的定子绕组需要几安培电流,因此需要对从环形分配器来的信号进行功率放大,以提供幅值足够、前后沿较好的励磁电流。常用的电路有以下两种。

1）单电压供电功放器

图 5-14 所示为典型的单电压供电功放电路,步进电动机的每一相绕组都有一套这样的电路。

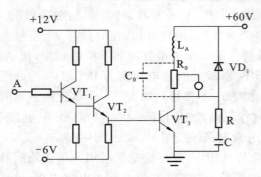

图 5-14　单电压供电功放电路

电路由两级射极跟随器和一级功率放大器组成。第一级射极跟随器主要起隔离作用,使功率放大器对环形分配器的影响减小,第二级射极跟随器 VT_2 管处于放大区,用以改善功放器的动态特性。另外由于射极跟随器的输出阻抗较低,可使加到功率管 VT_3 的脉冲前沿较好。

当环形分配器的 A 输出端为高电平时,VT_3 饱和导通,步进电动机 A 相绕组 L_A 中的电流从零开始按指数规律上升到稳态值。当 A 端为低电平时,VT_1、VT_2 处于小电流放大状态,VT_2 的射极电位,也就是 VT_3 的基极电位

不可能使 VT_3 导通,绕组 L_A 断电。此时,由于绕组的电感存在,将在绕组两端产生很大的感应电动势。它和电源电压一起加到 VT_3 管上,将造成过压击穿。因此,绕组 L_A 并联有续流二极管 VD_1,VT_3 的集电极与发射极之间并联 RC 吸收回路以保护功率管 VT_3 不被损坏。在绕组 L_A 上串联电阻 R_0,用以限流和减小供电回路的时间常数,并联加速电容 C_0 以提高绕组的瞬间过压,这样可使 L_A 中的电流上升速度加快,从而提高启动频率。但是串入电阻 R_0 后,无功功耗增大。为保持稳态电流,相应的驱动电压较无串接电阻时也要大为增大,对晶体管的耐压要求更高,为了克服上述缺点,出现了双电压供电电路。

2）双电压供电功率放大器

双电压供电功率放大器又称高低电压供电功率放大器。图 5-15 所示为高低电压供电定时切换电路的工作原理图。该电路包括功率放大级(由功率管 V_g、V_d 组成)、前置放大器和单稳延时电路。二极管 VD_d 是用作高低压隔离的,VD_g 和 R_g 是高压放电回路。高压导通时间由单稳延时电路整定,通常 $100 \sim 600\ \mu s$,对功率步进电动机可达几千微秒。

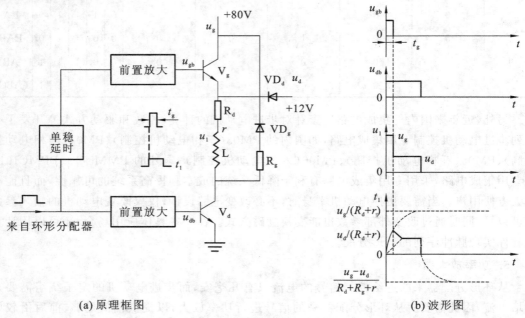

（a）原理框图　　　　　　　（b）波形图

图 5-15　高低电压供电定时切换电路的工作原理图

当环形分配器输出高电平时,两只功率管 V_g 和 V_d 同时导通,电动机绕组以 $+80$ V电压供电,绕组电流按 $L/(R_d+r)$ 的时间常数向电流稳定值 $u_g/(R_d+r)$ 上升,当达到单稳延时时间时,V_g 管截止,改由 $+12$V供电。维持绕组额定电流。若高低压之比为 u_g/u_d,则电流上升速度也提高 u_g/u_d 倍,上升时间明显减少。当低压断开时,电感 L 中储能通过 R_g、VD_g 及 u_g、u_d 构成的回路放电,放电电流的稳定值为 $(u_g-u_d)/(R_g+R_d+r)$,因此也加快了放电过程。这种供电电路由于加快了绕组电流的上升和下降,故有利于提高步进电动机的启动频率和最高连续工作频率。由于额定电流是由低压维持的,只需较小的限流电阻,功耗大为减小。

5.2.4 步进电动机的运动控制

1. 位移量的控制

数控装置发出 N 个进给脉冲,经驱动电路放大后,变换成步进电动机定子绕组通电、断电的次数 N,使步进电动机定子绕组的通电状态改变 N 次,因而也就决定了步进电动机的角位移。该角位移再经减速齿轮、丝杠、螺母之后转变为工作台的位移量 L。可见,这种对应关系可表示为:进给脉冲的数量 N→定子绕组通电状态变化次数 N→步进电动机转子角位移→机床工作台位移量 L。

通常用脉冲当量来衡量数控机床的加工精度。脉冲当量是指相对于每一脉冲信号的机床运动部件的位移量,又称为最小设定单位。根据工作台位移量的控制原理,可推得开环系统的脉冲当量 δ 为:

$$\delta=\frac{\alpha h}{360i} \tag{5-2}$$

式中:α 为步进电动机步距角;h 为滚珠丝杠螺距(mm);i 为减速齿轮的减速比。

需要指出的是,增设减速齿轮的目的一是可以调整速度,二是可以增大转矩,降低电动机功率。目前,由于细分技术的使用,一般不使用减速齿轮机构,而由步进电动机直接驱动滚珠丝杠。

2. 进给速度的控制

系统中进给脉冲频率 f 经驱动放大后,就转化为步进电动机定子绕组通电、断电状态变化的频率,因而就决定了步进电动机的转速 ω,该 ω 经减速齿轮、丝杠、螺母之后,转化为工作台的进给速度 v。可见,这种对应关系可表示为:进给脉冲频率 f→定子绕组通电、断电状态的变化频率 f→步进电动机转速 ω→工作台的进给速度 v。据此可得开环系统进给速度 v 为:

$$v=60f\delta \tag{5-3}$$

式中:f 为输入到步进电动机的脉冲频率(Hz);δ 为开环系统的脉冲当量。

3. 运动方向的控制

改变步进电动机输入脉冲信号的循环顺序方向,就可以改变步进电动机定子绕组中电流的通、断循环顺序,从而使步进电动机实现正转和反转,相应的工作台的进给方向就被改变。

综上所述,在步进电动机驱动的开环数控系统中,输入的进给脉冲数量、频率、方向经驱动控制电路和步进电动机后,可以转化为工作台的位移量、进给速度和进给方向,从而控制工作台以给定的方向和一定速度实现既定的运动轨迹。

4. 自动升降速控制

步进电动机的转速取决于脉冲频率、转子齿数和拍数。其角速度与脉冲频率成正比,而且在时间上与脉冲同步。因而在转子齿数和运行拍数一定的情况下,只要控制脉冲频率即可获得所需速度。数控机床在加工过程中,要求步进电动机能够实现平滑的启动、停止或变速,这就要求对步进电动机的控制脉冲频率做相应的处理。为了保证步进电动机在加减速过程中能够正常、可靠地工作,不出现过冲和丢步现象,进入步进电动机定子绕组的电平信号的频率变化要平滑,而且应有一定的时间常数。因此,当步进电动机的速度变化比较大时,必须按照一定规律自动完成升降速的过程。

步进电动机自动升降速过程可以通过硬件电路实现,也可以通过软件控制实现。现代CNC系统多采用软件方法实现,通常只要按照一定的规律(如直线规律或指数规律等)改变延时时间常数或改变定时器中的定时时间常数的大小,即可完成步进电动机的升降速的控制。

5.2.5 提高步进伺服系统精确度的措施

步进式伺服驱动系统是一个开环系统,在此系统中,步进电动机的质量、机械传动部分的结构和质量以及控制电路的完善与否,均影响到系统的工作精度。要提高系统的工作精度,应从这几个方面考虑:改善步进电动机的性能,减小步距角;采用精密传动副,减小传动链中传动间隙等。但这些因素往往由于结构和工艺的关系而受到一定的限制。为此,需要从控制方法上采取一些措施,弥补其不足。

1. 传动间隙补偿

在进给传动结构中,提高传动元件的制造精度并采取消除传动间隙的措施,可以减小但不能完全消除传动间隙。由于间隙的存在,接收反向进给指令后,最初的若干个指令脉冲只能起到消除间隙的作用,因此产生了传动误差。传动间隙补偿的基本方法是:接收反向位移指令后,首先不向步进电动机输送反向位移脉冲,而由间隙补偿电路或补偿软件产生一定数量的补偿脉冲,使步进电动机转动越过传动间隙,然后再按指令脉冲使执行部件做准确的位移。间隙补偿的数目由实测决定,并作为参数存储起来。接收反向指令信号后,每向步进电动机输送一个补偿脉冲的同时,将所存的补偿脉冲数减1,直至存数为零时,发出补偿完成信号控制脉冲输出向步进电动机分配进给指令脉冲。

2. 螺距误差补偿

在步进式开环伺服驱动系统中,丝杠的螺距累积误差直接影响着工作台的位移精度,若想提高开环伺服驱动系统精度,就必须予以补偿。补偿原理图如图5-16所示。通过对丝杠的螺距进行实测,得到丝杠全程的误差分布曲线。误差有正有负,当误差为正时,表明实际的移动距离大于理论的移动距离,应该采用扣除进给脉冲指令的方式进行误差补偿,使步进电动机少走一步;当误差为负时,表明实际的移动距离小于理论的移动距离,应该采取增加进给脉冲指令的方式进行误差的补偿,使步进电动机多走一步。具体的做法是:

(1) 安置两根补偿杆分别负责正误差和负误差的补偿;

(2) 在两根补偿杆上,根据丝杠全程的误差分布情况及如上所述螺距误差的补偿原理,设置补偿开关或挡块;

(3) 当机床工作台移动时,安装在机床上的微动开关每与挡块接触一次,就发出了一个误差补偿信号,对螺距误差进行补偿,以消除螺距的积累误差。

3. 细分线路

所谓细分线路,是把步进电动机的一步再分得细一些。如十细分线路,将原来输入一个

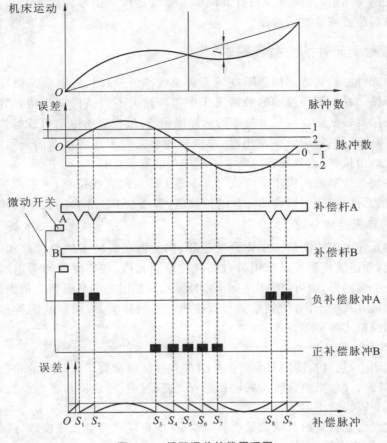

图 5-16 螺距误差补偿原理图

进给脉冲步进发动机走一步变为输入十个脉冲才走一步。换句话说,采用十细分线路后,在进给速度不变的情况下,可使脉冲当量缩小到原来的 1/10。

若无细分,则定子绕组的电流是由零跃升到额定值的,相应的角位移如图 5-17(a)所示。采用细分后,定子绕组的电流要经过若干小步的变化,才能达到额定值,相应的角位移如图 5-17(b)所示。

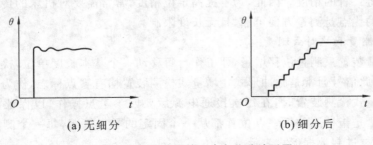

(a) 无细分   (b) 细分后

图 5-17 细分前后的一步角位移波形图

 ## 5.3 常用位置检测元件

位置检测元件是由检测元件(传感器)和信号处理装置组成的。它的作用是检测工作台的位置和速度的实际值,并向数控装置或伺服装置发送反馈信号。检测元件一般利用光或磁的原理完成对位置或速度的检测。

5.3.1 位置检测元件的分类及要求

位置检测元件是数控机床伺服系统的重要组成部分,检测、发送反馈信号,构成闭环或半闭环控制系统。在半闭环控制的数控机床中闭环路内不包括机械传动环节,它的位置检测元件一般采用旋转变压器或高分辨率的脉冲编码器,装在进给电动机或丝杠的端头,旋转变压器(或脉冲编码器)每旋转一定角度,都严格地对应着工作台移动的一定距离。测量了电动机或丝杠的角位移,也就间接地测量了工作台的直线位移。

在闭环控制系统的数控机床中应该直接测量工作台的直线位移,可采用感应同步器、光栅、磁栅等测量元件,直接测出检测元件的位移值,即测量出工作台的实际位移值。

1. 位置检测元件的分类

位置检测元件可以检测机床工作台的位移、伺服电动机转子的角位移和速度。实际应用中,位置检测和速度检测可以采用各自独立的检测元件,如速度检测采用测速发电机,位置检测采用光电编码器,也可以共用一个检测元件,如都用光电编码器。根据位置检测装置安装形式和测量方式的不同,位置检测有直接测量和间接测量、增量式测量和绝对式测量、数字式测量和模拟式测量等方式。

1) 直接测量和间接测量

在数控机床中,位置检测的对象有工作台的直线位移及旋转工作台的角位移,检测装置有直线式和旋转式。典型的直线式测量装置有光栅、磁栅、感应同步器等。旋转式测量装置有光电编码器和旋转变压器等。

若位置检测装置测量的对象就是被测量本身,即直线式测量直线位移,旋转式测量角位移,该测量方式称为直接测量。直接测量组成位置闭环伺服系统,其测量精度由测量元件和安装精度决定,不受传动精度的直接影响。但检测装置要和行程等长,这对大型机床有限制。

若位置检测装置测量出的数值通过转换才能得到被测量(如用旋转式检测装置测量工作台的直线位移,要通过角位移与直线位移之间的线性转换求出工作台的直线位移),则这种测量方式称为间接测量。间接测量组成位置半闭环伺服系统,其测量精度取决于测量元件和机床传动链二者的精度。因此,为了提高定位精度,常常需要对机床的传动误差进行补偿。间接测量的优点是测量方便可靠,且无长度限制。

2) 增量式测量和绝对式测量

增量式测量装置只测量位移增量,即工作台每移动一个基本长度单位,检测装置便发出一个检测信号,此信号通常是脉冲形式。增量式检测装置均有零点标志,作为基准起点。数控机床采用增量式检测装置时,在每次接通电源后要回参考点操作,以保证测量位置的正确。绝对式测量是指被测的任一点位置都从一个固定的零点算起,每一个测点都有一个对应的编码,常以二进制数据形式表示。

3) 数字式测量和模拟式测量

数字式测量是以量化后的数字形式表示被测量,得到的测量信号为脉冲形式,以计数后得到的脉冲个数表示位移量。数字式测量的特点:便于显示、处理;测量精度取决于测量单位,与量程基本无关;抗干扰能力强。

模拟式测量将被测量用连续的变量来表示,模拟式测量的信号处理电路较复杂,易受干扰,数控机床中常用于小量程测量。

用于数控机床上的检测元件的类型很多,如表 5-2 所示。

表 5-2　位置检测装置的分类

类型	数 字 式		模 拟 式	
	增量式	绝对式	增量式	绝对式
回转型	增量式光电脉冲编码器、圆光栅	绝对式光电脉冲编码器	旋转变压器、圆形磁栅、圆感应同步器	多极旋转变压器、圆形感应同步器
直线型	长光栅、激光干涉仪	多通道透射光栅、编码尺	直线感应同步器、磁栅、光栅	直线感应同步器、绝对式磁尺

2. 对检测元件的要求

检测元件检测各种位移和速度,并将发出反馈信号与数控装置发出的指令信号进行比较,若有偏差,经过放大后控制执行部件,使其向消除偏差的方向运动,直至偏差为零为止。闭环控制的数控机床的加工精度主要取决于检测系统的精度。因此,精密检测元件是高精度数控机床的重要保证。一般来说,数控机床上使用的检测元件应满足以下要求:

(1)满足数控机床的精度和速度要求。随着数控机床的发展,其精度和速度要求越来越高,因此要求检测装置必须满足数控机床高精度和高速度的要求。不同类型数控机床对检测装置的精度和速度的要求是不同的,对大型机床以满足速度要求为主,对中、小型机床和高精度机床以满足精度为主。

(2)具有高可靠性和高抗干扰性。检测装置应具有强的抗电磁干扰的能力,对温度、湿度敏感性低,工作可靠。

(3)使用、维护方便,适合机床运行环境。测量装置安装时要达到安装精度要求,同时整个测量装置要有较好的防尘、防油雾、防切屑等防护措施,以适应使用环境。

(4)成本低。

5.3.2　光栅尺

光栅(见图 5-18)是一种高精度的位移传感器,是光学元件。闭环控制的数控机床采用光栅检测直线位移和角位移(直线光栅和圆光栅)。光栅可分为透射光栅和反射光栅两类。前者是在透明的光学玻璃板上,刻制平行等距的密集线纹,利用光的透射现象形成光栅。

光栅是由标尺光栅和光栅读数头两部分组成的。标尺光栅一般固定在机床活动部件上(如工作台上),光栅读数头装在机床固定部件上。指示光栅装在光栅读数头中。标尺光栅和指示光栅的平行度及两者之间的间隙(0.05～0.1 mm)要严格保证。当光栅读数头相对于标尺光栅移动时,指示光栅便在标尺光栅上相对移动。

1. 光栅尺

光栅尺包括标尺光栅和指示光栅,它们是用真空镀膜的方法刻上均匀密集线纹的透明玻璃片或长条形金属镜面。光栅的线纹相互平行,线纹之间的距离(栅距)相等。对于圆光栅,这些线纹是等栅距角的向心条纹。栅距和栅距角是光栅的重要参数。

常见的直线光栅线纹密度为 50 条/毫米、100 条/毫米、200 条/毫米。圆光栅根据使用场合的不同,整圆周的线纹数有二进制(512 条、1 024 条、2 048 条等线纹数)、十进制(1 000 条、2 500 条、5 000 条等线纹数)、60 进制(10 800 条、21 600 条、32 400 条、64 800 条等线纹数)等。

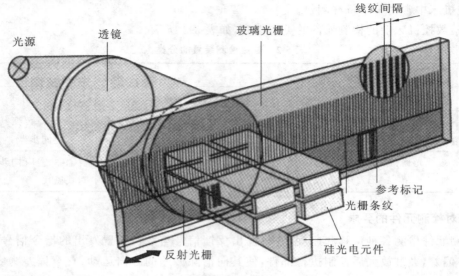

图 5-18　光栅

2. 光栅读数头

光栅读数头又称光电转换器,它把光栅莫尔条纹变成电信号。读数头都是由光源、透镜、指示光栅、光敏元件和驱动电路组成的。光栅读数头分为分光读数头、反射读数头和镜像读数头等几种。

3. 光栅的工作原理

当指示光栅上的线纹和标尺光栅上的线纹呈小角度 θ 放置时,两光栅尺上线纹相互交叉。在光源的照射下,交叉点附近的小区域内黑线重叠,形成黑色条纹,其他部分为明亮条纹。这种明、暗的条纹称为"莫尔条纹"。莫尔条纹与光栅线纹几乎成垂直方向排列,严格地说,是与两光栅线纹夹角的平分线相垂直,如图 5-19 所示。

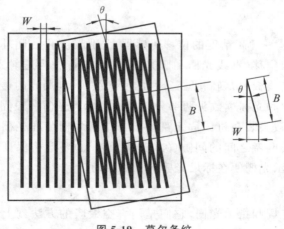

图 5-19　莫尔条纹

莫尔条纹具有如下特性:

(1)用平行光束照射光栅时,莫尔条纹由亮带到暗带,再由暗带到亮带,透过的光强度分布近似于余弦函数。

（2）起放大作用。用 W 表示莫尔条纹宽度，P 表示栅距，θ 表示光栅线纹之间的夹角，则：

$$W=\frac{P}{\sin\theta} \tag{5-4}$$

由于 θ 很小，$\sin\theta\approx\theta$，则：

$$W=\frac{P}{\theta} \tag{5-5}$$

若 $P=0.01$ mm，$\theta=0.01$ rad，则由式（5-5）可得 $W=1$ mm，即把光栅转换成放大 100 倍的莫尔条纹宽度。

（3）起平均误差作用。莫尔条纹是由若干光栅线纹干涉形成的，例如 100 条/毫米的干涉，10 mm 宽的莫尔条纹就由 1 000 条线纹组成，这样栅距之间的相邻误差就被平均化了，消除了栅距不均匀造成的误差。

（4）莫尔条纹的移动与栅距之间的移动成比例。当干涉移动一个栅距时，莫尔条纹也相应移动一个莫尔条纹宽度 W；若光栅移动方向相反，则莫尔条纹移动方向也相反。莫尔条纹移动方向与光栅移动方向垂直，这样测量光栅水平方向移动的微小距离，就可用检测垂直方向的宽大的莫尔条纹的变化代替。

5.3.3　旋转变压器

1. 旋转变压器的结构和工作原理

旋转变压器在结构上和二相线绕式异步电机相似，由定子与转子组成，有无刷和有刷两种类型。使用最多的是无刷旋转变压器，其结构如图 5-20 所示，它由两大部分组成：一部分是分解器，分解器有定子 3 与转子 8，定子与转子上分别绕有两相交流分布绕组 4 与 7，两绕组的轴线相互垂直；另一部分是变压器，它的一次线圈 5 绕在与分解器转子轴同轴线的变压器转子 6 上，与转子轴 1 一起旋转，一次线圈与分解器转子的一个绕组并联相接，分解器转子的另一个绕组与高阻抗相接。变压器的二次线圈 9 绕在与转子同心的定子 10 线轴上。二次线圈的线端引出输出信号。无刷旋转变压器的工作可靠性高，寿命长，不用维修，而且输出信号强。

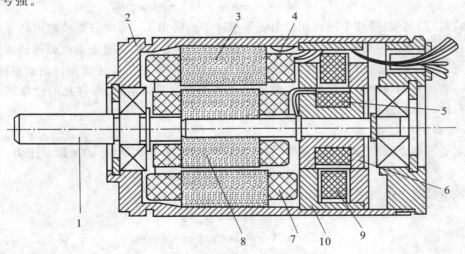

图 5-20　无刷旋转变压器的结构

1—转子轴；2—壳体；3—定子；4、7—绕组；5——次线圈；
6—变压器转子；8—转子；9—二次线圈；10—变压器定子

旋转变压器是按互感原理工作的,如图 5-21 所示,在分解器定子的两个绕组上分别加上交变激磁电压(频率为 2～4 kHz),分解器绕组的结构保证了定子与转子之间的气隙磁通呈正弦、余弦规律分布,当转子旋转时,通过电磁耦合,转子绕组内产生感应电势,感应电压的大小取决于定子绕组轴线与转子绕组轴线在空间的相对角位置 $\theta_{机}$。例如,相对于定子的正弦绕组而言,当两者垂直,即 $\theta_{机}=0°$ 时,感应电势最小;当两者平行,即 $\theta_{机}=90°$ 时,感应电势最大,感应电压随转子偏转角 $\theta_{机}$ 呈正弦规律变化。

$$U'=kU_s\sin\theta_{机} \quad 或 \quad U'=kU_c\cos\theta_{机} \tag{5-6}$$

式中:U_s 和 U_c 分别为定子正弦、余弦绕组上的激磁电压;k 为变压比,即定子绕组与转子绕组的匝数比 W_1/W_2。

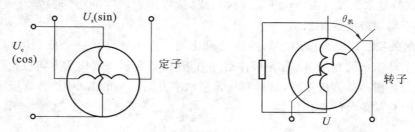

图 5-21　一个转子绕组短接的旋转变压器

2. 旋转变压器的应用

旋转变压器作为位置检测装置有两种应用方式:鉴相方式和鉴幅方式。

1) 鉴相方式

在旋转变压器定子的两相正交绕组(又称为正弦绕组和余弦绕组)上,分别加上幅值相等且频率相同的正弦、余弦激磁电压:

$$U_s=U_m\sin\omega t \quad U_c=U_m\cos\omega t$$

转子旋转后,两个激磁电压在转子绕组中产生的感应电压经线性叠加后得总感应电压为:

$$U=kU_s\sin\theta_{机}+kU_c\cos\theta_{机}=kU_m\cos(\omega t-\theta_{机}) \tag{5-7}$$

由式(5-7)可知,感应电压的相位角就等于转子的转角 $\theta_{机}$,因此只要检测出转子输出电压的相位角,就知道了转子的转角,而且旋转变压器的转子是和伺服电动机或传动轴连接在一起的,从而可以求得执行部件的直线位移或角位移。在本书所叙述的相位伺服系统中,就是用这一相位角与转子转角相对应的感应电压作为位置反馈信号,与移相的位移指令电压信号进行比较以构成闭环位置控制的。

2) 鉴幅方式

给定子的两个绕组分别通上频率、相位相同但幅值不同(即调幅)的激磁电压为:

$$U_s=U_m\sin\theta_{电}\sin\omega t \quad U_c=U_m\cos\theta_{电}\sin\omega t$$

在转子绕组上得到感应电压为:

$$\begin{aligned}U&=kU_s\sin\theta_{机}+kU_c\cos\theta_{机}\\&=kU_m\sin\omega t(\sin\theta_{电}\sin\theta_{机}+\cos\theta_{电}\cos\theta_{机})\\&=kU_m\cos(\theta_{电}-\theta_{机})\sin\omega t\end{aligned} \tag{5-8}$$

在实际应用中,不断修改激磁调幅电压幅值的电气角 $\theta_{电}$,使之跟踪 $\theta_{机}$ 的变化,并测量感应电压幅值即可求得 $\theta_{机}$。

5.3.4 感应同步器

1. 直线感应同步器的工作原理

感应同步器利用励磁绕组与感应绕组间发生相对位移时,由于电磁耦合的变化,感应绕组中的感应电压随位移的变化而变化的原理,进行位移量的检测。

感应同步器按其结构特点一般分为直线式和旋转式两种:直线感应同步器由定尺和滑尺组成,用于直线位移测量。旋转感应同步器由转子和定子组成,用于角位移测量。

下面介绍直线感应同步器的结构和工作原理。

直线感应同步器相当于一个展开的多极旋转变压器,其结构如图 5-22 所示,定尺和滑尺的基板采用与机床热膨胀系数相近的钢板制成,钢板上用绝缘黏结剂贴有铜箔,并利用腐蚀的办法制作成图示的印制绕组。长尺叫定尺,安装在机床床身上,短尺为滑尺,安装在移动部件上,两者平行放置,保持 0.05~0.2 mm 间隙。

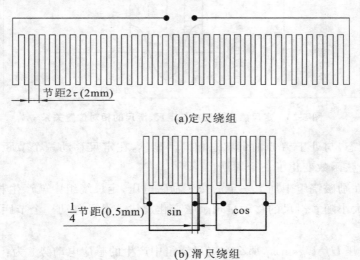

(a)定尺绕组

(b) 滑尺绕组

图 5-22　直线感应同步器的结构

感应同步器两个单元绕组之间的距离为节距,滑尺和定尺的节距均为 2 mm,这是衡量感应同步器精度的主要参数。标准感应同步器定尺长 250 mm,滑尺长 100 mm,节距为 2 mm。定尺上是单向、均匀、连续的感应绕组,滑尺有两组绕组,一组为正弦绕组,另一组为余弦绕组。

当滑尺任意一绕组加交流励磁电压时,由于电磁感应作用,在定尺绕组中必然产生感应电动势,该感应电动势取决于滑尺和定尺的相对位置。当只给滑尺上正弦绕组加励磁电压时,定尺感应电动势与定尺、滑尺的相对位置关系如图 5-23 所示。

如果滑尺处于 A 点位置,即滑尺绕组与定尺绕组完全对应重合,定尺绕组线圈中穿入的磁通最多,则定尺上的感应电动势最大。随着滑尺相对定尺做平行移动,穿入定尺的磁通逐渐减少,感应电动势逐渐减小。

当滑尺移到 B 点位置,与定尺绕组刚好错开 1/4 节距时,感应电动势为零。再移动至 1/2 节距处,即 C 点位置时,定尺绕组线圈中穿出的磁通最多,感应电动势最大,但极性相反。再移至 3/4 节距,即 D 点位置时,感应电动势又变为零。当移动一个节距位置(如 E 点)时,

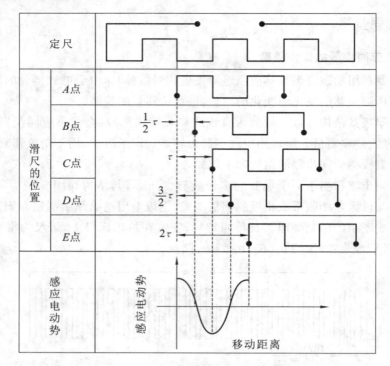

图 5-23　定尺感应电动势与定尺、滑尺的相对位置关系

又恢复到初始状态,与处于 A 点时的状态相同。显然,在定尺移动一个节距的过程中,感应电动势近似于余弦函数变化了一个周期。

由此可见,在励磁绕组中加上一定的交变励磁电压,定尺绕组中就产生相同频率的感应电动势,其幅值大小随着滑尺的移动呈现余弦变化规律。滑尺移动一个节距,感应电动势变化一个周期。

如果励磁电压 $U = U_m \sin\omega t$,那么在定尺绕组中产生的感应电动势 e 为:

$$e = kU_m \cos\theta \sin\omega t$$

式中:U_m 为励磁电压的幅值(V);ω 为励磁电压角频率(rad/s);k 为比例常数,其值与绕组间的最大互感系数有关;t 为时间(s);θ 为滑尺相对定尺在空间的相位角,在一个节距 W 内,位移 x 与 θ 的关系为 $\theta = 2\pi x/W$。

感应同步器就是利用这个感应电动势的变化进行位置检测的。

根据滑尺绕组的供电方式以及输出电动势的检测方式,感应同步器的测量系统可以分为鉴幅式和鉴相式两种。前者通过检测感应电动势的幅值测量位移,后者通过检测感应电动势的相位测量位移。

2. 感应同步器的优点

(1) 具有较高的精度与分辨率。其测量精度首先取决于印制电路绕组的加工精度,温度变化对其测量精度影响不大。感应同步器由许多节距同时参加工作,多节距的误差平均效应减小了局部误差的影响。

(2) 抗干扰能力强。感应同步器在一个节距内是一个绝对测量装置,在任何时间内都可以给出仅与位置相对应的单值电压信号,因而瞬时作用的偶然干扰信号在其消失后不再有影响。平面绕组的阻抗很小,受外界干扰电场的影响很小。

（3）使用寿命长，维护简单。定尺和滑尺、定子和转子互不接触，没有摩擦、磨损，所以使用寿命很长。它不怕油污、灰尘和冲击、振动的影响，不需要经常清扫。但需装设防护罩，以防止铁屑进入其气隙。

（4）可以用作长距离位移测量。可以根据测量长度的需要，将若干根定尺拼接起来。拼接后总长度的精度可保持（或稍低于）单个定尺的精度。目前几米到几十米的大型机床工作台位移的直线测量，大多采用感应同步器来实现。

（5）工艺性好，成本较低，便于复制和成批生产。

5.3.5 旋转译码器

脉冲编码器也是一种位置检测元件，编码盘直接装在旋转轴上，以测出轴的旋转角度、位置和速度的变化，其输出信号也为电脉冲，按照编码的方式，编码器可分为增量式和绝对值式两种。

1. 增量式编码器

图 5-24 所示为光电编码器原理图和输出波形。当圆盘与工作轴一起转动时，光电元件接收时断时续的光，产生近似正弦的信号，放大整形后成脉冲信号送到计数器。根据脉冲数目、频率可测出工作轴的转角和转速，其优点是没有接触磨损，允许转速高，精度及可靠性较高；其缺点是结构复杂、价格高、安装困难。除此之外，还有接触式及电磁感应式编码器。

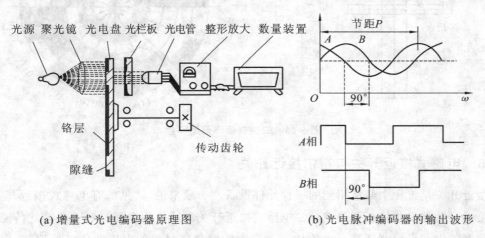

(a) 增量式光电编码器原理图　　　　　　(b) 光电脉冲编码器的输出波形

图 5-24　增量式编码器的工作原理

2. 绝对值式编码器

绝对值式编码器是一种直接编码式的测量元件，它可以直接把被测转角或位移转换成相应的代码，指示的是绝对位置而无绝对误差，在电源切断后，不会失去位置信息，但其结构复杂、价格较贵，且不易达到高精度和高分辨率的要求。

绝对值式编码器也有接触式、光电式和电磁式等几种，最常用的是光电式二进制循环编码器。

编码盘是按一定的编码形式，如二进制编码等，将圆盘分成若干等分，利用电子、光电或电磁元件把代表被测位移的各等分上的数码转换成电信号输出并用于检测。图 5-25 所示为四位二进制编码盘，涂黑部分是导电的，其余部分是绝缘的。各码道上装有电刷。当码盘

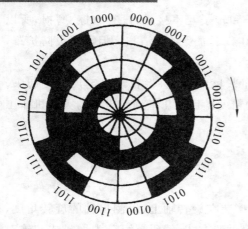

图 5-25　四位二进制编码盘

随工作轴一起转动时,就可得到二进制数输出,码盘的精度与码道多少有关,码道越多,码盘的容量越大。

用图 5-25 所示的二进制编码盘做码盘,由于电刷的安装不会完全准确,会使个别电刷偏离原来的位置,这样将给测量造成很大的误差,因此,一般情况下使用二进制循环码即葛莱码做码盘,如图 5-26 所示,循环码是无权码,其特点是相邻两个代码间只有一位数变化,即"0"变为"1"或"1"变为"0"。因电刷安装不准确而产生的误差最多不会超过"1",这样,误差就大为减小了。

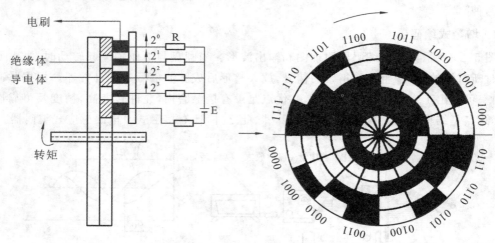

图 5-26　二进制循环码编码盘

5.3.6　电感式接近开关与霍尔接近开关

接近开关是工程中经常用到的一种元件设备。一般来说,常见的有电容式接近开关、电感式接近开关和霍尔接近开关三种。电感式接近开关只能检测金属材料。电容式传感器可用无接触的方式来检测任意一个物体。与只能检测金属材料的电感式传感器比较,电容式传感器也可以检测非金属材料。霍尔接近开关由霍尔元件组成,有低能耗、无损性、长寿命的特点。

当接近开关靠近被检测的物体时,其内部的电路开关打开,而当其离开被检测物体时,开关关闭。

1. 电感式接近开关

电感式接近开关的原理图如图 5-27 所示。

电感式接近开关由于具有体积小、重复定位精度高、使用寿命长、抗干扰性能好、可靠性高、防尘、防油等特点,被广泛用于石油、化工、军工、科研等多种行业。

1)工作原理

电感式接近开关是一种利用涡流感知物体的传感器,它由高频振荡电路、放大电路、整

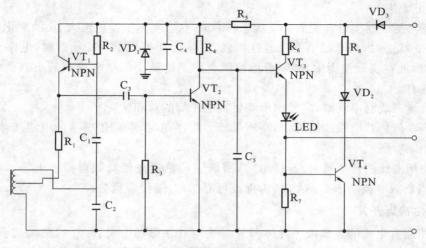

图 5-27　电感式接近开关的原理图

形电路及输出电路组成。

　　振荡器是由绕在磁心上的线圈而构成的 LC 振荡电路。振荡器通过传感器的感应面，在其前方产生一个高频交变的电磁场，当外界的金属物体接近这一磁场，并达到感应区时，在金属物体内产生涡流效应，从而导致 LC 振荡电路振荡减弱或停止振荡，这一振荡变化，被后置电路放大处理并转换为一个确定开关输出信号，从而达到非接触式检测的目标。

　　2）电感式接近开关传感器的电气指标

　　（1）工作电压：电感式接近开关传感器的供电电压范围，在此范围内可以保证传感器的电气性能及安全工作。

　　（2）工作电流：电感式接近开关传感器连续工作时的最大负载电流。

　　（3）电压降：在额定电流下，开关导通时，在开关两端或输出端所测量到的电压。

　　（4）空载电流：当没有负载时，测量所得的传感器自身所消耗的电流。

　　（5）剩余电流：当开关断开时，流过负载的电流。

　　（6）极性保护：防止电源极性误接的保护功能。

　　（7）短路保护：超过极限电流时，输出会周期性地封闭或释放，直至短路被清除。

　　3）电感式接近开关传感器的选用

　　（1）根据安装要求，合理选用其外形及检测距离。

　　（2）根据供电，合理选用其工作电压。

　　（3）根据实际负载，合理选择其工作电流。

　　国内、国际常用色线对照如表 5-3 所示。

表 5-3　国内、国际常用色线对照（供参考）

类型	国际	国内
＋V	棕	红
GND	蓝	黑
V_{OUT}	黑	绿

4）使用方法

（1）直流两线制接近开关的 ON 状态和 OFF 状态实际上是电流大、小的变化,当接近开关处于 OFF 状态时,仍有很小电流通过负载,当接近开关处于 ON 状态时,电路上约有 5V 的电压降,因此在实际使用中,必须考虑控制电路上的最小驱动电流和最小驱动电压,确保电路正常工作。

（2）直流三线制串联时,应考虑串联后其电压降的总和。

（3）当在传感器电缆线附近,有高压或动力线存在时,应将传感器的电缆线单独装入金属导管内,以防干扰。

（4）使用两线制传感器时,连接电源,需确定传感器先经负载再接至电源,以免损坏内部元件。当负载电流小于 3 mA 时,为保证可靠工作,需接假负载。

2. 霍尔接近开关

当一块通有电流的金属或半导体薄片垂直地放在磁场中时,薄片的两端就会产生电位差,这种现象就称为霍尔效应。两端具有的电位差值称为霍尔电动势 U,其表式为:

$$U = \frac{KIB}{D} \qquad (5\text{-}9)$$

式中:K 为霍尔系数;I 为薄片中通过的电流;B 为外加磁场的磁感应强度;D 为薄片的厚度。

由此可见,霍尔效应的灵敏度高低与外加磁场的磁感应强度成正比的关系。

霍尔开关就属于这种有源磁电转换器件,它是在霍尔效应原理的基础上,利用集成封装和组装工艺制作而成的,它可方便地把磁输入信号转换成实际应用中的电信号,同时又具备工业场合实际应用易操作和良好可靠性的要求。

霍尔开关的输入端是以磁感应强度 B 来表征的,当 B 值达到一定的程度时,霍尔开关内部的触发器翻转,霍尔开关的输出电平状态也随之翻转,输出端一般采用晶体管输出。和其他传感器类似,霍尔开关有 NPN、PNP、常开型、常闭型、锁存型（双极性）、双信号输出之分。

霍尔开关具有无触点、低功耗、长使用寿命、响应频率高等特点,内部采用环氧树脂封灌成一体化,所以能在各类恶劣环境下可靠地工作。霍尔开关可应用于接近传感器、压力传感器、里程表等。

 ## 5.4 直流伺服电动机及其驱动装置

直流伺服电动机具有良好的启动、制动和调速特性,可以方便地在宽范围内实现平滑无级调速。其中大惯量宽调速直流伺服电动机在数控机床中得到了广泛的应用。大惯量宽调速直流伺服电动机分为电激磁和永久磁铁激磁两种,在数控机床中占主导地位的是永久磁铁激磁式（永磁式）电动机。

5.4.1 直流伺服电动机的工作原理

1. 永磁式直流伺服电动机的结构和特点

永磁式直流伺服电动机由机壳、定子磁极和转子电枢三部分组成。其中定子磁极是个永久磁体,它一般采用铝镍钴合金、铁氧体、稀土钴等材料制成,这种永久磁体具有较好的磁性能,可以产生极大的峰值转矩。其电枢铁芯上有较多斜槽和齿槽,齿槽分度均匀,与极弧宽度配合合理。因此,永磁式直流伺服电动机具有以下特点。

1）输出转矩大

其设计的力矩系数较大,在转子外径和电枢电流相同的情况下,可以产生加大的力矩,从而有利于提高电动机的加速性能和响应特性;在低速时输出力矩较大,可以不经减速齿轮而直接驱动丝杠,从而避免由齿轮传动中的间隙所引起的噪声、振动及齿隙造成的误差。

2）动态响应好

定子采用了矫顽力很强的铁氧体永磁材料,在电动机电流过载较大的情况下也不会出现退磁现象,这就大大增大了电动机瞬时加速转矩,改善了动态响应性能。

3）调速范围宽

它采用增加槽数和换向片数等措施,减小电动机转矩的波动,提高低转速的精度,从而大大地扩大了调速范围。它不但在低速时提供足够的转矩,而且在高速时也能提供所需的功率。

4）过载能力强

它由于采用了高级的绝缘材料,转子的惯性又不大,允许过载转矩大,具有大的热容量,可以长时间地超负荷运转。

2. 永磁式直流伺服电动机的工作原理

永磁式直流伺服电动机的工作原理与普通直流电动机的相同。它们用永久磁铁代替普通直流电动机的激磁绕组和磁极铁芯,在电动机气隙中建立主磁通,产生感应电势和电磁转矩。图 5-28 所示是永磁式直流伺服电动机电路原理图。

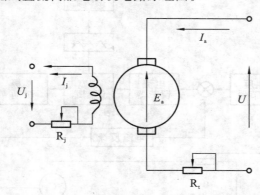

图 5-28　永磁式直流伺服电动机电路原理图

电动机电枢电路的电压平衡方程式为:

$$U = E_a + i_d R_d \tag{5-10}$$

感应电动势为:

$$E_a = C_e n \Phi \tag{5-11}$$

由以上两个方程可得电动机转速特性:

$$n = \frac{U - i_d R_d}{C_e \Phi} \tag{5-12}$$

式中:U 为电动机电枢回路外加电压;R_d 为电枢回路电阻;i_d 为电枢回路电流;C_e 为反电动势系数;Φ 为气隙磁通量。

电动机的电磁转矩为:

$$T_d = C_m \Phi i_d \tag{5-13}$$

因此可得电动机机械特性方程式为:

$$n = \frac{U}{C_e \Phi} - \frac{R_d}{C_e C_m \Phi^2} T_d \tag{5-14}$$

式中：C_m 为转矩系数。

可以看出，调节电动机转速的方法有以下三种：

(1) 改变电枢回路电压 U；

(2) 改变电枢回路电阻 R_d；

(3) 改变气隙磁通量 Φ，通过改变激磁回路电阻 R_j，达到改变 Φ 的目的。

5.4.2 直流伺服驱动装置

对于目前广泛采用的永磁式直流伺服电动机，一般通过改变电枢电压的方式来调速。比较常用的方法是脉宽调速（PWM）。

1. 脉宽调速的工作原理

利用开关频率较高的大功率晶体管作为开关元件，将整流后的恒压直流电源，转换成幅值不变，但脉冲宽度（持续时间）可调的高频矩形波，给伺服电动机的电枢回路供电，通过改变脉冲宽度的方法来改变电枢回路的平均电压，达到电动机调速的目的。脉宽调速的工作原理图如图 5-29 所示，电路由控制部分、晶体管开关放大器和功率整流电路三部分构成。电路的核心是控制部分的脉宽调制器和功率放大器。

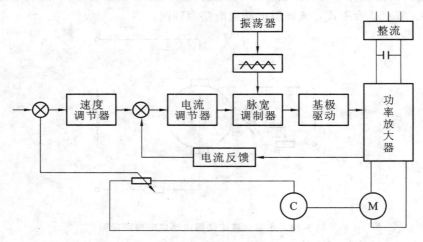

图 5-29　脉宽调速的工作原理图

2. 脉宽调制器

脉宽调制器的任务是将速度指令电压信号转换成脉冲周期固定而宽度可由速度指令电压信号的大小调节变化的脉冲电压。由于脉冲周期固定，脉冲宽度的改变将使脉冲电压的平均电压改变，也就是脉冲平均电压将随速度指令电压的改变而改变。经放大后输入电枢的电压也跟着改变，从而达到调速的目的。

脉宽调制器的种类很多，但它们的基本结构都包括信号发生器和比较放大器，如图 5-30 所示。信号发生器由方波发生器和积分器构成，积分器将方波发生器产生的方波积分成三角波输出到比较放大器。比较放大器将得到的三角波与一个控制电压相加，得到一个新的三角波，比较放大器将这个三角波波形与一个基准电压波形比较，若它高于基准电压波形，则比较放大器将输出低电平，否则将输出高电平，这样比较放大器将输出代表比较结果的脉冲信号。

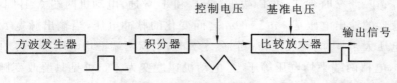

图 5-30 脉宽调制器的结构

当调节控制电压高低时,三角波高于基准电压部分和低于基准电压部分的宽度会发生变化,那么比较放大器输出的脉冲宽度也相应变化,如图 5-31 所示。可见可以通过改变控制电压的方法来改变比较放大器输出方波的宽度。

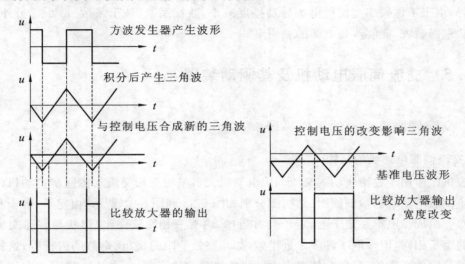

图 5-31 用波形来表示脉宽调制器的原理

3. 开关功率放大器

用于脉宽调速的开关功率放大器电路(例如常用的 H 型双极性开关电路,如图 5-32 所示)有很多种结构形式,它们的基本原理一致。

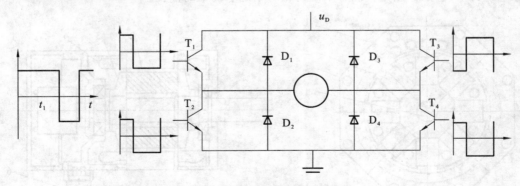

图 5-32 H 型开关功率放大器电路

在脉宽调制器中,将三角发生器输出的波形用多组比较放大器处理,得到相同和相反的输出,这些输出接到 H 型功率放大器的四个大功率晶体管 T_1、T_2、T_3、T_4 的输入端,T_1 和 T_4 端的输入相同,T_2 和 T_3 端的输入相同并与 T_1 和 T_4 端的输入相反。如果 T_1 端的波形如图 5-32 右边所示,在 $0\sim t_1$ 时刻 T_1 和 T_4 端输入正脉冲,因而导通,而此时 T_2 和 T_3 截止,电动机两端 A、B 间电压为 $+u_D$;在 $t_1\sim t$ 时刻 T_1 和 T_4 截止,而 T_2 和 T_3 导通,电动机两端 A、B 间电压为 $-u_D$。所以开关放大器的输出电压是 $-u_D\sim +u_D$ 之间变化的脉冲电压,当输出脉宽 $t_1 > t/2$ 时,电枢两端平均电压大于零,电动机正转;当 $t_1 < t/2$ 时,电枢两端平均电压小于零,电动机反转;当 $t_1 = t/2$ 时,电枢两端平均电压等于零,电动机速度变为零。可见只要改变脉宽调制电压的大小和极性,就能调节加在电动机转子电枢上的平均电压,从而达到调节转速和转向的作用。

4. 脉宽调速的优点

脉宽调速由于采用了截止频率高的晶体管,因此其工作频带宽,可获得较好的动态特性。同时,由于工作频率高使得电流脉动幅度减小,波纹系数(波形系数)减小。另外,脉宽调速的功率因数大,能够改善电源的使用率。

5.5 交流伺服电动机及其驱动装置

5.5.1 交流伺服电动机的工作原理

1. 交流伺服电动机的结构

数控机床中用于进给驱动的交流伺服电动机大多采用三相交流永磁同步电动机。交流永磁同步伺服电动机的横剖面图、结构图分别如图 5-33 和图 5-34 所示,由定子、转子和检测元件三部分组成。电枢在定子上,定子具有齿槽,内有三相交流绕组,形状与普通交流感应电动机的定子相同,但采取了许多改进措施,如非整数节距的绕组、奇数的齿槽等,这种结构的优点是气隙磁密度较高,极数较多。电动机外形呈多边形,且无外壳。转子由多块永久磁铁和冲片组成,磁场波形为正弦波。转子结构中还有一类是有极靴的星形转子,采用矩形磁铁或整体星形磁铁,转子磁铁磁性材料的性能直接影响伺服电动机的性能和外形尺寸。现在一般采用第三代稀土永磁合金——钕铁硼合金。检测元件(脉冲编码器或旋转变压器)安装在电动机上,它的作用是检测转子磁场相对于定子绕组的位置。

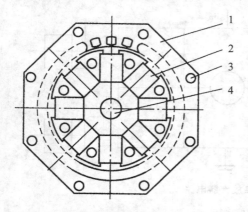

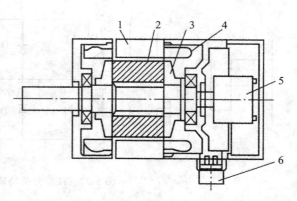

图 5-33 交流永磁同步伺服电动机的横剖面图
1—定子;2—永久磁铁;3—轴向通气孔;4—转轴

图 5-34 交流永磁同步伺服电动机的结构图
1—定子;2—转子;3—转子永磁铁;
4—定子绕组;5—检测元件;6—接线盒

2. 交流永磁同步伺服电动机的工作原理

如图 5-35 所示,永磁交流同步伺服电动机由定子、转子和检测元件三部分组成,其工作过程是当定子三相绕组通上交流电时,就产生一个旋转磁场,这个旋转磁场以同步转速 n_s 旋转。根据磁极的同性相斥、异性相吸的原理,定子旋转磁场与转子永久磁场磁极相互吸引,并带动转子 n_s 旋转,因此,转子也将以同步转速 n_s 旋转。当转子轴加上外负载转矩时,转子磁极的轴线将与定子磁极的轴线相差一个 θ 角,若负载增大,θ 也随之增大。只要外负载不超过一定限度,转子就与定子旋转磁场一起同步旋转,即

$$n_\tau = n_s = \frac{60f}{p} \tag{5-15}$$

式中:f 为交流电源频率(Hz);p 为定子和转子的磁极对数;n_τ 为转子转速(r/min);n_s 为同步转速(r/min)。

由式(5-15)可知,永磁交流同步伺服电动机的转速由电源频率 f 和磁极对数 p 所决定。

当负载超过一定极限时,转子不再按同步转速旋转,甚至可能不转,这就是同步电动机的失步现象,此负载的极限称为最大同步转矩。

图 5-36 所示为永磁交流同步伺服电动机的转矩-速度特性曲线。曲线分为连续工作区和断续工作区两部分,在连续工作区,速度和转矩的任何组合都可连续工作。但连续工作区的划分受到一定条件的限制,连续工作区划定的条件有两个:一是供给电动机的电流是理想的正弦波;二是电动机工作在某一特定温度下。在断续工作区,电动机可间断运行,断续工作区比较大时,有利于提高电动机的加速、减速能力,尤其是在高速区。永磁交流同步伺服电动机的缺点是启动困难。这是由于转子本身的惯量、定子与转子之间的转速差过大,使转子在启动时所受的电磁转矩的平均值为零,因此电动机难以启动。解决的办法是在设计时设法减小电动机的转动惯量,或在速度控制单元中采取先低速后高速的控制方法。

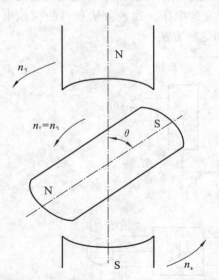

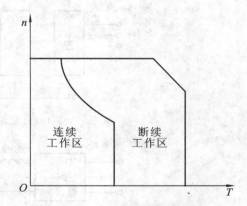

图 5-35　永磁交流同步伺服电动机的工作原理图

图 5-36　永磁交流同步伺服电动机的转矩-速度特性曲线

和异步电动机相比,同步电动机转子有磁极,在很低的频率下也能运行,因此,在相同的条件下,同步电动机的调速范围比异步电动机的调速范围要宽。同时,同步电动机比异步电动机对转矩扰动具有更强的承受力,能做出更快的响应。

3. 交流主轴电动机

交流主轴电动机是基于感应电动机的结构而专门设计的。通常为了增加输出功率、缩小电动机体积,采用定子铁芯在空气中直接冷却的方法,在定子铁芯上设有通风孔,因此,电动机外形多呈多边形而不是常见的圆形,没有机壳。在电动机轴尾部安装检测用的码盘。

交流主轴电动机与普通感应式伺服电动机的工作原理相同。在电动机定子的三相绕组通以三相交流电时,就会产生旋转磁场,这个磁场切割转子中的导体,导体感应电流与定子磁场相作用,产生电磁转矩,从而推动转子转动,其转速 n_τ 为:

$$n_\tau = n_s(1-s) = \frac{60f}{p}(1-s) \tag{5-16}$$

式中: n_s 为同步转速(r/min); f 为交流供电电源频率(Hz); s 为转差率, $s=(n_s-n_\tau)/n_s$; p 为极对数。

与感应式伺服电动机一样,交流主轴电动机需要转速差才能产生电磁转矩,所以电动机的转速低于同步转速,转速差随外负载的增大而增大。

5.5.2 交流伺服驱动装置

1. 交流伺服电动机调速主电路

我国工业用电的频率是固定的 50 Hz,有些欧美国家工业用电的固有频率是 60 Hz,因此交流伺服电动机的调速系统必须采用变频的方法改变电动机的供电频率。常用的方法有两种:直接的交流-交流变频和间接的交流-直流-交流变频,如图 5-37 所示。交流-交流变频是用晶闸管整流器直接将工频交流电直接变成频率较低的脉动交流电,正组输出正脉冲,反组输出负脉冲,这个脉动交流电的基波就是所需的变频电压。这种方法获得的交流电波动较大。而间接的交流-直流-交流变频是先将交流电整流成直流电,然后将直流电压变成矩形脉冲波动电压,这个脉动交流电的基波就是所需的变频电压。这种方法获得的交流电的波动小,调频范围宽,调节线性度好。数控机床常采用这种方法。

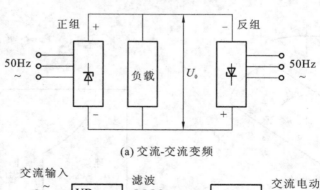

(a) 交流-交流变频

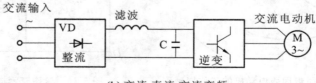

(b) 交流-直流-交流变频

图 5-37 交流伺服电动机调速主电路

间接的交流-直流-交流变频器,根据中间直流电压是否可调可分为中间直流电压可调逆变器和中间直流电压不可调逆变器,根据中间直流电路上的储能元件是大电容或大电感可分为电压型逆变器和电流型逆变器。在电压型逆变器中,控制单元的作用是将直流电压切换成一串方波电压,所用器件是大功率晶体管、巨型晶体管(giant transistor,GTR)或是可关断晶闸管(gate turn-off thyristor,GTO)。交流-直流-交流变频中典型的逆变器是固定电流型逆变器。

通常交流-直流-交流变频器中交流-直流的变换是将交流电变成为直流电,而直流-交流变换是将直流变成为调频、调压的交流电,采用脉冲宽度调制逆变器来完成。逆变器分为晶闸管逆变器和晶体管逆变器,数控机床上的交流伺服系统多采用晶体管逆变器,它克服或改善了晶闸管相位控制中的一些缺陷。

2. 交流伺服系统的控制回路

交流伺服电动机可以利用供电频率的改变来进行调速,因此交流伺服系统的核心是形成供电频率可变的变频器。过去的变频器采用的功率开关元件是晶闸管,利用相位控制原理进行控制,这种方法产生的电压谐波分量比较大,功率因数小,转矩脉动大,动态响应慢。现在的变频调速大量采用 PWM(脉宽调制)型变频器,采用脉宽调制原理,克服或改善了相位控制调速中的一些缺陷。常见的 PWM 型变频器有 SPWM、DMPWM、NPWM、矢量角 PWM、最佳开关角 PWM、交流跟踪 PWM 等十几种。

SPWM 变频器不仅适合于永磁式交流伺服电动机,也适合于感应式交流伺服电动机。SPWM 采用正弦规律脉宽调制原理,其调制的基本特点是等距、等幅,但不等宽。它的规律总是中间脉冲宽而两边脉冲窄。因其脉宽按正弦规律变化,具有功率因数大、输出波形好等优点,因而在交流调速系统中获得广泛应用。

1)一相 SPWM 波调制原理

在直流电动机 PWM 调速系统中,PWM 输出电压是由三角载波调制电压得到的。同理在交流电动机 SPWM 调速系统中,输出电压是由三角载波调制的正弦电压得到的,如图 5-38 所示。SPWM 的输出电压 U_0 是幅值相等、宽度不等的方波信号。其各脉冲的面积与正弦波下的面积成比例,其脉宽基本上按正弦规律变化,其基波是等效正弦波。这个信号经功率放大后作为交流伺服电动机的相电压(电流)。改变正弦基波的频率就可以改变电动机相电压(电流)的频率,达到调频调速的目的。

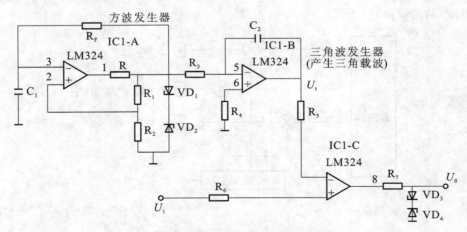

图 5-38　双极性 SPWM 波调制原理(一相)

调制可以是双极调制,也可以是单极调制。在双极性调制过程中同时得到正负完整的 SPWM 波。当控制电压高于三角波电压时,比较器输出"高"电平,反之输出"低"电平,只要正弦控制波的最大值低于三角波的幅值,调制结果必然形成等幅、不等宽的 SPWM 波。双极性调制能同时调制出正半波和负半波。而单极性调制只能调制出正半波或负半波,再将调制波倒相得到另外的半波形,然后相加得到一个完整的 SPWM 波。双极性 SPWM 通用型主回路如图 5-39 所示。

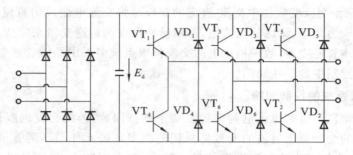

图 5-39 双极性 SPWM 通用型主回路

双极调制时,功率管同一桥臂上、下两个开关器件交替通断(互补工作方式),因此由输入的正弦控制信号、三角波调制所得的脉冲波的基波是与输入正弦波等同的正弦输出信号。这种 SPWM 波能够有效地抑制高次谐波电压。

2)三相 SPWM 波的调制

在三相 SPWM 波的调制中三角波 U_t 是共用的,而每一相有一个输入正弦波信号和一个 SPWM 调制器。输入的 U_a、U_b、U_c 信号是相位相差 120°的正弦交流信号,其幅值和频率(用来改变输出的等效正弦波的幅值和频率,以实现对电动机的控制)都可调。

SPWM 波经功率放大后才可驱动电动机。在双极性 SPWM 通用型主回路中,左边是桥式整流电路,其作用是将工频交流电变为直流电;右边是逆变器,用 VT_1 至 VT_6 六个大功率开关管将直流电变为脉宽按正弦规律变化的等效正弦交流电,用以驱动交流伺服电动机。如图 5-40 所示,输出的 SPWM 波 U_{oa}、U_{ob}、U_{oc} 及其方向波来控制图 5-39 中 VT_1 至 VT_6 的基极,VD_1 至 VD_6 是续流二极管,用来导通电动机绕组产生的反电动势,功率放大器的输出端(右端)接在电动机上。由于电动机绕组电感的滤波作用,其电流变成为正弦波。三相输出电压(电流)的相位相差 120°。

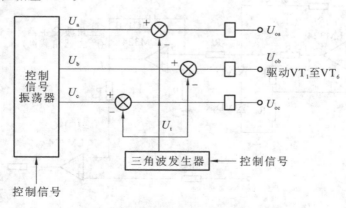

图 5-40 三相 SPWM 波调制原理框图

由 SPWM 的调制原理可知,调制主回路功率器件在输出电压的半周内要多次开关,而器件本身的开关能力与主回路的结构及其换流能力有关。所以开关频率和调制对 SPWM

调制有重要的影响。由于功率器件的开关损耗限制了脉宽调制的脉冲频率,且各种功率开关管的频率都有一定的限制,使得所调制的脉冲波有最小脉宽与最小间隙的限制,这就要求输入参考信号的幅值小于三角波峰值。

设调制系数为 M:

$$M = \frac{U_1}{U_t} \tag{5-17}$$

式中:U_1 为正弦控制电压的峰值,U_t 为三角波载波的峰值电压,理想情况下 M 在 $0 \sim 1$ 之间变化,实际上 M 总是小于 1,且不接近 1。

3) SPWM 的同相调制和异相调制

将三角载波频率 f_t 与正弦控制波频率 f_r 之比称为载波比 N,即 $N = f_t / f_r$,N 通常为 3 的整数倍,如 15、18、21、30、36、42、60、72、84、120、168 等,以保证调制波的对称性。

同步调制时 N 为常数,变频时三角波频率和输入正弦波控制信号频率同步变化,因此在一个正弦控制波周期内输出的矩形脉冲数量是固定的。若 N 为 3 的整数倍,则在同步调制中能够保证逆变器输出波形正负对称,且三相输出波形互差 120°。同步调制的缺点是低频段相邻两脉冲的间距增大,谐波会显著增加,电动机会产生较大的脉动转矩和较大的噪声。

异步调制时 N 为变数,这种情况下只改变正弦控制信号的频率 f_r,保持三角调制波频率 f_t 不变,就可以达到 N 为变数的目的。这样在低频段时 SPWM 输出波在每个正弦控制波周期内有较多的脉冲个数,脉冲频率越低,脉冲个数越多,这样可以减小多次谐波和减少电动机转矩的波动及减小噪声。异步调制的优点是改善了低频工作特性,但输出的波形不对称,且有相位的变化,易引起电动机工作不平稳,在正弦控制波频率较高时比较明显,因此异步调制适用于频率较低的条件。

除了上述两种调制方法外,还有分段同步调制。SWAP 调制的实质是根据三角载波与正弦控制波的交点来确定功率开关管的通断时刻,可以用模拟电子电路、数字电路或专用大规模集成电路等硬件来实现,也可以用计算机或单片机等通过软件方法来调制 SWAP 波形。

5.6 直线电动机及其在数控机床中的应用简介

5.6.1 直线电动机简介

1. 直线电动机传动的优点

直线电动机是近年来国内外积极研究的新型电动机之一。长期以来,在各种工程技术中需要实现直线型驱动力时,主要是采用旋转电动机并通过曲柄连杆或蜗轮蜗杆等传动机构来获得的。但是,这种传动机构往往具有结构复杂、质量大、体积大、啮合精度差且工作不可靠等缺点。而直线电动机不需要中间转换装置,能够直接产生直线运动驱动力。

各种新技术、需求的出现和拓展推动了直线电动机的研究及生产,目前在交通运输、机械工业和仪器仪表工业中,直线电动机已得到推广和应用。在自动控制系统中,也广泛地采用直线电动机作为驱动、指示和信号元件。例如,在快速记录仪中,伺服电动机改用直线电动机后,可以提高仪器的精度和频带的宽度;在雷达系统中,用直线自整角机代替电位器进行直线测量可提高测量精度,简化系统结构;在电磁流速计中,可用直线测速机来量测导电液体在磁场中的流速;在高速加工技术中,采用直线电动机可获得比采用传统驱动方式的电动机高几倍的定位精度和响应速度。另外,在录音磁头和各种记录装置中,也常用直线电动机传动。

与旋转电动机相比,直线电动机主要具有下列优点:

(1)直线电动机由于没有中间转换环节,因而使整个传动机构得到简化,提高了精度,减少了振动,降低了噪声。

(2)快速响应。用直线电动机驱动时,不存在中间传动机构的惯量和阻力矩的影响,因而加速和减速时间短,可实现快速启动和正反向运行。

(3)仪表用的直线电动机,可以省去电刷和换向器等易损元件,提高可靠性,延长使用寿命。

(4)直线电动机由于散热面积较大,容易冷却,因此可承载较高的电磁负荷,可提高电动机的容量定额。

(5)装配灵活性大,往往可将电动机和其他机件合成一体。

一般来讲,每一种旋转电动机都有其相应的直线电动机。直线电动机有直线感应电动机、直线直流电动机和直线同步电动机(包括直线步进电动机)等多种类型。在伺服系统中,和传统元件相应,也可制成直线运动形式的执行元件等。

2. 直线电动机的原理

与旋转电动机不同,直线电动机是能够直接产生直线运动的电动机,但它却可以看成是从旋转电动机演化而来的,如图 5-41 所示。设想把旋转电动机沿径向剖开,并将圆周展开成直线,就得到了直线电动机。旋转电动机的径向、周向和轴向,在直线电动机中对应地称为法向、纵向和横向;旋转电动机的定子、转子在直线电动机中称为初级和次级。

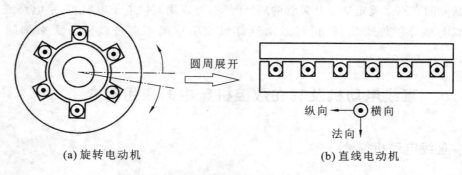

(a) 旋转电动机 　　　　　(b) 直线电动机

图 5-41　从旋转电动机到直线电动机的演化

直线电动机初级的多相绕组中通入多相电流后,同旋转电动机一样,也会产生一个气隙基波磁场,只不过这个磁场的磁通密度波 B_{δ} 是沿直线运动的,故称为行波磁场,如图 5-42 所示。显然,行波的移动速度与旋转磁场在定子内圆表面上的线速度是一样的,用 v_{s} 表示,称为同步速度。

$$v_{s}=2f\tau\ (\text{cm/s}) \tag{5-18}$$

式中:τ 为极距(cm);f 为电源频率(Hz)。

在行波磁场切割下,次级导条将产生感应电动势和电流,所有导条的电流和气隙磁场相

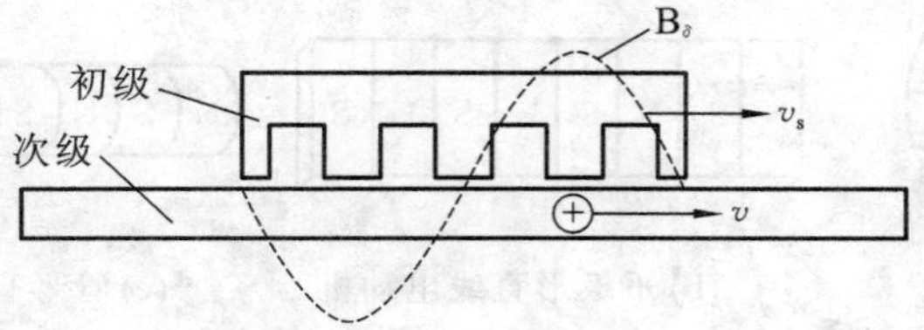

图 5-42　行波磁场

互作用,便产生切向电磁力。如果初级是固定不动的,那么次级就顺着行波磁场运动的方向做直线运动。若次级移动的速度用 v 表示,则滑差率 s 为:

$$s = \frac{v_s - v}{v_s}$$

$$v = (1-s)v_s = 2f\tau(1-s) \tag{5-19}$$

从式(5-19)可以看出,直线感应电动机的速度与电动机极距及电源频率成正比,因此改变极距或电源频率都可改变电动机的速度。

与旋转电动机一样,改变直线电动机初级绕组的通电相序,可改变电动机运动的方向,因而可使直线电动机做往复直线运动。

直线电动机的其他特性,如机械特性、调节特性等,都与交流伺服电动机的相似,通常也通过改变电源电压或频率来实现对速度的连续调节,这里不再重复。

3. 直线电动机的结构与分类

如前所述,直线电动机由相应旋转电动机转化而来,因此与旋转电动机对应,直线电动机可分为直线感应电动机、直线同步电动机、直线直流电动机和其他直线电动机(如直线步进电动机)。旋转电动机的定子和转子,在直线电动机中称为初级和次级。直线电动机初级和次级的长短不同,这是为了保障在运动过程中初级和次级始终处于耦合状态。

在直线电动机中,直线感应电动机应用最广,因为它的次级可以是整块均匀的金属材料,即采用实心结构,成本较低,适宜做得较长。直线感应电动机由于存在纵向和横向边缘效应,其运行原理和设计方法与旋转电动机的有所不同。

直线直流电动机由于可以做得惯量小、推力大(当采用高性能的永磁体时),在小行程场合有较多的应用。直线直流电动机的结构和运行方式都比较灵活。

直线同步电动机由于成本较高,目前在工业中应用不多,但它的效率高,适宜作为高速的水平或垂直运输的推进装置。它又可以分成电磁式、永磁式和磁阻式三种,其中由电子开关控制的永磁式和磁阻式直线同步电动机具有很好的发展前景。

直线步进电动机作为高精度的直线位移控制装置已有一些应用。

按结构来分,直线电动机可分为平板形、管形、弧形和盘形四种类型。

平板形结构是最基本的结构,应用也最广泛。如果把平板形结构沿极再卷起来,就得到了管形结构,如图 5-43 所示演化过程。管形结构的优点是没有绕组端部,不存在横向边缘效应,次级的支承也比较方便;其缺点是铁芯必须沿周向叠片,才能阻挡由交变磁通在铁芯中感应的涡流,这在工艺上比较复杂,并且散热条件也比较差。

在弧形结构中平板形初级沿运动方向改成弧形,并安装在圆柱形次级的柱面外侧,如图 5-44 所示。在盘形结构中平板形初级安装在圆柱形次级的端面外侧,并使次级切向运动,如图 5-45 所示。弧形和盘形结构虽然做圆周运动,但它们的运行原理和设计方法与平板形结构的相似,仍属于直线电动机。

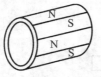 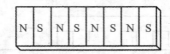 

(a) 旋转电动机　　　　　(b) 平板形直线电动机　　　　(c) 管形直线电动机

图 5-43　从旋转电动机到管形直线电动机的演化

 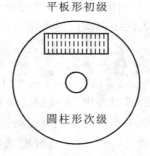

图 5-44　弧形直线电动机　　　　　图 5-45　盘形直线电动机

　　平板形和盘形直线电动机根据其初级的数目分为单边结构和双边结构。仅在次级的一侧安装初级，称为单边结构；在次级的两侧各安装一个初级，称为双边结构。双边结构可以消除单边磁拉力（当初级和次级都具有铁芯时），在此结构中，次级的材料利用率也较高。

　　就初级与次级之间的相对长度来说，直线电动机包括短初级结构和短次级结构。就初级运动还是次级运动来说，直线电动机包括动初级结构和动次级结构。图 5-46、图 5-47 分别表示单边短初级结构和双边短次级结构。

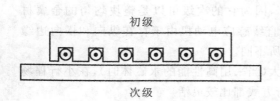 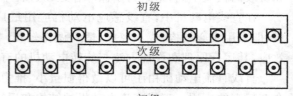

图 5-46　单边短初级结构　　　　　图 5-47　双边短次级结构

4. 直线感应电动机纵向边缘效应

1）直线感应电动机静态纵向边缘效应

　　图 5-48 所示为单边平板形短初级直线感应电动机典型结构示意图。直线感应电动机的初级铁芯的纵向两端形成了两个纵向边缘，铁芯和绕组不能像旋转电动机那样在两端相互连接，这是直线感应电动机的初级与旋转电动机的定子的明显差别。如当采用双层绕组时，直线感应电动机的初级铁芯槽数要比相应的旋转电动机的槽数多，这样才能放下三相绕组。在铁芯两端的一些槽内只放置一层线圈边，而空出了半个槽。

　　图 5-49 所示为 4 极、每极每相槽数为 1 的三相直线感应电动机双层整距绕组的展开图，其槽数为 15 个，比相应的旋转电动机多出 3 个，使得直线电动机三相绕组之间的互感不相等，电动机运行在不对称状态，并引起负序磁场和零序磁场，零序磁场又会引起脉振磁场。这两类磁场在次级运行的过程中将产生阻力和附加损耗，这些现象称为直线感应电动机的

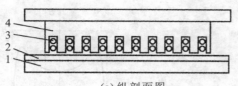
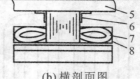

(a) 纵剖面图　　　　　　　　(b) 横剖面图

图 5-48　单边平板形短初级直线感应电动机典型结构示意图

1—次级铁芯；2—次级导电板；3—三相绕组；4—初级铁芯；

5—支架；6—固定用角铁；7—绕组端部；8—环氧树脂

静态纵向边缘效应。

　　2）直线感应电动机的动态纵向边缘效应

　　当次级沿纵向运动时还存在另一种边缘效应，称为动态纵向边缘效应。图 5-50 所示为动态纵向边缘效应的示意图。

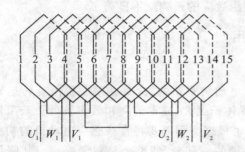
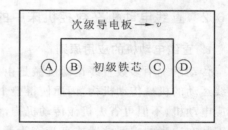

图 5-49　三相直线感应电动机双层整距绕组的展开图　　**图 5-50　动态纵向边缘效应的示意图**

　　由电磁感应定律可知，当穿过任一闭合回路的磁通链变化时将产生感应电动势和感应电流。设在次级导电板上有一个闭合回路，处于初级铁芯外侧的 A 处。在它进入到初级铁芯下面之前，它基本上不产生链磁通，也不感应涡流。当它从位置 A 运动到处于初级铁芯下面的 B 处时，它将产生链磁通，这时闭合回路内磁通的变化将引起涡流，而涡流反过来又影响磁场的分布。同样的，当闭合回路从处于初级铁芯下面的位置 C 移到处于初级铁芯外侧的位置 D 时，闭合回路内的磁通又一次变化，又将引起涡流并影响磁场的分布，前一种效应称为入口端边缘效应，后一种效应称为出口端边缘效应。这种纵向边缘效应只有在次级运动时才会发生，为了加以区分，称为动态纵向边缘效应。

　　动态纵向边缘效应与次级的运动速度有关，速度越高，效应越明显。需要指出的是，即使速度达到同步速度时，此效应同样存在。动态纵向边缘效应所产生的涡流将增加电动机的损耗，并减小功率因数，从而使电动机的输出功率减小。这种效应在高同步转速、低转差运行的直线感应电动机中尤为严重。

　　5. 直线感应电动机的横向边缘效应

　　当直线感应电动机采用实心结构时，在行波磁场的作用下，次级导电板中的感应电流呈涡流形状。即使在初级铁芯范围内，感应次级电流也存在纵向分量。在它的作用下，气隙磁通密度沿横向的分布呈马鞍状。这种效应称为横向边缘效应。图 5-51 给出了次级电流分布和气隙磁通密度分布情况，l 是初级铁芯横向长度，c 是次级导电板横向伸出初级铁芯的长度。

　　横向边缘效应的存在，使电动机的平均气隙磁通密度降低，电动机的输出功率减小。同时，次级导电板的损耗增大，电动机的效率降低，横向边缘效应的大小与次级导电板横向伸

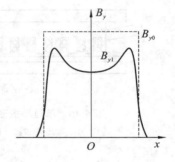

(a) 次级电流分布   (b) 气隙磁通密度分布

图 5-51 次级电流分布和气隙磁通密度分布情况

出初级铁芯的长度 c 与极距 τ 的比值(c/τ)有关。c/τ 越大,横向边缘效应越不明显。通常取 $c/\tau=0.4$ 较合适。c/τ 超过 0.4 后,对横向边缘效应的影响就不显著了。

5.6.2 直线电动机在数控机床中的应用

1. 直线电动机的应用原则

传动系统中多数直线运动机械是由旋转电动机驱动的,这时必须配置由旋转运动变为直线运动的机械传动机构,因而使得整个装置体积庞大、成本较高和效率较低。若采用直线感应电动机,不但可省去机械传动机构,而且可根据实际需要将直线感应电动机的初级和次级安装在适当的空间位置或直接作为运动机械的一部分,使整个装置紧凑、合理,降低成本并提高效率。此外,在某些特殊应用场合,直线感应电动机的独特应用,是旋转电动机无法代替的。因此,直线感应电动机能够直接产生直线运动,这一点对直线运动机械的设计者和使用者有很大的吸引力。但是,并不是在任何场合使用直线感应电动机都能取得良好效果。为此必须首先了解直线感应电动机的应用原则,以便能恰到好处地应用它。

1)合适的运动速度

直线感应电动机的运动速度与同步速度有关,而同步速度又正比于极距,因此运动速度的选择范围依赖于极距的选择范围。极距太小会降低槽的利用率、增大槽漏抗和减小品质因数,从而降低电动机的效率和减小功率因数。极距的下限通常取 3 cm。极距可以没有上限,但当电动机的输出功率一定时,初级铁芯的纵向长度是有限的,另外为了减小纵向边缘效应,电动机的极数不能太少,故极距不可能太大。对于工业用直线感应电动机,极距的上限一般取 30 cm。即在工频条件下,同步速度的选择范围相应地为 3~30 m/s。考虑到直线感应电动机的转差率较大,运动速度的选择范围为 1~25 m/s。当运动速度低于这一选择范围的下限时,一般不宜使用直线感应电动机,除非使用变频电源,通过降低电源的频率来降低运动速度。

2)合适的推力

旋转电动机可以适应很大的推力范围,将旋转电动机配上不同的变速箱,可以得到不同的转速和转矩。特别是在低速的场合,转矩可以扩大几十倍到几百倍,以至于用一个很小的旋转电动机就能推动一个很大的负载,当然功率是守恒的。对于直线感应电动机,由于它无法用变速箱改变速度和推力,因此它的推力不能扩大。要想得到比较大的推力,只能依靠加大电动机的功率、尺寸,这不够经济。一般,在工业应用中,直线感应电动机适用于推动轻负载,如克服滚动摩擦来推动小车,这时电动机的尺寸不大,在制造成本、安装、使用等方面都比较理想。

3）合适的往复频率

在工业应用中,直线感应电动机都是往复运动的,为了达到较高的劳动生产率,要求直线感应电动机有较高的往复频率。这意味着电动机要在较短的时间内走完整个行程,完成加速和减速的过程,也就是要启动一次和制动一次。往复频率越高,电动机的正加速度(启动时)和负加速度(制动时)也越大,加速度所对应的推力也越大,有时加速度所对应的推力甚至大于推动负载所需的推力。推力的增大导致电动机的尺寸加大,而其质量加大又引起加速度所对应的推力进一步增大,有时可能产生恶性循环。为此,设计电动机时,应当充分重视对加速度的控制。根据合适的加速度计算出走完行程所需的时间,由此决定电动机的往复频率。在整个装置的设计中,应尽量减小运动部分的质量,以便减小加速度所对应的推力。

4）合适的定位精度

在许多应用场合,电动机运动到位时由机械限位使之停止运动。为了使到位时的冲击力较小,可以使用机械缓冲装置。在没有机械限位的场合,可通过电气控制的方法来实现。例如,一个比较简单的定位办法是,在到位前通过行程开关控制,对电动机做反接制动或能耗制动,使电动机在到位时停下来。但由于直线感应电动机的机械特性是软特性,电源电压变化或负载变化都会影响电动机在开始制动时的初速度,从而影响停止时的位置。因此,这种定位办法只能用于电源电压稳定且负载恒定的场合,否则,应当配上带有测速传感器和可控交流调压器的自动控制装置。除此之外,对采用直线电动机的直线运动方案还应当在制造成本、运行费用和使用维修等各方面进行比较分析。

2. 直线电动机的应用实例

1）活塞车削数控单元

采用直线电动机的直线运动机构由于具有响应快、精度高的特点,已成功地应用于异型截面工件的 CNC 车削和磨削加工中。针对产量最大的非圆截面零件,国防科技大学非圆切削研究中心开发了基于直线电动机的高频大行程数控进给单元。图 5-52 所示为直线电动机位置控制器的原理框图。这是一个双闭环系统,内环是速度环,外环是位置环。采用高精度光栅尺作为位置检测元件。定位精度取决于光栅的分辨率,系统的机械误差可以由反馈消除,获得较高的精度。

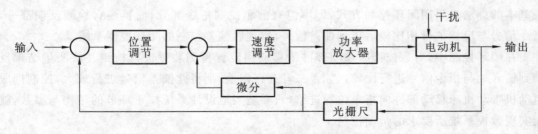

图 5-52　直线电动机位置控制器的原理框图

2）采用直线电动机的开放式数控系统

这种采用 PC 与开放式可编程运动控制器构成的数控系统,以 PC 上的标准插件形式的运动控制器为控制核心。

图 5-53 所示为基于直线电动机的开放式数控系统原理图。

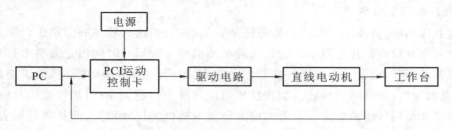

图 5-53　基于直线电动机的开放式数控系统原理图

该系统采用在 PC 的扩展槽中插入运动控制卡的形式,系统由 PC、运动控制卡、伺服驱动器、直线电动机、数控工作台等部分组成。数控工作台由直线电动机驱动,伺服控制和机床逻辑控制均由运动控制器完成,运动控制器可编程,以运动子程序的方式解释执行数控程序。

当今工业控制技术中的主流总线形式是 PCI 总线,它有很多优点:具有严格的标准和规范,保证了它具有良好的兼容性、较高的可靠性;传送数据速率高;与 CPU 无关,与时钟频率无关,适用于各种平台,支持多处理器和并行工作;具有良好的扩展性,通过 PCI-PCI 桥路,可进行多级扩展。PCI 总线为用户提供了极大的方便,是目前 PC 上最先进、最通用的一种总线。

系统软件在 Windows 平台上开发,采用模块化程序设计,由用户输入/输出界面、预处理模块等组成。用户输入/输出界面实现用户的输入、系统的输出。用户输入的主要功能是让用户输入数控代码,发出控制命令,进行系统参数配置,生成数控机床零件加工程序(G 代码指令)。预处理模块读取 G 代码指令后,通过编译生成能够让运动控制卡运行的程序,从而驱动直线电动机,完成直线或圆弧插补。

5.7　进给运动闭环位置控制

5.7.1　进给运动闭环位置控制概述

由于开环控制的精度不能很好地满足数控机床的要求,为了提高伺服系统的控制精度,最基本的办法是采用闭环控制方式,即不但有前驱控制指令部分,而且还有检测反馈部分,指令信号与反馈信号相比较后得到偏差信号,实现以偏差控制的闭环控制系统。

在闭环控制中,对数控机床移动部件的移动用位置检测装置进行检测并将测量结果反馈到输入端与指令信号进行比较。如果二者存在偏差,则将此偏差信号进行放大,控制伺服电动机带动机床移动部件向指令位置进给,只要适当地设计系统校正环节的结构与参数,就能实现数控系统所要求的精确控制。

图 5-54 所示为闭环伺服系统结构框图。从系统的结构来看,闭环控制系统可看作以位置调节为外环,速度调节为内环的双闭环控制系统,系统的输入是位置指令,输出是机床移动部件的位移。分析系统内部的工作过程,它是先把位置输入转换成相应的速度给定信号后,再通过速度控制单元驱动伺服电动机,实现实际位移控制的。

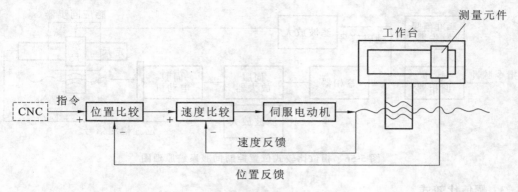

图 5-54　闭环伺服系统结构框图

闭环控制可以获得较高的精度和速度,但制造和调试费用高,一般应用于大、中型和精密数控机床。

5.7.2　典型的进给运动闭环位置控制方式简介

按照位置环控制信号,闭环系统可以分成脉冲比较式、相位比较式、幅值比较式和数据采样式。

1. 脉冲比较式

图 5-55 所示为脉冲比较式位置控制伺服系统原理图。系统包含速度控制单元和位置控制外环,由于它的位置环是按给定输入脉冲数和反馈脉冲数进行比较而构成闭环控制的,所以称该系统为脉冲比较式位置伺服系统。

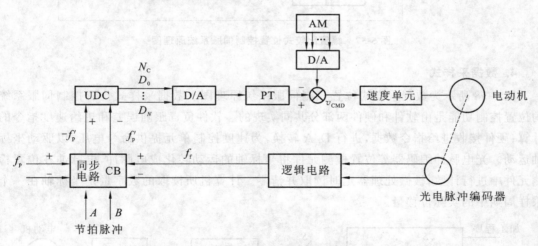

图 5-55　脉冲比较式位置控制伺服系统原理图

2. 相位比较式

图 5-56 所示为相位比较式位置控制伺服系统原理图。相位比较式伺服系统是高性能数控机床中所使用的一种伺服系统。相位比较式伺服系统的核心问题是,如何把位置检测转换为相应的相位检测,并通过相位比较实现对驱动执行元件的速度控制。

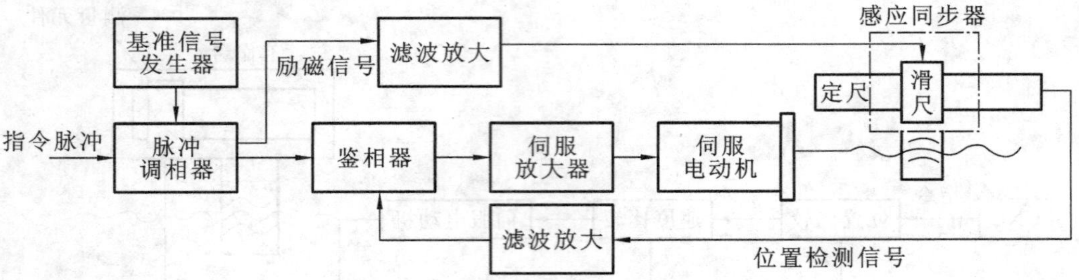

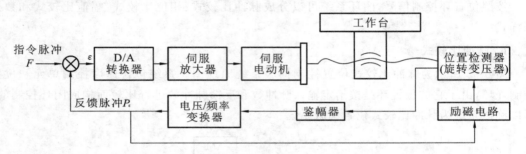

图 5-56　相位比较式位置控制伺服系统原理图

3. 幅值比较式

图 5-57 所示为幅值比较式位置控制伺服系统原理图。该方式以位置检测信号的幅值大小来反映机械位移的数值,并以此作为位置反馈信号与指令信号进行比较,构成闭环控制系统。该系统的特点之一是所用的位置检测元件应工作在幅值工作方式。感应同步器和旋转变压器都可以用于幅值伺服系统。幅值比较式位置控制伺服系统实现闭环控制的过程与相位比较式位置控制伺服系统有许多相似之处。

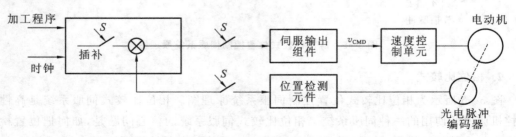

图 5-57　幅值比较式位置控制伺服系统原理图

4. 数据采样式

图 5-58 所示为数据采样式位置控制伺服系统原理图。数据采样式位置控制伺服系统的位置控制功能是由软件和硬件两部分共同实现的。软件负责跟随误差和进给速度指令的计算;硬件接收进给指令数据,进行 D/A 转换,为速度控制单元提供命令电压,以驱动坐标轴运动。光电脉冲编码器等位置检测元件将坐标轴的运动转化成电脉冲,电脉冲在位置检测元件中进行计数,被微处理器定时读取并清零。计算机所读取的数字量是坐标轴在一个采样周期中的实际位移量。

图 5-58　数据采样式位置控制伺服系统原理图

5.8 数控机床进给伺服系统应用实例

1. 常见进给驱动系统

1) 直流进给驱动系统

（1）FANUC 公司直流进给驱动系统。从 1980 年开始，FANUC 公司陆续推出了小惯量 I 系列、中惯量 M 系列和大惯量 H 系列的直流伺服电动机。中、小惯量伺服电动机采用 PWM 速度控制单元，大惯量伺服电动机采用晶闸管速度控制单元。驱动装置具有多种保护功能，如过速、过电流、过电压和过载等。

（2）SIEMENS 公司直流进给驱动系统。SIEMENS 公司在 20 世纪 70 年代中期推出了 1HU 系列永磁式直流伺服电动机，规格有 1HU504、1HU305、1HU307、1HU310 和 1HU313。与伺服电动机配套的速度控制单元有 6RA20 和 6RA26 两个系列，前者采用晶体管 PWM 控制，后者采用晶闸管控制。

（3）MITSUBISHI 公司直流进给驱动系统。MITSUBISHI 公司的 HD 系列永磁式直流伺服电动机，规格有 HD41、HD81、HD201 和 HD301 等。配套的 6R 系列伺服驱动单元，采用晶体管 PWM 控制技术，具有过载、过电流、过电压和过速保护，带有电流监控等功能。

2) 交流进给驱动系统

（1）FANUC 公司交流进给驱动系统。FANUC 公司在 20 世纪 80 年代中期推出了晶体管 PWM 控制的交流驱动单元和永磁式三相交流同步电动机，电动机有 S 系列、I 系列、SP 系列和 T 系列，驱动装置有 α 系列交流驱动单元等。

（2）SIEMENS 公司交流进给驱动系统。1983 年以来，SIEMENS 公司推出了交流驱动系统。由 6SC610 系列进给驱动装置和 6SC611A（SIMODRIVE 611A）系列进给驱动模块、IFT5 和 IFT6 系列永磁式交流同步电动机组成。驱动采用晶体管 PWM 控制技术，带有 I^2t 热监控等功能。另外，SIEMENS 公司还有用于数字伺服系统的 SIMODRIVE 611D 系列进给驱动模块。

（3）MITSUBISHI 公司交流进给驱动系统。MITSUBISHI 公司的交流驱动单元有通用型的 MR-J2 系列，采用 PWM 控制技术，交流伺服电动机有 HC-MF 系列、HA-FF 系列、HC-SF 系列和 HC-RF 系列。另外，MITSUBISHI 公司还有用于数字伺服系统的 MDS-SVJ2 系列交流驱动单元。

（4）A-B 公司交流进给驱动系统。A-B 公司的交流驱动系统有 1391 系统交流驱动单元和 1326 型交流伺服电动机。另外，还有 1391-DES 系列数字式交流驱动单元，相应的伺服电动机有 1391-DES15、1391-DES22 和 1391-DES45 三种规格。

3) 步进驱动系统

在步进电动机驱动的开环控制系统中，典型的产品有 KT400 数控系统及 KT300 步进驱动装置，SINUMERIK 802S 数控系统配 STEPDRIVE 步进驱动装置及 IMP5 五相步进电动机等。

2. 伺服系统结构形式

伺服系统不同的结构形式，主要体现在检测信号的反馈形式上，下面的叙述以带编码器的伺服电动机为例。

1) 方式一（见图 5-59）

转速反馈信号与位置反馈信号处理分离，驱动装置与数控系统配接有通用性。图 5-59(b)为

SINUMERIK 800 系列数控系统与 SIMODRIVE 611A 进给驱动模块和 IFT5 伺服电动机构成的伺服进给系统。数控系统位置控制模块上 X141 端口的 25 针插座为伺服输出口,输出模拟信号及使能信号至进给驱动模块上 56、14 速度控制信号接线端子和 65、9 使能信号接线端子;位置控制模块上的 X111、X121 和 X131 端口的 15 针插座为位置检测信号输入口,由 IFT5 伺服电动机上的光电脉冲编码器(ROD 320)检测获得;速度反馈信号由 IFT5 伺服电动机上的三相交流测速发电机检测反馈至驱动模块 X311 插座中。

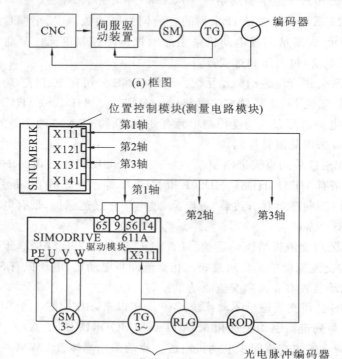

(a) 框图

(b) SIEMENS 伺服进给系统

图 5-59 伺服系统(方式一)

2) 方式二(见图 5-60)

伺服电动机上的编码器既作为转速检测,又作为位置检测,位置处理和速度处理均在数控系统中完成。图 5-60(b)所示为 FANUC 数控系统与用于车床进给控制的 α 系列 2 轴交流驱动单元的伺服进给系统,伺服电动机上的脉冲编码器将检测信号直接反馈于数控系统,经位置处理和速度处理,输出速度控制信号、速度脉冲编码器反馈信号及使能信号至驱动单元 JV1B 和 JV2B 端口。

3) 方式三(见图 5-61)

伺服电动机上的编码器同样作为速度和位置检测,检测信号经伺服驱动单元一方面作为速度控制,另一方面输出至数控系统进行位置控制,驱动装置具有通用性。图 5-61(b)所示为由 MR-J2 伺服驱动单元和伺服电动机组成的伺服进给系统。数控系统输出速度控制模拟信号、使能信号至驱动单元 CN1B 插座中的 1、2 针脚和 5、8 针脚,伺服电动机上的编码器将检测信号反馈至 CN2 插座中,一方面用于速度控制,另一方面再通过 CN1A 插座输出至数控系统中的位置检测输入口,在数控系统中完成位置控制。该类型控制同样适用于由 SANYODENKIP 系列交流伺服驱动单元和 P6、P8 伺服电动机组成的伺服系统。

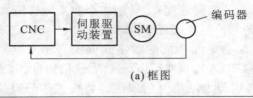

(a) 框图

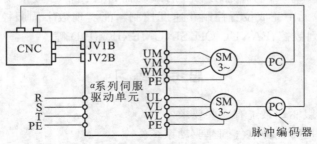

(b) FANUC伺服进给系统

图 5-60 伺服系统(方式二)

上述三种控制方式,共同的特点是位置控制均在数控系统中进行,且速度控制信号均为模拟信号。

4) 方式四(见图 5-62)

图 5-62(a)所示为数字式伺服系统。在数字式伺服系统中,数控系统将位置控制指令以数字量的形式输出至数字伺服系统,数字伺服驱动单元本身具有位置反馈和位置控制功能,能独立完成位置控制。数控系统和数字伺服驱动单元采用串行通信的方式,可极大地减少连接电缆,便于机床安装和维护,提高了系统的可靠性。由于数字伺服系统读取指令的周期必须与数控系统的插补周期严格保持同步,因此决定了数控系统与伺服系统之间必须有特定的通信协议。就数字式伺服系统而言,CNC 系统与伺服系统之间传递的信息有:①位置

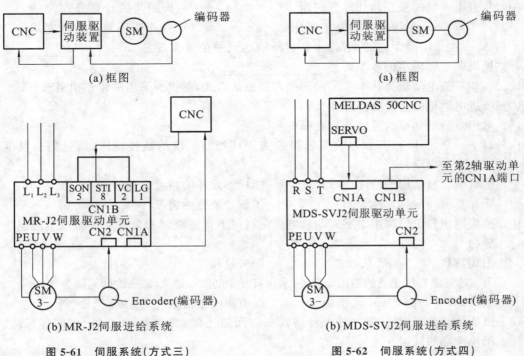

(a) 框图

(a) 框图

(b) MR-J2伺服进给系统

(b) MDS-SVJ2伺服进给系统

图 5-61 伺服系统(方式三)

图 5-62 伺服系统(方式四)

指令和实际位置；②速度指令和实际速度；③转矩指令和实际转矩；④伺服驱动及伺服电动机参数；⑤伺服状态和报警；⑥控制方式命令。图 5-62（b）所示为三菱 MELDAS 50 系列数控系统和 MDS-SVJ2 伺服驱动单元构成的数字式伺服进给系统。数控系统伺服输出口（SERVO）与驱动单元上的 CN1A 端口实行串行通信，通信信息经 CN1B 端口输出至第二轴驱动单元上的 CN1A 端口，伺服电动机上的编码器将检测信号直接反馈至驱动单元上的 CN2 端口，在驱动单元中完成位置控制和速度控制。能实现数字伺服控制的数控系统有三菱 MELDAS 50 系列数控、FANUC 0D、SINUMERIK 810D 等。

思考与练习

5-1　数控机床对伺服驱动系统有哪些要求？

5-2　数控机床中常用哪几种电气调速驱动系统？

5-3　他激直流电动机的调速方法有几种？哪一种得到普遍应用？

5-4　脉冲调宽调速系统的开头频率可达_____。

　　①100 次/秒　　②1000 次/秒　　③2000 次/分　　④2000 次/秒

5-5　小惯量直流电动机有什么特点？可应用于什么场合？

5-6　大惯量直流电动机有哪些特点？多用于哪些场合？

5-7　当交流伺服电动机正在旋转时，如果控制信号消失，则电动机将会_____。

　　①以原转速继续转动　　　　②转速逐渐加快

　　③转速逐渐减慢　　　　　　④立即停止转动

5-8　交流伺服电动机的控制方法有_____、_____和_____三种。

5-9　对步进电动机施加一个电脉冲信号时，步进电动机就回转一个固定的角度，叫做_____，电动机的总回转角和输入_____成正比，而电动机的转速则正比于输入脉冲的_____。

5-10　步进电动机的步距角计算公式为_____；齿距角的计算公式为_____；一个齿距角的电角度是_____；一个步距角的电角度是_____；步距角越小，意味着它所能达到的位置精度越_____；在数控机床中常采用的步距角是_____。

5-11　三相步进电动机为什么常采用三相六拍驱动方式，而很少采用三相三拍驱动方式？

5-12　步进电动机的主要特点是什么？

5-13　常用步进电动机的性能指标有哪些？

5-14　对于一个设计合理、制造良好的带位置闭环控制系统的数控机床，可达到的精度由_____决定。

　　①机床机械结构的精度　　　　②检测元件的精度

　　③计算机的运算速度　　　　　④驱动装置的精度

5-15　感应同步器定尺绕组中感应的总电势是滑尺上正弦绕组和余弦绕组所产生的感应电势的_____。

　　①代数和　　　②代数差　　　③矢量和　　　④矢量差

5-16　为了改善磁栅传感器的输出信号，常采用有 n 个间隙的磁头，磁头之间间隔为_____。

　　①1 节距　　　②1/4 节距　　　③节距的整倍数　　　④1/2 节距

5-17　试从控制精度、系统稳定性及经济性三方面简述数控系统开环系统、半闭环系统、全闭环系统的区别。

第6章 数控机床的典型机械结构

数控机床主传动系统用来实现机床的主运动,它将主电动机的原动力变成可供主轴上刀具切削加工的切削力矩和切削速度。它的精度决定了零件的加工精度。为适应各种不同的加工及各种不同的加工方法,数控机床的主传动系统应具有较大的调速范围,较高的精度与刚度,并尽可能减小噪声与减少热变形,从而获得最佳的生产率、加工精度和表面质量。数控机床的主传动运动是指产生切削的传动运动,它是通过主传动电动机拖动的。例如,数控车床上主轴带动工件的旋转运动,立式加工中心上主轴带动铣刀、镗刀和铰刀等的旋转运动。

 ## 6.1 数控机床对结构的要求

数控机床是机电一体化的典型代表,其机械结构与普通机床的机械结构有诸多相似之处。然而,现代的数控机床不是简单地将传统机床配备上数控系统即可的,也不是在传统机床的基础上仅对局部加以改进而成的(那些受资金等条件限制,而将传统机床改装成简易数控机床的另当别论)。传统机床存在着一些弱点,如刚度不足、抗振性差、热变形大、滑动面的摩擦阻力大及传动元件之间存在间隙等,在加工精度、表面质量、生产率及使用寿命等方面不及数控机床。现代的数控机床,特别是加工中心,无论是其支承部件、主传动系统、进给传动系统、刀具系统、辅助功能等部件结构,还是整体布局、外部造型等都已发生了很大变化,已形成了数控机床的独特机械结构。

1. 数控机床及其加工过程的特点

1)自动化程度高

数控机床在加工过程中,能按照数控系统的指令自动进行加工、变速及完成其他辅助功能,不必像传统机床那样由操作者进行手动调整和改变切削用量。

2)高的加工精度及切削效率

刀具材料的发展为数控机床的高速化创造了条件,与传统机床相比,数控机床的主轴转速和进给速度大为提高,电动机功率也增大了。数控机床的定位精度和重复定位精度也相当高,且能同时进行粗加工和精加工,既能保证粗加工时高效地进行大切削量的切削,又能在精加工和半精加工中高质量地精细切削。

3)多工序和多功能集成

在数控机床上,特别是加工中心,工件一次装夹后,能完成铣、镗、钻、攻螺纹等多道工序的加工,甚至能完成除安装面以外的各个加工表面的加工。车削中心除能加工外圆、内孔和端面外,还能在外圆和端面上进行铣、钻甚至曲面等加工。另一方面,随着数控机床向柔性制造系统方向发展,功能集成化不仅体现在 ATC 和 APC 方面,而且还体现在工件自动定位、机内对刀、刀具破损监控、精度检测和补偿方面。

4)高的可靠性和精度保持性

数控机床特别是在 FMS 中的数控机床,常在高负荷下长时间地连续工作,为此,数控机床通常都具有较高的可靠性和精度保持性,以充分体现数控加工的特点。

2. 数控机床对结构的要求

1）高的静、动刚度及良好的抗振性能

数控机床价格昂贵,其生产费用比传统机床的要高得多,若不采取措施大幅度地压缩单件加工时间,就不可能获得较好的经济效益。压缩单件加工时间包括两个方面:一方面新型刀具材料的发展使切削速度成倍地提高,这就为缩短切削时间提供了可能;另一方面,采用各种自动辅助装置,又大大减少了辅助时间,这些措施大幅度地提高了生产率,然而同时也明显地增加了机床的负载及运转时间。此外,由机床床身、导轨、工作台、刀架和主轴箱等部件的几何精度及其变形所产生的误差取决于它们的结构刚度,所有这些都要求数控机床有比传统机床更高的静刚度。

切削过程中的振动不仅影响工件的加工精度和表面质量,而且还会缩短刀具寿命,影响生产率。在传统机床上,操作者可以通过改变切削用量和改变刀具几何角度来消除或减少振动。数控机床具有高效率的特点,应充分发挥其加工能力,在加工过程中不允许进行如改变几何角度等类似的人工调整。因此,对数控机床的动态特性提出了更高的要求,也就是说还要提高其动刚度。合理地设计数控机床的结构,改善受力情况,以便减少受力变形。机床的基础件采用封闭箱形结构(见图 6-1),合理布置加强肋板[见图 6-1(a)、(b)]及加强构件之间的接触刚度,都是提高机床静刚度和固有频率的有力措施。改善机床结构的阻尼特性,如在机床大件内腔填充阻尼材料[见图 6-1(c)],表面喷涂阻尼涂层,充分利用结合面间的摩擦阻尼及采用新材料,是提高机床动刚度的重要措施。

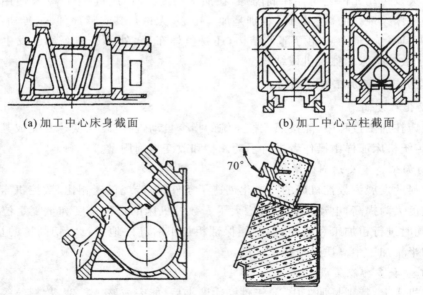

(a) 加工中心床身截面　　　　　　　　　(b) 加工中心立柱截面

70°

(c) 数控车床床身截面

图 6-1　几种数控机床基础件断面结构

2）良好的热稳定性

机床在切削热、摩擦热等内外热源的影响下,各个部件将发生不同程度的热变形,使工件与刀具之间的相对位置关系遭到破坏,从而影响工件的加工精度(见图 6-2)。为减小热变形的影响,让机床的热变形达到稳定状态,常常要花费很长的时间来预热机床,这又影响了生产率。对于数控机床来说,热变形的影响就更为突出。这一方面是因为工艺过程的自动化及精密加工的发展,对机床的加工精度和精度的稳定性提出了越来越高的要求;另一方面,数控机床的主轴转速、进给速度及切削用量等也大于传统机床的切削用量,而且常常是长时间连续加工,数控机床产生的热量也比传统机床的多。因此需特别重视采取措施减小热变形对加工精度的影响。减小热变形主要从两个方面着手:一方面对热源采取液冷、风冷等方法来控制温升,如在加工过程中,采用多喷嘴大流量液冷或风冷对切削部位进行强制冷却;另一方面就是改善机床结构,在同样发热条件下,机床的结构不同,则热变形的影响也不同。例如数控机床的主轴箱,应尽量使主轴的热变形发生在非误差敏感方向上。在结构上还应尽可能缩短零件变形部分的长度,以减小热变形总量。目前,根据热对称原则设计的数控机床,取得了较好的效果。这种结构相对热源来说是对称的,当产生热变形时,工件或刀具的回转中心对称线的位置基本不变。例如卧式加工中心的立柱采用框式双立柱结构,热变形时主轴中心主要产生垂直方向的变化,它很容易进行补偿。另外,还可采用热平衡措施和特殊的调节元件来消除或补偿热变形。

3) 高的运动精度和低速运动的平稳性

与传统机床不同,数控机床工作台的位移量以脉冲当量作为它的最小单位,它常常以极低的速度运动(如在对刀、工件找正过程中),这时要求工作台对数控装置发出的指令要做出准确响应,这与运动件之间的摩擦特性有直接关系。图 6-3 示意了各种导轨的摩擦力和运动速度的关系。传统机床所用的滑动导轨[见图 6-3(a)],其静摩擦力和动摩擦力相差较大,如果启动时的驱动力克服不了较大的静摩擦力,这时工作台不能立即运动。这个驱动力只能使有关的传动元件如电动机轴齿轮、丝杠及螺母等产生弹性变形,而将能量储存起来。当继续加大驱动力,使之超过静摩擦力时,工作台由静止状态变为运动状态,摩擦阻力也变为较小的动摩擦力,弹性变形恢复能量释放,使工作台突然向前窜动,产生爬行现象,冲过了给定位置而产生误差。因此,在数控机床的导轨上必须采取相应措施使静摩擦力尽可能接近动摩擦力。由于静压导轨和滚动导轨的静摩擦力较小[见图 6-3(b)、(c)],而且还由于润滑油的作用,使它们的摩擦力随运动速度的提高而加大,这就有效地避免了低速爬行现象,从而提高了数控机床的运动平稳性和定位精度,因此目前的数控机床普遍采用滚动导轨和静

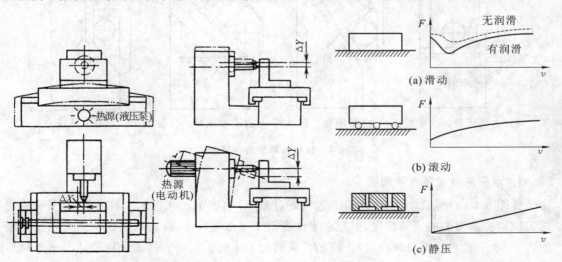

图 6-2 机床热变形对加工精度的影响   图 6-3 摩擦力和运动速度的关系

压导轨。此外,近年来又出现了塑料导轨,它具有更好的摩擦特性及良好的耐磨性,有取代滚动导轨的趋势。数控机床在进给系统中采用滚珠丝杠代替滑动丝杠,也是基于同样的道理。

对数控机床进给系统的另一个要求就是无间隙传动。由于加工的需要,数控机床各坐标轴的运动都是双向的,传动元件之间的间隙无疑会影响机床的定位精度及重复定位精度。因此,必须采取措施消除进给传动系统中的间隙,如齿轮副、丝杠螺母副的间隙。

4) 充分满足人性化要求

由于数控机床是一种高速度、高效率机床,在零件的加工时间中,辅助时间也就是非切削时间占有较大比重,因此,压缩辅助时间可大大提高生产率。目前已有许多数控机床采用多主轴、多刀架及自动换刀等装置,特别是加工中心,可在一次装夹下完成多工序的加工,节省大量换刀时间。像这种自动化程度很高的加工设备,与传统机床的手工操作不同,其操作性能有新的含义。如要有明快、干净、协调的人机界面,要注意提高机床各部分的互锁能力,并设有紧急停车按钮,要留有最有利于工件装夹的位置。又如将所有操作都集中在一个操作面板上,操作面板要一目了然,不要有太多的按钮和指示灯,以减少误操作。

6.2 数控机床的总体布局

6.2.1 数控车床的布局形式

典型数控车床的机械结构系统,包括主轴传动机构、进给传动机构、刀架、床身和辅助装置(刀具自动交换机构、润滑与切削液装置、排屑装置、过载限位装置)等部分。

数控车床床身按照导轨与水平面的相对位置有四种布局形式,如图 6-4 所示。

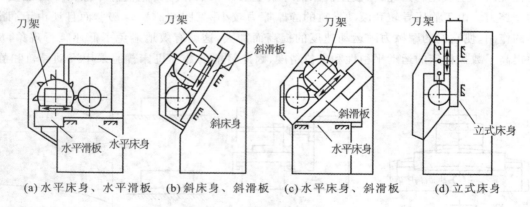

(a) 水平床身、水平滑板　(b) 斜床身、斜滑板　(c) 水平床身、斜滑板　(d) 立式床身

图 6-4 床身和导轨的布局形式

1. 水平床身配置水平滑板

如图 6-4 (a)所示,水平床身的工艺性好,便于导轨面的加工。水平床身配上水平放置的刀架可提高刀架的运动精度,但是水平床身由于下部空间小,故排屑困难。从结构尺寸来看,刀架水平放置使得滑板横向尺寸较大,从而加大了机床宽度方向的结构尺寸。该布局形式一般用于大型数控车床或小型精密数控车床的布局。

2. 斜床身配置斜滑板

如图 6-4(b)所示,这种结构的导轨倾斜角度可为 30°、45°、60°、75°和 90°,其中 90°的滑板结构称为立式床身,如图 6-4(d)所示。当倾斜角度小时,排屑不便;当倾斜角度大时,导轨的导向性及受力情况差。导轨倾斜角度的大小还直接影响机床外形尺寸高度和宽度的比例。综合考虑上面的诸因素,中小规格的数控车床,其床身的倾斜度以 60°为宜。

3. 水平床身配置斜滑板

这种结构通常配置有倾斜式的导轨防护罩,如图 6-4(c)所示。这种布局形式一方面具有水平床身工艺性好的特点,另一方面机床宽度方向的尺寸较水平配置滑板的要小,且排屑方便。

6.2.2　数控铣床的布局形式

用于铣削加工的数控铣床,根据工件的重量和尺寸,可以有四种不同的布局,如图 6-5所示。

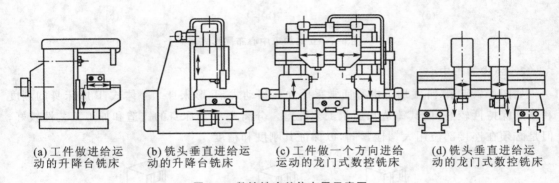

(a) 工件做进给运动的升降台铣床　(b) 铣头垂直进给运动的升降台铣床　(c) 工件做一个方向进给运动的龙门式数控铣床　(d) 铣头垂直进给运动的龙门式数控铣床

图 6-5　数控铣床总体布局示意图

图 6-5(a)所示为加工工件较轻的升降台铣床,由工件完成的三个方向的进给运动,分别由工作台、滑鞍和升降台来实现。

当加工工件较重或者高度较高时,则不宜由升降台带着工件做垂直方向的进给运动,而改由铣头带着刀具来完成垂直进给运动,如图 6-5(b)所示。这种布局方案,机床的尺寸参数即加工尺寸范围可以大一些。

图 6-5(c)所示为龙门式数控铣床,工作台载着工件做一个方向的进给运动,其他两个方向的进给运动由多个刀架即铣头部件在立柱与横梁上移动来完成。这样的布局不仅适用于较重工件的加工,而且由于增多了铣头,使机床的生产效率得到很大的提高。

加工更大、更重的工件时,由工件做进给运动,在结构上是难于实现的,因此采用如图 6-5(d)所示的布局方案,全部进给运动均由铣头运动来完成,这种布局形式可以减小机床的结构尺寸。

6.2.3　加工中心的布局形式

加工中心是一种配有刀库并能自动更换刀具、对工件进行多工序加工的数控机床,可分为卧式加工中心、立式加工中心、五面加工中心和并联(虚拟轴)加工中心。加工中心主机由床身、底座、立柱、横梁、滑座、工作台、主轴箱、进给机构、刀具交换装置和其他辅助装置等部件组成,它们各自承担着不同的任务,以实现加工中心的切削及辅助功能。加工中心总体布局的任务就是使这些基本部件在静止和运动状态下始终保持相对正确的位置,并使机床具有较高的刚度。

1. 立式加工中心

如图 6-6 所示,立式加工中心通常采用固定立柱式,主轴箱吊在立柱一侧,其平衡重锤放在立柱中,工作台为十字滑台,可以实现 X、Y 两个坐标轴的移动,主轴箱沿立柱导轨运动实现 Z 坐标移动。

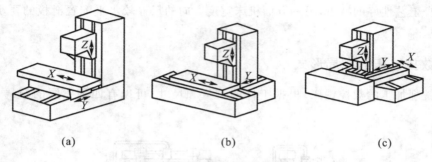

(a)　　　　　　　　　(b)　　　　　　　　　(c)

图 6-6　立式加工中心布局形式

2. 卧式加工中心

如图 6-7 所示,卧式加工中心通常采用立柱移动式,T 形床身。一体式 T 形床身的刚度和精度保持性较好,但其铸造和加工工艺性差。分离式 T 形床身的铸造和加工工艺性较好,但是必须在连接部位用大螺栓紧固,以保证其刚度和精度。

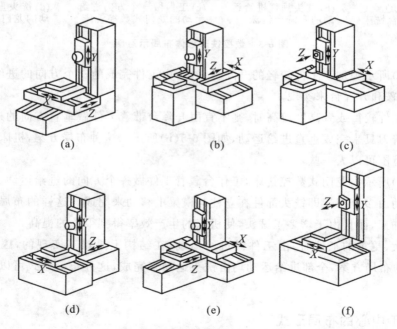

(a)　　　　　　　　　(b)　　　　　　　　　(c)

(d)　　　　　　　　　(e)　　　　　　　　　(f)

图 6-7　卧式加工中心布局形式

3. 五面加工中心

五面加工中心兼有立式加工中心和卧式加工中心的功能,工件一次装夹后能完成除安

144

装面外的所有侧面和顶面等五个面的加工。常见的五面加工中心有如图 6-8 所示的两种结构形式。图 6-8(a)所示主轴可以 90°旋转,可以按照立式和卧式加工中心两种方式进行切削加工;图 6-8(b)所示的工作台可以带着工件做 90°旋转来完成装夹面外的五面切削加工。

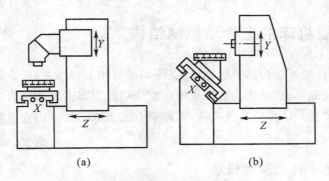

图 6-8　五面加工中心的两种结构形式

4. 并联加工中心

图 6-9 所示为并联加工中心示意图,并联加工中心由六自由空间并联机构组成,即由六根可伸缩杆通过球铰或虎克铰将固定平台与动平台相连,当改变六根可伸缩杆的杆长时,动平台就可以得到不同的位置和姿态,动平台上装有电主轴,六根可伸缩杆由滚珠丝杠副和滚珠花键副构成,由六个伺服电动机驱动来控制各杆的杆长;在工作台上置放一数控转台,从而实现空间任意复杂形状的曲面加工。这种并联机构组成了刚度很高的框架结构,布局合理,减少了机床的占地面积。

图 6-10 所示为哈尔滨量具刃具集团有限责任公司生产的并联加工中心 LINKS-EXE700 的图片。该机床具有以下特点。

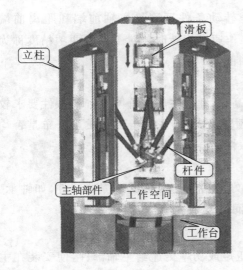

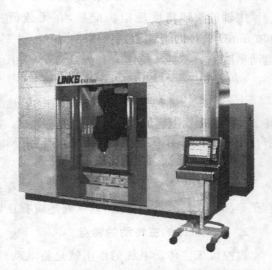

图 6-9　并联加工中心示意图　　　　图 6-10　并联加工中心 LINKS-EXE700 的图片

（1）主轴处于加工范围的任何位置,其动态特性都保持高度一致,为最佳切削参数的选择提供了保证。

（2）加工范围大,其范围形状近似一球冠,直径达 3 m,球冠高度为 0.6 m,突破了传统并联机构工作空间小的局限性。

（3）建立工件坐标系方便,在有效工作空间内可实现5～6面及全部复合角度的位置加工,适合用于敏捷加工、需一次装夹即可完成5～6面的复杂异型件及复合角度孔和曲面的加工等。

6.3 数控机床的主传动机械结构

数控机床的主传动系统包括主轴电动机、传动系统和主轴组件,与普通机床的主传动系统相比,其结构比较简单,这是因为数控机床的变速功能全部或大部分由主轴电动机的无级调速来承担,省去了繁杂的齿轮变速机构,有些只有二级或三级齿轮变速系统用以扩大电动机无级调速的范围。

6.3.1 数控机床主传动系统概述

1. 数控机床对主传动系统的要求

1）调速范围宽,并实现无级调速

各种不同的机床对调速范围的要求不同。多用途、通用性强的机床要求主轴的调速范围大,不但有低速大转矩功能,而且还要有较高的速度,如车削加工中心;而对于专用数控机床就不需要较大的调速范围,如数控齿轮加工机床、为汽车工业大批量生产而设计的数控钻镗床;对于有些数控机床,不但要求能够加工黑色金属材料,而且要求能够加工铝合金等有色金属材料,这就要求其变速范围大,且能超高速切削。

2）热变形小

电动机、主轴及传动件都是热源。低温升、小的热变形是对主传动系统的主要要求。

3）主轴的旋转精度和运动精度高

主轴的旋转精度是指装配后,在无载荷、低速转动条件下测量主轴前端和距离前端300 mm处的径向圆跳动、端面圆跳动值。主轴以工作速度旋转时测量上述的两项精度称为运动精度。数控机床要求有高的旋转精度和运动精度。

4）主轴的静刚度较高、抗振性较好

由于数控机床加工精度较高,主轴的转速又很高,因此对主轴的静刚度和抗振性要求较高。主轴的轴颈尺寸、轴承类型及配置方式,轴承预紧量大小,主轴组件的质量分布是否均匀及主轴组件的阻尼等对主轴组件的静刚度和抗振性都会产生影响。

5）主轴组件的耐磨性好、噪声小

主轴组件必须足够耐磨,使之能够长期保持良好的精度。凡机械摩擦的部件,如轴承、锥孔等都应有足够高的硬度,轴承处还应有良好的润滑。

2. 数控机床的主传动的特点

数控机床主传动系统的作用就是将电动机的扭矩或功率传递给主轴部件,使安装在主轴内的工件或刀具实现主切削运动,产生不同的主轴切削速度和切削力以满足不同的加工要求,与普通机床相比较,数控机床的主传动系统具有以下特点。

（1）转速高,功率大。主轴的最高和最低转速、转速范围、传递功率和动力特性,决定了数控机床的切削加工效率和加工工艺能力。数控机床的主传动系统能使数控机床进行大功率切削和高速切削,实现高效率加工。

（2）主轴转数的变换迅速可靠，并能自动无级变速，使切削工作始终在最佳状态下进行。

（3）为实现刀具的快速或自动装卸，主轴上还必须设计有刀具自动装卸、主轴定向停止和主轴孔内的切屑清除装置。

6.3.2 数控机床主传动系统的机械结构

数控机床主运动调速范围很宽，其主轴的传动变速方式主要有以下几种，如图 6-11 所示。

1. 带有变速齿轮的主轴传动

数控机床在实际生产中，并不需要在整个变速范围内均为恒功率。一般要求在中、高速段为恒功率传动，在低速段为恒转矩传动。为了确保数控机床主轴低速时有较大的转矩和主轴的变速范围尽可能大，有的数控机床在交流或直流电动机无级变速的基础上配置齿轮变速，如图 6-11(a)所示，这是大中型数控机床较常采用的配置方式。电动机经一对齿轮变速后，再通过二联滑移齿轮连接到主轴，使主轴获得高速段和低速段转速。其优点是能够确保低速时的转矩，满足主轴输出转矩特性的要求，而且变速范围广。但其结构复杂，需增加润滑和温度控制系统，制造、维修要求较高。

滑移齿轮的换挡常采用液压拨叉或直接由液压缸带动，还可通过电磁离合器直接实现换挡。这种配置方式在大、中型数控机床中采用较多。

电—液控制拨叉变速用电信号控制电磁换向阀，操纵液压缸带动滑移齿轮来实现变速。它是一种有效的变速方式，但增加了数控机床液压系统的复杂性，增加了变速的中间环节，带来了更多的不可靠因素。现在的加工中心大都采用这种变速方式。

电磁离合器变速是利用电磁效应，接通或断开电磁离合器的运动部件来实现变速的。它的优点是便于实现操作自动化；它的缺点是体积大，易使机件磁化。

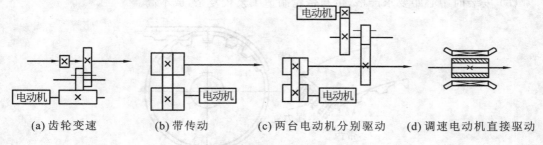

(a) 齿轮变速   (b) 带传动   (c) 两台电动机分别驱动   (d) 调速电动机直接驱动

图 6-11 数控机床主传动的四种配置方式

2. 通过带传动的主轴传动

如图 6-11(b)所示，这种传动主要用在转速较高、变速范围不大的小型数控机床上。它通过一级带传动实现变速，其优点是结构简单，安装调试方便，且在传动上能满足转速与转矩的输出要求。但其变速范围受电动机调速范围的限制，它只能用于低转矩特性要求的主轴。带传动变速中，常用的有多楔带和同步齿形带。

数控机床上应用的多楔带又称为复合 V 带，其横向断面呈多个楔形，楔角为 40°，如图 6-12(a)所示。传递负载主要靠强力层。强力层中有多根钢丝绳或涤纶绳，具有较小的伸长率、较高的抗拉强度和抗弯疲劳强度。多楔带综合了 V 带和平带的优点，运转时振动小、发热少、运转平稳,因此可在 40 m/s 的线速度下使用。此外,多楔带与带轮的接触好、负载分布均匀,即使瞬时超载,也不会产生打滑,而传递功率比 V 带大 20%～30%,因此能够满足主传动高速、大转矩和不打滑的要求。多楔带在安装时需要较大的张紧力,使得主轴和电动机承受较大的径向负载,这是多楔带的一大缺点。

多楔带按齿距可分为 J 型(齿距为 2.4 mm)、L 型(齿距为 4.8 mm)、M 型(齿距为 9.5 mm)三种。选用时可依据功率转速选择图选出所需的多楔带的型号。

同步齿形带传动是一种综合了带传动和链传动优点的新型传动方式。同步齿形带有梯形齿和圆弧齿之分,如图 6-12(b)所示。同步齿形带的结构和传动如图 6-13 所示。带的工作面及带轮外圆均制成齿形,通过带轮与轮齿相嵌合,进行无滑动的啮合传动。带内采用了加载后无弹性伸长的材料做强力层,以保持带的节距不变,可使主、从动带轮进行无相对滑动的同步传动。与一般带传动相比,同步齿形带传动具有如下优点。

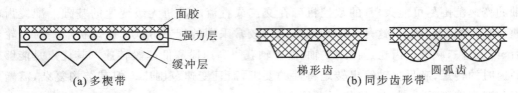

图 6-12　带的结构形式

(1) 传动效率高,可达 98% 以上。

(2) 无滑动,传动比准确。

(3) 传动平稳,噪声小。

(4) 使用范围较广,速度可达 50 m/s,速比可达 10 左右,传递功率范围为几瓦至数千瓦。

(5) 维修、保养方便,不需要润滑。

(6) 安装时中心距要求严格,带与带轮制造工艺较复杂,成本高。

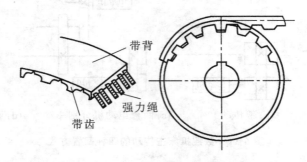

图 6-13　同步齿形带的结构和传动

3. 用两台电动机分别驱动主轴传动

用两台电动机分别驱动主轴传动如图 6-11(c)所示,它是上述两种方式的混合传动,具有上述两种方式的性能。高速时,由一台电动机通过带传动;低速时,由另一台电动机通过齿轮传动,齿轮起到降速和扩大变速范围的作用,这样就使恒功率区增大,扩大了变速范围,避免了低速时转矩不够且电动机功率不能充分利用的问题。但两台电动机不能同时工作,也是一种浪费。

4. 调速电动机直接驱动主轴传动

由调速电动机直接驱动主轴传动如图 6-11(d)所示。在这种主轴传动方式下电动机直接带动主轴旋转，即直接驱动式，如图 6-14 所示。它大大简化了主轴箱体与主轴的结构，有效地提高了主轴部件的刚度。但轴输出转矩小，主轴转速的变化及转矩的输出和电动机的输出特性完全一致，电动机发热对主轴的精度影响较大，因而使用上受到一定限制。

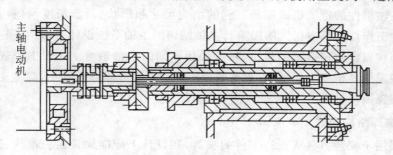

图 6-14　直接驱动式

5. 电主轴

随着电气传动技术的迅速发展和日趋完善，高速数控机床主传动的机械结构已得到极大的简化，基本上取消了带轮传动和齿轮传动。机床主轴由内装式电动机直接驱动，从而使主轴部件从机床的传动系统和整体结构中相对独立出来，因此可制作成"主轴单元"（俗称"电主轴"）。它是高速加工机床中的核心功能部件，省去复杂的中间传动环节，具有调速范围广，噪声小，便于控制，能实现准停、准速、准位等功能，不仅拥有极高的生产率，而且能显著地提高零件的表面质量和加工精度。电主轴是一套组件，包括电主轴本身及附件（高频变频装置、油雾润滑器、冷却装置、内置编码器、换刀装置等），如图 6-15 所示。其主轴部件结构紧凑、质量小，可提高启动、停止的响应特性，有利于控制振动和噪声，但制造和维护困难，且成本较高。

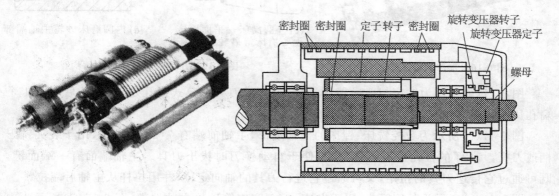

图 6-15　电主轴

6.3.3　主轴及其部件的结构

数控机床主轴部件是影响机床加工精度的主要部件，要求主轴部件具有与本机床工作性能相适应的高回转精度、刚度，较好的抗振性、耐磨性及低的温升，其结构必须能很好地解决刀具和工具的装夹、轴承的配置、轴承间隙调整和润滑密封等问题。

数控机床的主轴部件主要有主轴本体及密封装置、支承主轴的轴承、配置在主轴内部的刀具的自动夹紧装置及吹屑装置、主轴的准停装置等。

主轴部件质量的好坏直接影响加工质量。任何机床主轴的回转精度、部件的结构刚度和抗振性、运转温度和热稳定性,以及部件的耐磨性和精度保持能力等应满足加工要求。对于数控机床尤其是自动换刀数控机床,为了实现刀具在主轴上自动装卸与夹持,还必须有刀具的自动夹紧装置、主轴准停装置和主轴孔的清理装置等。图 6-16 所示为加工中心主轴。

主轴是主轴组件的重要组成部分。它的结构尺寸和形状、制造精度、材料及其热处理,对主轴组件的工作性能都有很大的影响。主轴结构随主轴系统设计要求的不同而有各种形式。主轴的结构根据数控机床的规格、精度采用不同的主轴轴承。一般中小规格数控机床的主轴部件多采用高精度滚动轴承,重型数控机床则采用液体静压轴承,高速主轴常采用氮化硅材料的陶瓷滚动轴承。

1. 主轴端部结构形式

主轴端部用于安装刀具或夹持工件的夹具,在设计上应能保证定位准确、安装可靠、连接牢固、装卸方便,并能传递足够的扭矩。主轴端部的结构形状都已标准化了,数控车床的主轴端部,一般为短圆锥法兰盘式,其有很高的定心精度,且主轴刚度高,其他类型机床的主轴端部结构如图 6-17 所示。

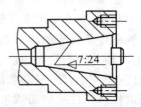

(a) 钻床与普通镗杆端部　　(b) 铣床、镗床的主轴端部

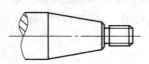

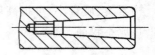

(c) 外圆磨床、平面磨床、　　(d) 内圆磨床砂轮主轴端部
　　无心磨床等砂轮主轴端部

图 6-16　加工中心主轴　　　　　　图 6-17　几种机床上通用的结构

图 6-17(a)所示为钻床与普通镗杆端部,刀杆或刀具用莫式锥孔定位,锥孔后端第 1 个扁孔用于传递转矩,第 2 个扁孔用于拆卸刀具。

图 6-17(b)所示为数控铣床、镗床的主轴端部,主轴前端有 7∶24 的锥孔,用于装夹铣刀柄或刀杆。7∶24 的锥孔没有自锁作用,便于自动换刀时拔出刀具。主轴端面有一端面键,既可通过它传递刀具的扭矩,又可通过它进行刀具的轴向定位,并用拉杆从主轴后端拉紧。

图 6-17(c)所示为外圆磨床、平面磨床、无心磨床等砂轮主轴端部,图 6-17(d)所示为内圆磨床砂轮主轴端部。

2. 主轴的主要尺寸参数

主轴的主要尺寸参数包括主轴直径、内孔直径、悬伸长度和支承跨距。评价和考虑主轴的主要尺寸参数的依据是主轴的刚度、结构工艺性和主轴组件的工艺适用范围。

1)主轴直径

主轴直径越大,其刚度越高,但增加直径使得轴承和轴上其他零件的尺寸相应增大。轴承的直径越大,同等级精度轴承的公差值也越大,要保证主轴的旋转精度就越困难,同时极限转数下降。主轴后端支承轴颈的实际尺寸要在主轴组件结构设计时确定。前、后轴颈的差值越小则主轴的刚度越高,工艺性能也越好。

2)主轴内孔直径

主轴的内径用来通过棒料、通过刀具夹紧装置固定刀具、传动气动或液压卡盘等。主轴孔径越大,可通过的棒料直径也越大,机床的使用范围就越广,同时主轴部件的相对质量也越小。主轴的孔径大小主要受主轴刚度的制约。主轴的孔径与主轴直径之比小于 0.3 时空心主轴的刚度几乎与实心主轴的刚度相当;等于 0.5 时空心主轴的刚度为实心主轴刚度的90%;大于 0.7 时空心主轴的刚度就急剧下降。一般可取其比值为 0.5 左右。

3. 主轴的材料和热处理

主轴材料的选择主要根据刚度、载荷特点、耐磨性和热处理变形大小等因素确定。主轴材料常采用的有:45 钢、38CrMoAl、GCr15、9Mn2V,须经渗氮和感应淬火。对于一般要求的机床,其主轴可用价格便宜的中碳钢、45 钢,进行调质处理后硬度为 22HRC 至 28HRC;当载荷较大或存在较大的冲击时,或者精密机床的主轴为减少热处理后的变形,或者需要做轴向移动的主轴为了减少它的磨损时,则可选用合金钢。常用的合金钢有 40Cr,淬硬后使硬度达到 40HRC 至 50HRC;或者用 20Cr 进行渗碳淬硬,使硬度达到 56HRC 至 62HRC。某些高精度机床的主轴材料则选用 38CrMoAl 进行氮化处理,使硬度达到 850HRC至 1000HRC。

4. 主轴的主要精度指标

(1)前支承轴承轴颈的同轴度公差约为 5 μm。

(2)轴承轴颈需按轴承内孔"实际尺寸"配磨,且应保证配合过盈为 1~5 μm。

(3)锥孔与轴承轴颈的同轴度要求为 3~5 μm,与锥面的接触面积不小于 80%,且大端接触较好。

(4)装 NN3000K(旧编号为 3182100)型调心圆柱滚子轴承的 1:12 锥面,与轴承内圈接触面积不小于 85%。

5. 主轴部件的支承

机床主轴带着刀具或夹具在支承中进行回转运动,应能传递切削转矩、承受切削抗力,并保证必要的旋转精度。机床主轴多采用滚动轴承作为支承,对于精度要求高的主轴则采用动压或静压滑动轴承作为支承。下面着重介绍主轴部件所用的滚动轴承。

1)主轴部件常用滚动轴承的类型

图 6-18 所示为主轴常用的几种滚动轴承。

图 6-18(a)所示为锥孔双列圆柱滚子轴承,内圈为 1:12 的锥孔,当内圈沿锥形轴颈轴向移动时,内圈胀大以调整滚道的间隙。滚子数目多,两列滚子交错排列,因而承载能力大,刚度高,允许转速高。它的内、外圈均较薄,因此,要求主轴颈与箱体孔均有较高的制造精度,以免轴颈与箱体孔的形状误差使轴承滚道发生畸变而影响主轴的旋转精度,该轴承只能承受径向载荷。

图 6-18(b)所示为双列推力角接触球轴承,接触角为 60°,球径小,数目多,能承受双向轴向载荷。磨薄中间隔套可以调整间隙或预紧,轴向刚度较高,允许转速高。该轴承一般与双列圆柱滚子轴承配套用作主轴的前支承,其外圈外径为负偏差,只承受轴向载荷。

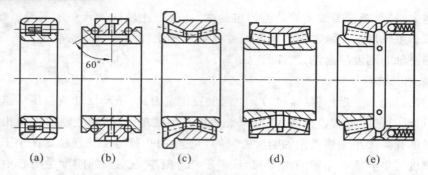

图 6-18 主轴常用的几种滚动轴承

图 6-18(c)所示为双列圆锥滚子轴承,它有一个公用外圈和两个内圈,由外圈的凸肩在箱体上进行轴向定位,箱体孔可以镗成通孔。磨薄中间隔套可以调整间隙或预紧,两列滚子的数目相差一个,能使振动频率不一致,明显改善了轴承的动态特性。这种轴承能同时承受径向和轴向载荷,通常用作主轴的前支承。

图 6-18(d)所示为带凸肩的双列圆柱滚子轴承,其结构与图 6-18(c)所示的双列圆锥滚子轴承的结构相似,可用作主轴前支承。滚子制作成空心的,保持架为整体结构,充满滚子之间的间隙,润滑油由空心滚子端面流向挡边摩擦处,可有效地进行润滑和冷却。空心滚子承受冲击载荷时可产生微小变形,能增大接触面积并有吸振和缓冲作用。

图 6-18(e)所示为带预紧弹簧的圆锥滚子轴承,弹簧数目为 16~20 根,均匀增减弹簧可以改变预加载荷的大小。

2)主轴滚动轴承的配置

主轴轴承的结构配置主要取决于主轴的转速特性等速度因素和主轴刚度的要求。实际应用中,数控机床主轴轴承常见的配置有下列三种形式,如图 6-19 所示。

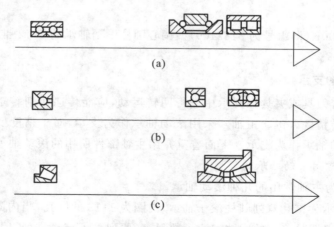

图 6-19 数控机床主轴支承的配置形式

图 6-19(a)所示的配置形式能使主轴获得较大的径向和轴向刚度,可以满足机床强力切削的要求,普遍应用于各类数控机床(如数控车床、数控铣床、加工中心等)的主轴。这种配置的后支承也可用圆柱滚子轴承,以进一步提高后支承径向刚度。

图 6-19(b)所示的配置没有图 6-19(a)所示主轴的刚度高,但这种配置提高了主轴的转速,适合主轴要求在较高转速下工作的数控机床。目前,这种配置形式在立式加工中心、卧

式加工中心上得到广泛应用,满足了这类机床转速范围大、最高转速高的要求。为提高这种形式配置的主轴刚度,前支承可以用四个或更多个轴承相组配,后支承用两个轴承相组配。

图 6-19(c)所示的配置形式能使主轴承受较大载荷(尤其是较大的动载荷),径向和轴向刚度高,安装方便,调整性好。但这种配置相对限制了主轴最高转速和精度,适用于中等精度、低速与重载的数控机床主轴。

为提高主轴组件刚度,数控机床还常采用三支承主轴组件。尤其是前后轴承间跨距较大的数控机床,采用辅助支承可以有效地减小主轴弯曲变形。三支承主轴结构中,一个支承为辅助支承,辅助支承可以选为中间支承,也可以选为后支承。辅助支承在径向要保留必要的游隙,避免由于主轴安装轴承处轴径和箱体安装轴承处孔的制造误差(主要是同轴度误差)造成的干涉。辅助支承常采用深沟球轴承。

液体静压轴承和动压轴承主要应用在主轴高转速、高回转精度的场合,如应用于精密、超精密数控机床主轴、数控磨床主轴。对于要求更高转速的主轴,可以采用空气静压轴承,这种轴承转速高,并有非常高的回转精度。

3) 主轴滚动轴承间隙与预紧

滚动轴承存在较大间隙时,载荷将集中作用于受力方向上的少数滚动体上,使得轴承刚度下降、承载能力下降、旋转精度低。将滚动轴承进行适当预紧,使滚动体与内外圈滚道在接触处产生预变形,受载后承载的滚动体数量增多,受力趋向均匀,提高了承载能力和刚度,有利于减少主轴回转轴线的漂移,提高了旋转精度。不同精度等级、不同的轴承类型和不同的工作条件的主轴部件,其轴承所需的预紧量有所不同。主轴部件使用一段时间后,因轴承磨损,间隙增大,需要重新调整间隙。因此,主轴部件必须具备轴承间隙的调整结构。

轴承的预紧是使轴承滚道预先承受一定的载荷,消除间隙并使得滚动体与滚道之间发生一定的变形,增大接触面积,轴承受力时变形减小,抵抗变形的能力增强。若过盈量太大,轴承磨损加剧,承载能力将显著减弱,主轴组件必须具备轴承间隙的调整结构。

因此,对主轴滚动轴承进行预紧和合理选择预紧量,可以提高主轴部件的回转精度、刚度和抗振性,机床主轴部件在装配时要对轴承进行预紧,使用一段时间以后,间隙或过盈有了变化,还得重新调整,所以要求预紧结构应便于调整。滚动轴承间隙的调整或预紧,通常是使轴承内圈、外圈相对轴向移动来实现的,常用的方法有以下几种。

① 轴承内圈移动。如图 6-20 所示,这种方法适用于锥孔双列圆柱滚子轴承。用螺母通过套筒推动内圈在锥形轴颈上做轴向移动,使内圈胀大,在滚道上产生过盈,从而达到预紧的目的。

图 6-20(a)所示结构简单,但预紧量不易控制,常用于轻载机床主轴部件。图 6-20(b)所示为用右端螺母限制内圈的移动量,易于控制预紧量。图 6-20(c)所示在主轴凸缘上均匀分布数个螺钉以调整内圈的移动量,调整方便,但是用螺钉调整,易使垫圈歪斜。图 6-20(d)所示将紧靠轴承右端的垫圈做成两个半环,可以径向取出,修磨其厚度可控制预紧量的大小,调整精度较高。调整螺母一般采用细牙螺纹,便于微量调整,而且在调好后要能锁紧防松。

② 修磨座圈或隔套。图 6-21(a)所示为轴承外圈宽边相对(背对背)安装,这时修磨轴承内圈的内侧;图 6-21(b)所示为外圈窄边相对(面对面)安装,这时修磨轴承外圈的窄边。安装时按图示的相对关系装配,并用螺母或法兰盖将两个轴承轴向压拢,使两个修磨过的端面贴紧,这样使两个轴承的滚道之间产生预紧。图 6-22 所示方法是将两个厚度不同的隔套

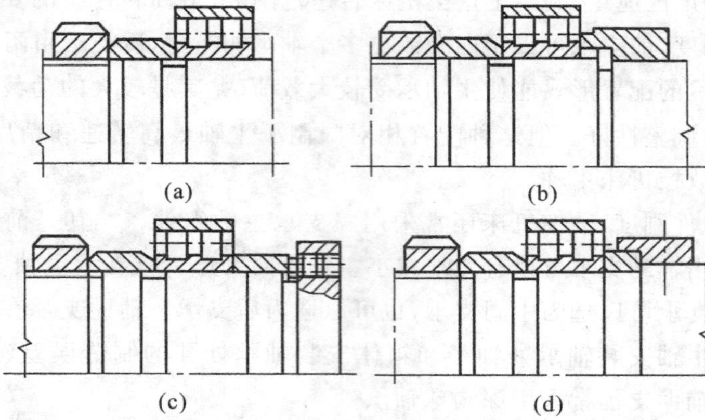

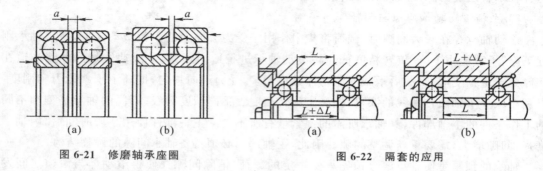

图 6-20　滚动轴承的预紧

放在两轴承内圈、外圈之间,同样将两个轴承轴向相对压紧,使滚道之间产生预紧。

图 6-21　修磨轴承座圈　　　　图 6-22　隔套的应用

4）主轴内切屑清除装置

自动清除主轴孔内的灰尘和切屑是换刀过程中的一个重要环节。如果主轴锥孔中落入了切屑、灰尘或其他污物,则当拉紧刀杆时,锥孔表面和刀杆的锥柄就会被划伤,甚至会使刀杆发生偏斜,破坏刀杆的正确定位,影响零件的加工精度,甚至会使零件超差报废。

为了保持主轴锥孔的清洁,常采用的方法是使用压缩空气吹屑。在活塞推动拉杆,松开刀柄的过程中,压缩空气由喷气头经过活塞中心孔和拉杆中的孔吹出,将锥孔清理干净,防止主轴锥孔中掉入切屑和灰尘而划伤主轴孔表面和刀杆的锥柄,保证刀具的正确位置。为了提高吹屑效率,喷气小孔要有合理的喷射角度并均匀布置。

图 6-23 所示为数控铣镗床主轴箱中使用的无滑环摩擦片式电磁离合器。传动齿轮 1通过螺钉固定在连接件 2 的端面上,根据不同的传动结构,运动既可以从齿轮 1 输入,也可以从套筒 3 输入。连接件 2 的外周开有六条直槽,并与外摩擦片 4 上的六个花键齿相配,这样就把齿轮 1 的转动直接传递给外摩擦片 4。套筒 3 的内孔和外圆都有花键,而且和挡环 6用螺钉 11 连成一体。内摩擦片 5 通过内孔花键套装在套筒 3 上,并一起转动。

当绕组 8 通电时,衔铁 10 被吸引右移,把内摩擦片 5 和外摩擦片 4 压紧在挡环 6 上,通过摩擦力矩把齿轮 1 与套筒 3 结合在一起。无滑环电磁离合器的绕组 8 和铁芯 9 是不转动的,在铁芯 9 的右侧均匀分布着六条键槽,用斜键将铁芯固定在变速箱的壁上。当绕组 8 断电时,外摩擦片 4 的弹性爪使衔铁 10 迅速恢复到原来的位置,内、外摩擦片互相分离,运动被切断。这种离合器的优点在于省去了电刷,避免了磨损和接触不良带来的故障,因此比较适合用于高速运转的主运动系统。由于采用摩擦片来传递转矩，因此允许不停机变速。但也带来了另外的缺点，就是变速时将产生大量的摩擦热，还由于绕组和铁芯是静止不动的，这就要求必须在旋转的套筒上装滚动轴承7，因而增加了离合器的径向尺寸。此外，这种摩擦离合器的磁力线通过钢质的摩擦片，在线圈断电之后会有剩磁，所以增加了离合器的分离时间。

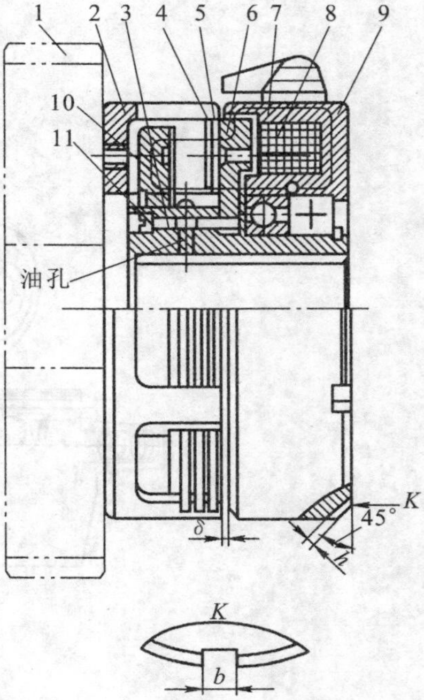

6. 主轴部件的润滑与密封

主轴部件的润滑与密封是机床使用和维护过程中值得重视的两个问题。良好的润滑效果可以降低轴承的工作温度和延长轴承的使用寿命。密封要达到防止灰尘、屑末、切削液进入，以及防止润滑油泄漏的目的。

在数控机床上，主轴轴承润滑方式有油脂润滑、油液循环润滑、油雾润滑、油气润滑等。

1）油脂润滑方式

油脂润滑方式是目前在数控机床的主轴轴承上最常用的润滑方式，特别是在前支承轴承上更是常用。当然，如果主轴箱中没有冷却润滑油系统，那么后支承轴承和其他轴承一般也采用油脂润滑方式。

图6-23 无滑环摩擦片式电磁离合器
1—传动齿轮；2—连接件；3—套筒；4—外摩擦片；5—内摩擦片；6—挡环；7—滚动轴承；8—绕组；9—铁芯；10—衔铁；11—螺钉

2）油液循环润滑方式

在数控机床主轴上，有采用油液循环润滑方式的。装有GAMET轴承的主轴可使用这种方式。对一般主轴轴承来说，后支承上采用这种润滑方式比较常见。图6-24所示是恒温油液循环润滑方式。由油温自动控制箱控制的恒温油液，经油泵进入润轴箱，一路沿主轴前支承套外圈上的螺旋槽流动，带走主轴轴承所发出的热量；另一路通过主轴箱内的分油器，把恒温油喷射到传动齿轮和传动轴支承轴承上，以带走它们所产生的热量。这种方式润滑和降温效果都很好。

3）油雾润滑方式

油雾润滑方式是指将油液经高压气体雾化后从喷嘴成雾状喷到需润滑的部位的润滑方式。由于雾状油液吸热性好，又无油液搅拌作用，因此高速主轴轴承的润滑常采用这种方式。但是，油雾容易吹出，因而会污染环境。

4）油气润滑方式

油气润滑方式是针对高速主轴而开发的新型润滑方式。它是用极微量油润滑轴承，以抑制轴承发热。其原理图如图6-25所示。当油箱中无油或压力不足时，油箱中的油位开关和管路中的压力开关能自动切断主电动机电源。

采用油液润滑角接触轴承时，要注意角接触轴承有泵油效应，必须使油液从小口进入，如图6-26所示。

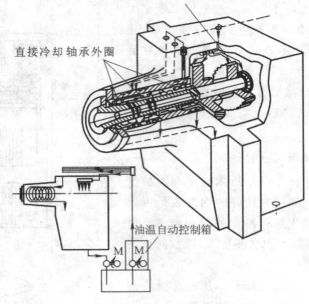

图 6-24　恒温油液循环润滑方式

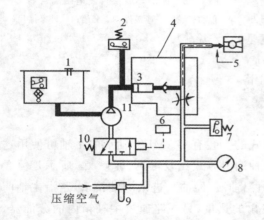

图 6-25　油气润滑原理图

1—油箱(带油位开关);2—压力开关;3—定量柱塞式分配器;
4—混合物形成阀;5—喷嘴 ϕ0.5～1.0 mm;6—时间继电器;
7—压力开关;8—压力表;9—过滤器;10—电磁阀;11—泵

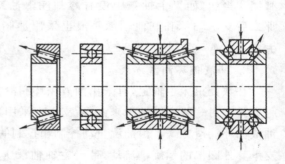

图 6-26　角接触轴承油液润滑

 6.4 数控机床的进给传动机械结构

6.4.1　数控机床对进给传动系统机械结构的要求

数控机床进给传动系统机械机构是指将电动机的旋转运动传递给工作台或刀架以实现进给运动的整个机械传动链,包括齿轮传动副、丝杠螺母副(或蜗轮蜗杆副)及其支承部件等。为确保数控机床进给系统的传动精度和工作平稳性等,对设计的机械传动装置提出如下要求。

1. 传动精度与定位精度高

数控机床进给传动装置的传动精度和定位精度对零件的加工精度起着关键性的作用。设计中,通过在进给传动链中增加减速齿轮、减小脉冲当量、预紧传动滚珠丝杠、消除齿轮及蜗轮等传动件的间隙等措施来提高传动刚度,从而可达到提高传动精度和定位精度的目的。

2. 进给调速范围宽

进给传动系统在承担全部工作负载的条件下,应具有很宽的调速范围,以适应各种工件材料、尺寸和刀具等变化的需要,工作进给速度范围为 3～6 000 mm/min。为了完成精密定位,伺服系统的低速趋近速度达 0.1 mm/min;为了缩短辅助时间,提高加工效率,快速移动应高达 24 m/min。在多坐标联动的数控机床上,合成速度维持常数,是达到表面粗糙度要求的重要条件;为保证较高的轮廓精度,各坐标方向的运动速度也要配合适当。这是对数控系统和伺服进给系统提出的共同要求。

3. 运动惯量要小,响应速度要快

进给系统响应速度不仅影响机床的加工效率,而且影响加工精度。所谓快速响应特性是指进给系统对指令输入信号的响应速度及瞬态过程结束的迅速程度,即跟踪指令信号的响应要快。进给系统经常需要启动、停止、变速和反向,同时数控机床切削速度高,高速运行的零部件对其惯性影响更大。大的运动惯量会使系统的动态性能变差。所以,在满足部件强度和刚度的前提下,设计时应尽量减小运动部件的质量和各传动元件的直径,减小运动部件的摩擦阻力,以增强进给系统的快速响应特性。

4. 消除传动间隙

传动间隙的存在是造成进给系统反向死区的另一个主要原因,所以必须对传动链的各个环节均采用消除间隙的结构措施。设计中可采用消除间隙的联轴器及有消除间隙措施的传动副等方法。

5. 稳定性好,使用维护方便

数控机床属高精度自动控制机床,主要用于单件、中小批量、高精度及复杂件的生产加工,机床的开机率相应就高。稳定性是伺服进给系统能够正常工作的最基本的条件,需要在低速进给情况下不产生爬行,并能适应外加负载的变化而不发生共振,使数控机床能够保持较高的传动精度和定位精度。因此,进给系统的结构应便于维护和保养,最大限度地减小维修工作量,以提高机床的利用率。

6.4.2 数控机床的进给传动机械机构的组成

数控机床的进给传动系统主要由传动机构、运动变换机构、导向机构、执行件组成,是实现成形加工运动所需的运动及动力的执行机构。数控机床进给驱动对位置精度、快速响应特性、调速范围等有较高的要求。图 6-27 所示为数控机床进给传动系统的典型结构图,典型部件有进给电动机、进给电动机与丝杠之间的连接装置、滚动导轨副、润滑系统和滚珠丝杠螺母副。

1. 进给电动机与丝杠之间的连接

实现进给驱动的电动机主要有步进电动机、直流伺服电动机和交流伺服电动机三种。目前,步进电动机只适合用于经济型数控机床,直流伺服电动机有逐步被淘汰的趋势,交流

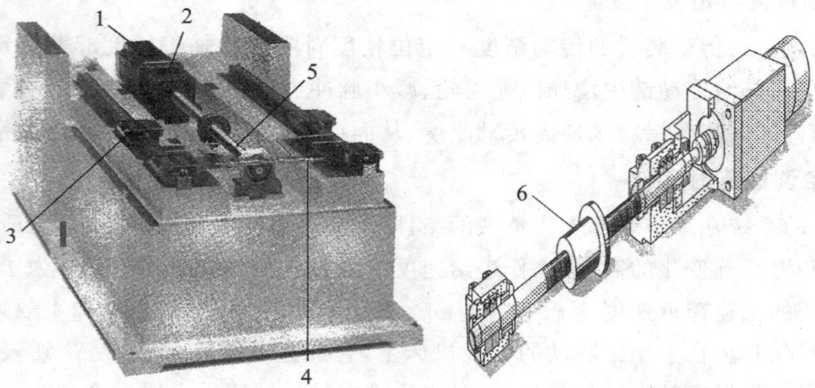

图 6-27　数控机床进给传动系统的典型结构图

1—进给电动机；2—连接件；3—滚动导轨副；4—润滑系统；5—丝杠；6—螺母

伺服电动机作为比较理想的驱动元件，得到了快速发展。数控机床的进给系统当采用不同的驱动元件时，其进给机构可能会有所不同。进给电动机与丝杠之间的连接主要有以下三种形式。

1）电动机通过联轴器直接与丝杠连接

图 6-28 所示为电动机通过联轴器直接与丝杠连接示意图。在此结构中通常电动机轴与丝杠之间采用锥环无键连接或高精度十字联轴器连接，从而使进给传动系统具有较高的传动精度和传动刚度，并大大简化了机械结构。在加工中心和精度较高的数控机床的进给系统中，普遍采用这种连接形式。

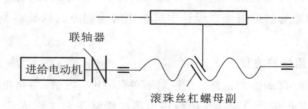

联轴器

进给电动机

滚珠丝杠螺母副

图 6-28　电动机通过联轴器直接与丝杠连接

2）带有齿轮传动的进给传动

数控机床在机械进给装置中一般采用齿轮传动副来达到一定的降速比要求，图 6-29 所示为带有齿轮传动的进给传动。由于齿轮在制造中不可能达到理想齿面要求，总存在着一定的齿侧间隙才能正常工作，但齿侧间隙会造成进给系统的反向失动量，对闭环系统来说，齿侧间隙会影响系统的稳定性。因此，齿轮传动副常采用措施来尽量减小齿轮侧隙。这种连接形式的机械结构比较复杂。

3）同步齿形带传动

同步齿形带传动是一种新型的带传动，如图 6-30 所示。它利用齿形带的齿形与带轮的轮齿依次相啮合传递运动和动力，因而兼有带传动、齿轮传动及链传动的优点，无相对滑动，平均传动比准确，传动精度高，且齿形带的强度高、厚度薄、质量小，故可用于高速传动。齿形带无须特别张紧，故作用在轴和轴承等部件上的载荷小，其传动效率高。

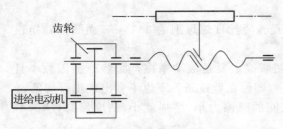

图 6-29　带有齿轮传动的进给传动

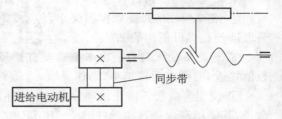

图 6-30　同步齿形带传动

2. 滚珠丝杠螺母副

滚珠丝杠螺母副（见图 6-31）是将回转运动转换为直线运动的传动装置,在数控机床的直线进给系统中得到广泛的应用。

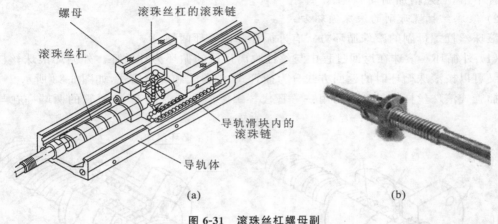

图 6-31　滚珠丝杠螺母副

1）滚珠丝杠螺母副的工作原理与特点

滚珠丝杠螺母副是一种螺旋传动机构,其结构图如图 6-32 所示。滚珠丝杠螺母副的工作原理为:在丝杠和螺母上加工出弧形螺旋槽,两者套装在一起时之间形成螺旋滚道,并且滚道内填满滚珠。当丝杠相对于螺母旋转时,两者发生轴向位移,滚珠既可以自转也可以沿着滚道循环滚动。滚珠丝杠螺母副的这种结构把传统丝杠与螺母之间的滑动摩擦转变为了滚动摩擦。

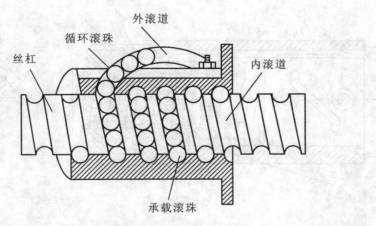

图 6-32　滚珠丝杠螺母副的结构图

滚珠丝杠螺母副具有以下特点：

① 滚珠丝杠螺母副摩擦损失小，传动效率是普通丝杠螺母副的 3～4 倍，而驱动转矩仅为滑动丝杠螺母机构的 25%。

② 运动平稳无爬行。由于滚珠丝杠螺母副摩擦主要是滚动摩擦，动、静摩擦因数小且数值接近，因而启动转矩小，动作灵敏，运动平稳，即使在低速条件下也不会出现爬行现象。

③ 使用寿命长。由于滚动摩擦，各部件之间的摩擦力小，磨损就小，精度保持性好，寿命长，其使用寿命是普通丝杠的 4～10 倍。

④ 滚珠丝杠螺母副预紧后可以有效地消除轴向间隙，故无反向死区，同时也提高了传动刚度。

⑤ 传动具有可逆性，不能自锁。摩擦因数小使之不能自锁，所以将旋转运动转换为直线运动的同时，也可以将直线运动转换为旋转运动。当它采用垂直布置时，自重和惯性会造成部件下滑，必须增加制动装置。

2）滚珠丝杠螺母副的滚珠循环方式

滚珠丝杠螺母副的滚珠循环方式有外循环和内循环两种。

（1）外循环 滚珠在返回过程中与丝杠脱离接触的循环为外循环。外循环滚珠丝杠螺母副又可以按滚珠循环时的返回方式分为插管式、端盖式和螺旋槽式，如图 6-33 所示。

插管式滚珠丝杠螺母副结构用一弯管代替螺旋槽作为返回管道，弯管的两端插在与螺

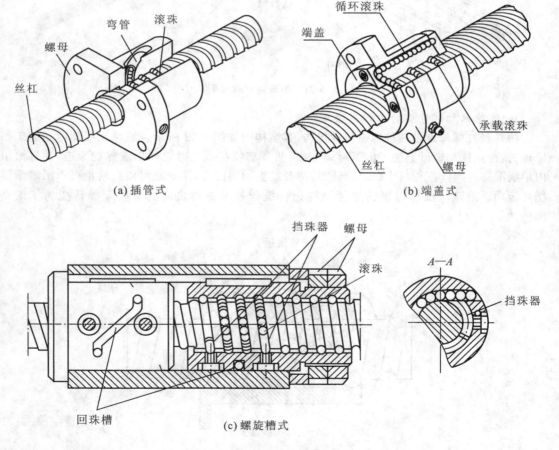

（a）插管式

（b）端盖式

（c）螺旋槽式

图 6-33 外循环滚珠丝杠螺母副

纹滚道相切的两个孔内,用弯管的端部引导滚珠进入弯管,以完成循环,其结构如图 6-33(a)所示。插管式结构简单、工艺性好,适合批量生产,是目前应用最广泛的一类滚珠丝杠螺母副。端盖式结构是在螺母上加工一纵向孔作为滚珠的回程通道,在螺母两端的盖板上开有滚珠的回程口,滚珠由回程口进入回程管,形成循环,其结构如图 6-33(b)所示。螺旋槽式结构是在螺母的外圆上铣出螺旋槽,槽的两端钻出通孔与螺纹滚道相切,并在螺母内装上挡珠器,挡珠器的舌部切断螺旋滚道,使得滚珠流向螺旋槽的孔中以完成循环,其结构如图 6-33(c)所示。这种结构比插管式结构的径向尺寸小,但它制造复杂。

(2) 内循环 滚珠在循环过程中与丝杠始终接触的循环为内循环。

图 6-34 所示为内循环滚珠丝杠螺母副结构。在螺母的返向器上铣有 S 形的回珠槽,从而将相邻两螺纹滚道连接起来。滚珠从螺纹滚道进入返向器,借助返向器迫使滚珠越过丝杠牙顶进入相邻的螺纹滚道,实现循环。内循环结构的优点是径向尺寸紧凑,刚度高,因其返回滚道短,所以摩擦损失小;其缺点是返向器加工困难。

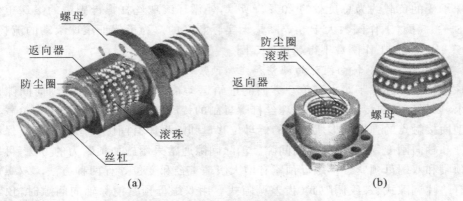

图 6-34 内循环滚珠丝杠螺母副结构

3) 滚珠丝杠螺母副的参数、精度等级及标注方法

如图 6-35 所示,滚珠丝杠螺母副的主要参数有以下几个。

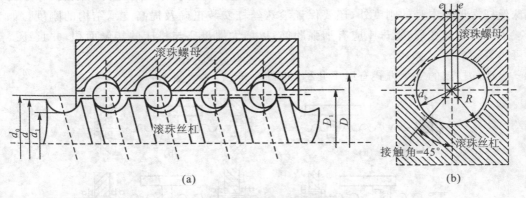

图 6-35 滚珠丝杠螺母副的基本参数

(1) 公称直径 d_0。 公称直径是螺纹滚道与滚珠在理论接触角状态时所包络滚珠球心的圆柱直径,它是滚珠丝杠副的特征尺寸。公称直径 d_0 与承载能力直接相关,有关资料认为滚珠丝杠副的公称直径 d_0 应大于丝杠工作长度的 1/30。数控机床常用的进给丝杠的公称直径 d_0 为 20~80 mm。

（2）基本导程 L_0　基本导程是指，当丝杠相对于螺母旋转 2π 弧度时，螺母上的基准点的轴向位移。

（3）接触角 β　接触角指滚道与滚珠在接触点处的公法线与螺纹轴线的垂直线间的夹角，理想接触角 $\beta=45°$。

其他参数还有丝杠螺纹大径 d、丝杠螺纹小径 d_1、螺纹全长 L、滚珠直径 d_b、螺母螺纹大径 D、螺母螺纹小径 D_1、滚道圆弧半径 R 等，如图 6-35 所示。

导程的大小可以根据机床的加工精度的要求确定。当精度要求高时，导程的取值小些，可以减小丝杠的摩擦阻力，但导程小，势必会导致滚珠直径 d_b 取小值，则使滚珠丝杠副的承载能力降低；若滚珠丝杠的公称直径 d_0 不变，导程小，则螺旋升角也变小，传动效率也降低。所以在满足机床加工精度的条件下，导程的数值应该尽可能取得大些。

小知识：实验验证得出，滚珠丝杠各工作圈的滚珠所承受的轴向负载是不相等的，第一圈滚珠所承受的负载约为总负载的 50%，第二圈滚珠所承受的负载约为总负载的 30%，第三圈滚珠承受的负载约为总负载的 20%。所以，外循环滚珠丝杠螺母副中的滚珠工作圈数应取 2.5～3.5 圈，工作圈数大于 3.5 圈是无实际意义的。为了保证滚珠滚动的流畅性，滚珠应少于 150 个，且工作圈数不得超过 3.5 圈。

4）滚珠丝杠螺母副轴向间隙的调整和施加预紧力的方法

滚珠丝杠螺母副除了对本身单一方向的进给运动精度有要求外，对其轴向间隙也有严格的要求，以保证反向传动精度。滚珠丝杠螺母副的传动间隙是轴向间隙，它是负载在滚珠与滚道型面接触点的弹性变形所引起的螺母位移量和螺母原有间隙的总和。为了保证反向传动精度和轴向刚度，必须消除轴向间隙。消除间隙通常采用施加预紧力的方法，可以采用单螺母预紧和双螺母预紧。单螺母预紧有增大滚珠直径和变位导程两种方法。双螺母预紧的方法有垫片调隙式、螺纹调隙武、齿差调隙式。用双螺母预紧消除轴向间隙时，预紧力不能过大，因为预紧力过大会使空载力矩增大，从而降低传动效率，缩短使用寿命。此外，还要消除丝杠安装部分和驱动部分的间隙。

5）滚珠丝杠螺母副的安装支承与制动方式

（1）滚珠丝杠安装支承方式。数控机床的进给系统要获得较高的传动刚度，除了提高滚珠丝杠螺母副本身的刚度外，还要保证滚珠丝杠安装正确及提高支承结构的刚度。如为了减小受力后的变形，螺母座应有加强肋筋，以增大螺母座与机床的接触面积，并且还要连接可靠等。

滚珠丝杠副的支承方式有以下几种，如图 6-36 所示。

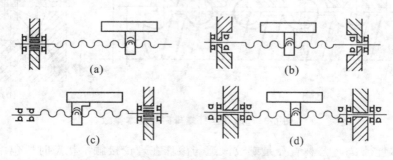

（a）　　　　　　　　　　　　（b）

（c）　　　　　　　　　　　　（d）

图 6-36　滚珠丝杠副在机床上的支承方式

① 一端装推力轴承方式。如图 6-36(a)所示，这种支承方式一端固定，一端自由。其特点是结构简单，丝杠的轴向刚度低，因此设计时尽量使丝杠受拉伸，这种方式仅适用于行程

小的短丝杠。

② 两端装推力轴承方式。如图 6-36(b)所示,这种支承方式将推力轴承安装在滚珠丝杠的两端,并施加预紧力,这样可以提高轴向刚度,但这种方式对热变形较为敏感。

③ 一端装推力轴承,另一端装向心球轴承方式。如图 6-36(c)所示,这种安装方式一端固定,一端游动。这种支承方式的特点是安装时要保证螺母与两端支撑同轴,工艺较为复杂。这种方式适用于丝杠较长的情况,当热变形造成丝杠伸长时,其一端固定,另一端能做微量轴向浮动。

④ 两端装推力轴承及向心球轴承方式。如图 6-36(d)所示,在这种安装方式中两端均采用双重支承并施加预紧力,使丝杠具有较大的刚度,还可以使丝杠的温度变形转化为推力轴承的预紧力,但设计时要求提高推力轴承的承载能力和支架刚度。安装时要保证螺母与两端支承同轴,结构复杂,工艺较困难。这种支承方式适用于对位移精度和刚度要求比较高的场合。

(2) 滚珠丝杠螺母副的制动方式。

由于滚珠丝杠螺母副传动效率高,无自锁作用(尤其当滚珠丝杠处于垂直传动时),因此必须安装制动装置。

图 6-37 所示为数控铣镗床主轴箱进给丝杠的制动装置示意图。当数控机床工作时,电磁铁线圈通电吸住压簧,打开摩擦离合器。此时进给电动机经减速齿轮传动,带动滚珠丝杠螺母副转换主轴箱的垂直移动。当电动机停止转动时,电磁铁线圈也同时断电,在弹簧的作用下摩擦离合器压紧,使得滚珠丝杠不能自由转动,因此主轴箱就不会因为自重的作用而自由下行,从而实现了制动作用。

6) 滚珠丝杠螺母副的密封与润滑

为了防止灰尘及杂质进入滚珠丝杠螺母副,滚珠丝杠副须用防尘密封圈和防护罩密封。密封圈装在滚珠螺母的两端。使用的密封圈有接触式和非接触式两种:非接触式密封圈由聚氯乙烯等塑料材料制成,其内孔螺纹表面与丝杠螺母之间略有间隙,故又称为迷宫式密封圈;接触式密封圈用具有弹性的耐油橡胶和尼龙等材料制成,因为有接触压力,会使摩擦力矩略有增加,但防尘效果好。防护罩能防止尘土及硬性杂质等进入滚珠丝杠。防护罩的形式有锥形套管、伸缩套管、折叠式(手风琴式)等。防护罩的材料必须具有防腐蚀及耐油的性能。

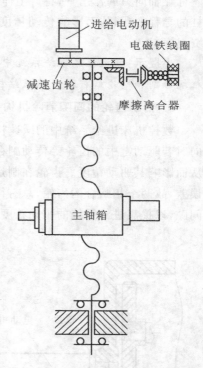

图 6-37　数控铣镗床主轴箱进给丝杠制动装置示意图

为了维持滚珠丝杠螺母副的传动精度,延长使用寿命,使用润滑剂来提高耐磨性。常用的润滑剂有润滑油和润滑脂两类。润滑油为一般机油或 90~180 号透平油或 140 号主轴油。

润滑脂可采用锂基油脂。润滑脂加在螺纹滚道和安装螺母的壳体空间内,而润滑油则经过壳体上的油孔注入螺母的空间内。

7) 滚珠丝杠螺母副的选择

(1) 滚珠丝杠螺母副结构的选择。可根据防尘防护条件以及对调隙和预紧的要求来选择适当的结构形式。例如,当允许有间隙存在(如垂直运动)时可选用具有单圆弧形螺纹滚道的单螺母滚珠丝杠副;当必须要预紧且在使用过程中因磨损而需要定期调整时,应选用双螺母螺纹预紧和齿差预紧式结构;当具备良好的防尘防护条件,并且只需在装配时调整间隙和预紧力时,可选用结构简单的双螺母垫片调整预紧式结构。

(2)滚珠丝杠螺母副结构尺寸的选择。选用滚珠丝杠螺母副主要是选择丝杠的公称直径和基本导程。公称直径必须根据轴向的最大载荷按照滚珠丝杠螺母副尺寸系列进行选用,螺纹长度在允许的情况下应尽可能短;基本导程(或螺距)应根据承载能力、传动精度及传动速度选取,基本导程大则承载能力大,基本导程小则传动精度高,在传动速度要求快时,可选用大导程的滚珠丝杠螺母副。

(3)滚珠丝杠螺母副的选择步骤。选用滚珠丝杠螺母副,必须根据实际的工作条件进行。实际工作条件包括:最大的工作载荷(或平均工作载荷)、最大载荷作用下的使用寿命、丝杠的工作长度(或螺母的有效行程)、丝杠的转速(或平均转速)、丝杠的工况及滚道的硬度等。在确定这些实际工作条件后,可按照下述步骤进行选择:首先选择承载能力;然后核算压杆的稳定性;接着计算最大动载荷值(对于低速运转的滚珠丝杠,只需要考虑最大静载荷是否充分大于最大工作载荷即可);再进行刚度验算;最后验算满载荷时的预紧量(因为滚珠丝杠在轴向力的作用下,将产生伸长或缩短,在转矩的作用下,将产生扭转,这些都会导致丝杠的导程变化,从而影响传动精度以及定位精度)。以上步骤中的计算公式可以参阅有关资料。

小提示:数控机床进给系统中除了使用滚珠丝杠螺母副以外,在有些场合还使用静压丝杠螺母副和蜗轮蜗杆副。静压丝杠螺母副和蜗轮蜗杆副结构及工作原理可参阅有关资料。

3. 传动齿轮的间隙消除机构

数控机床进给系统中的减速机构主要采用齿轮,而进给系统经常处于自动变向状态,反向时若驱动链中的齿轮等传动副存在间隙,就会造成进给运动的反向运动滞后于指令信号,从而影响其驱动精度。齿轮在制造时不可能完全达到理想的齿面要求,总会存在着一定的误差,故两个相啮合的齿轮,总有微量的齿侧隙。所以,必须采取措施来调整齿轮传动中的间隙,以提高进给系统的驱动精度。

1)直齿圆柱齿轮传动

(1)偏心轴套式调整法 这是最简单的调整方式,常用于电动机与丝杠之间的齿轮传动,如图6-38所示。电动机通过偏心套安装在壳体上,转动偏心套可使电动机中心轴线的位置向上,而从动齿轮轴线位置固定不变,所以两啮合齿轮的中心距减小,从而消除齿侧间隙。

(2)轴向垫片调整法 轴向垫片调整法是用带有锥度的齿轮来消除间隙的机构,如图6-39所示。当加工两齿轮时,将假想的分度圆柱面改变成带有小锥度的圆锥面,使其齿厚在齿轮的轴向稍有变化(其外形类似于插齿刀)。装配时,两齿轮按齿厚相反变化走向啮合,通过修磨垫片的厚度使两齿轮在轴向上相对移动,从而消除齿侧间隙。

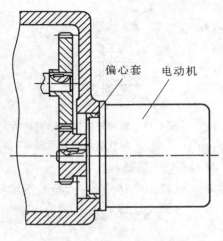

偏心套　电动机

图6-38　偏心轴套式调整法

偏心轴套式调整和轴向垫片调整结构简单,能传递较大的动力,但齿轮磨损后不能自动消除齿侧间隙。

（3）双片薄齿轮错齿调整法　图6-40(a)所示为双片齿轮周向可调弹簧错齿消隙结构。两个相同齿数的薄片齿轮3和4与另一个宽齿轮啮合,两个薄片齿轮可相对回转。在两个薄片齿轮3和4的端面均匀分布着四个螺孔,分别装上凸耳1和2。齿轮3的端面还有另外四个通孔,凸耳可以在其中穿过,调节弹簧8的两端分别钩在凸耳2和调节螺钉5上。通过螺母6调节弹簧8的拉力,调节完后用螺母7锁紧。弹簧的拉力使薄片齿轮错位,即两个薄片齿轮的左右齿面分别贴在宽齿轮齿槽的左右齿面上,从而消除了齿面间隙。

图6-40(b)所示为双片齿轮周向弹簧错齿消隙结构,两片薄齿轮11和12套装一起,每片齿轮各开有两条周向通槽,在齿轮的端面上装有短柱9,用来安装弹簧10。装配时使弹簧10具有足够的拉力,使两个薄齿轮的左右面分别与宽齿轮的左右面贴紧,以消除齿侧间隙。这种结构的特点是输出转矩小,因此它适用于读数装置而不适用于驱动装置。

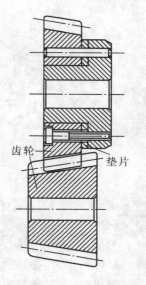

图6-39　轴向垫片调整法

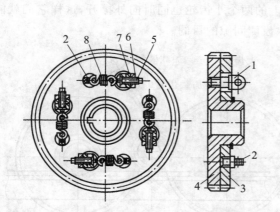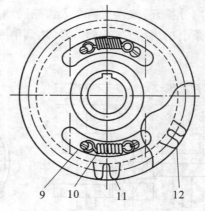

(a)双片齿轮周向可调弹簧错齿消隙结构　　(b)双片齿轮向弹簧错齿消隙结构

图6-40　双片薄齿轮错齿调整法

1、2—凸耳;3、4、11、12—薄片齿轮;5—调节螺钉;6、7—螺母;8—调节弹簧;9—短柱;10—弹簧

2) 斜齿圆柱齿轮传动

斜齿轮垫片调整法的原理与错齿调整法的相同,如图6-41(a)所示。两个斜齿轮的齿形是拼装在一起进行加工的,装配时在两薄片斜齿轮间装入厚度为 t 的垫片,然后修磨垫片,这样它们的螺旋线便错开,使得它们分别与宽齿轮的左、右齿面贴紧,从而消除齿轮副的侧隙。垫片厚度 t 与齿侧间隙 Δ 的关系: $t=\Delta\cot\beta$,其中 β 为螺旋角。

斜齿轮轴向压簧错齿调整法如图6-41(b)所示,其特点是齿侧间隙可以自动补偿,但轴向尺寸较大,结构不紧凑。

3) 齿轮齿条传动

在大型数控机床(如大型数控龙门铣床)上,由于工作台的行程很长,不宜采用滚珠丝杠

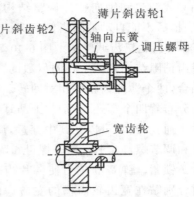

(a) 斜齿轮垫片调整法　　　　　　(b) 斜齿轮轴向压簧错齿轮调整法

图6-41　斜齿轮垫片调整法和斜齿轮轴向压簧错齿轮调整法

螺母副传动作为它的进给运动传动机构,而通常采用齿轮齿条传动。

当载荷小时,通常采用双齿轮错齿调整法,分别与齿条齿槽左、右侧贴紧,以消除齿侧间隙,如图6-42所示。

当载荷大时,可采用径向加载法消除齿侧间隙,其原理图如图6-43所示。工作时,两个小齿轮分别齿条啮合,加载装置在加载齿轮上预加负载,加载齿轮就会使与之相啮合的两个大齿轮向外撑开,这样与两个大齿轮同轴上的两个小齿轮也同时向外撑开,这样它们就能分别与齿条上的齿槽左、右侧贴紧,达到消除齿侧间隙的目的。

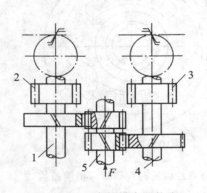

图6-42　双齿轮错齿调整法

1、4、5—轴；2、3—齿轮；F—弹簧预紧力

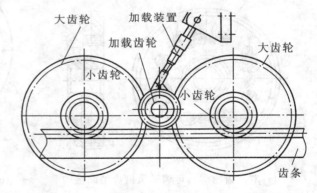

图6-43　径向加载原理图

6.4.3　数控机床的导轨

1. 数控机床对导轨的要求

数控机床运行时,用导轨来支撑和引导运动部件沿着直线或圆周方向准确运动。导轨的制造精度及精度保持性对零件的加工精度有着重要的影响。数控机床对导轨的主要要求如下。

1) 导向精度高

导向精度是指机床的运动部件沿导轨移动时的直线度与圆度。它保证部件运动的准确。影响导向精度的因素有导轨的结构形式、几何精度、刚度、制造精度和导轨间隙的调整等。数控机床对导轨本身的精度都有具体的规定或标准,以保证导轨高的导向精度。

2)耐磨性好

耐磨性好的导轨能使导轨在长期的使用中保持较高的导向精度,以满足加工精度的要求。耐磨性受到导轨副的材料、硬度、润滑和载荷等的影响。数控机床导轨的摩擦因数小,力求小的磨损量,且磨损后要易于调整或能自动补偿。

3)良好的精度保持性

精度保持性是指导轨能否长期保持原始精度。影响精度保持性的因素主要是导轨的磨损,另外,还与导轨的结构形式以及支承件的材料有关。数控机床的精度保持性比普通机床的要求高,所以,数控机床应采用摩擦因数小的滚动导轨、塑料导轨或静压导轨。

4)良好的结构工艺性

数控机床的导轨要便于制造和装配,便于检验、调整和维修,而且要有合理的导轨防护和润滑措施等。

5)足够的刚度

导轨受力变形会导致刀具与工件的相对位置发生变化。如若导轨受力变形过大,就破坏了导向精度,同时恶化了导轨的工作条件,因此要求导轨要有足够的刚度。影响导轨刚度的因素主要有导轨的类型、结构形式和尺寸大小,以及导轨的材料和表面加工质量等。

6)低速运动的平稳性

要保证运动部件在导轨上低速移动时,不发生爬行现象。数控机床的导轨的摩擦因数要小,而且动、静摩擦因数应尽量接近,要保证良好的润滑和传动系统的刚度,使运动平稳、轻便,低速且无爬行。

2. 数控机床导轨的类型及特点

1)按运动部件的运动轨迹分

数控机床导轨按运动部件的运动轨迹可分为直线运动导轨和圆周运动导轨。前者如车床和龙门刨床床身导轨等,后者如立式车床和滚齿机的工作台导轨等。

2)按导轨接合面的摩擦性质分

数控机床导轨按导轨接合面的摩擦性质可以分为滑动导轨、滚动导轨和静压导轨三类。

(1)滑动导轨 滑动导轨两导轨面间的摩擦性质是滑动摩擦,大多处于边界摩擦或混合摩擦的状态。滑动导轨结构简单,接触刚度高,阻尼大,抗振性好,但启动摩擦力大,低速运动时易爬行,摩擦表面易磨损。为提高导轨的耐磨性,可采用耐磨铸铁,或把铸铁导轨表层淬硬,或采用镶装的淬硬钢导轨。塑料贴面导轨基本上能克服铸铁滑动导轨的上述缺点,使滑动导轨的应用得到了新的发展。

(2)滚动导轨 滚动导轨是指相配的两导轨面间有滚珠、滚柱、滚针或滚动导轨块的导轨。这种导轨摩擦因数小,不易产生爬行现象,而且耐磨性好。其缺点是结构较复杂、抗振性差。滚动导轨常用于高精度机床、数字控制机床和要求实现微量进给的机床中。

(3)静压导轨 静压导轨在两个相对滑动面之间开有油腔,将有一定压力的油通过节流输入油腔,形成压力油膜,使运动件浮起。在工作过程中,导轨面上油腔中的油压能随外加负载的变化自动调节,以平衡外加负载,保证导轨面间始终处于纯液体摩擦状态。所以静压导轨的摩擦因数极小(约为0.000 5)、功率消耗小、导轨不会磨损,因而导轨的精度保持性好,导轨寿命长。此外,油膜厚度几乎不受速度的影响,油膜承载能力强、刚度高,油膜还有吸振作用,所以抗振性也好。静压导轨运动平稳,无爬行,也不会产生振动。静压导轨的缺点是结构复杂,并需要有一套良好过滤效果的液压装置,制造成本高。静压导轨多应用在大型、重型的数控机床上。静压导轨按导轨形式可以分为开式和闭式两种,数控机床用的是闭式静压导轨。静压导轨按供油方式又可以分为恒压(即定压)供油和恒流(即定量)供油两种。静压导轨横截面的几何形状有矩形和 V 形两种。采用矩形便于制成闭式静压导轨;采用 V 形便于导向和回油。此外,油腔的结构对静压导轨性能也有很大影响。

在基本导轨的基础上进行改进、复合又形成了卸荷导轨和复合导轨。卸荷导轨利用机械或液压的方式减小导轨面间的压力,但不使运动部件浮起,因而既能保持滑动导轨的优点,又能减小摩擦力和减少磨损。复合导轨是导轨的主要支承面采用滚动导轨,而主要导向面采用滑动导轨。

3)按照导轨的截面形状分

数控机床导轨按照导轨的截面形状可以分为三角形、矩形、燕尾形和圆柱形,如图 6-44 所示。

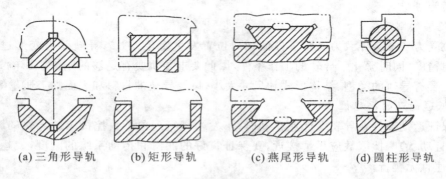

(a) 三角形导轨　　(b) 矩形导轨　　(c) 燕尾形导轨　　(d) 圆柱形导轨

图 6-44　按照导轨的截面形状分类

三角形导轨的导向性好,矩形导轨刚度高,燕尾形导轨结构紧凑,圆柱形导轨制造方便,但磨损后不易调整。当导轨的防护条件较好,切屑不易堆积其上时,下导轨面常设计成凹形,以便于储油,从而改善润滑条件;反之则宜设计成凸形。

4)按受力情况分

数控机床导轨按受力情况分为开式导轨和闭式导轨,在部件自重和外载的条件下如图 6-45(a)所示导轨面 a、b 在导轨全长上可始终贴合的称为开式导轨。当部件上所受的颠覆力矩 M 较大时,必须增加压板 1 以形成辅助导轨面 e,如图 6-45(b)所示,才能使主导轨面 c、d 良好接触。这种靠增加压板将导轨 2 用主、辅导轨面封闭起来的称为闭式导轨。

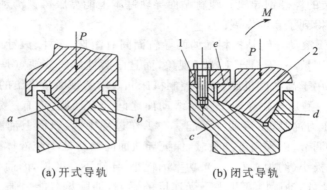

(a) 开式导轨　　　　　(b) 闭式导轨

图 6-45　开式导轨和闭式导轨

6.4.4　数控机床的工作台

　　数控机床的进给运动一般为 X、Y、Z 三个坐标轴的直线进给运动,此时工作台只需做直线进给运动。为了改善数控机床加工性能,以适应不同零件的加工需要,有时还需要绕 X、Y、Z 三个基本坐标轴做回转圆周运动,这三个轴向通常称为 A、B、C 轴。为了实现数控机床的圆周运动,需采用数控回转工作台。数控机床的圆周运动包括分度运动与连续圆周进给运动两种。为了能够区别,通常将只能实现分度运动的回转工作台称为分度工作台,而将能够实现连续圆周进给运动的回转工作台称为数控回转工作台。分度工作台和数控回转工作台在外形上差别不大,但在结构上则具有各自的特点。

1. 直线进给运动工作台

　　直线进给运动工作台是数控机床的重要部件,是数控机床伺服进给系统的执行部件。机床的直线进给运动工作台通常是长方形的,如图 6-46 所示。

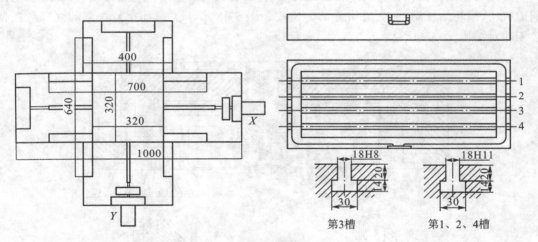

图 6-46　长方形直线进给运动工作台

2. 分度工作台

　　数控机床上的分度工作台只能实现分度运动。需要分度时,分度工作台根据数控系统发出的指令,将工作台连同工件一起回转一定的角度并定位。当分度工作台采用伺服电动驱动时又称为数控分度工作台。数控分度工作台能够分度的最小角度一般都较小,如 0.5°、1°等,通常采用鼠牙盘式定位。有的数控机床还采用液压或手动分度工作台,这类分度工作台一般只能回转规定的角度,如可以每隔 45°、60°或 90°进行分度,可以采用鼠牙盘式定位或定位销式定位。鼠牙盘式分度工作台也称为齿盘式分度工作台,它是用得较广泛的一种高精度的分度定位机构。在卧式数控机床上,它通常作为数控机床的基本部件被提供;在立式数控机床上则作为附件被选用。

3. 数控回转工作台

　　数控回转工作台不仅能完成分度运动,而且还能进行连续圆周进给运动。数控回转工作台可按照数控系统的指令进行连续回转,且回转的速度是无级、连续可调的;同时,它也能实现任意角度的分度定位。所以,它与直线运动轴在控制上是相同的,也需要采用伺服电动机驱动。图 6-47 所示为 TK13 系列数控回转工作台实物图。

　　回转工作台按安装形式分为立式和卧式两类。立式回转工作台用在卧式数控机床上,

图 6-47 TK13 系列数控回转工作台实物图

台面水平安装,它的回转直径一般都比较大。卧式回转工作台用在立式数控机床上,台面垂直安装,由于受到机床结构的限制,它的回转直径一般都比较小,通常不超过 φ500。

立式数控回转工作台主要用在卧式机床上,以实现圆周运动。它通常由传动系统、消除间隙机构、蜗轮蜗杆副、夹紧机构等部分组成。图 6-48 所示为一种比较典型的立式数控回转工作台结构。

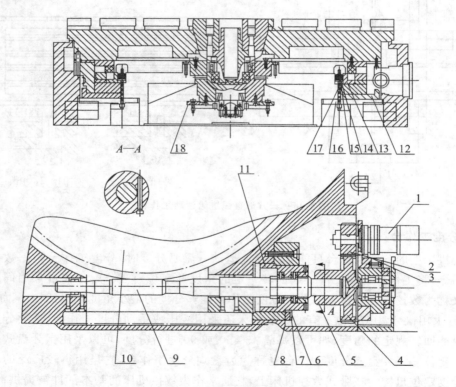

图 6-48 立式数控回转工作台结构

1—驱动电动机;2、4—齿轮;3—偏心套;5—楔形拉紧销;6—压块;7—锁紧螺钉;8—螺母;9—蜗杆;
10—蜗轮;11—调整套;12、13—夹紧瓦;14—夹紧油缸;15—活塞;16—弹簧;17—钢球;18—位置检测

卧式数控回转工作台主要用在立式数控机床上,以实现圆周运动,它通常由传动系统、夹紧机构和蜗轮蜗杆副等部件组成。图 6-49 所示为常用在数控机床上的卧式数控回转工作台结构,这种回转工作台可以采用气动或液压夹紧。

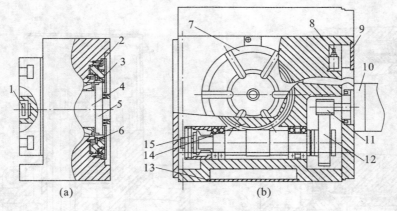

图 6-49 卧式数控回转工作台结构

1—堵头；2—活塞；3—夹紧座；4—主轴；5—夹紧体；6—钢球；7—工作台；
8—开关；9、10—伺服电动机；11、12—齿轮；13—盖板；14—蜗轮；15—蜗杆

 ## *6.5* 自动换刀装置

数控机床在提高生产率、改进产品质量及改善劳动条件等方面发挥了重要的作用。为了进一步压缩非切削时间，多数数控机床往往在一次装夹中完成多工序加工。在这类多工序的数控机床中，必须带有自动换刀装置。自动换刀装置应当满足换刀时间短、刀具重复定位精度高、刀具储存量足够、刀库体积小及安全可靠等基本要求。

6.5.1 自动换刀装置的分类

各类数控机床的自动换刀装置的结构取决于机床的类型、工艺范围以及刀具的种类和数量等。自动换刀装置主要可以分为以下几种形式。

1. 回转刀架换刀

数控车床上使用的回转刀架是一种最简单的自动换刀装置。根据不同加工对象，回转刀架可以设计成四方刀架和六角刀架等多种形式，分别安装四把、六把或更多的刀具，并按数控装置的指令换刀。回转刀架在结构上必须具有良好的强度和刚度，以承受粗加工时的切削抗力。由于车削加工精度在很大程度上取决于刀尖位置，而加工过程中刀尖位置一般不进行人工调整，因此更有必要选择可靠的定位方案和合理的定位结构，以保证回转刀架在每次转位之后，具有尽可能高的重复定位精度（一般为 0.001～0.005 mm）。

图 6-50 所示为数控车床的六角回转刀架，它适用于盘类零件的加工。当加工轴类零件时，可以换用四方回转刀架。由于两者底部的安装尺寸相同，更换刀架十分方便。

回转刀架的全部动作由液压系统通过电磁换向阀和顺序阀进行控制。它的动作分为四个步骤。

（1）刀架抬起。数控装置发出换刀指令后，压力油由 A 孔进入压紧液压缸的下腔，活塞 1 上升，刀架体 2 抬起使定位用活动插销 10 与固定插销 9 脱开。同时，活塞杆 7 下端的端齿离合器与齿轮 5 结合。

（2）刀架转位。刀架抬起之后，压力油从 C 孔进入转位液压缸左腔，活塞 6 向右移动，通过连接板带动齿条 8 移动，使齿轮 5 做逆时针方向转动，通过端齿离合器使刀架转过 60°。活塞的行程应等于齿轮 5 节圆周长的 1/6，并由限位开关控制。

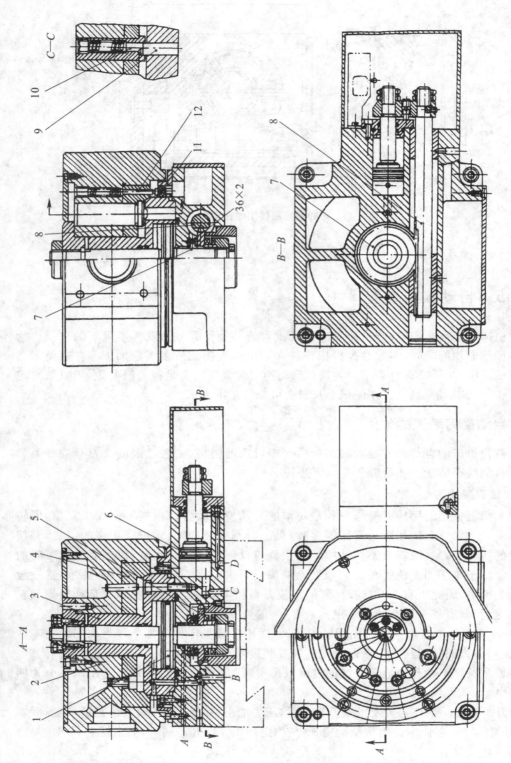

C—C

10
9
12
11
36×2
8
7
B—B
8
7

A—A
5
6
4
3
D
C
2
B
1
A
B
A

172

图6-50 数控车床六角回转刀架

1、6—活塞；2—刀架体；3—缸体；4—压盘；5—齿轮；7—活塞杆；
8—齿条；9—固定插销；10—活动插销；11—拉杆；12—触头

（3）刀架压紧。刀架转位之后，压力油从 B 孔进入压紧液压缸的上腔，活塞 1 带动刀架体 2 下降。缸体 3 的底盘上精确地安装着六个带斜楔的圆柱固定插销 9，利用活动插销 10 消除定位销与孔之间的间隙，实现反靠定位。刀架体 2 下降时，活动插销 10 与另一个固定插销 9 卡紧，同时缸体 3 与压盘 4 的锥面接触，刀架在新的位置定位并压紧。这时，端齿离合器与齿轮 5 脱开。

（4）转位液压缸复位。刀架压紧之后，压力油从 D 孔进入转位液压缸右腔，活塞 6 带动齿条复位，由于此时端齿离合器已脱开，齿条带动齿轮 5 在轴上空转。

如果定位和压紧动作正常，则拉杆 11 与相应的触头 12 接触，发出信号表示换刀过程已经结束，可以继续进行切削加工。

回转刀架除了采用液压缸驱动转位和定位销定位以外，还可以采用电动机-马氏机构、鼠齿盘等转位和定位机构。

2. 更换主轴头换刀

在带有旋转刀具的数控机床中，更换主轴头是一种比较简单的换刀方式。主轴头通常有卧式和立式两种，而且常用转塔的转位来更换主轴头，以实现自动换刀。在转塔的各个主轴头上，预先安装有各工序所需要的旋转刀具，当发出换刀指令时，各主轴头依次地转到加工位置，并接通主运动，使相应的主轴带动刀具旋转，而其他处于不加工位置上的主轴都与主运动脱开。

图 6-51 所示为卧式八轴转塔头。转塔头上径向分布着八根结构完全相同的主轴 1。当数控装置发出换刀指令时，先通过液压拨叉（图 6-51 中未示出）将移动齿轮 6 与齿轮 15 脱离啮合，同时在中心液压缸 13 的上腔通压力油。由于活塞杆和活塞 12 固定在底座上，因此中心液压缸 13 带着由两个推力轴承 9 和 11 支承的转塔刀架体 10 抬起，鼠齿盘 7 和 8 脱离啮合。然后压力油进入转位液压缸，推动活塞齿条，再经过中间齿轮（图 6-51 中未示出）使大

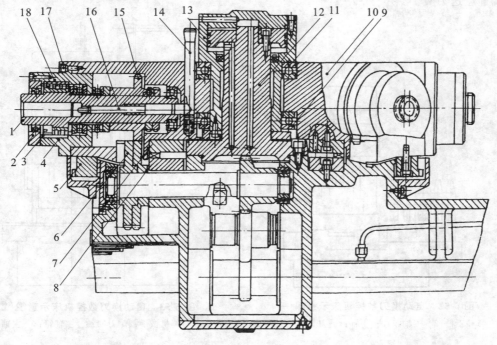

图 6-51 卧式八轴转塔头

1—主轴；2—端盖；3—螺母；4—套筒；5、6、15—齿轮；7、8—鼠齿盘；9、11—推力轴承；
10—转塔刀架体；11—活塞；13—中心液压缸；14—操纵杆；15—顶杆；17—螺钉；18—轴承

齿轮 5 与转塔刀架体 10 一起回转 45°,将下一工序的主轴转到工作位置。转位结束之后,压力油进入中心液压缸 13 的下腔使转塔头下降,鼠齿盘 7 和 8 重新啮合,实现了精确的定位。在压力油的作用下,转塔头被压紧,转位液压缸退回原位。最后通过液压缸拨叉拨动移动齿轮 6,使它与新换上的主轴齿轮 15 啮合。

为了改善主轴结构的装配工艺性,整个主轴部件装在套筒 4 内,只要卸去螺钉 17,就可以将整个部件抽出。主轴前轴承 18 采用锥孔双列圆柱滚子轴承,调整时先卸下端盖 2,然后拧动螺母 3,使内环做轴向移动,以便清除轴承的径向间隙。

为便于卸出主轴锥孔内的刀具,每根主轴都有操纵杆 14,只要按压操纵杆,就能通过斜面推动顶杆 16,顶出刀具。

由于空间位置的限制,主轴部件的结构不可能设计得十分坚实,因而影响了主轴系统的刚度。为了保证主轴的刚度,主轴的数目必须加以限制,否则将会使结构尺寸大为增大。转塔主轴头换刀方式的主要优点在于省去了自动松夹、卸刀、装刀、夹紧及刀具搬运等一系列复杂的操作,从而提高了换刀的可靠性,并显著地缩短了换刀时间。但由于上述结构上的特点,转塔主轴头通常只适用于工序较少、精度要求不太高的数控机床,例如数控钻床等。

3. 带刀库的自动换刀系统

带刀库的自动换刀系统由刀库和刀具交换装置组成,目前它是多工序数控机床上应用最广泛的换刀方法。如图 6-52、图 6-53 和图 6-54 所示,整个换刀过程较为复杂,首先把加工过程中需要使用的全部刀具分别安装在标准的刀柄上,在机床外进行尺寸预调整之后,按一定的方式放入刀库,换刀时先在刀库中选刀,并由刀具交换装置分别从刀库和主轴上取出刀具,在进行刀具交换之后,将新刀具装入主轴,把旧刀具放回刀库。存放刀具的刀库具有较大的容量,它既可安装在主轴箱的侧面或上方,也可作为单独部件安装到机床以外,并由搬运装置运送刀具。

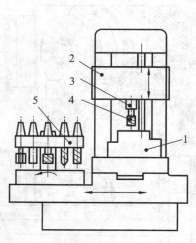

图 6-52 自动换刀数控机床示意图(一)
1—工件;2—主轴箱;3—主轴;4—刀具;5—刀库

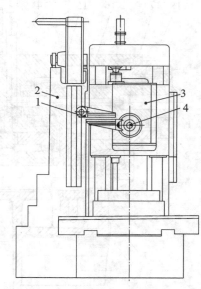

图 6-53 自动换刀数控机床示意图(二)
1—机械手;2—刀库;3—主轴箱;4—主轴

带刀库的自动换刀数控机床主轴箱和转塔主轴头相比较,由于主轴箱内只有一个主轴,设计主轴部件时就有可能充分增强它的刚度,因而能够满足精密加工的要求。另外,刀库可以存放数量很大的刀具,因而能够进行复杂零件的多工序加工,这样就明显地提高了机床的适应性和加工效率。带刀库的自动换刀装置特别适用于数控钻、铣、镗床。但这种换刀方式的整个过程动作较多,换刀时间长,系统较为复杂,降低了工作可靠性。

为了缩短换刀时间,还出现了另一种带刀库的双主轴或多主轴换刀系统(见图6-55),它兼有上述两种换刀方式的优点。在转塔头的一根主轴进行加工时,另一根主轴处于换刀位置,由刀具交换装置换刀,待本工序加工完毕之后,转塔头回转并交换主轴。这种换刀方式最大限度地缩短了由换刀引起的机床停顿时间,提高了生产率。还因为转塔头的主轴数目较少,有利于提高它的结构刚度,还可以利用刀库中的刀具实现更多工序的加工。另外这种带刀库的转塔头换刀装置,除了装有可换的小尺寸刀具外,在其他轴上还装有为数不多的几种较大尺寸的刀具,这些刀具不经过刀库,而是直接固定在主轴上,通过转位进行交换。这将有助于简化刀库和刀具交换装置。

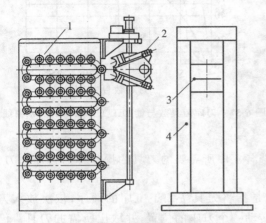
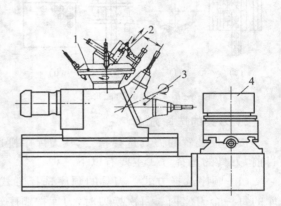

图 6-54　自动换刀数控机床示意图(三)　　图 6-55　带刀库的双主轴或多主轴换刀系统
1—刀库;2—机械手;3—主轴箱;4—立柱　　　　1—刀库;2—机械手;3—转塔头;4—工件

6.5.2　刀库

1. 刀库

刀库是自动换刀装置中的主要的部件,其容量、布局及具体结构对数控机床的设计有很大影响。

根据刀库所需要的容量和取刀方式,可以将刀库设计成多种形式。图6-56列出了常用的几种刀库形式。图6-56(a)和(b)所示为单盘式刀库,为适应机床主轴的布局,刀库的刀具轴线可以按不同的方向配置[见图6-56(a)至(c)],图6-56(d)所示为刀具可90°翻转的圆盘刀库,采用这种结构能够简化取刀动作。单盘式刀库的结构简单,取刀也较方便,因此应用最为广泛。但圆盘尺寸受限制,因此刀库的容量较小(通常装15~30把刀)。当需要存放更多数量的刀具时,可以采用图6-56(e)至(h)形式的刀库,它们充分利用了机床周围的有效空间,使刀库的外形尺寸不致过于庞大。图6-56(c)所示为鼓轮弹仓式(又称刺猬式)刀库,其结构十分紧凑,在相同的空间内,它的刀库容量较大,但选刀和取刀的动作复杂。图6-56(f)所示为链式刀库,其结构有较大的灵活性,存放刀具的数量也较多,选刀和取刀动作十分简单。当链条较长时,可以增加支承链轮的数目,使链条折叠回绕,提高了空间利用率。图6-56(g)和(h)分别为多盘式、格子式刀库。虽然多盘式和格子式刀库也具有结构紧凑的特点,但选用这类刀库时选刀和取刀动作复杂,多盘式和格子式较少应用。设计多工序自动换刀数控机床时,应当合理地确定刀库的容量。根据对车床、铣床和钻床所需刀具数的统计,绘成了图6-57所示的曲线。曲线表明,在加工过程中经常使用的刀具数目并不多。对

175

于钻削加工,用14把刀具就能完成工件约80%的加工,即使要求完成工件90%的加工,用20把刀具也已足够。对于铣削加工,需要的刀具数量很少,用4把铣刀就能完成工件约90%的加工。如果不从实际加工需要出发,盲目地加大刀库容量,将会使刀库的利用率变低,结构过于复杂,造成很大的浪费。从使用的角度来看,刀库的容量一般取10~60把,但随着加工工艺的发展,目前刀库的容量似乎有进一步增大的趋势。

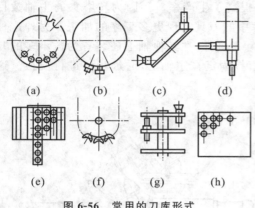

<table>
<tr><td>图 6-56　常用的刀库形式</td><td>图 6-57　刀库刀具数与能加工工件比率的关系曲线</td></tr>
</table>

2. 刀具的选择方式

按数控装置的刀具选择指令,从刀库中挑选各工序所需要的刀具的操作称为自动选刀。目前,刀具的选择方式主要有以下三种。

(1)顺序选择方式　刀具的顺序选择方式是指将刀具按加工工序的顺序,依次放入刀库的每一个刀座内。每次换刀时,刀库按顺序转动一个刀座的位置,并取出所需的刀具。已使用过的刀具则放回到原来的刀座内,也可按顺序放入下一个刀座内。采用这种方式的刀库,不需要刀具识别装置,而且驱动控制也较简单,可以直接由刀库的分度机构来实现。因此刀具的顺序选择方式具有结构简单、工作可靠等优点。但由于刀库中的刀具在不同的工序中不能重复使用,因而必须相应地增加刀具的数量和刀库的容量,这样就降低了刀具和刀库的利用率。此外,人工的装刀操作必须十分谨慎,一旦刀具在刀库中的顺序发生差错,就会造成严重事故。

(2)刀具编码方式　刀具的编码选择方式采用了一种特殊的刀柄结构,并对每把刀具进行编码。换刀时通过编码识别装置,根据加工程序中的换刀指令,在刀库中找出所需要的刀具。由于每一把刀具都有自己的代码,因而刀具可以放入刀库中的任何一个刀座内,这样不仅刀库中的刀具可以在不同的工序中多次重复使用,而且换下来的刀具也不必放回原来的刀座,这对装刀和选刀都十分有利,刀库的容量也可以相应减小,并且还可以避免由刀具顺序的差错所造成的事故。

图6-58所示为编码刀柄示意图。在刀柄的尾部的拉紧螺杆3上套装上一组等间隔的编码环1,并用锁紧螺母2将它们固定。编码环的外径有大小两种不同的规格,每个编码环的高低分别表示二进制数的"1"和"0"。通过对两种圆环的不同排列,可以得到一系列的代码。例如图6-58中所示的七个编码环,就能够区别出127(即 2^7-1)种刀具。通常全部为0的代码是不允许使用的,以避免与刀座中没有刀具的状况相混淆。为了便于操作者记忆和识别,也可以采用二-八进制编码来表示。

刀库设有编码识别装置,当刀库中带有编码环的刀具依次通过编码识别装置时,编码环的高低就能使相应的触针读出每一把刀具的代码。当读出的代码与加工程序中选择刀具的

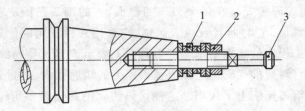

图 6-58　编码刀柄示意图

1—编码环；2—锁紧螺母；3—拉紧螺杆

代码一致时，便发出信号使刀库停止回转。这时加工所需要的刀具就准确地停留在取刀位置上，然后由机械手从刀库中将刀具取出。接触式编码识别装置的结构简单，但可靠性较差、寿命较短，而且不能快速选刀。

除了上述机械接触识别方法之外，还可以采用非接触式的磁性或光电识别方法。

磁性识别方法是指利用磁性材料和非磁性材料磁感应的强弱不同，通过感应线圈读取代码。编码环分别由软钢和黄钢（或塑料）制成，前者代表"1"，后者代表"0"。将它们按规定的编码排列，安装在刀柄的前端。当编码环通过线圈时，只有对应于软钢圆环的那些绕组才能感应出高电位，而其余绕组则输出低电位。然后再通过识别电路选出所需要的刀具。磁性识别装置没有机械接触和磨损，因此可以快速选刀，而且具有结构简单、工作可靠、寿命长和无噪声等优点。

光电识别方法是近年来出现的一种新的方法，其原理如图 6-59 所示。链式刀库带着刀库座 1 和刀具 2 依次经过刀具识别位置 Ⅰ，在这个位置上安装了投光器 3，通过光学系统将刀具的外形及编码环投影到由无数光敏元件组成的屏板 5 上形成刀具图样。装刀时，屏板 5 将每一把刀具的图样转换成对应的脉冲信息，经过处理将代表每一把刀具的"信息图形"记入存储器。选刀时，当某一把刀具在识别位置出现的"信息图形"与存储器内指定刀具的"信息图形"相一致时，便发出信号，使该刀具停在换刀位置 Ⅱ，由机械手 4 将刀具取出。这种识别系统不但能识别编码，还能识别图样，因此给刀具的管理带来了方便。但由于该系统价格昂贵，限制了它的使用。

（3）刀座编码方式　刀座编码方式是指对刀库的刀座进行编码，并将与刀座编码相对应的刀具一一放入指定的刀座中，然后根据刀座的编码选取刀具。由于这种编码方式取消了刀柄中的编码环，使刀柄的结构大为简化。因此刀具识别装置的结构就不受刀柄的尺寸的限制，而且可以放置在较为合理的位置。采用这种编码方式时，操作者把刀具误放入与编码不符的刀座内，仍然会造成事故，而且在刀具自动交换过程中必须将用过的刀具放回原来的刀座内，增加了刀库动作的复杂性。与顺序选择方式相比较，刀座编码方式最突出的优点是刀具可以在加工过程中重复使用。刀座

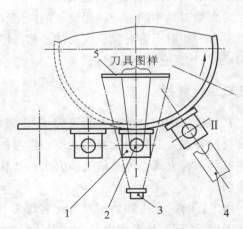

图 6-59　光电识别原理

1—刀库座；2—刀具；3—投光器；4—机械手；5—屏板

编码方式可分为永久性编码和临时性编码两种。一般情况下，永久性编码是指将一种与刀

座编号相对应的刀座编码板安装在每个刀座的侧面,它的编码是固定不变的。另一种临时性编码,也称为钥匙编码,它与前者有较大区别,它采用一种专用的代码钥匙,如图 6-60(a)所示,编码时先按加工程序的规定给每一把刀具系上表示该刀具号码的代码钥匙,在刀具任意放入刀座的同时,将对应的代码钥匙插入该刀座旁的钥匙孔内,通过钥匙把刀具的代码转记到该刀座上,从而给刀座编上了代码。这种代码钥匙的两边最多可带有 22 个方齿,前 20个齿组成了 1 个 5 位的二-十进制代码,4 个二进制代码表示 1 位十进制数,以便于操作者识别。这样,代码钥匙就可以给出从 1 到 99999 之间的任何号码,并将对应的号码打印在钥匙的正面。采用这种方法可以给大量的刀具编号。每把钥匙都带有 2 个方齿,只要钥匙插入刀座,就发出信号表示刀座已编上了代码。

钥匙孔座的结构如图 6-60(b)所示,钥匙①对准键槽和水平方向槽子④插入钥匙孔座,然后顺时针方向旋转 90°,处于钥匙齿部③的接触片②被撑起,表示代码"1",处于无齿部分的接触片⑤保持原状,表示代码"0"。刀库上装有数码读取装置,它由两排成 180°分布的碳刷组成。当刀库转动选刀时,钥匙孔座的两排接触片依次地通过碳刷,依次读出刀座的代码,直到寻找到所需要的刀具。

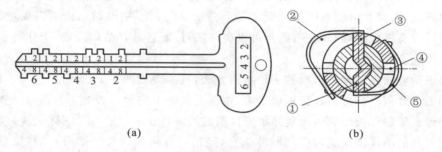

图 6-60　钥匙编码示意图
①—钥匙;②、⑤—接触片;③—钥匙齿部;④—槽子

这种编码方式称为临时性编码,这是因为在更换加工对象时,取出刀库中的刀具之后,刀座原来的编码随着编码钥匙的取出而消失。因此这种方式具有更大的灵活性,各个工厂可以对大量刀具中的每一种用统一的固定编码,对于程序编制和刀具管理都十分有利,而且刀具放入刀库时不容易发生人为的差错。但钥匙编码方式仍然需要把用过的刀具放回原来的刀座中,这是它的主要缺点。

6.5.3　机械手

在数控机床的自动换刀装置中,实现刀库与机床主轴之间传递和装卸刀具的装置称为刀具交换装置。刀具的交换包括由刀库与机床主轴的相对运动实现刀具交换和采用机械手交换刀具两种方式。刀具的交换方式及其具体结构对机床的生产率和工作可靠性有着直接的影响。

由刀库与机床主轴的相对运动实现刀具交换的装置,在换刀时必须首先将用过的刀具送回刀库,然后再从刀库中取出新刀具,这两个动作不可能同时进行,因此换刀时间较长。

采用机械手进行刀具交换的方式应用得最为广泛,这是因为机械手换刀有很大的灵活性,而且可以减少换刀时间。在各种类型的机械手中,双臂机械手集中地体现了以上的优点。在刀库远离机床主轴的换刀装置中,除了机械手以外,还必须带有中间搬运装置。

双臂机械手中最常用的几种结构如图 6-61 所示,它们分别是钩手[见图 6-61(a)]、抱手[见图 6-61(b)]、伸缩手[见图 6-61(c)]和扠手[见图 6-61(d)]。这几种机械手能够完成抓刀、拔刀、回转、插刀及返回等全部动作。为了防止刀具掉落,各机械手的活动爪都必须带有自锁机构。由于双臂回转机械手的动作比较简单,而且能够同时抓取、装卸机床主轴和刀库中的刀具,因此换刀时间可以进一步缩短。

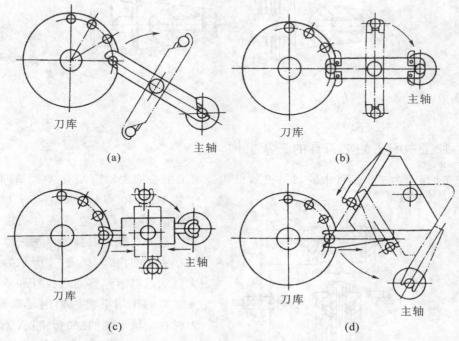

图 6-61　双臂机械手常用结构

图 6-62 所示为双刀库机械手换刀装置,其特点是用两个刀库和两个单臂机械手进行工作,因而机械手的工作行程大为缩短,有效地节省了换刀时间,同时还由于刀库分设两处使布局较为合理。

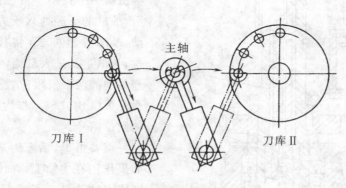

图 6-62　双刀库机械手换刀装置

根据各类机床的需要,自动换刀数控机床所使用的刀具的刀柄有圆柱形和圆锥形两种。为了使机械手能可靠地抓取刀具,刀柄必须有合理的夹持部分,而且刀柄应当尽可能标准化。图 6-63 所示为常用的两种刀柄结构。V 形槽夹持结构适用于图 6-61 所示的各种机械手结构,这是由于机械手爪的形状和 V 形槽能吻合,使刀具能保持准确的轴向和径向位置,从而提高装刀的重复精度。法兰盘夹持结构[见图 6-63(b)]适用于钳式机械手装夹,这是由于法兰盘的两边可以同时伸进钳口,因此在使用中间辅助机械手时能够方便地将刀具从一个机械手传递给另一个机械手。

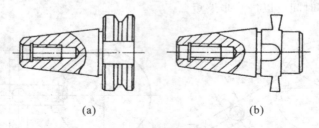

(a)   (b)

图 6-63 刀柄结构

6.5.4 加工中心主轴上刀具的夹紧机构

图 6-64 所示为主轴部件中的刀具夹紧机构。加工中心的主轴前端有 7:24 的锥孔,用于装夹 BT40 刀柄或刀杆,对于自动换刀来说,主轴系统应具备自动松开和夹紧刀具的功能。刀具的自动夹紧机构安装在主轴的内部,图 6-64 所示为刀具的夹紧状态蝶形弹簧通过拉杆和双瓣卡爪在套筒的作用下将刀柄的尾端拉紧,换刀时在主轴上端油缸的上腔 A 通入大压力油,活塞的端部即推动拉杆向下移动,同时压缩蝶形弹簧。当拉杆下移到使卡爪的下端移动出套筒时,在弹簧的作用下卡爪张开,喷气头将刀柄顶松,刀具即可由机械手拔出。待机械手将新刀装入后,油缸的下腔通入压力油,活塞向上移动,蝶形弹簧伸长,将拉杆和卡爪向上拉,卡爪重新进入套筒,将刀柄拉紧。活塞移动的两个极限位置处都有相应的行程开关(LS_1、LS_2),作为刀具松开和夹紧的到位信号。

需要指出,活塞对蝶形弹簧的压力如果作用在主轴上,并传至主轴的支承,则使主轴及其支承承受附加的载荷,不利于主轴和支承的工作。因此要采用卸荷措施,使对蝶形弹簧的压力转化为内力,而不传递到主轴的支承上。

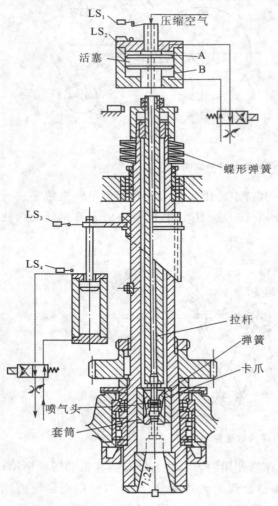

图 6-64 主轴部件中的刀具夹紧机构

6.6 数控机床的典型结构

6.6.1 数控车床

DL 系列全机能数控车床是大连机床集团有限责任公司生产的两轴联动、半闭环控制的数控车床,可对轴类及盘类零件进行各种车削加工。图 6-65 所示为 DL20 数控车床外形图。

图 6-65 DL20 数控车床外形图
1—床身;2—防护门;3—主轴;4—导轨;5—尾座;6—刀架;7—操作面板;8—排屑装置

DL20 数控车床床身采用整体铸造成形,具备较大的承载截面,导轨倾斜布局,因此,有良好的刚度和吸振性,可保证高精度切削加工。机床主传动系统采用交流伺服广域电动机,配合高效率并联 V 形带直接传动主轴,避免了齿轮箱传动链引起噪声。主轴前后端采用 NSK 精密高速主轴轴承组,并施加适当的预紧力,配合最佳的跨距支撑以及箱式主轴箱,使主轴具有高刚度和高速运转能力。机床选用 THK 滚珠丝杠和直线滚动导轨,传动效率高、精度保持性好,使机床刀架移动快速、稳定,且定位精度高。机床配置高刚度液压刀台,具有较高的可靠性和重复定位精度。为了快速装卡工件,采用高精度的液压尾座,为车削加工提供准确的定心保证。转塔刀架采用的是高性能液压刀架。其刀盘有三种,即 6 位、8 位和 12 位刀盘,可以选样订货。机床润滑采用自动集中润滑系统,可保证持续、有效的导轨及滚珠丝杠润滑。机床配备有闭式防护罩、独立的大流量的冷却泵和链式排屑装置,为车削加工提供强制冷却和自动排屑功能。

6.6.2 数控铣床

XK713 数控铣床既可以进行铣削,也可以进行钻、镗、扩、铰孔加工,适合用于机械、汽车、轻工、电子、纺织等行业的各种中小型复杂零件的加工。机床具有占地面积小、行程范围宽等优点。图 6-66 所示为华中数控有限公司生产的 XK713 铣床外形图,该数控铣床的主要特点有:

(1)铣床采用手动换刀,气动松开、夹紧,操作方便。

(2)采用全封闭防护设计,使机床导轨、丝杠等防护充分,润滑采用集中润滑方式,可延长其使用寿命。

（3）机床 X、Y、Z 坐标导轨采用铸铁贴塑矩形滑动导轨，摩擦因数小，机床运动灵活、承载能力强。

（4）主轴采用变频调速电动机驱动，主轴转速范围为 60～6 000 r/min。

（5）加工精度高，进给伺服系统采用交流伺服电动机，精密滚珠丝杠，再加上数控系统补偿功能，使铣床加工具有较高的精度。进给速度范围为 3～3 000 mm/min，快速移动速度可达 8 000 mm/min。

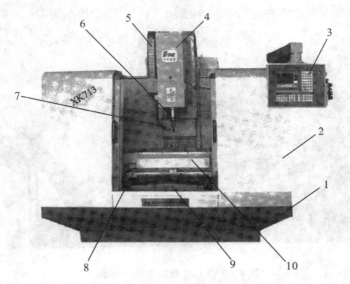

图 6-66　XK713 数控铣床外形图

1—床身；2—防护罩；3—操作面板；4—主轴箱；5—护线架；6—轴；
7—冷却液管；8—纵向滑板；9—横向滑板；10—工作台

6.6.3　加工中心

1. XH713A 加工中心

图 6-67 所示为 XH713A 型加工中心。该机床采用 BEIJING-FANUC-0i 数控系统，能够控制的主要有 X、Y、Z 三坐标轴的联动（包括移动量及移动速度的控制，能进行直线、圆弧

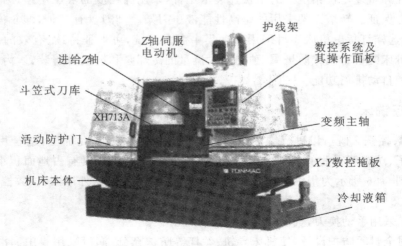

图 6-67　XH713A 型加工中心图

的插补加工控制)和一些电器开关的通断(包括主轴正反转及停转、进给随意暂停和重启、急停及超程保护控制、刀库及其驱动),主轴采用变频器实现无级调速,具有 16 把刀具的斗笠式刀库,采用气动换刀方式。该机床可用于轮廓铣削、挖槽、钻镗孔以及粗、精加工刚性螺纹及各类复杂曲面轮廓等,可实现刀具半径补偿和刀长补偿。

2. F200 TC-CNC 加工中心

F200 TC-CNC 是扬州欧普兄弟机械工具有限公司生产的一种立式加工中心,如图6-68所示。

在本机床上工件一次装夹后,可自动连续地完成铣、钻、镗、铰、扩、攻螺纹等多种工序。该加工中心适用于小型板件、盘类、壳体及模具等零件的小批量、多品种加工。

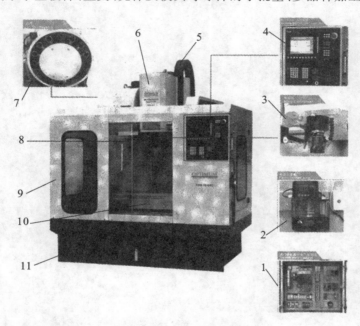

图 6-68 F200 TC-CNC 立式加工中心

1—数控柜;2—电动机润滑泵;3—铣削头;4—操作台;5—护线架;6—主轴箱;
7—刀库;8—换刀机械手;9—防护门;10—纵向工作台;11—床身

思考与练习

6-1 简述数控机床机械结构的组成及特点。

6-2 数控机床主传动系统有什么特点?

6-3 简述主传动的类型及特点。

6-4 加工中心主轴部件中刀具的自动夹紧机构为什么采用机械夹紧、液压放松?

6-5 主轴准停装置有什么作用?

6-6 数控机床进给传动系统的特点是什么?

6-7 滚珠丝杠螺母副双螺母结构消除轴向间隙及预紧的结构形式有哪几种?

6-8 齿轮传动消除间隙的方法有哪些?各有什么优缺点?

6-9 数控机床用导轨有哪几种?各有什么特点?

6-10　伺服电动机与丝杠的连接方式有几种？

6-11　滚珠丝杠螺母副有什么特点？

6-12　数控机床自动换刀装置的形式有哪几种？

6-13　简述数控机床常用的刀库类型及特点。

6-14　数控机床刀具的选刀方式有哪几种？

6-15　简述立式加工中心无机械手换刀的过程。

第 7 章 数控机床的选用与维修

7.1 数控机床的选用、安装和调试方法

7.1.1 数控机床的选用

21 世纪以来,随着数控机床在技术上趋向完善,数控机床广泛地应用在工业生产各个领域,并在国民经济发展中发挥着重要的作用。数控机床确实具有普通机床所不具备的许多优点。目前如何从品种繁多、价格昂贵的设备中选择适用的设备,如何使这些设备在制造中充分发挥作用而且又能满足企业以后的发展,如何合理地选购与主机配套的附件、工具、软件技术、售后技术服务等,已成为广大用户十分关注的问题。

选用数控机床时应考虑的主要因素有以下几个。

1. 典型零件的确定与机床的选择

由于数控机床的类型、规格繁多,不同类型的数控机床都有其不同的使用范围和要求,因此,在选购数控机床时首先要明确被加工对象,即确定典型零件。

每一种数控机床都有其最佳典型零件的加工,例如:加工箱体类——箱体、泵体、壳体等零件,应选用卧式加工中心;加工板类——箱盖、壳体和平面凸轮等零件,应选用立式加工中心或数控铣床。当工件只需要钻削或铣削时,就不要购买加工中心;能用数控车床加工的零件就不要用车削中心加工;能用三轴联动的机床加工的零件就不要选用四轴、五轴联动的机床加工。总之,选择数控机床应紧紧围绕本企业的实际需要,功能上以够用为度,尽可能做到不闲置、不浪费,在投资增加不多的情况下可适当考虑发展余地,但不要盲目追求"高、精、尖",以免造成财力浪费。

2. 数控机床规格的选择

应结合确定的典型零件尺寸,选用相应的数控机床规格以满足加工典型零件的需要。数控机床的主要规格包括工作台面的尺寸、坐标轴数及行程范围、主轴电动机功率和切削力矩等。选用工作台面尺寸一般应大于工件的最大轮廓尺寸,保证工件在其上能顺利找正及安装;各坐标轴行程应满足加工时进刀、退刀的要求;工件和夹具的总质量不能大于工作台的额定负载。例如,450 mm×600 mm×450 mm 的箱体,应选用工作台面尺寸 800 mm×500 mm 的加工中心。其 X 轴行程约为 850 mm,Y 轴行程约为 650 mm,Z 轴行程约为 600 mm,这样就可以满足零件的加工要求。因此,工作台面的大小基本上确定了加工空间的大小。个别情况下也允许零件尺寸大于坐标行程,这时必须要求零件上的加工区域在行程范围之内,而且要考虑机床工作台的允许承载能力,以及零件是否与机床交换刀具的空间干涉、与机床防护罩等附件发生干涉等一系列问题。

数控机床的主轴电动机功率一般情况下反映了数控机床的切削效率和切削时的刚度。在现代数控机床中一般加工中心都配置了功率较大的直流或交流高速电动机,可用于高速切削。但在低速切削中转矩受到一定限制,这是由于调速电动机在低速时功率输出下降造

成的。因此,当需要加工大直径和余量很大的零件时,必须对低速转矩进行校核以满足切削的要求。

3. 数控机床精度的选择

选择数控机床的精度等级应根据典型零件关键部位加工精度的要求来决定。影响机械加工精度的因素很多,如机床的制造精度、插补精度、伺服系统的随动精度及切削温度、切削力、各种磨损等。而用户在选用机床时,主要应考虑综合加工精度是否能满足加工要求。

目前,世界各国都制订了数控机床的精度标准。机床生产厂商在数控机床出厂前大都按照相应标准进行了严格的控制和检验。实际上机床制造精度都是很高的。在诸项精度标准中,人们最关心的是定位精度、重复定位精度,对于加工中心和数控铣床,还有一项铣圆精度。依此三项精度值,可将数控机床分为普通型和精密型。表 7-1 为加工中心的精度比较。

表 7-1 加工中心的精度比较

精度标准	机床类型	
	普通型	精密型
直线定位精度(全程)	±0.01 mm	±0.005 mm
重复定位精度	±0.006 mm	±0.002 mm
铣圆精度	0.03~0.04 mm	0.02 mm

1) 机床定位精度和重复定位精度

定位精度是指数控机床工作台或其他运动部件,实际运动位置与指令位置的一致程度,其不一致的差量即定位误差。引起定位误差的因素包括伺服系统、检测系统、进给系统误差,以及运动部件导轨的几何误差等。定位误差直接影响加工零件的尺寸精度。

重复定位精度是指在相同的操作方法和条件下,在完成规定操作次数过程中得到结果的一致程度。它反映了该轴在有效行程内任意定位点的定位稳定性,这是衡量该数控轴能否稳定、可靠工作的基本指标。加工中心数控系统的软件功能比较丰富,它可以对控制轴的螺距误差进行补偿和反向间隙补偿,也可对进给传动链上各环节的系统误差稳定地进行补偿。各轴的积累误差与丝杠螺距积累误差有直接关系,可以用控制系统螺距补偿功能来补偿。进给传动链中反向死区(也称为反向矢动量)也可用反向间隙补偿功能来补偿。例如,一个数控坐标轴正向给予的运动指令移动 20 mm,实际测量距离为 19.985 mm,由于它没有达到规定值,因此,可称反向死区(矢动量)为 0.015 mm,由数控系统给予补偿 0.015 mm 的运动量,便可使坐标移到规定的数值。

2) 铣圆精度

铣圆精度综合反映了机床两轴联动时,伺服运动特性和控制系统的插补功能。对加工中心、数控铣床来说,铣圆精度反映了工件轮廓加工(如加工凸轮、模具型腔等)所能达到的最高加工精度。对于大直径的圆柱面、大圆弧面,可在具有这种功能的机床上采用高性能的立铣刀对其进行加工,能达到较好效果。

测定铣圆精度的方法:用立铣刀先铣一个标准圆柱试件,中小型机床的试件直径一般为200~300 mm,大型机床则相应增大测试件的直径。加工完毕后,用圆度仪测量该圆柱的轮廓线,绘出轮廓线的最大包络圆和最小包络圆,其二者的差值即该圆柱面的圆度。用户在选择购买机床时,可根据典型零件的加工要求,阅读有关机床出厂检验单的内容,有助于判断所选用机床的该项指标性能,做到"有的放矢"。

4. 数控系统的选择

数控技术经过半个世纪的发展,世界上数控系统的种类、规格非常多。机床制造商往往提供同一种机床可配置多种数控的选择或数控系统中多种功能的选择。目前世界上比较著名的数控系统有 FANUC 系统、SIEMENS 系统、NUM 系统、FIDIA 系统、FAGOR 系统、A-B 系统等。各大机床制造厂商也有自己的一些系统,如 MAZAK、OKUMA 等。为了使数控系统与机床相匹配,在选择数控系统时可遵循以下几条原则。

1) 根据数控机床类型选择相应的数控系统

一般来说,不同的机型设备适合配置不同型号的数控系统,数控钻、镗、冲压等机床的数控系统只需点位或直线控制系统,而数控车床则需两轴联动的轮廓控制数控系统,数控铣床一般需三轴两联动的轮廓控制数控系统。

2) 根据加工精度的需要选择数控系统

数控机床的加工精度较高,但随着机床精度的提高,机床的制造成本也会大大地提高,因此要恰当地选择机床精度和与之相配套的数控系统。对于精度要求不高的经济型数控机床(尤其是数控钻床、数控冲床),可采用步进电动机驱动的开环系统,分辨率可达 0.01 mm;而对于精度要求较高的数控镗铣床,可采用交、直流伺服电动机驱动的半闭环系统,分辨率可达 0.001 mm;如果零件的加工精度要求很高,则应考虑采用闭环系统的数控机床,真正做到物尽其用。

3) 根据数控机床的设计指标选择数控系统

在可供选择的数控系统中,其性能差别很大。如 FANUC 公司生产的 15 系统,它的最高切削进给速度可达 240m/min,而 FANUC 0 系统,只能达到 24 m/min。它们的价格也相差数倍。如果设计的是一般数控机床,最高进给速度为 20 m/min 左右,那么选择 FANUC 0 系统就可以了。因此,不能片面地追求高水平、新系统,而应该对数控系统性能和价格等做综合分析,选用适合的系统。

4) 根据数控机床的性能选择数控系统功能

一个数控系统具有许多功能可供选择。有些属于基本功能,如冷却防护装置、排屑装置、主轴温控装置等;有些属于选择性功能,只有当用户特定选择了这些功能之后才能提供的。数控系统生产厂商对系统的定价往往是基本功能系统较便宜,而选择性功能却较昂贵。所以,选择性功能一定要根据机床性能的需要来选择。

5) 选择数控系统应尽量集中购买少数几家公司的产品

因为每一家公司生产的数控系统都需要有相应的操作者、维修者、维修备件、外联维修网络等一系列技术后勤支持条件,所以相对集中地购买少数几家公司的数控系统对以后长期使用和维修是有利的。

6) 订购数控系统时要考虑周全

订购时应把所需的系统功能一起考虑,不能遗漏,对于那些价格增加不多,但对使用会带来方便的功能,应当配置齐全,保证机床到位后可立即投入生产使用,切忌因漏订了一些功能而使机床功能降低或无法使用。另外,用户选用的数控机床及系统的种类不宜过多、过杂,否则会给使用、维修带来极大困难。

当前,数控系统的功能和附属装置发展很迅速,如自动测量装置、刀具监测系统、切削状态监测装置、温度监控装置、自适应控制装置、各种故障诊断装置等大量出现。选用适当附件配合主机发挥出大的效能是可取的,因为增加某种附件对提高加工质量和增加加工的可靠性大有益处。

5. 数控机床驱动电动机的选择

机床的驱动电动机包括主轴电动机和进给伺服电动机两大类。

（1）驱动电动机原则上应根据负载条件来选择。在电动机轴上所加的负载有两种，即负载转矩和负载惯量转矩。对这两种负载都要正确计算，其值应满足下述条件。

① 当机床做空载运行时，在整个速度范围内，加在伺服电动机轴上的负载转矩应在电动机连续额定转矩范围之内，即应在转矩-速度特性曲线的连续工作区。

② 最大负载转矩、加载周期及过载时间都应在提供的特性曲线的允许范围以内。

③ 电动机在加速或减速过程的转矩应在加减速区（或间断工作区）之内。

④ 对要求频繁启动、制动及周期性变化的负载，必须检查它在一个周期中的转矩均方根值。

⑤ 加在电动机轴上的负载惯量大小对电动机的灵敏度和整个伺服系统精度惯量达到甚至超过转子惯量的 3 倍时，会使灵敏度和响应时间受到很大影响，甚至会使伺服放大器不能在正常调节范围内工作，所以对这类惯量应避免使用。

（2）按下列几条原则综合考虑来选择主轴电动机的功率。

① 所选电动机应能满足机床设计的切削功率的要求。

② 根据要求的主轴加减速时间计算出的电动机功率不应超过电动机的最大输出功率。

③ 在要求主轴频繁启动、制动的场合，必须计算出平均功率，其值不能超过电动机连续额定输出功率。

④ 在要求恒表面速度控制的场合，则恒表面速度控制所需的切削功率和加速所需功率这两者之和应在电动机能够提供的功率范围之内。

6. 自动换刀装备（ATC）、自动交换工作台（APC）和刀柄的选择配置

1）ATC 的选择

自动换刀装置（ATC）的工作质量直接影响到数控机床投入使用的质量，ATC 的主要质量指标为换刀时间和故障率。据统计，加工中心有 50% 以上的故障与 ATC 的状况有关。通常对 ATC 的投资占整机投资的 30% ～50%，为了降低总投资，在满足使用需要的前提下，尽量选用结构简单和可靠性高的 ATC。在具备综合加工能力的一些数控机床上，如加工中心、车削中心和带交换冲头的数控冲床等，自动交换装置是这些设备的基本特征附件，其工作质量直接关系到整机的质量。因此，在选择主机设备时必须重视所配 ATC 自动换刀装置的工作质量和刀具储存量。目前加工中心自动换刀装置的配套较为规范，下面以加工中心的 ATC 装置为例来说明其选择原则。

（1）刀柄型号　刀柄型号取决于机床主轴装刀柄孔的规格。现在绝大多数加工中心的机床主轴孔都是采用 ISO 规定的 7:24 锥孔，常用的有 40 号、45 号、50 号等。机床规格小，刀柄规格也应选小些，但小规格的刀柄对加工大尺寸孔和长孔很不利，所以对一台机床来说，当有大规格的刀柄可选时，应该尽量选择大的，但刀库容量和换刀时间都要受到影响。近年来，加工中心和数控铣床都向高速化方向发展，许多实验数据表明：当主轴转速超过 10 000 r/min 时，7:24 锥孔由于离心力的作用会有一定胀大，影响刀柄的定位精度。为此，一种观点是建议用德国 VDI 推荐的短锥刀柄 HSK 系列，另一种是用日本的锥面和端面同时接触的过定位锥面刀柄，但在定心精度方面，HSK 系列要好一些。对同一种锥面规格的刀柄有德国 VDI 标准、美国 CAT 标准、日本 BT 标准等，其机械手爪夹持的尺寸不一样，刀柄的拉钉尺寸也不一样，所以选择时必须考虑周全，已经拥有一定数量数控机床的用户或即将采购一批数控机床的用户,应尽可能选择互相通用的、单一标准的刀柄系列。

(2) 换刀时间 换刀时间是指刀柄交换时间,即从主轴上换下用过的刀具、装上新的刀具的总时间。细分又有两种规定方式,即刀对刀时间和总换刀时间,总换刀时间包含了旧刀具加工完毕离开加工区域到刀具交换完毕且主轴上装上新刀具进入新的加工前之间的时间。目前最快的换刀时间可达 0.5 s,总换刀时间在 3~12 s 之间。换刀时间越短,意味着机床的生产率越高。

(3) 刀库容量 根据典型零件在一次装夹中所需要的刀具数来确定刀库容量。即使是大型加工中心的刀库容量也不宜选得太大,因为刀库容量越大,结构越复杂,刀具量也越大,受到人为差错影响的机会越多,刀具管理相应复杂化,会使成本和故障率提高。同一型号的加工中心通常预设有 2~3 种不同容量的刀库。例如,卧式加工中心的刀库容量有 30 把、40把、60 把、80 把等,立式加工中心的刀库容量有 16 把、20 把、24 把、32 把等。用户选择刀库容量时要反复比较被加工工件的工艺分析资料,对近期数控机床的发展做出预测,仔细权衡投资与效益的最佳比例,在此基础上再确定所需刀具数量。在卧式加工中心上一般选用 40把左右刀具的刀库容量较为适宜。对于所需刀具数超过刀库容量的复杂工件,可利用将粗、精加工分开进行,或插入消除内应力的热处理工序和调换工件装夹工艺基准等手段,将复杂工件分工序分别编制加工程序进行加工,这样每个加工程序所需的刀具数就不会超过刀库容量。

如果选用的加工中心准备用于柔性加工单元(FMC)或柔性制造系统(FMS)中,其刀库容量则应相对选取得大一些,甚至需要配置可交换刀库。

(4) 最大刀具质量 最大刀具质量是指在自动刀具交换情况下允许的最大刀具质量,锥度 40 号左右的刀具最大允许质量为 8 kg,一些重型刀具的最大允许质量可达 30 kg,但这时换刀速度减慢。最大刀具直径和长度主要受刀库空间的限制。

2) APC 自动交换工作台

自动交换工作台是在主机上配置的附件,配置的数量有 2 个、4 个、6 个、10 个等,除双交换工作台以外,主要用柔性制造单元配置。双交换工作台的配置可以大大节省复杂零件装卸定位夹紧的辅助时间,提高机床开动率,但增加该功能设备,投资至少要加 10 万元以上。这些附件绝大部分都已标准化,由专业化生产厂提供,机床用户要根据具体加工对象合理选用。

3) 刀柄和刀具的选择

在主机和自动换刀装置(ATC)确定后,要选择所需的刀柄和刀具(刃具)。数控机床所用刀柄系列基本都已标准化,尤其是加工中心所用刀柄,如美国的 CAT、日本的 BT 和我国的 JT 等。数控机床加工工件最终要靠切削刀具,但刀具和机床的连接、自动交换刀具时提供给机械手的夹持部位等都要靠刀柄来解决,所以选择刀具实质上还包括刀具和刀柄的配置。刀具选择取决于加工工艺要求,刀具确定后还必须配置相应刀柄。

(1) 选用整体式刀柄还是选用模块式刀柄。整体式刀柄装夹刀具的工作部分与它在机床上安装定位用的柄部做成一体。这种刀柄对机床与零件的变换适应能力较差,因此刀柄的规格品种非常多,以备零件变换或机床变换(主要指机床主轴孔尺寸、机械手抓取部位尺寸和主轴内拉紧机构尺寸的改变)时选用。但这样会造成用户刀柄储备量增多,刀柄利用率降低的弊病。为了克服这一缺点,近年来国内外都致力于开发模块式工具系统,即工具系统中的每把刀柄都可以通过各种系列化的模块组装而成,针对不同的加工零件或使用的机床,可以有不同的组装方案,从而提高了刀柄的适应能力,提高了这些工具的利用率,属于比较先进的工具系统。

但是,这并不是说在机床上全部配备模块式刀柄就是最佳方案。这其中有技术上的原因,也有经济上的原因,需要综合考虑。

对一些长期使用,不需要拼装的简单刀柄,如在零件外廓上加工用的面铣刀刀柄、弹簧夹头刀柄及钻夹头刀柄等以配备整体式刀柄为宜。当加工的孔径、孔长常常变化的多品种、小批量零件时,以选用模块式工具系统为宜,这样可以取代大量整体式镗刀刀柄。总之,选用哪种工具系统,用户要根据生产情况来确定,选择得当可以减少设备投资,提高工具利用率,避免频繁地补充工具,同时也利于工具的管理与维护。

(2) 根据机床上典型零件的加工工艺来选择刀柄。加工中心上使用的进行钻、扩、铰、镗孔、铣削及攻螺纹等各种用途的刀柄,总称为工具系统。整体式的 TSG 工具系统中包括了 20 种刀柄,其规格达数百种之多。具体到某一台或某几台数控机床是没必要买下整个 TSG 工具系统的,用户只需根据在这台机床上加工的典型零件的加工工艺来选取。这样选择的结果既能满足加工需要,也不致造成积压,是最经济、最合理的方法。

(3) 刀柄配置数量。新机床最初的刀柄配置数量与机床所要加工的零件品种和规格的数量有关,也与零件的复杂程度和机床的负荷有关。一般加工中心的刀库只用来装载正在加工零件所需的刀柄。

(4) 注意所选刀柄的柄部形式是否正确。为了便于换刀,镗铣类数控机床及加工中心的主轴孔多选定为不自锁的 7∶24 锥度,但是,刀柄与机床相配的柄部(除锥角以外的部分)并没有完全统一。尽管刀柄已经有了相应的国际标准 ISO7388,可在有些国家并未得到贯彻。如有的柄部在 7∶24 锥度的小端带有圆柱头而另一些就没有。对于自动换刀机床用工具柄部,有几个与国际标准 ISO7388 不同的标准,要切实弄清楚选用的机床应配用符合哪个标准的工具柄部,不能含糊。要注意刀柄是否与机床主轴孔规格相一致,刀柄抓取部位是否能适应机械手的形态、位置要求等。

(5) 尽量选用加工效率较高的刀柄和刀具。例如:在粗镗孔时选用双刃镗刀刀柄代替单刃粗镗刀刀柄,可以取得提高加工效率、减少加工振动的效果;选用强力弹簧夹头不仅可以夹持直柄刀具,而且可以夹持带孔刀具等;选用带有 7∶24 锥柄的焊接螺旋立铣刀或可转位螺旋立铣刀,可以达到较高的刚度,从而增大切削用量等。

(6) 复合刀柄的选用。加工一些批量较大(千件以上)的零件时,某些工序可考虑选用复合刀柄,这样可减少加工时间和换刀次数。在设计专用的复合刀柄时,应尽量采用标准化的刀具模块,这样能有效地减少设计与加工的工作量。

(7) 注意单刃钻孔工具的键槽方位。在数控机床上选用单刃镗孔刀具可以避免退刀划伤,但应注意刀尖相对于刀柄上键槽的方位要求,有些机床要求刀尖与键槽方位一致,有些机床则要求与键槽方位垂直。

(8) 注意刀具与刀柄的配套问题。在 TSG 工具系统中有许多刀柄是不带刀具的(如面铣刀、丝锥、钻头等),需要另外去订刀具。选用攻螺纹刀柄时,注意配用的丝锥方头的尺寸。现在市面上供应的同一规格的丝锥可能有不同尺寸的方头(新、老标准不同),如选择不当就装不上去。

7. 数控机床选择功能及附件的选择

在选购数控机床时,除了认真考虑它应具备的基本功能及基本件外,还应选用一些选择件、选择功能及附件。选择的基本原则是全面配置、长远综合考虑。对一些价格增加不多,但对使用带来很多方便的,应尽可能配置齐全。附件也应配置成套,保证机床到现场后能立即投入使用,对可以多台机床合用的附件(如输入、输出装置等),只要接口通用,应多台机床合用,这样可减少投资。一些功能的选择应进行综合比较,要求经济、实用。例如,现代数控系统都有一些随机程序编制、运动图形显示、人机对话程序编制等功能,这些确实会给在机床上快速编制程序带来很大方便。

8. 技术服务

数控机床作为一种高科技产品,包含了多学科的专业内容,对这样复杂的技术设备,要应用好、维修好,单靠应用单位自身努力是远远不够的,而且也很难做到,必须依靠和利用社会上的专业队伍。因此,在选购设备时还应综合考虑售前、售后技术服务,其宗旨就是要使设备尽快、尽量地发挥作用。

对一些新的数控机床用户来说,最困难的不是缺乏资金购买设备,而是缺乏一支高素质的技术队伍,因此,新用户从开始选择设备时起,包括以后的设备到货安装验收、设备操作、程序编制、机械和电气维修等,都需要人才和技术支持。

当前,各机床制造商已普遍重视商品的售前、售后服务,协助用户对典型工件进行工艺分析、加工可行性工艺试验以及承担成套技术服务,包括工艺装备研制、程序编制、安装调试、试切工件,直到全面投入生产后快速响应保修服务,为用户举办各类技术人员培训等。

7.1.2 数控机床的安装和调试

数控机床的安装与调试是使机床恢复和达到出厂时的各项性能指标的重要环节。

1. 数控机床的安装

数控机床的安装一般包括基础施工、机床拆箱、吊装就位、连接组装以及试车调试等工作。数控机床安装时应严格按产品说明书的要求进行。小型机床的安装可以整体进行,所以比较简单。大、中型机床由于运输时分解为几个部分,安装时需要重新组装和调整,因而工作复杂得多。现将机床的安装过程分别予以介绍。

1)基础施工及机床就位

机床安装之前就应先按机床厂提供的机床基础图打好机床地基。机床的位置和地基对于机床精度的保持和安全稳定地运行具有重要意义。机床应远离振源,避免阳光照射,放置在干燥的地方。若机床附近有振源,则在地基四周必须设置防振沟。安装地脚螺栓的位置做出预留孔。机床拆箱后先取出随机技术文件和装箱单,按装箱单清点各包装箱内的零部件、附件等是否齐全,然后仔细阅读机床说明书,并按说明书的要求进行安装,在地基上放多块用于调整机床水平的垫铁,再把机床的基础件(或小型整机)吊装就位。同时把地脚螺栓按要求安放在预留孔内。

2)机床连接组装

机床连接组装是指将各分散的机床部件重新组装成整机的过程。如主床身与加长床身的连接,立柱、数控柜和电气柜安装在床身上,刀库机械手安装在立柱上等。机床连接组装前,先清除连接面和导轨运动面上的防锈涂料,清洗各部件的外表面,再把清洗后的部件连接组装成整机。部件连接定位要使用随机所带的定位销、定位块,使各部件恢复到拆卸前的位置状态,以利于进一步的精度调整。

部件安装之后,按机床说明书中的电气接线图和液压气动布管图及连接标记,把电缆、油管、气管连接好,并检查连接部位有无损坏和松动。数控柜和电气柜要检查其内部插接件有无因运输造成的损坏,检查各接线端子、连接器和印制电路板是否插入到位、连接到位及接触良好。仔细检查后,才能顺利试车。

3)试车调整

机床试车调整包括机床通电试运转、粗调机床的主要几何精度。机床安装就位后可通电试车运转,目的是检查机床安装是否稳固,各传动、操纵、控制、润滑、液压、气动等系统是否正常、灵敏、可靠。

通电试车前,应按机床说明书要求给机床加注规定的润滑油液和油脂,清洗液压油箱和过滤器,加注规定标号的液压油,接通气动系统的输入气源。

通电试车通常是在各部件分别通电试验后再进行全面通电试验的。应先检查机床通电后有无报警故障,然后用手动方式陆续启动各部件。检查安全装置是否起作用,各部件能否正常工作,能否达到工作指标。

机床经通电初步运转后,调整床身水平,粗调机床的主要几何精度,调整一些重新组装的主要运动部件与主机之间的相对位置,如刀库机械手与主机换刀位置、自动交换托盘与机床工作台交换位置等。粗略调整完成后,即可用快干水泥灌注主机和附件的地脚螺栓,灌平预留孔。等水泥干后,就可以进行下一步工作。

2. 数控机床的调试

1)机床精度调整

机床精度调整主要包括精调机床床身的水平和机床几何精度。机床地基固化后,利用地脚螺栓和调整垫铁精调机床床身的水平。然后移动床身上各移动部件(如立柱、床鞍和工作台等),在各坐标全行程内观察、记录机床水平的变化情况,并调整相应的机床几何精度,使之达到允差范围。小型机床床身为一体,调整比较容易。大、中型机床床身大多是多点垫铁支承,为了不使床身产生额外的扭曲变形,要求在床身自由状态下调整水平,各支承垫铁全部起作用后,再压紧地脚螺栓。这样可保持床身精调后长期工作的稳定性,提高几何精度的保持性。一般机床出厂前都经过精度检验,只要质量稳定,用户按上述要求调整后,机床就能达到出厂前的精度。

2)机床功能调试

机床功能调试是指机床试车调整后,检查和调试机床各项功能的过程。调试前,应检查机床的数控系统及可编程序控制器的设定参数是否与随机表中的数据一致。然后试验各主要操作功能、安全措施、运行行程及常用指令执行情况等。最后检查机床辅助功能及附件的工作是否正常等。

对于带刀库的数控加工中心,还应调整机械手的位置,调整后紧固调整螺钉和刀库地脚螺钉。然后装上几把接近允许质量的刀柄,进行多次从刀库到主轴位置的自动交换,以动作正确、不撞击和不掉刀为合格。

3)机床试运行

数控机床安装调试完毕后,要求整机在带一定负载条件下经过一段时间的自动运行,以全面地检查机床功能及工作可靠性。运行时间一般采用每天运行 8 h,连续运行 2～3 天,或者 24 h 连续运行 1～2 天。这个过程称为安装后的试运行。在试运行中,除操作失误引起的故障外,不允许机床有故障出现,否则表示机床的安装调试存在问题。

对于一些小型数控机床,如小型经济数控机床,直接整体安装,只要调试好床身水平,检查几何精度合格后,经通电试车后就可投入运行。

7.2 数控机床故障诊断方法

7.2.1 故障诊断及分类

1. CNC 系统故障

数控系统的故障主要分为硬故障、软故障、编程和操作错误引起的故障等。CNC 系统的可靠性是用故障率指标衡量的。衡量 CNC 系统可靠性的两个基本参数是故障频次和相关运行时间。通常用平均无故障工作时间和平均修复时间来作为衡量系统可靠性的指标。

平均无故障工作时间是指 CNC 系统在可修复的相邻两次故障间能正常工作的时间的平均值,也可视为在 CNC 系统寿命范围内总工作时间和总故障次数之比:

$$MTBF = 总工作时间/总故障次数$$

平均修复时间是指 CNC 系统从出现故障开始直到能正常工作所用的平均修复时间。显然,MTTR 越短越好,要保证数控设备有较高的可靠性,一方面要少出故障,另一方面就是出了故障易维修。

$$MTTR = 总故障停机时间/总故障次数$$

(1)硬件故障。

有时由于 CNC 系统硬件损坏,使机床停机,对于这类故障的诊断,首先必须了解该数控系统的工作原理及各电路板的功能,然后根据故障现象进行分析,在有条件的情况下利用交换法准确定位故障点。

(2)软故障。

数控机床有些故障是由 CNC 系统机床参数引起的,有时因参数设置不当,有时因意外使参数发生变化或混乱,只要调整好参数,这类故障就会自然消失。还有些由偶然原因引起的 CNC 系统死循环的故障,有时必须采取强行启动的方法恢复系统的使用。

(3)由其他原因引起的 CNC 系统故障,如供电电源出现问题或缓冲电池失效引起的系统故障。

(4)故障自诊断技术。

故障自诊断技术是指在硬件模块、功能部件上各状态测试点和相应诊断软件的支持下,利用数控系统中计算机的运算处理能力,实时监测系统的运行状态,并在预知系统故障或系统性能、系统运行品质劣化动向的情况下,及时自动发出报警信息的技术。故障自诊断方法主要有开机自诊断、运行诊断和离线诊断。

2. 伺服系统的故障

由于数控系统的控制核心是对机床的进给部分进行数字控制,而进给是由伺服单元控制伺服电动机,带动滚珠丝杠来实现的,由旋转编码器等位置反馈元件,形成闭环或半闭环的位置控制系统。所以伺服系统在数控机床上起的作用相当重要。伺服系统的故障一般都是由伺服控制单元、伺服电动机、编码器等出现问题引起的。

3. 外部故障

由于数控系统可靠性越来越高,故障率越来越低,很少发生故障。大部分故障都是非系统故障,是由外部原因引起的。

(1)现代的数控设备都是机电一体化的产品,结构比较复杂,保护措施完善,自动化程度非常高。有些故障并不是硬件损坏引起的,而是由于操作、调整、处理不当引起的。这类故障在设备使用初期发生的频率较高,这时操作人员和维护人员一般对设备都不是特别熟悉。

(2) 由外部硬件损坏引起的故障。

这类故障是常见数控机床故障,一般都是由于检测开关、液压系统、气动系统、电气执行元件、机械装置等出现问题引起的。有些故障可产生报警,通过报警信息,可查找故障原因。还有些故障不产生故障报警,只是动作不能完成,这时就要根据维修经验、机床的工作原理、PLC 的运行状态来判断故障。

发现问题是解决问题的第一步,而且是最重要的一步。特别是对数控机床的外部故障,有时诊断过程比较复杂,一旦发现问题所在,解决起来比较轻松。对外部故障的诊断,首先应熟练掌握机床的工作原理和动作顺序;其次要熟练运用厂方提供的 PLC 梯形图,利用数控系统的状态显示功能或用机外编程器监测 PLC 的运行状态,根据梯形图的链锁关系,确定故障点,及时排除数控机床的外部故障。

7.2.2 数控机床维修与维护基础

目前,数控机床的应用越来越广泛,数控机床具有加工柔性好、精度高、生产效率高等优点。但由于技术越来越先进,对维修人员的素质要求很高,数控机床维修人员要求具备机械、电气专业知识,熟悉机床结构和数控系统性能,能够熟练操作机床和使用维修仪器,要能够读懂进口设备配套说明书、数控系统报警文本,维修过程及处理方法要及时总结,形成书面记录。

1. 对维护及维修人员的要求

① 维护及维修人员应熟练掌握数控机床的操作技能,熟悉编程工作,了解数控系统的基本工作原理与结构组成,这对判断操作不当或编程不当造成的故障十分必要。

② 维护及维修人员必须熟读数控机床有关的各种说明书,了解有关规格、操作说明、维修说明,以及系统的性能、结构布局、电缆连接、电器原理图和机床梯形图(PLC 程序)等,实地观察机床的运行状态,使实物和资料相对应,做到心中有数。

③ 维护及维修人员除了会使用传统的仪器仪表工具外,还应具备使用多通道示波器、逻辑分析仪和频谱分析仪等现代化、智能化仪器的技能。

④ 维护及维修人员要提高工作能力和效率,必须借鉴他人的经验,从中获得有益的启发。在完成一次故障诊断及排除故障后,应对诊断排除故障工作进行回顾和总结,分析能否有更快、更好的解决方法,有代表性的诊断、检修捷径是从重复故障的诊断和检修中总结出来的,因此,维护及维修人员在经过一定的实践阶段后,对一定的故障形式就很熟悉,那么,以后就能根据故障症状识别故障。

⑤ 做好故障诊断及排除记录,分析故障产生的原因,总结排除故障的方法,资料归类存档,为故障诊断提供技术数据。

2. 数控系统日常维护

通过日常的维护和保养,可以避免或减少数控机床的故障,或者提早发现潜在的故障,并及时采取防范措施。所以数控机床的日常维护保养是数控机床稳定可靠运行的基本保证。

① 机床电器柜的散热、通风。通常安装于电器柜门上的热交换器或轴流风扇,有利于

电器柜内外的空气循环,促使电器柜内的发热装置或元器件,如驱动装置等进行散热。应定期检查电器柜上的热交换器或轴流风扇的工作状况,防止风道被堵塞,否则会引起电器柜内温度过高而使系统不能可靠运行,甚至引起过热报警。

② 尽量少开电器柜门。因为机加工车间空气中一般都含有油雾、漂浮的灰尘甚至金属粉末,一旦它们落在数控装置内的印刷电路板或电子器件上,容易引起元器件间绝缘电阻下降,并导致元器件及印刷电路板损坏。因此,应该严格地规定,除非进行必要的调整和维修,否则不允许随意开启柜门,更不允许在加工时敞开柜门。

③ 存储器用电池的定期更换。数控系统存储参数用的存储器采用 CMOS 器件,其存储的内容在数控系统断电期间靠支持电池供电保持。在一般情况下,即使电池尚未消耗完,也应每年更换一次,以确保系统能正常工作。电池的更换应在 CNC 系统通电状态下进行,以免丢失参数。

④ 数控系统中的某些模块是需要电池保持参数的,切忌随便插拔这些模块;在不了解元器件作用的情况下,不得随意调换数控系统、伺服驱动等部件中的器件、设定端子;不要任意调整电位器的位置和任意改变设定的参数。

⑤ 备用印制电路板的定期通电。印制电路板长期不用是很容易出现故障的,应将其定期装到 CNC 装置上通电一段时间,以防其损坏。

⑥ 数控系统长期不用时的保养。数控系统处于长期闲置的情况下,要经常给系统通电,在机床锁住不动的情况下,让系统空运行。系统通电可利用电器元件本身的发热来驱散电器柜内的潮气,保证电器性能稳定可靠。实践证明,在空气湿度较大的地区,经常通电是降低系统故障的有效措施。

3. 诊断用仪器仪表

1）测量用仪表

● 交流电压表,用于测量交流电源电压,测量误差应在±2％以内。

● 直流电压表,用于测量直流电源电压,电压表的最大量程分别为 10 V 和 30 V,误差应在±2％以内。数字式电压表使用更方便。

● 相序表,在维修晶体管直流驱动装置时,检查三相输入电源的相序。

● 示波器,频带宽度应在 5 MHz 以上,双通道,便于波形的比较。

● 万用表,机械式和数字式,其中机械式应是必备的。

● 钳形电流表,在不断线的情况下,用于测量电动机的驱动电流。

● 机外编程器,用于监控 PLC 的 I/O 状态和梯形图。

● 振动检测仪,用于检测机床的振动情况,如电子听诊器及频谱分析仪等。

2）工具

常用的维修工具有万用表、示波器、数字转速表、相序表、千分尺等仪表,电烙铁、吸锡器、螺丝刀(又称螺钉旋具)、剥线钳、六角扳手等工具。

3）使用仪器注意事项

万用表和示波器是维修时经常要用到的仪器,使用时要特别注意,因为印制电路板上元件的密度是很高的。元件间的间隙很小,一不小心会将表笔与其他元件相碰,可能引起短路,甚至造成元件损坏。在使用示波器时,要注意被测电路是否能与地相连,否则应将示波器做浮地处理,以免导致元器件损坏。

4. 技术资料

从数控机床技术资料的完整性考虑,作为数控机床生产厂家,必须向用户提供与使用及维修有关的技术资料。技术资料主要有：

　　① 数控机床电器使用说明书；

　　② 数控机床电器原理图；

　　③ 数控机床电器互连图；

　　④ 数控机床结构简图；

　　⑤ 数控机床电气参数；

　　⑥ 数控机床 PLC 控制程序；

　　⑦ 数控系统操作手册；

　　⑧ 数控系统编程手册；

　　⑨ 数控系统安装及维修手册；

　　⑩ 伺服驱动系统使用说明书。

　　维修人员必须认真、仔细地阅读这些资料，对照机床本身，使实物与图纸资料联系起来，做到心中有数。当机床出现故障时，根据故障的性质，一方面找到机床故障发生的区域，另一方面翻阅相应的技术资料，做出正确的判断。

　　数控机床发生故障时，除非出现影响设备或人身安全的紧急情况，不要立即断开电源。要充分调查故障现场，从系统的外观、CRT 显示的内容、状态报警指示及有无烧灼痕迹等方面进行检查，在确认系统通电无危险的情况下，可按系统复位（RESET）键，观察系统是否有异常，报警是否消失，如能消除，则故障多为随机性的，或是操作错误造成的。

　　CNC 系统发生故障，往往是同一现象、同一报警号可以有多种起因，有的故障根源在机床上，但现象却反映在系统上。所以，无论是 CNC 系统、机床电器，还是机械、液压及气动装置等，只要是有可能引起该故障的原因，都要尽可能全面地列出来，进行综合判断，确定最有可能的原因。再通过必要的试验，达到确诊和排除故障的目的。为此，故障发生后，要对故障现象做详细的记录，这些记录往往为分析故障原因、查找故障源提供重要依据。当机床出现故障时，往往从以下方面进行检查。

　　（1）检查机床的运行状态。

　　① 机床故障时的运行方式。

　　② MDI/CRT 显示的内容。

　　③ 各报警状态指示的信息。

　　④ 故障时轴的定位误差。

　　⑤ 刀具轨迹是否正常。

　　⑥ 辅助机能运行状态。

　　⑦ CRT 有无显示报警及相应的报警号。

　　（2）检查加工程序及操作情况。

　　① 是否为新编制的程序。

　　② 故障是否发生于程序部分。

　　③ 检查程序单和 CNC 内存中的程序。

　　④ 程序中是否有增量运动指令。

　　⑤ 程序段跳步功能是否能正确使用。

　　⑥ 刀具补偿量及补偿指令是否正确。

　　⑦ 故障是否与换刀有关。

　　⑧ 故障是否与进给速度有关。

⑨ 故障是否和螺纹切削有关。

⑩ 操作者的训练情况。

（3）检查故障的出现率和重复性。

① 故障发生的时间和次数。

② 加工同类工件故障出现的概率。

③ 将引起故障的程序段重复执行多次，观察故障的重复性。

（4）检查系统的输入电压。

① 输入电压是否有波动，电压值是否在正常范围内。

② 系统附近是否有使用大电流的装置。

（5）检查环境状况。

① CNC 系统周围温度。

② 电气控制柜的空气过滤器的状况。

③ 系统周围是否有振动源引起系统的振动。

（6）分析外部因素。

① 故障前是否修理或调整过机床。

② 故障前是否修理或调整过 CNC 系统。

③ 机床附近有无干扰源。

④ 使用者是否调整过 CNC 系统的参数。

⑤ CNC 系统以前是否发生过类似的故障。

（7）检查运行情况。

① 在运行过程中是否改变工作方式。

② 系统是否处于急停状态。

③ 熔丝是否熔断。

④ 机床是否可运行。

⑤ 系统是否处于报警状态。

⑥ 方式选择开关设定是否正确。

⑦ 速度倍率开关是否设定为零。

⑧ 机床是否处于锁住状态。

⑨ 进给保持按钮是否按下。

（8）检查机床状况。

① 机床是否调整好。

② 运行过程中是否有振动产生。

③ 刀具状况是否正常。

④ 间隙补偿是否合适。

⑤ 工件测量是否正确。

⑥ 电缆是否有破裂和损伤。

⑦ 信号线和电源线是否分开走线。

（9）检查接口情况。

① 电源线和 CNC 系统内部电缆是否分开安装。

② 屏蔽线接线是否正确。

③ 继电器和电动机等处是否加装有噪声抑制器。

7.2.3 数控机床维修实训

数控系统的故障诊断分为故障检测、故障判断及隔离、故障定位三个阶段。第一阶段的故障检测就是对数控系统进行测试,判断数控系统是否存在故障;第二阶段是判定故障性质,并分离出故障的部件或模块;第三阶段是将故障定位到可以更换的模块或印制电路板,以缩短修理时间——为了及时发现系统出现的故障,快速确定故障所在部位并能及时排除,要求:①故障检测应简便,不需要复杂的操作和指示;②故障诊断所需的仪器设备应尽可能少且简单、实用;③故障诊断所需的时间应尽可能短。

为此,可以用以下诊断方法。

1. 直观法

利用感觉器官,注意发生故障时的各种现象,如故障时有无火花、亮光产生,有无异常响声、何处异常发热及有无焦糊味等。仔细观察可能发生故障的每块印制电路板的表面状况,有无烧毁和损伤痕迹,以进一步缩小检测范围,这是一种最基本、最常用的方法。

2. CNC 系统的自诊断功能

依靠 CNC 系统快速处理数据的能力,对出错部位进行多路、快速的信号采集和处理,然后由诊断程序进行逻辑分析判断,以确定系统是否存在故障,及时对故障进行定位。

现代数控系统自诊断功能可分为两类:一类为"开机自诊断",它是指从每次通电开始至进入正常的运行准备状态为止,系统内部的诊断程序自动对 CPU、存储器、总线和 I/O 单元等模块、印制电路板、CRT 单元、阅读机及磁盘驱动器等外围设备进行运行前的功能测试,确认系统的主要硬件是否可以正常工作。

例如,配置 FANUC 10TE 数控系统的机床,开机后 CRT 显示:

FS10TE 1399B

ROM TEST:END

RAM TEST

表明 ROM 测试通过,RAM 测试未通过。这需要从 RAM 本身参数是否丢失、外部电池是否失效或接触不良等方面进行检查。

另一类是故障信息提示。当机床运行中发生故障时,在 CRT 上会显示编号和内容。根据提示,查阅有关维修手册,确认引起故障的原因及故障排除方法。但要注意的是,有些故障根据故障内容提示和查阅手册可直接确认故障原因,而有些故障的真正原因与故障内容提示不相符,或一个故障显示有多个故障原因。这就要求维修人员必须找出它们之间的内在联系,间接地确认故障原因。一般来说,数控机床诊断功能提示的故障信息越丰富,越能给故障诊断带来方便。

3. 数据和状态检查

CNC 系统的自诊断不但能在 CRT 上显示故障报警信息,而且能以多页的"诊断地址"和"诊断数据"的形式提供机床参数及状态信息,常见的有以下两个方面。

(1) 接口检查。

数控系统与机床之间的输入/输出接口信号包括 CNC 与 PLC、PLC 与机床之间的输入/输出接口信号。数控系统的输入/输出接口诊断能将所有开关量信号的状态显示在CRT 上,用"1"和"0"表示信号的有、无,利用状态显示可以检查数控系统是否已将信号输出到机床侧,机床侧的开关量等信号是否已输入数控系统,从而可定位故障。

（2）参数检查。

数控机床的机床数据是经过一系列试验和调整而获得的重要参数,是机床正常运行的保证。这些数据包括增益、加速度、轮廓监控允差、反向间隙补偿值和丝杠螺距补偿值等。当受到外部干扰时,数据会丢失或发生混乱,机床不能正常工作。

4. 报警指示灯显示故障

现代数控机床的数控系统内部,除了上述的自诊断功能和状态显示等"软件"报警外,还有许多"硬件"报警指示灯,它们分布在电源、伺服驱动和输入/输出等装置上,根据这些报警灯的指示可判断导致故障的原因。

5. 备板置换法

利用备用的电路板来替换有故障疑点的板,是一种快速而简便的判断故障原因的方法,常用于 CNC 系统的功能模块,如 CRT 模块、存储器模块等。

需要注意的是,备板置换前,应检查有关电路,以免由于短路而造成好的电路板损坏,同时,还应检查试验板上的选择开关和跨接线是否与原板一致,有些板还要注意板上电位器的调整。置换存储器板后,应根据系统的要求,对存储器进行初始化操作,否则系统仍不能正常工作。

7.2.4 数控机床分类维修

1. 数控机床机械故障诊断

数控机床机械故障诊断方法如表 7-2 所示。

表 7-2　数控机床机械故障诊断方法

	机械设备诊断方法	原理及特征信息
实用诊断技术	听、摸、看、闻	通过形貌、声音、温度、颜色和气味的变化来诊断
	查阅技术档案资料	找规律、查原因、判别
现代诊断技术	油液光谱分析	通过使用原子吸收光谱仪,对进入润滑油或液压油中的各种金属微粒、尘埃等进行化学成分和浓度分析,从而进行状态检测
	振动监测	通过安装在机床某些特征点上的传感器,利用振动计巡回检测,测量机床上某些特定测量处的总振级大小,如位移、速度、加速度和幅频特性等,从而对故障进行预测和监测
	噪声谱分析	通过声波计对齿轮噪声信号频谱中的啮合谐波幅值变化规律进行深入分析,识别和判断齿轮磨损失效故障状态,可做到非接触式测量,但要注意环境噪声的干扰
	故障诊断专家系统	将诊断所必需的知识、经验和规则等信息编成计算机可以识别的知识库,建立具有一定智能的专家系统。这种系统能对机器状态做常规诊断,解决常见的各种问题,并可自行修正和扩充已有的知识库,不断提高诊断水平
	温度监测	利用温热电偶探头,测量轴承、轴瓦、电动机和齿轮箱等装置的表面温度,具有快速、正确、方便的特点
	非破坏性监测	利用探伤仪观察内部机体的缺陷,如裂纹等

2. 机床异响的诊断

机床在运动中发出均匀、连续而轻微的声音,一般认为是正常的。如果声音过大或夹有金属的敲击声、摩擦声等,则表明机床运转的声音不正常,这种声音称为噪声或异响。异响主要是部件存在磨损、变形、断裂、松动和腐蚀等现象,且在运行中发生碰撞、摩擦、冲击或振动所引起的。有些异响表明机床中某一零件产生了故障。还有些异响,则是机床可能发生更大事故性损伤的预兆。因此,对机床异响的诊断是不可忽视的。

(1)确定应诊的异响。

诊断机床异响,应考虑新旧机床的不同特点:新机床由于技术状况比较好,运转过程中一般无杂乱的声响,一旦由某种原因引起异响时,便会清晰而单纯地暴露出来,因而便于分析诊断;对旧机床而言,由于自然磨损,技术状况渐趋恶化,各运动件之间的间隙加大,致使运行期间声音杂乱,所以应当首先判明哪种异响是必须予以诊断并排除的。

(2)确诊异响部位。

机床是由很多零部件连接为一个整体的,运转中一个零件所产生的异响,会传导给其他零部件,这就容易混淆故障的真实部位。这时,可根据机床的运行状态,确定异响部位。例如,机床变速箱产生异响,可根据不同排挡的声响程度来判断异响发生的部位。

(3)确诊异响零件。

机床的异响,常因产生异响零件的形状、大小、材质、工作状态和振动频率不同而声响各异。在实践中如能用心分析所接触的各种异响,即可掌握其规律。

(4)根据异响与其他故障的关系进一步确诊或验证异响零件。

同样的声响,如同样是冲击声,其高低、大小等不一定相同,而且每个人的听觉也有差异,所以仅凭声响特征确诊机床异响的零件,有时还不够确切,这时,可根据异响与其他故障征象的关系,对异响零件进一步确诊与验证。

3. ATC 刀具自动交换装置故障的处理

据统计 ATC 刀具自动交换装置故障占数控机床机械故障的一半以上。主要故障现象有:

(1)刀库运动故障;

(2)定位误差大;

(3)机械手夹持刀柄不稳定;

(4)机械手运动动作不准。

所有这些故障现象,都会导致换刀动作紧急停止,整机因不能实现 ATC 刀具自动交换而停机。刀库与换刀机械手的故障诊断见表 7-3。

表 7-3　刀库与换刀机械手的故障诊断

故障现象	故障原因
刀套上的调整螺母位置不对	刀库刀套不能卡紧刀具
刀库不能旋转	电动机和蜗杆轴联轴器松动
刀具从机械手中脱落	刀具超重、机械手卡紧销损坏或没有弹出来
刀具交换时掉刀	换刀时主轴没有回到换刀点
换刀速度过快或过慢	气压太高或太低,节流阀开口太大或太小

4. 位置检查用行程开关压合故障的处理

数控机床配备了许多限位运动的行程开关,使用一段时间后,运动部件的运动特性就会起变化,这种运动特性的变化以及压合行程开关的机械可靠性与行程开关本身的品质、特性都会影响整机的运动。这就需要对其进行检查、更换或调整。

5. 气动系统

气动系统维护的要点:

(1)保证供给洁净的压缩空气;

(2)保证空气中含有适量的润滑油(使气动控制和执行元件保持润滑状态);

(3)采用压缩空气调理装置。

管路系统点检——主要内容是对冷凝水和润滑油的管理,还要检查供气压力是否正常、有无漏气等。

气动元件的定检——主要内容是彻底处理系统的漏气现象(更换密封元件、处理管接头或连接螺钉松动),定期检查测量仪表、安全阀和压力继电器等。

思考与练习

7-1 数控机床的选用原则是什么?

7-2 数控机床的安装调试包括哪几部分?

7-3 就验收过程而言,数控机床验收可以分为哪几个环节?

7-4 机床主体初就位和连接应注意什么?

7-5 数控机床主要的日常维护工作包括哪些内容?

7-6 数控机床的预防性维护包括哪些内容?

7-7 数控机床的故障诊断原则有哪些?

7-8 数控机床的故障处理方法有哪些?

8.1 数控加工工艺基础

8.1.1 数控加工工艺概述

数控加工工艺是指使用数控机床加工零件的一种工艺方法。数控加工工艺的主要内容如图 8-1 所示。

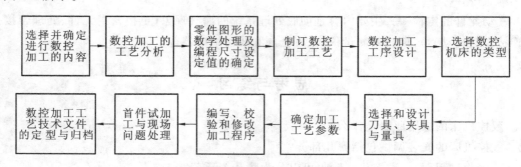

图 8-1 数控加工工艺的主要内容

数控加工工艺与普通加工工艺具有一定的差异。

（1）数控加工工艺内容要求更详细具体。所有工艺问题必须事先设计和安排好，并编入加工程序中。数控工艺不仅包括详细的切削加工步骤，而且包括工夹具型号、规格、切削用量和其他特殊要求的内容，以及标有数控加工坐标位置的工序图等。在自动编程中更需要确定详细的各种工艺参数。

（2）数控加工工艺内容要求更严密精确。数控加工自适应性较差，因此需事先考虑加工过程中可能遇到的所有问题，并采取应对措施。

（3）制订数控加工工艺要进行零件图形的数学处理和编程尺寸设定值的计算。编程尺寸并不是零件图上设计的尺寸的简单再现，编程尺寸设定值要根据零件尺寸公差要求和零件的形状几何关系重新调整计算而得出。

（4）考虑进给速度对零件形状精度的影响。制订数控加工工艺，选择切削用量时要考虑进给速度对加工零件形状精度的影响。在数控加工中，刀具的移动轨迹是由插补运算完成的。根据插补原理，在数控系统已定的条件下，进给速度越快，则插补精度越低，导致工件的轮廓形状精度越低。尤其在高精度加工时这种影响非常明显。

（5）数控加工工艺的特殊要求。由于数控机床比普通机床的刚度高，所配的刀具也较好，因此在同等情况下，数控机床切削用量比普通机床的大，加工效率也较高。

数控机床的功能复合化程度越来越高，因此现代数控加工工艺的明显特点是工序相对集中，表现为工序数目少、工序内容多，并且在数控机床上一般都安排较复杂的工序，所以数控加工的工序内容比普通机床加工的工序内容复杂。

由于数控机床加工的零件比较复杂,因此在确定装夹方式和夹具设计时,要特别注意刀具与夹具、工件的干涉问题。

(6)数控加工程序的编写、校验、修改是数控加工工艺的一项特殊内容。复杂表面的刀具运动轨迹生成需借助自动编程软件来实现,这既是编程问题,又是数控加工工艺问题。这是数控加工工艺与普通加工工艺最大的不同之处。

8.1.2 数控加工工艺设计

工艺设计是指工件数控加工的前期工艺准备工作,必须在程序编制工作以前完成,因为只有工艺方案确定以后,编程才有依据。工艺方面考虑不周是造成数控加工差错的主要原因之一,工艺设计不好,往往要成倍增加工作量。因此,一定要先把工艺设计好,不要先急急忙忙考虑编程。

数控加工工艺与普通加工工艺在设计的原则和内容方面有许多相同之处,下面仅针对不同点分别进行简析。数控加工工艺设计主要包括下列内容。

1. 数控加工工艺内容的选择

对于某个零件来说,并非全部加工工艺过程都适合在数控机床上完成,往往只其中的一部分工艺内容适合采用数控加工。这就需要对零件图样进行仔细的工艺分析,选择那些最适合、最需要进行数控加工的内容和工序。选择数控加工工艺内容时,应结合本企业设备的实际,立足于解决难题、攻克关键问题和提高生产效率,充分发挥数控加工的优势。

在选择数控加工内容时,一般可按下列顺序考虑:

(1)通用机床无法加工的内容应作为优先选择内容。

(2)通用机床难加工,质量也难以保证的内容应作为重点选择内容。

(3)通用机床加工效率低、工人手工操作劳动强度大的内容,可在数控机床尚存在富裕加工能力时选择。

一般来说,上述这些加工内容采用数控加工后,在产品质量、生产效率与综合效益等方面都会得到明显提高。相比之下,下列内容不宜选择数控加工:

(1)占机调整时间长。如以毛坯的粗基准定位加工第一个精基准,需用专用工艺装备协调的内容。

(2)加工部位分散,要多次装夹、设置原点。这时,采用数控加工很麻烦,效果不明显,可安排通用机床加工。

(3)按某些特定的制造依据(如样板等)加工的型面轮廓。主要原因是获取数据困难,易与检验依据发生矛盾,程序编制的难度高。

此外,在选择和决定数控机床的加工内容时,也要考虑生产批量、生产周期、工序间周转情况等。总之,要尽量做到合理,达到多、快、好、省的目的,要防止把数控机床降格为通用机床使用。

2. 数控机床的合理选用

不同类型的数控机床有着不同的用途,在选用数控机床之前应对其类型、规格、性能、特点、用途和应用范围有所了解,这样才能选择最适合加工零件的数控机床。从加工工艺的角度分析,所选用的数控机床必须满足被加工零件的形状、精度和生产节拍等要求。

(1)形状适应性。所选用的数控机床必须满足被加工零件群组的形状要求。这一点应在被加工零件工艺分析的基础上进行,如加工空间曲面形状复杂的叶片,往往需要选用四轴

或五轴联动数控铣床或加工中心。

（2）加工精度适应性。所选择的数控机床必须满足被加工零件群组的精度要求。为了保证加工误差符合要求,必须分析生产厂家给出的数控机床精度指标,保证有三分之一的储备量。但要注意不要一味地追求不必要的高精度,只要能确保零件群组的加工精度即可。

（3）生产节拍适应性。根据加工对象的批量和节拍要求来决定是用一台数控机床来完成加工,还是用几台数控机床来完成加工,是选择柔性加工单元、柔性制造系统来完成加工,还是选择柔性生产线、专用机床和专用机床生产线来完成加工。

图 8-2 和图 8-3 所示为根据国内外数控技术应用实践,对数控机床加工的适用范围的定性分析结果。图 8-2 所示为不同零件复杂程度和零件批量条件下的机床选用。当零件不太复杂、批量不大时,宜采用普通机床;随着零件复杂程度的提高,数控机床显得更为适用。图 8-3 所示为零件批量与综合费用的关系。

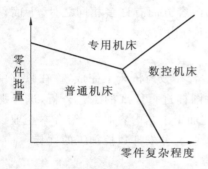

图 8-2　不同零件复杂程度与零件
批量条件下的机床选用

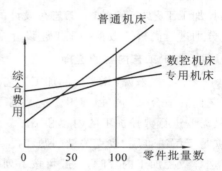

图 8-3　零件批量与综合费用的关系

3. 数控加工工艺性分析

零件的工艺性是指所设计的零件在能够满足使用要求的前提下制造的可行性和经济性。被加工零件的数控加工工艺性问题涉及面很广,在此仅在数控加工的可能性和方便性方面提出一些必须分析和审查的主要内容。

1）零件图样上尺寸数据的给出应符合编程方便的原则

（1）尺寸标注应符合数控加工的特点。在数控编程中,所有点、线、面的尺寸和位置都是以编程原点为基准的,因此零件图上尽量以同一基准引注尺寸,或直接给出坐标尺寸,如图 8-4 所示。这种标注方法既便于编程,也便于尺寸之间的相互协调,在保持设计基准、工艺基准、检测基准与编程原点设置的一致性方面带来很大方便。由于零件设计人员一般在尺寸标注中较多地考虑装配等使用特性,而不得不采用局部分散的标注方法,这样就会给工序安排与数控加工带来许多不便。由于数控加工精度和重复定位精度都很高,不会因产生较大的积累误差而破坏使用特性,因此可将局部的分散标注法改为同一基准引注尺寸或直接给出坐标尺寸的标注法。

（2）几何要素的条件应完整、准确。在程序编制中,编程人员必须充分掌握构成零件轮廓的几何要素参数及各几何要素间的关系。因为在自动编程时要对零件轮廓的所有几何要素进行定义,手工编程时要计算出每个基点的坐标,无论哪一点不明确或不确定,编程都无法进行。但由于零件设计人员在设计过程中考虑不周或有所忽略,常常出现参数不全或不清楚,因此在审查与分析图样时,一定要仔细,发现问题后及时与设计人员联系。

（3）定位基准可靠。在数控加工中,加工工序往往较集中,以同一基准定位十分重要。

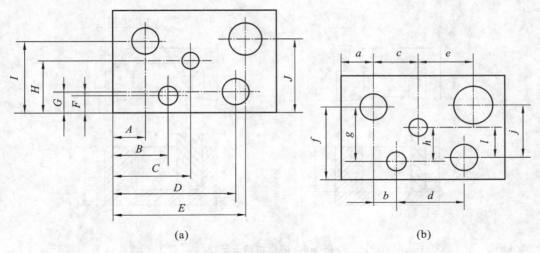

图 8-4 尺寸的正确标注方法

因此往往需要设置一些辅助基准,或在毛坯上增加一些工艺凸台。如图 8-5(a)所示的零件,为增加定位的稳定性,可在它底面增加一工艺凸台,如图 8-5(b)所示。增加的工艺凸台在完成定位加工后可除去。

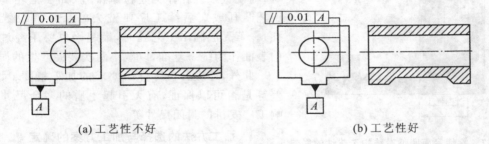

(a)工艺性不好   (b)工艺性好

图 8-5 工艺凸台的应用

2) 零件各加工部位的结构工艺性应符合数控加工的特点

(1) 统一几何类型或尺寸。零件的内腔和外形最好采用统一的几何类型、尺寸。这样所使用刀具的规格可以减少,从而减少换刀次数,还可能应用控制程序或专用程序以缩短程序长度,使编程方便,生产效率提高。零件的形状尽可能对称,便于利用数控机床的镜向加工功能来编程,以节省编程时间。

(2) 内槽圆角的大小决定着刀具直径的大小,因而内槽圆角半径不应过小。如图 8-6 所示,零件结构工艺性的好坏与被加工轮廓的高低、转接圆弧半径的大小等有关。与图 8-6(a)相比,图 8-6(b)所示过渡圆弧半径较大,可采用直径较大的铣刀来加工。加工平面时,进给次数也相应减少,表面加工质量较高,所以其加工工艺性较好。通常 $R < 0.2H$(H 为被加工轮廓面的最大高度)时,可判定零件该部位的工艺性不好。

(3) 零件铣削底平面时,槽底圆角半径 r 不应过大。如图 8-7 所示,铣刀与铣削平面接触的最大直径 $d = D - 2r$(D 为铣刀直径),圆角半径 r 越大,铣刀端刃铣削面积越小,铣刀端刃铣削平面的能力就越差,效率也越低,加工工艺性就越差。

(4) 应采用统一的基准定位。在数控加工中,若没有统一的基准定位,则工件重新装夹会导致加工后的两个面上轮廓位置及尺寸出现误差。因此要避免上述问题的产生,保证两

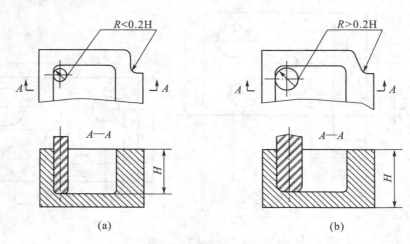

图 8-6 内槽结构工艺性

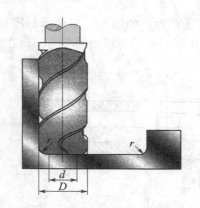

图 8-7 零件底面圆弧对结构工艺性的影响

次装夹加工后其相对位置的准确性,应采用统一的基准定位。

零件上最好有合适的孔作为定位基准孔,若没有,则设置工艺孔作为定位基准孔(如在毛坯上增加工艺凸耳或在后续工序要铣去的余量上设置工艺孔)。若无法制出工艺孔时,最起码也要用经过加工的表面作为统一基准,以减小两次装夹产生的误差。

此外,还应分析零件所要求的加工精度、尺寸公差等是否可以保证,有无引起矛盾的多余尺寸或影响工序安排的封闭尺寸等。

4. 加工方法的选择与加工方案的确定

1)加工方法的选择

加工方法的选择原则是保证加工表面的加工精度和表面粗糙度的要求。由于获得同一级精度及表面粗糙度的加工方法一般有许多,因而实际选择加工方法时,要结合零件的形状、尺寸大小和热处理要求等全面考虑。例如,对于IT7级精度的孔采用镗削、铰削、磨削等加工方法均可达到精度要求,但箱体上的孔一般采用镗削或铰削的加工方法,而不宜采用磨削的加工方法。一般小直径的箱体孔采用铰削的加工方法,当孔径较大时则应采用镗削的加工方法。此外,还应考虑生产率和经济性的要求,以及工厂的生产设备等实际情况。常用加工方法的经济加工精度及表面粗糙度可查阅有关工艺手册。

根据零件的形状及轮廓特征可分别按以下情况选择加工方法。

(1)旋转体零件的加工。这类零件用数控车床或数控磨床来加工。由于车削零件毛坯多为棒料或锻坯,加工余量较大且不均匀,因此在编程中,粗车的加工路线往往是要考虑的主要问题。图 8-8 所示为手柄(旋转体)加工实例,其轮廓由三个弧组成,由于加工余量较大而且又不均匀,因此,合理的方案是先用直线、斜线程序车掉图中虚线所示的加工余量,再用圆弧程序精加工成形。影响旋转体加工的因素,还有刀具的受力与强度、排屑与冷却等诸多因

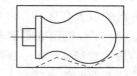

图 8-8 手柄加工实例

206

素，必须根据具体情况，酌情合理选择。

（2）孔系零件的加工。这类零件孔数较多，孔间位置精度要求较高，宜用点位控制的数控钻床与镗床加工。这样不仅可以降低工人的劳动强度，提高生产率，而且还易于保证零件的精度。这类零件加工时，孔系的定位都采用快速运动、有两坐标联动功能的数控机床，可以指令两轴同时运动，对没有联动的数控机床，则只能指令两个坐标轴依次运动。此外，在编制加工程序时，还应采用子程序调用或自动循环的方法来减少程序段，以缩短加工程序的长度和提高加工的可靠性。

（3）平面与曲面轮廓零件的加工。平面轮廓零件的轮廓多由直线和圆弧组成，平面轮廓零件一般在两轴联动的铣床上加工。如图 8-9 所示，加工一个有固定斜角的斜面可以采用不同的刀具，有不同的加工方法。在实际加工中，应根据零件的尺寸精度、倾斜角的大小、刀具的形状、零件的安装方法和编程的难易程度等因素选择一个较好的加工方案。

具有曲面轮廓的零件，多采用三轴（或三轴以上）联动的数控铣床或加工中心加工，为了保证加工质量和刀具受力状况良好，加工中尽量使刀具回转中心线与加工表面处处垂直或相切。加工这类零件，常采用具有旋转坐标的四轴、五轴联动功能的铣床加工。图 8-10 所示的变斜角斜面的加工，便可以采用多轴联动，不但生产效率高，而且加工质量高。但是这种机床设备投资大，因此可以在两轴半数控铣床上用锥形或鼓形铣刀，采用多次行切的方法进行加工，对于少量的加工痕迹可用手工修磨。

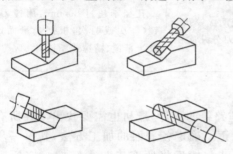

图 8-9　固定斜角斜面的加工

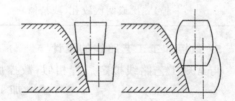

图 8-10　变斜角斜面的加工

（4）模具型腔的加工。一般情况下，该类零件型腔表面复杂、不规则，表面质量及尺寸精度要求高，且常采用硬、韧的难加工材料，此时可考虑选用数控电火花成形加工。用该法加工零件时，电极与工件不接触，没有机械加工时的切削力，故该方法特别适用于加工低刚度工件和进行工件细微加工。

（5）板材零件的加工。这类零件可根据零件形状考虑采用数控剪板机、数控板料折弯机及数控冲压机加工。传统的冲压工艺利用模具做出工件的形状，然而模具结构复杂、易磨损、价格昂贵，生产率低。数控冲压设备的加工过程由程序自动控制，可采用小模具冲压加工形状复杂的大工件，一次装夹集中完成多工序加工。采用软件排样，既能保证加工精度，又能获得高的材料利用率。采用数控板材冲压技术，能节省模具、材料，生产效率高，特别是当工件形状复杂、加工精度要求高、品种更换频繁时，更具有良好的技术经济效益。

（6）平板形零件的加工。该类零件可选择数控电火花线切割机床加工。这种加工方法除了工件内侧角部的最小半径由金属丝直径限制外，任何复杂的内、外侧形状都可以加工，而且加工余量少、精度高，无论被加工零件的硬度如何，只要是导体或半导体材料都能加工。

2）加工方案的确定

零件上比较精密表面的加工，常常是通过粗加工、半精加工和精加工逐步达到的。对这些表面仅仅根据质量要求选择相应的最终加工方法是不够的，还应正确地确定从毛坯到最终成形的加工方案。

确定加工方案时,应根据主要表面的精度和表面粗糙度的要求,初步确定为达到这些要求所需要的加工方法。例如,对于孔径不大的 IT7 级精度的孔,最终加工方法确定为精铰时,精铰孔前通常要经过钻孔、扩孔和粗铰孔等加工。表 8-1 所示为 H7 至 H13 孔的加工方式。

表 8-1　　H7 至 H13 孔的加工方式(孔长度不超过直径的 5 倍)

孔的精度	孔的毛坯性质	
	在实体材料上加工孔	预先铸出或热冲出的孔
H13、H12	一次钻孔	用扩孔钻钻孔或镗刀镗孔
H11	孔径不超过 10 mm:一次钻孔 孔径为 10~30 mm:钻孔及扩孔 孔径为 30~80 mm:钻孔、扩孔或钻、扩、镗孔	孔径不超过 80 mm:粗扩、精扩或单用镗刀粗镗、精镗或根据余量一次镗孔或扩孔
H10、H9	孔径不超过 10 mm:钻孔及铰孔 孔径为 10~30 mm:钻孔、扩孔及铰孔 孔径为 30~80 mm:钻孔、扩孔、铰孔或钻、镗、铰孔	孔径不超过 80 mm:用镗刀粗镗(一次或两次,根据余量而定)、铰孔(或精镗)
H8、H7	孔径不超过 10 mm:钻孔、扩孔、铰孔 孔径为 10~30 mm:钻孔、扩孔及一次或两次铰孔 孔径为 30~80 mm:钻孔、扩孔(或用镗刀分几次粗镗)一次或两次铰孔(或精镗)	孔径不超过 80 mm:用镗刀粗镗(一次或两次,根据余量而定)及半精镗、精镗或精铰

5. 数控加工工艺路线的设计

与常规工艺路线拟定过程相似,数控加工工艺路线的设计,最初也需要找出零件所有的加工表面并逐一确定各表面的加工方法,其每一步相当于一个工步。然后将所有工步内容按一定原则排出先后顺序。再确定哪些相邻工步可以划为一个工序,即进行工序的划分。最后将所需的其他工序如常规工序、辅助工序、热处理工序等插入,衔接于数控加工工序序列中,就得到了要求的工艺路线。数控加工的工艺路线设计与普通机床加工的常规工艺路线拟定的区别主要在于它仅是几道数控加工工艺过程的概括,而不是指从毛坯到成品的整个工艺流程(见图 8-11),由于数控加工工序一般穿插于零件加工的整个工艺流程,因此在工艺路线设计中,一定要兼顾常规工序的安排,使之与整个工艺过程协调吻合。

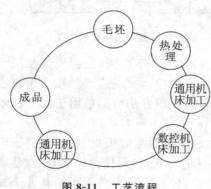

图 8-11　工艺流程

设计数控工艺路线时主要应注意以下几个问题。

1) 工序的划分

需要根据零件的结构与工艺性、机床的功能、零件数控加工内容的多少、装夹次数及本单位生产组织状况等来灵活划分工序。零件宜采用工序集中的原则还是采用工序分散的原则,也要根据实际需要和生产条件来确定,要力求合理。在数控机床上加工零件,一般按工序集中原则划分工序,具体有以下几种划分方式。

(1) 按装夹定位方式划分工序。一次装夹应尽可能完成所有能加工的表面加工,以减少工件装夹次数、减少不必要的定位误差。该方法一般适用于加工内容不多的工件,加工完毕就能达到待检状态。例如,对同轴度要求很高的孔系,应在一次定位后,通过换刀完成该同轴孔系的全部加工,然后再加工其他坐标位置的孔,以消除重复定位误差的影响,提高孔系的同轴度。图 8-12 所示的凸轮零件,按定位方式可分为两道工序,第一道工序可以在数控机床上也可以在普通机床上进行。以外圆表面、B 平面定位加工端面 A 和 $\phi22H7$ 的内孔,然后加工端面 B 和 $\phi4H7$ 的工艺孔,在数控铣床上以加工过的两个孔和一个端面定位安装,在一道工序内铣削凸轮剩余的外表面轮廓。

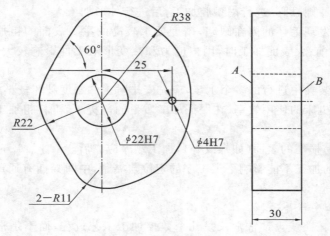

图 8-12 凸轮零件

(2) 按所用刀具划分工序。以同一把刀具完成的那一部分工艺过程为一道工序。这种方式适用于工件的待加工表面较多,机床连续工作时间过长,加工程序的编制和检查难度较大等情况。在数控镗铣床和加工中心上常用这种方式。

(3) 按粗、精加工划分工序。考虑到工件的加工精度要求、刚度和变形等因素,可按粗、精加工分开的原则来划分工序,即以粗加工中完成的那部分工艺过程为一道工序,精加工中完成的那部分工艺过程为另一道工序。一般来说,在一次装夹中一般不将工件的某一表面粗、精不分地加工至精度要求后再加工工件的其他表面。

(4) 按加工部位划分工序。以完成相同型面的那一部分工艺过程为一道工序。有些零件加工表面多而复杂,构成零件轮廓的表面结构差异较大,可按其结构特点(如内型、外型、曲面或平面等)划分成多道工序。

2) 工步的划分

为了便于分析和描述较复杂的工序,在工序内又细分为工步。工步的划分主要从加工精度和效率两方面考虑。在一个工序内往往需要采用不同的刀具和切削用量,对不同的表面进行加工。下面以加工中心为例来说明工步划分的原则。

(1) 同一表面按粗加工、半精加工、精加工依次完成,或全部加工表面按先粗后精加工分开进行。

(2) 对于既需要铣面又需要镗孔的零件,可先铣面后镗孔。按此方法划分工步,可以提高孔的精度。因为铣削时切削力较大,工件易发生变形。先铣面后镗孔,使其有一段时间恢复,减少由变形引起的对孔的精度的影响。

(3) 按刀具划分工步。某些机床工作台回转时间比换刀时间短,因此可按刀具划分工步,以减少换刀次数,提高加工效率。

综上所述,在划分工序与工步时,一定要视零件的结构与工艺性、机床的功能、零件数控加工内容的多少、装夹次数以及生产组织等实际情况灵活掌握。

3）加工顺序的安排

加工顺序安排得合理与否，将直接影响零件的加工质量和加工成本等。应根据零件的结构和毛坯状况，结合定位及夹紧的需要安排加工顺序，重点应保证工件的刚度不被破坏，尽量减少变形。加工顺序的安排应遵循下列原则。

（1）尽量使工件的装夹次数、工作台转动次数、刀具更换次数减至最少，使所有空行程时间缩至最短，提高加工精度和生产效率。

（2）先内后外原则，即先进行内型腔加工，后进行外形加工。

（3）为了及时发现毛坯的内在缺陷，精度要求较高的主要表面的粗加工一般应安排在次要表面粗加工之前；大表面加工时，因内应力和热变形对工件影响较大，一般大表面也需先加工。

（4）在同一次装夹中进行的多个工步，应先安排对工件刚度破坏较小的工步。

（5）为了提高机床的使用效率，在保证加工质量的前提下，可将粗加工和半精加工合为一道工序。

（6）加工中容易损伤的表面（如螺纹等），加工顺序应靠后。

（7）上道工序的加工不能影响下道工序的定位与夹紧，中间穿插有通用机床加工工序的也要综合考虑。

4）数控加工工序与普通加工工序的衔接

数控加工的工艺路线设计常常仅是几个数控加工工艺过程，而不是指毛坯到成品的整个工艺过程，由于数控加工工序常常穿插于零件加工的整个工艺过程中间，因此设计数控加工工艺路线一定要考虑全面，使之与整个工艺过程协调。如果数控加工工序与普通加工工序衔接得不好就容易产生矛盾，最好的办法是建立相互状态要求，如：要不要留加工余量，留多少；定位面与定位孔的精度要求及形位公差；对毛坯的热处理状态要求等。目的是满足加工需要，且质量目标及技术要求明确，交接验收有依据。

数控工艺路线设计是下一步工序设计的基础，其设计的质量会直接影响零件的加工质量与生产效率。

6. 数控加工工序的设计

数控加工工艺路线设计完成后，各数控加工工序的内容已基本确定。接下来便可以进行数控加工工序设计。

数控加工工序设计的主要任务是拟定本工序的具体加工内容、切削用量、定位夹紧方式及刀具运动轨迹，选择刀具、夹具、量具等工艺装备，为编制加工程序做好准备。在工序设计中应着重注意以下几个方面。

1）确定走刀路线和安排工步顺序

走刀路线是刀具在整个加工工序中的运动轨迹，它不但包括了工步的内容，也反映出工步顺序。走刀路线是编写程序的重要依据之一，因此，在确定走刀路线时最好画一张工序简图，将已经拟定出的走刀路线画上去（包括进刀、退刀路线），这样可为编程带来方便。工步的划分与安排一般可根据走刀路线来进行，确定走刀路线主要考虑下列几点。

（1）选择最短走刀路线，缩短空行程时间，以提高加工效率。

（2）为保证工件轮廓表面加工后的粗糙度要求，精加工时，最终轮廓应安排在最后一次走刀连续加工出来。

（3）刀具的进刀、退刀（切入与切出）路线要认真考虑，尽量减少在轮廓处停刀以避免切削力突然变化造成弹性变形而留下刀痕。一般应沿着零件表面的切向切入和切出，尽量避免沿工件轮廓面垂直方向进刀和退刀而划伤工件。

（4）要选择工件在加工后变形较小的路线。例如对细长零件或薄板零件的加工,应采用分几次走刀加工到最后尺寸,或采用对称去余量法安排走刀路线。

2）定位基准与夹紧方案的确定

在确定定位基准与夹紧方案时应注意下列三点。

（1）力求设计、工艺与编程计算的基准统一。

（2）尽量减少装夹次数,尽可能做到在一次定位装夹后就能加工出全部待加工表面。

（3）避免采用占机人工调整式方案。

3）夹具的选择

数控加工的特点对夹具提出了两个基本要求:一是要保证夹具的坐标方向与机床的坐标方向相对固定,二是要能协调零件与机床坐标系的关系。除此之外,主要考虑下列几点。

（1）当零件加工批量小时,尽量采用组合夹具、可调式夹具及通用夹具。

（2）当成批生产时,考虑采用专用夹具,但应力求结构简单。

（3）夹具尽量要开敞,其定位、夹紧机构元件不能影响走刀,以免产生碰撞。

（4）装卸零件要方便、可靠,以缩短准备时间,有条件时,批量较大的零件应采用气动或液压夹具、多工位夹具等。

4）刀具的选择

在刀具的强度及耐用度方面,数控加工比普通加工要求严格。当刀具的强度不高时,一是刀具不宜兼做粗、精加工,影响生产效率;二是在数控自动加工中极易产生折断刀具的事故;三是加工精度会大大下降。如果刀具的耐用度低,则要经常换刀、对刀,会增加辅助时间,也容易在工件轮廓上留下接刀刀痕,影响工件表面质量。

当零件材质不同时,数控机床刀具存在一个切削速度、背吃刀量和进给量三者互相适应的最佳切削参数。这对大零件、稀有金属零件、贵重零件更为重要,工艺编程人员选择刀具时,要认真分析工件的结构及工艺性,结合工件材料、毛坯余量及具体加工部位综合考虑。努力摸索出最佳切削参数,以提高生产效率。

由于编程人员不直接设计刀具,仅能向刀具设计或采购人员提出技术条件及建议,因此,大多数情况下只能在现有刀具规格中进行有限的选择。然而,数控加工对配套使用的各种刀具、辅具(刀柄、刀套、夹头等)要求严格,在如何配置刀具、辅具方面应掌握一条原则:质量第一,价格第二。质量好、耐用度高的刀具,即使价格高一些,也值得购买。工艺人员还要特别注意国内外新型刀具的开发成果,以便适时采用。

刀具确定好以后,要把刀具规格、专用刀具代号和该刀所要加工的内容列表记录下来,供编程时使用。

5）确定对刀点与换刀点

对刀点就是刀具相对工件运动的起点。在编程时不管实际上是刀具相对工件移动,还是工件相对刀具移动,都应把工件看作相对静止,而刀具相对运动。对刀点可以设在被加工零件上,也可以设在与零件定位基准有固定尺寸联系的夹具上的某一位置。选择对刀点时要考虑找正容易,编程方便,对刀误差小,加工时检查方便、可靠。具体选择原则如下。

（1）刀具的起点应尽量选在零件的设计基准或工艺基准上。如以孔定位的零件,应将孔的中心作为对刀点,以提高零件的加工精度。

（2）对刀点应设在便于观察和检测,且对刀方便的位置上。

（3）对于建立了绝对坐标系统的数控机床,对刀点最好设在该坐标系的原点上,或者选在已知坐标值的点上,以便于坐标值的计算。

对刀误差可以通过试切加工结果进行调整。

换刀点是为加工中心、数控车床等多刀加工的机床而设置的,因为这些机床在加工过程中要自动换刀。为防止换刀时碰伤零件或夹具,换刀点常常设置在被加工零件的外面一定距离的地方,并要有一定的安全量。

6）确定切削用量

数控切削用量主要包括背吃刀量、主轴转速及进给速度等,各种不同切削用量都应编入加工程序。上述切削用量的选择原则与通用机床加工中的选择原则相同,具体数值应根据数控机床使用说明书和金属切削原理中的规定,并结合实际加工经验来确定。在计算好切削用量后,建立一张用量表,供编程时使用。

7. 数控加工工艺守则

数控加工除应遵守普通加工通用工艺守则的有关规定外,还应遵守表 8-2 所列的数控加工工艺守则。

表 8-2　数控加工工艺守则(JB/T 9168.10—1998)

项　　目	要求内容
加工前的准备	（1）操作者必须根据机床使用说明书熟悉机床的性能、加工范围和精度,并要了解机床及其数控装置或计算机各部分的作用,掌握机床及其数控装置或计算机的操作方法; （2）检查各开关、旋钮和手柄是否在正确位置; （3）启动控制电气部分,按规定进行预热; （4）开动机床使其空运转,并检查各开关、按钮、旋钮和手柄的灵敏性及润滑系统是否正常等; （5）熟悉被加工工件的加工程序和编程原点
刀具与工件的装夹	（1）安放刀具时应注意刀具的使用顺序,刀具的安放位置必须与程序要求的顺序和位置一致; （2）工件的装夹除应牢固可靠外,还应注意避免刀具与工件,或刀具与夹具在工作中发生干涉
加工	（1）进行首件加工前,必须经过程序检查(试走程序)、轨迹检查、单程序段试切及工件尺寸检查等步骤; （2）必须正确输入程序,不得擅自更改程序; （3）在加工过程中操作者应随时监视显示装置,发现报警信号时应及时停车排除故障; （4）零件加工完成后,程序纸带、磁带或磁盘等应予以妥善保管,以备再用

8.1.3　数控机床的刀具与工具系统

刀具与工具的选择是数控加工工艺中重要的内容之一。与传统加工相比,数控加工对刀具和工具的要求更高。不仅要求刀具精度高、刚度高、耐用度高,而且要求刀具尺寸稳定、安装调整方便。

1. 数控加工刀具材料

1）高速钢

高速钢是传统的刀具材料,其常温硬度为 62HRC 至 65HRC,热硬性可到 500～600 ℃,淬火后变形小,易刃磨,可锻制和切削。它不仅可用来制造钻头、铣刀,还可用来制造齿轮刀具、成形铣刀等复杂刀具。但由于其允许的切削速度较低(50 m/min),因此大都被用于数控机床的低速加工。

2）硬质合金

硬质合金的常温硬度可达 74HRC 至 82HRC，能耐 800～1 000 ℃的高温，生产成本较低，可在中速（150 m/min）、大进给切削中发挥出优良的切削性能，因此成为数控加工中使用最为广泛的刀具材料。一般将硬质合金刀用焊接或机械夹固的方式固定在刀体上。

3）涂层硬质合金

涂层硬质合金刀具是在韧性较好的硬质合金刀具上涂覆一层或多层耐磨性好的 TiN、TiCN、TiAlN 和 Al_2O_3 等，涂层的厚度为 $2～18\ \mu m$。涂层通常起到两方面的作用：一方面，因为它具有比刀具基体和工件材料低得多的热传导系数，所以能减弱刀具基体的热作用；另一方面，它能够有效地改善切削过程的摩擦和黏附作用，减少切削热的生成。涂层硬质合金刀具与硬质合金刀具相比，无论在强度、硬度和耐磨性方面均有了很大的提高。对于硬度为 45HRC 至 55HRC 的工件的切削，利用低成本的涂层硬质合金刀具可实现高速切削。

4）陶瓷材料

陶瓷刀具具有高硬度（91HRC 至 95HRC）、高强度（抗弯强度为 750～1 000 MPa）、耐磨性好、化学稳定性好、抗黏结性能良好、摩擦系数小且价格低廉等优点，陶瓷刀具还具有很高的高温硬度，1 200 ℃时硬度达到 80HRC。正常使用时，陶瓷刀具寿命极长，切削速度可比硬质合金刀具提高 2～5 倍，特别适合高硬度材料加工、精加工及高速加工，可加工硬度达 60HRC 的各类淬硬钢和硬化铸铁等。常用的有氧化铝基陶瓷、氮化硅基陶瓷和金属陶瓷等。氧化铝基陶瓷刀具比硬质合金有更高的热硬性，高速切削状态下切削刃一般不会产生塑性变形，但它的强度和韧性较低。氮化硅基陶瓷除热硬性高以外，还具有良好的韧性，与氧化硅基陶瓷相比，它的缺点是在加工钢时易产生高温扩散，刀具磨损因此加剧。氮化硅基陶瓷刀具主要应用于断续车削灰铸铁及铣削灰铸铁。金属陶瓷具有较低的亲和性、良好的摩擦性及较好的耐磨性。与常规硬质合金相比，它能承受更高的切削温度，但缺乏硬质合金的耐冲击性，重型加工时的韧性差，低速大进给时的强度低。

5）立方氮化硼（CBN）

CBN 是人工合成的高硬度材料，其硬度和耐磨性仅次于金刚石，有极好的高温硬度。与陶瓷刀具相比，立方氮化硼刀具的耐热性和化学稳定性稍差，但其冲击韧度和抗破碎性能较好。它广泛适用于淬硬钢（50HRC 以上）、珠光体灰铸铁、冷硬铸铁和高温合金等的切削加工。与硬质合金刀具相比，其切削温度高一个数量级。CBN 含量高的 PCBN（聚晶立方氮化硼）刀具硬度高、耐磨性好、抗压强度高、韧性好，其缺点是热稳定性差、化学惰性低，适用于耐热合金、铸铁和铁系烧结金属的切削加工。复合 PCBN 刀具中 CBN 颗粒含量较低，采用陶瓷作黏结剂，其硬度较低，但弥补了 CBN 含量高的 PCBN 热稳定性差、化学惰性低的特点，适用于淬硬钢的切削加工。在切削灰铸铁和淬硬钢的应用领域，陶瓷刀具和 CBN 刀具是可供同时选择的。在切削工件硬度低于 60HRC 和小进给量情况下，陶瓷刀具是较好的选择。PCBN 刀具适用于加工工件硬度高于 60HRC 的情况。

6）聚晶金刚石（PCD）

PCD 作为最硬的刀具材料，具有最好的耐磨性，它能够以高速度（1 000 m/min）和高精度加工软的有色金属材料，但它对冲击敏感，容易碎裂，而且对黑色金属中铁的亲和力强，易与其发生化学反应，一般情况下只能用于加工非铁（如有色金属及其合金、玻璃纤维、工程陶瓷和硬质合金等极硬的材料）零件。

2. 数控机床加工用工具系统

数控加工中心刀具装夹部分的结构、形式和尺寸是多种多样的。通用性较强的几种装夹工具系列化、标准化形成工具系统。我国除了已制定的标准刀具系列外,还建立了TSG82系统,如图 8-13 所示。TSG82 系统是镗铣类数控工具系统,是联系数控机床的主轴与刀具的辅助系统。该系统的各种辅具和刀具结构简单且紧凑、装卸灵活、使用方便、更换迅速。

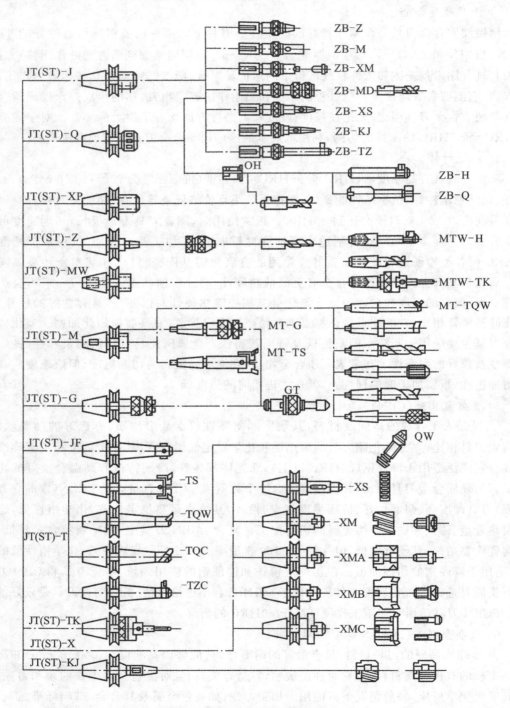

图 8-13 TSG82 系统

3. 数控刀具的刀位点

所谓刀位点,如图 8-14 所示,是指加工和编制程序时,用于表示刀具特征的点,也是对刀和加工的基准点。镗刀和车刀的刀位点通常指刀具的刀尖;钻头的刀位点通常指钻尖;立铣刀、端面铣刀和键槽铣刀的刀位点指刀具底面的中心;球头铣刀的刀位点指球头中心。

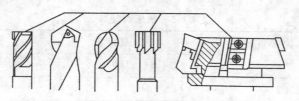

图 8-14　数控刀具的刀位点

8.1.4　数控加工工艺文件的编制

数控加工工艺文件既是数控加工、产品验收的依据,也是操作者要遵守、执行的规范,同时也是产品零件重复生产在技术上的工艺资料积累和储备。加工工艺是否先进、合理,在很大程度上决定着加工质量的优劣。数控加工工艺文件主要有工序卡、调整单等。

1. 工序卡

工序卡主要用于自动换刀数控机床。它是操作人员进行数控加工的主要指导性工艺资料,工序卡应按已确定的工步顺序填写,不同的数控机床其工序卡的格式不同,表 8-3 所示为自动换刀数控镗铣床的工序卡。

2. 刀具调整单

数控机床上所用刀具一般要在对刀仪上预先调整好直径和长度。将调整好的刀具及其型号、参数等填入刀具调整单,作为调整刀具的依据。刀具调整单如表 8-4 所示。

表 8-3　工序卡

零件号			零件日期					材料		
程序编号			日　期		年	月	日	制表		审核
工步号	加工面	刀具			主轴转速		进给量		刀具补偿	回转工作台中心到加工面距离	加工深度	备　注

工步号	加工面	号	种类规格	长度	指令	转速	指令	进给量/(mm·min)	刀具补偿	回转工作台中心到加工面距离	加工深度	备　注

表 8-4　刀具调整单

零件号				零件名称			工序号	
工步号	刀具码	刀具号	刀具种类	直径		长度		备注
				设定值	实测值	设定值	实测值	
制表		日期		测量员		日期		

3. 机床调整单

机床调整单是操作人员在加工零件之前调整机床的依据。机床调整单应记录机床控制面板上的"开关"位置,零件安装、定位、夹紧方法及键盘应键入的数据等。表 8-5 所示为自动换刀数控镗铣床的机床调整单。

表 8-5　机床调整单

零件号		零件名称		工序号		制表	
位码调整旋钮							
F1		F2		F3		F4		F5
F6		F7		F8		F9		F10
刀具补偿拨盘							
1				6			
2				7			
3				8			
4				9			
5				10			
对称切削开关位置							

	N001 至 N080	0			0			0		N001 至 N080	0
X	N081 至 N110	1	Y		0	Z		0	B	N081 至 N110	1

垂直校验开关位置	0
零件冷却	1

8.2　数控车削加工工艺

8.2.1　数控车床的主要加工对象

由于数控车床加工精度高,具有直线和圆弧插补功能以及在加工过程中能自动变速等特点,因此其加工范围比普通车床的大得多。凡是能在数控车床上装夹的回转体零件都能在数控车床上加工。数控车床比较适合车削具有以下特点和加工要求的回转体零件。

1) 轮廓形状特别复杂或难以控制尺寸的回转体零件

数控车床较适合车削由任意直线和平面曲线(圆弧和非圆曲线类)组成的形状复杂的回转体零件,斜线和圆弧均可直接由插补功能实现,非圆曲线可用数学手段转化为小段直线或小段圆弧后做插补加工得到。

对于一些具有封闭内成形面的壳体零件,如"口小肚大"的孔腔,在数控车床上则很容易加工出来。图 8-15 所示的成形内腔壳体零件在数控车床上也很容易加工出来。

2) 精度要求高的回转体零件

由于数控车床刚度高,制造和对刀精度高,以及能方便、精确地进行人工补偿和自动补偿,因此能加工尺寸精度要求较高的零件。此外,数控车削的刀具运动是通过高精度插补运算和伺服驱动来实现的,所以能加工对母线直线度、圆度、圆柱度等形状精度要求高的零件。另外工件一次装夹可完成多道工序的加工,提高了加工工件的位置精度。

特种精密数控车床还可加工出几何轮廓精度达 0.000 1 mm、表面粗糙度 Ra 达 0.02 μm 的超精零件(如复印机中的回转鼓及激光打印机上的多面反射体等),数控车床利用恒线速度切削功能,可加工表面精度要求高的各种变径表面类零件。

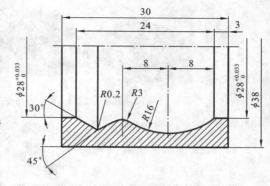

图 8-15　成形内腔壳体零件示例

3) 表面粗糙度要求高的回转体零件

数控车床具有恒线速切削功能,能加工出表面粗糙度值小而均匀的零件。因为在材质精车余量和刀具已定的情况下,表面粗糙度取决于进给量和切削速度。切削速度变化,致使车削后的表面粗糙度不一致,使用数控车床的恒线速切削功能,就可选用最佳线速度来切削锥面、球面和端面等,使车削后的表面粗糙度值小且一致。

4) 带特殊螺纹的回转体零件

数控车床具有加工各类螺纹的功能,包括任何等导程的直面、锥面和端面螺纹,增导程、减导程以及要求等导程与变导程之间平滑过渡的螺纹,还可以加工高精度的模数螺旋零件(如蜗杆)及端面盘形螺旋零件。通常在主轴箱内安装有脉冲编码器,主轴的运动通过同步带 1:1 地传到脉冲编码器。伺服电动机驱动主轴旋转,当主轴旋转时,脉冲编码器便发送检测脉冲信号给数控系统,使主轴电动机的旋转与刀架的切削进给保持同步关系,即实现加工螺纹时主轴转一周,刀架 Z 向移动工件一个导程的运动关系。

由于数控车床进行螺纹加工不需要挂轮系统,因此任意导程的螺纹均不受限制。数控车床加工多头螺纹比较方便,车削出来的螺纹精度高、表面粗糙度值小。

5) 超高精度、超低表面粗糙度值的零件

照相机等光学设备的透镜等零件要求超高的轮廓精度和超低的表面粗糙度值。这些零件适合于在高精度、高性能的数控车床上加工,数控车床超精加工的轮廓精度可达到 0.1 μm,表面粗糙度达 Ra0.02 μm,超精加工所用数控系统的最小分辨率应达到 0.01 μm。

6) 淬硬工件的加工

尺寸大而形状复杂的零件热处理后的变形量较大,磨削加工有困难,而在数控车床上可以用陶瓷车刀淬硬后的零件进行车削加工,提高加工效率。

7) 高效率加工

为了进一步提高车削加工效率,可通过增加车床的控制坐标轴,在一台数控车床上同时加工出两个多工序的相同或不同的零件。

8) 其他结构复杂的零件

图 8-16 所示结构复杂的零件多采用车铣加工中心加工。

8.2.2　数控加工工具

选择数控车削刀具通常要考虑数控车床的加工能力、工序内容及工件材料等因素。数控车削刀具要求精度高、刚度高、耐用度高,而且尺寸稳定、安装调整方便。

（a）连接套零件　　（b）阀门壳体件　　（c）高压连接件　　（d）隔套零件

图 8-16　结构复杂零件示例

1. 数控车床常用刀具种类

由于工件材料、生产批量、加工精度以及机床类型、工艺方案不同,车刀的种类也异常繁多。根据刀片与刀体的连接固定方式分类,车刀可分为焊接式与机械夹固式两大类。

1）焊接式车刀

焊接式车刀是指将硬质合金刀片用焊接的方法固定在刀体上,形成一个整体的车刀。此类车刀结构简单,制造方便,刚度较高。其缺点是存在焊接应力,会使刀具材料的使用性能受到影响,刀具甚至会出现裂纹。另外,刀杆不能重复使用,硬质合金刀片不能充分回收利用,造成刀具材料的浪费。

根据工件加工表面的形状以及刀具的用途分类,焊接式车刀可分为外圆车刀、内孔车刀、切断（切槽）刀、螺纹车刀及成形车刀等,具体如图 8-17 所示。

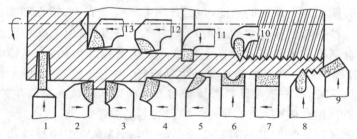

图 8-17　焊接式车刀的种类

1—切断刀;2—90°左偏刀;3—90°右偏刀;4—弯头车刀;5—直头车刀;6—成形车刀;7—宽刃车刀;
8—外螺纹车刀;9—端面车刀;10—内螺纹车刀;11—内沟槽刀;12—通孔车刀;13—盲孔车刀

2）机械夹固式可转位车刀

机械夹固式可转位车刀是已经实现机械加工标准化、系列化的车刀。数控车床常用的机械夹固式可转位车刀结构如图 8-18 所示,主要由刀杆 1、刀片 2、刀垫 3 及夹紧元件 4 组成,外形如图 8-19 所示。刀片每边都有切削刃,当某切削刃磨损钝化后,只需松开夹紧元

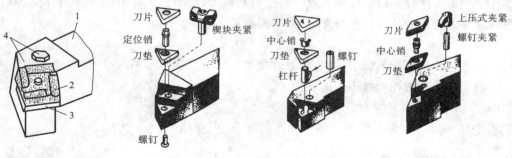

（a）示意图　　（b）楔块-压式夹紧　　（c）杠杆-压式夹紧　　（d）螺钉-压式夹紧

图 8-18　机械夹固式可转位车刀结构

1—刀杆;2—刀片;3—刀垫;4—夹紧元件

件,将刀片转一个位置便可继续使用。减少了换刀时间,方便对刀,便于实现机械加工的标准化。数控车削加工时,应尽量采用机夹刀和机夹刀片。刀片是机夹可转位车刀的一个重要组成元件。按照 GB 2076—1987,刀片大致可分为带圆孔刀片、带沉孔刀片及无孔刀片三大类。刀片形状有三角形、正方形、五边形、六边形、圆形及菱形等共 17 种。

2．机械夹固式可转位车刀的选用

1）刀片材料的选择

常见刀片材料有高速钢、硬质合金、涂层硬质合金、陶瓷、立方氮化硼和金刚石等,其中应用较多的是硬质合金和涂层硬质合金。刀片材料主要依据被加工工件的材料、被加工表面的精度、表面质量要求、切削载荷的大小以及切削过程有无冲击和振动等进行选择。

2）刀片夹紧方式的选择

各种夹紧方式是为适用于不同的应用范围设计的。为了选择具体工序的最佳刀片夹紧方式,按照适用性对它们分类,适用性有 1～3 个等级,3 为最佳选择,如表 8-6 所示。

图 8-19　机夹可转位车刀外形

表 8-6　刀片的夹紧方式与适用性等级

	T-MAX P					CoroTurn 107	T-MAX 陶瓷和立方氮化硼
	（RC）刚性夹紧	杠杆	楔块	楔块夹紧	螺钉和上夹紧	螺钉夹紧	螺钉和上夹紧
安全夹紧/稳定性	3	3	3	3	3	3	3
仿形切削/可达性	2	2	3	3	3	3	3
可重复性	3	3	2	2	3	3	3
仿切削形/轻工序	2	2	3	3	3	3	3
间歇切削工序	3	2	2	3	3	3	3
外圆加工	3	3	1	3	3	3	3
内圆加工	3	3	3	3	3	3	3

刀片

C　D

R　S

T　V

W

有孔的负前角刀片
双侧和单侧
平刀片和带断屑槽的刀片

有孔的负前角刀片
单侧
平刀片和带断屑槽的刀片

有孔、无孔
负前角和正前角刀片
双侧和单侧

3）刀片形状的选择

刀片形状主要依据被加工工件的表面形状、切削方法、刀具寿命和刀片的转位次数等因素选择。

刀片是机夹可转位车刀的重要组成元件,图 8-20 所示为常见可转位车刀刀片。

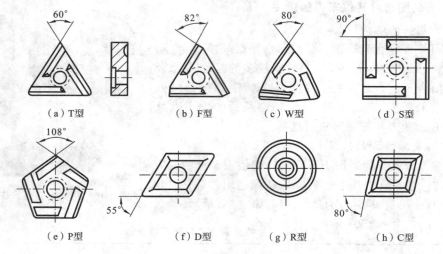

（a）T型　　　　（b）F型　　　　（c）W型　　　　（d）S型

（e）P型　　　　（f）D型　　　　（g）R型　　　　（h）C型

图 8-20　常见可转位车刀刀片

① 内轮廓加工、小型机床加工、工艺系统刚度较低的加工和工件结构形状较复杂的加工应优先选择正型(前角)刀片。

② 外圆加工、金属切除率高和加工条件较差的加工应优先选择负型(前角)刀片。

③ 一般外圆车削常用 80°凸三角形、四方形和 80°菱形刀片。

④ 仿形加工常用 55°、35°菱形和圆形刀片。

⑤ 在机床刚度、功率允许的条件下大余量、粗加工时,应选择刀尖角较大的刀片,反之,选择刀尖角较小的刀片。

4）刀尖圆弧半径的作用

刀尖圆弧半径对刀尖的强度及加工表面粗糙度影响很大,一般适宜值选进给量的 2～3 倍。

① 刀尖圆弧半径的影响:刀尖圆弧半径大,表面粗糙度下降,刀刃强度提高,刀具磨损减小;刀尖圆弧半径过大,切削力增大,易产生振动,切屑处理性能恶化。

② 刀尖圆弧小的刀具用于切深削的精加工、细长轴加工、机床刚度低的场合。

③ 刀尖圆弧大的刀具用于需要刀刃强度高的黑皮切削、断续切削、大直径工件的粗加工、机床刚度高的场合。

3. 数控车刀的类型及选择

选择数控车削刀具时主要应考虑如下几个方面的内容。

（1）一次连续加工表面尽可能多。

（2）在切削过程中,刀具不能与工件轮廓发生干涉。

（3）有利于提高加工效率和加工表面质量。

（4）有合理的刀具强度和寿命。

数控车削对刀具的要求更高,如精度高、刚度高、寿命长、尺寸稳定、耐用度高、断屑和排屑性能好,同时要求刀具安装和调整方便,以满足数控机床高效率的要求。

数控车床刀具的选刀过程,先从对被加工零件图样的分析开始,有两条路线可选择。第一条路线为:零件图样分析、机床影响因素分析、选择刀杆、选择刀片夹紧系统、选择刀片形状,主要考虑机床和刀具的情况。第二条路线为:工件影响因素分析、选择工件材料代码、确定刀片的断屑槽型、选择加工条件,主要考虑工件的情况。综合这两条路线的结果,才能确定所选用的刀具。

数控车削常用的车刀一般分为三类,即尖形车刀、圆弧形车刀和成形车刀。

① 尖形车刀。尖形车刀的刀尖(也称为刀位点)由直线形的主、副切削刃构成,切削刃为一直线形。如 90°内外圆车刀、端面车刀、切断(槽)车刀等都是尖形车刀。

尖形车刀是数控车床加工中用得最为广泛的一类车刀。用这类车刀加工零件时,其零件的轮廓形状主要由一个独立的刀尖或一条直线形主切削刃位移后得到。尖形车刀主要根据工件的表面形状、加工部位及刀具本身的强度等进行选择,刀具的几何角度应合适,并应满足数控加工的要求(如加工路线、加工干涉等)。

② 圆弧形车刀。圆弧形车刀的主切削刃的刀刃形状为圆度或线轮廓度误差很小的圆弧,该圆弧上每一点都是圆弧车刀的刀尖,其刀位点不在圆弧上,而在该圆弧的圆心上,如图 8-21 所示。当尖形车刀或成形车刀(如螺纹车刀)的刀尖具有一定的圆弧形状时,也可作为这类车刀使用。

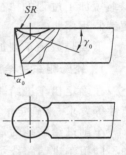

图 8-21　圆弧形车刀

γ_0—前角;α_0—后角

圆弧形车刀是较为特殊的数控车刀,可用于车削工件内、外表面,特别适合于车削各种光滑连接(凸凹形)成形面。选择圆弧形车刀时应注意车刀的圆弧半径,具体应考虑两点:一是车刀切削刃的圆弧半径应小于零件凹形轮廓上的最小曲率半径,以免发生加工干涉;二是该半径不宜太小,否则不但制造困难,而且还会削弱刀具强度,使刀体散热性能变差。

数控车刀的适应性如图 8-22 所示,使用尖刀加工时,圆弧点处背吃刀量 $\alpha_{p1} > \alpha_p$,用圆弧形车刀时则圆弧点处背吃刀量 α_{p1} 和 α_p 相差不大。

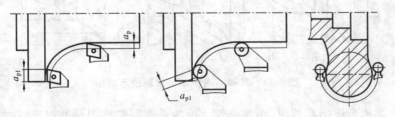

图 8-22　数控车刀的适应性

③ 成形车刀。成形车刀俗称样板车刀,其加工零件的轮廓形状完全由车刀刀刃的形状和尺寸决定。数控车削加工中,常见的成形车刀有小半径圆弧车刀、非矩形切槽刀和螺纹车刀等。在数控加工中,应尽量少用或不用成形车刀,当确有必要选用成形车刀时,应在工艺文件或加工程序单上进行详细说明。在加工成形面时要选择副偏角合适的刀具,以免刀具与工件产生干涉,如图 8-23 所示。

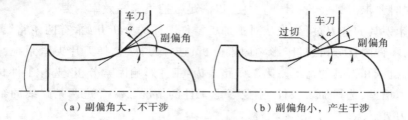

（a）副偏角大，不干涉　　　　　（b）副偏角小，产生干涉

图 8-23　副偏角对加工的影响

8.2.3　数控车削加工走刀路线

刀具刀位点相对于工件的运动轨迹和方向称为进给路线，包括切削加工的路径以及刀具切入、切出等切削空行程路线。在数控车削加工中，因为精加工基本上都是沿零件轮廓顺序进行的，所以确定进给路线的工作重点为确定粗加工及空行程的进给路线。加工路线的确定必须在保证被加工零件的尺寸精度和表面质量的前提下，按最短进给路线的原则确定，以缩短加工过程的执行时间，提高工作效率。在此基础上，还应考虑数值计算的简便，以方便编制程序。

下面是数控车削加工零件时常用的加工路线。

1. 轮廓粗车进给路线

在确定粗车进给路线时，根据最短切削进给路线的原则，同时兼顾工件的刚度和加工工艺性等要求，来确定最合理的进给路线。

车削进给路线为最短，可有效地提高生产效率，降低刀具的损耗等。图 8-24 所示为几种不同粗车进给路线示意图。其中图 8-24（a）表示利用数控系统具有的封闭式复合循环功能控制车刀沿着工件轮廓进给的路线；图 8-24（b）所示为利用其程序循环功能安排的三角形进给路线；图 8-24（c）所示为利用其矩形循环功能安排的矩形进给路线。经分析和判断，可知矩形循环进给路线的进给长度总和最短。因此，在同等条件下，其车削所需时间（不含空行程）最短，刀具的损耗最少。

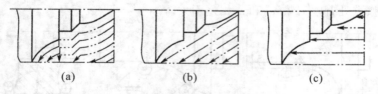

（a）　　　　　　　　（b）　　　　　　　　（c）

图 8-24　几种不同粗车进给路线示意图

在确定轮廓粗车进给路线时，车削圆锥、圆弧是我们常见的车削内容，除使用数控系统的循环功能以外，还可以使用下列方法进行。

1）车削圆锥的加工路线

在数控车床上车削外圆锥可以分为车削正圆锥和车削倒圆锥两种情况，而每一种情况又有两种加工路线。图 8-25 所示为粗车正圆锥进给路线示意图。按图 8-25（a）所示车削正圆锥时，需要计算终刀距 S。设圆锥大径为 D，小径为 d，锥长为 L，背吃刀量为 a_p，则由相似三角形可知：

$$\frac{D-p}{2L}=\frac{a_p}{S}$$

（8-1）

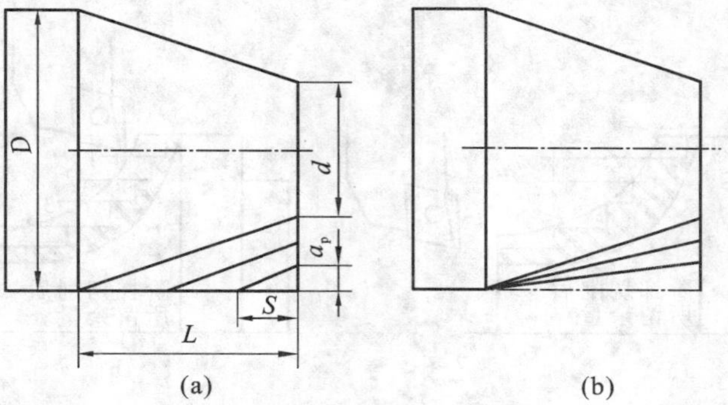

图 8-25　粗车正圆锥进给路线示意图

根据式(8-1)，便可计算出终刀距 S。

当按图 8-25(b)所示的加工路线车削正圆锥时，不需要计算终刀距 S，只要确定背吃刀量 a_p，即可车出圆锥轮廓。

按图 8-25(a)所示路线车削正圆锥，刀具切削运动的距离较短，每次切深相等，但需要增加计算。按图 8-25(b)所示路线车削正圆锥，每次车削背吃刀量是变化的，而且切削运动的路线较长。

车削倒圆锥的原理与车削正圆锥的原理相同。

粗车圆锥的方法简称为车锥法，常用于粗车圆锥，有时也用于精车圆弧。

2) 车削圆弧的加工路线

在粗加工圆弧时，因其切削余量大，且不均匀，经常需要进行多刀切削。在切削过程中，可以采用多种不同的方法，现介绍常用方法。

(1) 车锥法粗车圆弧。图 8-26 所示为车锥法粗车圆弧的切削路线，即先车削一个圆锥，再车圆弧。在采用车锥法粗车圆弧时，要注意车锥时的起点和终点的确定。若确定不好，则可能会损坏圆弧表面，也可能将余量留得过大。

确定方法是连接 OB 交圆弧于点 D，过 D 点作圆弧的切线 AC。由几何关系得：

$$BD = OB - OD = 0.414R$$

此为车锥时的最大切削余量，即车锥时，加工路线不能超过 AC 线。由 BD 和 $\triangle ABC$ 的关系即可算出 BA、BC 的长度，即可知圆锥的起点和终点。当 R 不太大时，可取 $AB = BC = 0.5R$。

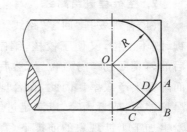

图 8-26　车锥法粗车圆弧

此方法数值计算较为烦琐，但其刀具切削路线较短。

(2) 车阶梯法粗车圆弧。在一些不超过 1/4 圆弧中，当圆弧半径较大时，其切削余量往往较大，此时可采用车阶梯法粗车圆弧。在采用车阶梯法粗车圆弧时，关键要注意每刀切削所留的余量应尽可能保持一致，后面的切削长度不得超过前一刀的切削长度，以防崩刀。图 8-27 所示为大余量毛坯的阶梯车削路线，图 8-27(a)所示为错的阶梯车削路线，按图 8-27(b)中 1～5 的顺序车削，每次车削所留余量相等，图 8-27(b)所示为正确的阶梯车削路线。因为在同样背吃刀量的条件下，按图 8-27(a)所示的方式加工所剩的余量过多。

(3) 车圆法粗车圆弧。前面两种方法粗车圆弧，所留的加工余量都不能达到一致，用 G02(或 G03)指令粗车圆弧，若用一刀就把圆弧加工出来，这样吃刀量太大，容易打刀。所以，实际切削时，常常可以采用多刀粗车圆弧，先将大部分余量切除，最后才车得所需圆弧，

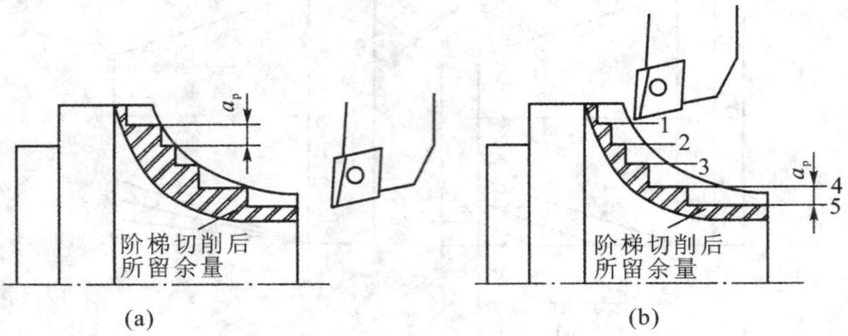

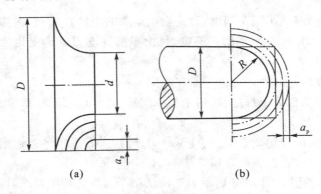

图 8-27 大余量毛坯的阶梯车削路线

如图 8-28 所示。此方法的优点是每次背吃刀量相等,数值计算简单,编程方便,所留的加工余量相等,有助于提高精加工质量。此方法的缺点是加工的空行程时间较长。加工较复杂的圆弧,常常采用此类方法。

图 8-28 车圆法粗车圆弧

2. 空行程进给路线

(1)合理安排"回零"路线。在手工编制较为复杂轮廓零件的加工程序时,为简化计算过程,既不出错,又便于校核,编制者(特别是初学者)有时利用"回零"指令让每一刀加工完成后的刀具回到参考点位置,然后再执行后续程序段。这样会增加空行程进给路线的距离,从而降低生产效率。因此,在合理安排退刀路线时,应使其前一刀终点与后一刀起点间的距离尽量缩短,或者为零,以满足进给路线为最短的要求。另外,在选择返回参考点指令时,在不发生加工干涉现象的前提下,宜尽量采用 X、Z 坐标轴同时返回参考点指令,该指令的返回路线将是最短的。

(2)巧用起刀点和换刀点。图 8-29(a)所示为采用矩形循环方式粗车的一般情况。考虑到精车等加工过程中换刀的方便,故将换刀点 A 设置在离毛坯较远的位置处,同时将起刀点与换刀点重合在一起,按三刀粗车的进给路线安排如下:

第一刀为 $A \rightarrow B \rightarrow C \rightarrow D \rightarrow A$;

第二刀为 $A \rightarrow E \rightarrow F \rightarrow G \rightarrow A$;

第三刀为 $A \rightarrow H \rightarrow I \rightarrow J \rightarrow A$。

图 8-29(b)所示为起刀点与对刀点分离,将起刀点设于 B 点位置,仍按相同的切削用量进行三刀粗车,其进给路线安排如下:

车刀先由对刀点 A 运行至起刀点 B;

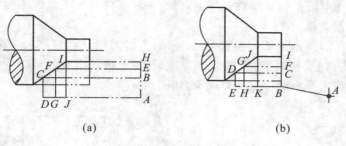

图 8-29　起刀点和换刀点

第一刀为 $B \rightarrow C \rightarrow D \rightarrow E \rightarrow B$；

第二刀为 $B \rightarrow F \rightarrow G \rightarrow H \rightarrow B$；

第三刀为 $B \rightarrow I \rightarrow J \rightarrow K \rightarrow B$。

显然，图 8-29(b)所示的进给路线短。该方法也可用在其他循环切削加工(如螺纹车削)中。为考虑换刀的方便和安全，有时将换刀点也设置在离工件较远的位置处(如图 8-29 中的 A 点)。那么，换刀后，刀具的空行程路线也较长。如果将换刀点都设置在靠近工件处，则可缩短空行程路线。总之，换刀点的设置，必须确保刀架在回转过程中，所有的刀具不与工件发生碰撞。

3. 轮廓精车进给路线

在安排可以一刀或多刀进行的精加工工序时，其零件的完整轮廓应由最后一刀连续加工而成。这时，加工刀具的进刀、退刀位置要安排妥当，尽量不要在连续的轮廓中安排切入和切出或换刀及停顿，以免因切削力突然变化而造成弹性变形，致使光滑连接轮廓上产生表面划伤、形状突变或滞留刀痕等缺陷。

4. 特殊的加工路线

在数控加工车削加工中，一般情况下，Z 坐标方向的进给运动都是沿着负方向进行的，但有时按其常规的负方向安排进给路线并不合理，甚至可能车坏工件。

例如，当采用尖形车刀加工大圆弧内表面零件时，安排两种不同的进给方法，如图 8-30 所示，其结果也不相同。对于图 8-30(a)所示的第一种进给方法($-Z$ 走向)，因切削时尖形车刀的主偏角为 $100° \sim 105°$，这时切削力在 X 向的较大分力 F_p 将沿着图 8-30 所示的 $+X$ 方向作用，当刀尖运动到圆弧的换象限处，即由 $-Z$、$-X$ 向 $+Z$、$+X$ 变换时，吃刀抗力 F_p 与传动横向拖板的传动力方向相同，若螺旋副间有机械传动间隙，就可能使刀尖嵌入零件表面(即扎刀)，其嵌入量在理论上等于其机械传动间隙量 e，如图 8-31 所示。即使该间隙量很小，由于刀尖在 X 方向换向时，横向拖板进给过程的位移量变化也很小，加上处于动摩擦与

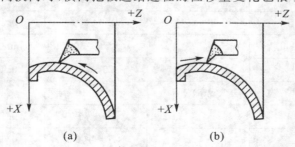

图 8-30　两种不同的进给方法

静摩擦之间呈过渡状态的拖板惯性的影响,仍会导致横向拖板产生严重的爬行现象,从而大大降低零件的表面质量。

对于图 8-30(b)所示的第二种进给方法,因为尖刀运动到圆弧的换象限处,即由－Z、－X向＋Z、＋X 方向变换时,吃刀抗力 F_p 与丝杠传动横向拖板的传动方向相反,不会受螺旋副机械传动间隙的影响而产生扎刀现象,如图 8-32 所示。

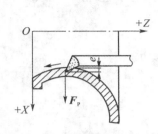 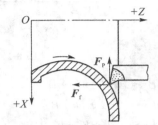

图 8-31　扎刀现象　　　　　图 8-32　不会产生扎刀现象

8.2.4　数控车削加工车削用量

数控车削加工中的车削用量包括背吃刀量 a_p,主轴转速 n 或切削速度 V_c(用于恒线速度切削)、进给速度 V_f 或进给量 f。这些参数均应在机床给定的允许范围内选取。

1. 切削用量的选用原则

切削用量(a_p、f、V_c)选择是否合理,对能否充分发挥机床潜力与刀具切削性能,实现优质、高产、低成本和安全操作具有很重要的作用。切削用量的选择原则是:粗车时,首先考虑选择尽可能大的背吃刀量 a_p,其次选择较大的进给量 f,最后确定一个合适的切削速度 V_c。增大背吃刀量 a_p 可使走刀次数减少,增大进给量 f 有利于断屑。

精车时,对加工精度和表面粗糙度要求较高,加工余量不大且较均匀。选择精车的切削用量时,应着重考虑如何保证加工质量,并在此基础上尽量提高生产率。因此,精车时应选用较小(但不能太小)的背吃刀量和进给量,并选用性能好的刀具材料和合理的几何参数,以尽可能提高切削速度。

表 8-7 所示为常用切削用量推荐表,供应用时参考,应用时还可查阅切削用量手册。

表 8-7　常用切削用量推荐表

工件材料	加工内容	背吃刀量 a_p/mm	切削速度 V_c/(m/min)	进给量 f/(mm/r)	刀具材料
碳素钢 $\sigma_b \geqslant 600$ MPa	粗加工	5～7	60～80	0.2～0.4	YT 类
	粗加工	2～3	80～120	0.2～0.4	
	精加工	2～6	120～150	0.1～0.2	
	钻中心孔	500～800 r/min			W18Cr4V
	钻孔		25～30	0.1～0.2	
	切断(宽度小于 5 mm)		70～110	0.1～0.2	YT 类
铸铁 HBS＜200	粗加工		50～70	0.2～0.4	YG 类
	精加工		70～100	0.1～0.2	
	切断(宽度小于 5 mm)		50～70	0.1～0.2	

2. 选择切削用量时应注意的几个问题

1）主轴转速

主轴转速应根据零件上被加工部位的直径,并按零件和刀具的材料及加工性质等条件所允许的切削速度来确定。切削速度除了计算和查表选取外,还可根据实践经验确定,需要注意的是交流变频调速数控车床低速输出力矩小,因而切削速度不能太低。根据切削速度可以计算出主轴转速。

2）车螺纹时的主轴转速

数控车床加工螺纹时,因其传动链的改变,原则上其转速只要能保证主轴每转一周时,刀具沿主进给轴(多为 Z 轴)方向位移一个螺距即可。但数控车床车螺纹时,会受到以下几方面的影响。

（1）螺纹加工程序段中指令的螺距值,相当于以进给量 f(mm/r)表示的进给速度 V_f。如果将机床的主轴转速选择过高,则其换算后的进给速度 V_f(mm/min)必定大大超过正常值。

（2）刀具在其位移过程的始/终,都将受到伺服驱动系统升/降频率和数控装置插补运算速度的约束,由于升/降频率特性满足不了加工需要等,可能因主进给运动产生出的"超前"和"滞后"而导致部分螺牙的螺距不符合要求。

（3）车削螺纹必须通过主轴的同步运行功能实现,即车削螺纹需要有主轴脉冲发生器(编码器)。当其主轴转速选择过高时,通过编码器发出的定位脉冲(即主轴每转一周时所发出的一个基准脉冲信号)将可能因"过冲"(特别是当编码器的质量不稳定时)而导致工件螺纹产生乱纹(俗称"乱扣")。

8.2.5 典型零件的数控车削加工工艺

图 8-33 所示轴为典型零件。

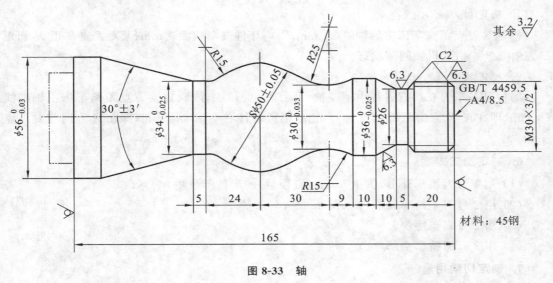

图 8-33 轴

1. 分析零件图样

该零件包括圆柱、圆锥、顺圆弧、逆圆弧及双线螺纹等表面;其多个直径尺寸有较严的尺寸公差和表面粗糙度值等要求;球面 $S\phi50$ mm 的尺寸公差还兼有控制该球面形状(线轮廓)

误差的作用。

该零件材料为 45 钢，可以用 $\phi 60$ mm 棒料，无热处理和硬度要求。

此坯件左端已预先车出夹持部分（双点划线部分），右端端面已车出并钻好 A4/8.5 中心孔。

2. 选定设备

根据被加工零件的外形和材料等条件，选定数控车床为 KC6140；根据机床说明书，其数控系统为 FANUC。

3. 确定零件的定位基准和装夹方式

1）定位基准

确定坯件轴线和左端大端面（设计基准）为定位基准。

2）装夹方式

左端采用三爪自定心卡盘夹紧、右端采用活动顶尖支顶的装夹方式。

4. 确定刀具并对刀

1）粗、精车用刀具

（1）硬质合金 $90°$ 外圆车刀，副偏角取 $60°$，断屑性能应较好。

（2）硬质合金 $60°$ 外螺纹车刀，刀尖角取 $59°30'$，刀尖圆弧半径取 0.2 mm。

2）对刀

（1）将粗车用 $90°$ 外圆车刀安装在绝对刀号自动转位刀架的 1 号刀位上，并定为 1 号刀。

（2）将精车外形（含外螺纹）用 $60°$ 外螺纹车刀安装在绝对刀号自动转位刀架的 2 号刀位上，并定为 2 号刀。

（3）在对刀过程中，同时测定出 2 号刀相对于 1 号刀的刀位偏差。

5. 确定对刀点及换刀点位置

1）确定对刀点

确定对刀点距离车床主轴轴线 30 mm，距离坯件右端端面 5 mm；其对刀点在正 X 和正 Z 方向并处于消除机械间隙状态。

2）确定换刀点

为使其各车刀在换刀过程中不碰撞到尾座上的顶尖，故确定换刀点距离车床主轴轴线 60 mm，即在正 X 方向距离对刀点 30 mm，距离坯件右端端面 5 mm，即在 Z 方向与对刀点一致。

6. 制定加工方案

（1）用 1 号刀粗车外形，留 1.5 mm（直径量）的半精车余量。

（2）用 2 号刀半精车外形，留 0.5 mm 精车余量。

（3）用 2 号刀车螺纹。

（4）用 2 号刀精车全部外形。

7. 确定切削用量

1）背吃刀量

粗车时，确定其背吃刀量为 3 mm 左右；精车时背吃刀量为 0.25 mm。

2）主轴转速

（1）车直线和圆弧轮廓时的主轴转速，参考表 8-7 并根据实践经验确定其切削速度为

90 m/min；粗车时确定主轴转速为 500 r/min，精车时确定主轴转速为 800 r/min。编程中还可以对直线、圆弧采用不同的主轴转速。

（2）车螺纹时的主轴转速定为 320r/min。

3）进给速度

粗车时，按式 $V_f = nf$ 可选择 $V_{f1} = 200$ mm/min；精车时，兼顾到圆弧插补运行，故选择 $V_{f2} = 60$ mm/min 左右；短距离空行程的 $V_{f3} = 300$ mm/min。

8. 进行数值计算

利用计算机绘制该图，用查询功能确定各计算点的坐标值。

9. 填写数控加工技术文件

数控加工工序卡如表 8-8 所示。

表 8-8　轴的数控加工工序卡

（工厂）	数控加工 工序卡片		产品名称或代号		零件名称	材料	零件图号	
					轴	45 钢		
工序号	程序编号	夹具名称	夹具编号	使用设备		车间		
		三爪自定 心卡盘				数控中心		
工步号	工步内容		加工面	刀具号	刀具规格 /mm	主轴转速 /(r/min)	进给速度 /(mm/min)	背吃刀量 /mm	备注
1	粗车全部外形			T01		500	200		
2	半精车全部外形			T01		500	200		
3	车螺纹			T02		320			
4	精车			T02		800	60		
编制		审核		批准		共 1 页		第 1 页	

数控加工刀具卡片如表 8-9 所示。

表 8-9　轴的数控加工刀具卡片

产品代号		零件名称		轴	零件图号			程序号	
工步号	刀具号	刀具名称	刀具型号		刀号			刀尖半径 /mm	备注
					型号		牌号		
1、2	T01	90°偏刀	PTGNR2020-16Q		TNUM160401R-A4		YT5	0	
3、4	T02	60°螺纹刀	CTECN2020-16Q		TCUM160402N-V3		YT5	0.2	
编制		审核			批准			共 1 页	第 1 页

10. 数控加工程序单（略）

轴的数控加工程序单略，读者可参考相关资料编制程序单。

8.3 数控铣削及加工中心加工工艺

8.3.1 数控铣削及加工中心加工特点

数控铣削的特点：①多刃切削。铣刀同时有多个刀齿参加切削，生产率高。②断续切削。铣削时，刀齿依次切入和切出工件，易引起周期性冲击振动。③半封闭切削。铣削的刀齿多，相应每个刀齿的容屑空间小，呈半封闭状态，容屑和排屑条件差。

数控铣削是一种应用非常广泛的数控切削加工方法，能完成数控铣削加工的设备主要是数控铣床和加工中心。加工中心是备有刀库并能自动更换刀具，对工件进行多工序加工的数控机床。它突破了一台机床只能进行单工种加工的传统概念，集铣削、钻削、铰削、镗削、攻螺纹和切螺纹等多种功能于一身，能实现一次装夹，自动完成多工序的加工。数控铣床与数控镗铣加工中心不同，它没有刀库及自动换刀装置。与普通机床加工相比，数控铣削和加工中心加工具有许多显著的优点。

（1）加工灵活、通用性强。数控铣床的最大特点是高柔性，即灵活、通用、万能，可以加工不同形状的工件。在数控铣床上能完成钻孔、镗孔、铰孔、铣平面、铣斜面、铣槽、铣曲面（凸轮）、攻螺纹等加工。而且在一般情况下，可以一次装夹就完成所需的加工工序。

（2）加工精度高。目前数控装置的分辨率一般为 0.001 mm，高精度的数控系统可达 0.1 μm。另外，数控加工同一批加工零件的尺寸同一性好，大大提高了产品质量。加工中心的控制系统多采用半闭环甚至全闭环的补偿控制方式，有较高的定位精度和重复定位精度，在加工过程中产生的尺寸误差能及时得到补偿，与普通机床相比，能获得较高的尺寸精度，能加工很多普通机床难以加工或根本不能加工的复杂型面，所以在加工各种复杂模具时更显出其优越性。

（3）生产效率高。数控铣床上一般不需要使用专用夹具等专用工艺装备。在更换工件时，只需调用存储于数控装置中的加工程序，并装夹工件和调整刀具数据即可，因而大大缩短了生产周期。而加工中心具有多种辅助功能，可减少多次装夹工件所需的装夹时间，其自动换刀功能还缩短了换刀时间。其次，它们具有铣床、镗床和钻床的功能，使工序高度集中，大大提高了生产效率并减小了工件装夹误差。另外，它们的主轴转速和进给速度都是无级变速的，因此有利于选择最佳切削用量。数控铣床具有快进、快退、快速定位功能，可大大减少机动时间。据统计，与采用普通铣床加工相比，采用数控铣床加工时生产效率可提高 3～5倍。对于复杂的成型面加工，生产效率可提高十几倍，甚至几十倍。

（4）降低操作者的劳动强度。数控铣床和加工中心对零件加工是按事先编好的加工程序自动完成的，操作者除了操作键盘、装卸工件和中间测量及观察机床运行外，不需要进行繁重的重复性手工操作，其劳动强度大大降低。

由于数控铣床和加工中心具有以上优点，因而应用将越来越广泛，功能也将越来越完善。

8.3.2 数控铣削及加工中心加工对象

1. 平面类零件

加工面平行或垂直于水平面，或加工面与水平面夹角为定角的零件称为平面类零件，如图 8-34 所示。

  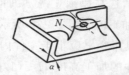

（a）带平面轮廓的平面零件　（b）带斜平面的平面零件　（c）带正圆台和斜筋的平面零件

图 8-34　平面类零件

2. 变斜角类零件

加工面与水平面的夹角呈连续变化的零件称为变斜角类零件，如图 8-35 所示。变斜角类零件的变斜角加工面不能展开为平面，但在加工中，加工面与铣刀圆周接触的瞬间为一条线。最好采用四轴或五轴联动数控铣床摆角加工。

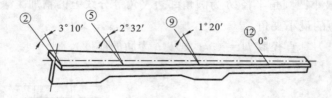

图 8-35　变斜角类零件

3. 曲面类零件

加工面为空间曲面的零件称为曲面类零件，如图 8-36 所示的叶轮。曲面类零件的加工面不能展开为平面，加工时加工面与铣刀始终为点接触。一般采用三轴联动数控铣床加工；当曲面较复杂、通道较狭窄，会伤及相邻表面且需刀具摆动时，要采用四轴甚至五轴联动数控铣床加工。

4. 箱体类零件

箱体类零件一般是指具有孔系和平面，内部有一定型腔，在长、宽、高方向有一定比例的零件，如图 8-37 所示。

5. 异形类零件

外形不规则的零件，大多要采用点、线、面多工位混合加工，如图 8-38 所示。

  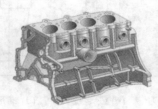 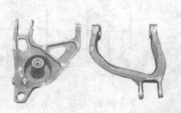

图 8-36　叶轮　　　　　　　图 8-37　箱体类零件　　　　　　图 8-38　异形类零件

8.3.3　数控铣削及加工中心加工工艺装备选用

1. 铣削加工刀具

铣刀种类很多，选择铣刀时，要使刀具的尺寸与被加工工件的表面尺寸和形状相适应。生产中，平面零件周边轮廓的加工，常采用立铣刀。铣平面时，应选硬质合金刀片铣刀；加工凸台、凹槽时,选高速钢立铣刀;加工毛坯表面或粗加工孔时,可选镶硬质合金的玉米铣刀。选择立铣刀加工时,如图 8-39 所示,刀具的有关参数,推荐按下述经验数据选取。

（1）刀具半径 r 应小于零件内轮廓面的最小曲率半径 p,一般取 $r=(0.8\sim 0.9)p$。

（2）零件的加工高度 $H\leqslant (1/6\sim 1/4)r$,以保证刀具有足够的刚度。

（3）对不通孔（深槽）,选取 $l=H+(5\sim 10\ mm)$（l 为刀具切削部分长度,H 为零件高度）。

（4）加工外形及通槽时,选取 $l=H+r_e+(5\sim 10\ mm)$（r_e 为刀尖角半径）。

（5）粗加工内轮廓面时,铣刀最大直径 D 可按式（8-2）计算（见图 8-40）。

$$D_{粗}=\frac{2\left(\delta\sin\dfrac{\varphi}{2}-\delta_1\right)}{1-\sin\dfrac{\varphi}{2}}+D \tag{8-2}$$

式中:D 为轮廓的最小凹圆角半径;δ 为圆角邻边夹角等分线上的精加工余量;δ_1 为精加工余量;φ 为圆角两邻边的最小夹角。

（6）加工肋时,刀具直径取 $D=(5\sim 10)b$（b 为肋的厚度）。

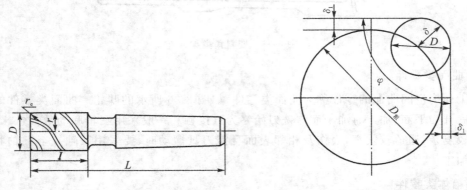

图 8-39　刀具尺寸选择　　　　　图 8-40　粗加工铣刀直径估算法

对一些立体型面和变斜角轮廓外形的加工,常采用球头铣刀、环形铣刀、鼓形铣刀、锥形铣刀和盘形铣刀等,如图 8-41 所示。

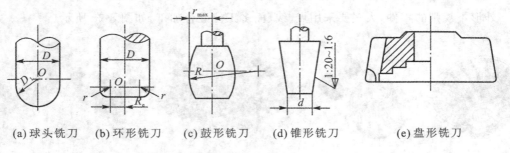

（a）球头铣刀　　（b）环形铣刀　　（c）鼓形铣刀　　（d）锥形铣刀　　（e）盘形铣刀

图 8-41　常用铣刀

曲面加工常采用球头铣刀,但加工曲面较平坦部位时,刀具以球头顶端刃切削,切削条件较差,因而加工曲面较平坦部位应采用环形铣刀。在单件或小批量生产中,为取代多坐标联动机床,常采用鼓形铣刀或锥形铣刀来加工变斜角零件。加镶齿盘铣刀,适用于在五轴联动的数控机床上加工一些球面,其加工效率比球头铣刀的高近 10 倍,并可获得高加工精度。

选用数控铣刀时应注意以下几点：

① 在数控机床上铣削平面时，应采用可转位式硬质合金刀片铣刀。一般采用两次走刀，一次粗铣、一次精铣。当连续切削时，粗铣刀直径要小些，以减小切削扭矩，精铣刀直径要大一些，最好能包容待加工表面的整个宽度。加工余量大且加工表面又不均匀时，应选用小直径刀具，否则，当粗加工时会因接刀刀痕过深而影响加工质量。

② 高速钢立铣刀多用于加工凸台和凹槽，最好不要用于加工毛坯面，因为毛坯面有硬化层和存在夹砂现象，会使刀具磨损加速。

③ 加工余量较小，并且要求表面粗糙度较低的工件时，应采用立方氮化硼（GBN）刀片端铣刀或陶瓷刀片端铣刀。

④ 镶硬质合金立铣刀可用于加工凹槽、窗口面、凸台面和毛坯表面。

⑤ 镶硬质合金的玉米铣刀可以进行强力切削，铣削毛坯表面和用于孔的粗加工。

⑥ 加工精度要求较高的凹槽时，可采用直径值小于槽宽的立铣刀，先铣槽的中间部分，然后利用刀具的半径补偿功能铣削槽的两边，直到达到精度要求为止。

⑦ 在数控床上钻孔，一般不采用钻模，钻孔深度为直径 5 倍左右的深孔时，容易折断钻头，可采用固定循环程序，多次自动进退，以利于冷却和排屑。钻孔前最好先用中心钻钻一个中心孔或采用一个刚度高的短钻头锪窝引正。锪窝除了可以解决毛坯表面钻孔引正问题外，还可以替代孔口倒角。

2. 孔加工刀具

常用的数控孔加工刀具有钻头、镗刀、铰刀和丝锥等。

1）钻头

在数控机床上钻孔大多采用普通麻花钻，直径为 8～80 mm 的麻花钻多为莫氏锥柄，可直接装在带有莫氏锥孔的刀柄内；直径为 0.1～20 mm 的麻花钻多为圆柱形，可装在钻夹头刀柄上；中等尺寸麻花钻两种形式均可选用。由于在数控机床上钻孔都是无钻模直接钻孔，因此，当钻深度约为直径 5 倍的细长孔时，钻头易折断，要注意冷却和排屑，在钻孔前最好先用中心钻钻中心孔，或用刚度较高的短钻头锪窝。

钻削直径为 20～60 mm、孔的深径比小于等于 3 的中等浅孔时，可选用图 8-42 所示的可转位浅孔钻，其结构是在带排屑槽及内冷却通道钻体的头部装有一组刀片（多为凸多边形、菱形和四边形，多为深孔刀片），通过该中心压紧刀片，靠近钻心的刀片用韧性好的材料，靠近钻头外径的刀片选用较为耐磨的材料。这种钻头具有切削效率高、加工质量好的特点，适用于箱体零件的钻孔加工。

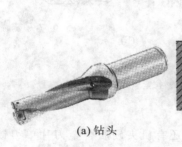

(a) 钻头　　　　　(b) 等边不等角六边形　　　(c) 四边形刀片浅孔钻
　　　　　　　　　　刀片浅孔钻

图 8-42　可转位浅孔钻

2）镗刀

镗刀按切削刃数量可分为单刃镗刀和双刃镗刀。镗削通孔、阶梯孔和不通孔可选用图8-43所示的单刃镗刀。

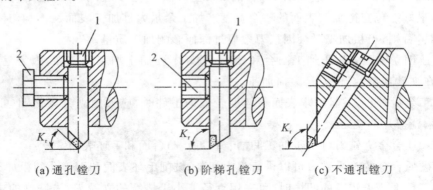

(a) 通孔镗刀　　　　(b) 阶梯孔镗刀　　　　(c) 不通孔镗刀

图 8-43　单刃镗刀

1—调节螺钉；2—紧固螺钉

单刃镗刀头结构类似车刀，用螺钉装夹在镗杆上。调节螺钉 1 用于调整尺寸，紧固螺钉 2 起锁紧作用。单刃镗刀刚度低，切削时易引起振动，所以镗刀的主偏角应较大，以减小径向力。镗铸铁孔或精镗时，一般取 $K_r = 90°$；粗镗钢件孔时，K_r 应为 $60° \sim 75°$，以延长刀具寿命。所镗孔径的大小要靠调整刀具的悬伸长度来保证，调整烦琐，只能用于单件小批零件生产。但单刃镗刀结构简单，适应范围较广，粗、精加工都适用。

在孔的精镗中，目前较多地选用精镗微调镗刀（见图 8-44）。这种镗刀的径向尺寸可以在一定范围内进行微调，调节方便，且精度高。调整尺寸时，先松开拉紧螺钉 6，然后转动带刻度盘的调整螺母 3，等调至所需尺寸，再拧紧螺钉 6，使用时应保证锥面靠大端接触（即镗杆 90°锥孔的角度公差为负值），且与直孔部分同心。键与键槽配合间隙不能太大，否则微调时就不能达到较高的精度。

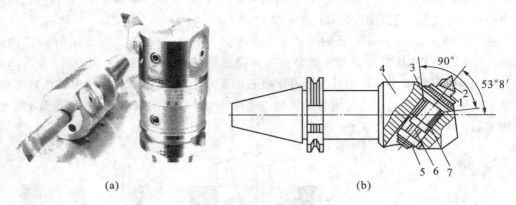

(a)　　　　　　　　　　　　(b)

图 8-44　精镗微调镗刀

1—刀体；2—刀片；3—调整螺母；4—刀杆；5—螺母；6—拉紧螺钉；7—导向键

3）铰刀

数控机床上使用的铰刀多为通用标准铰刀。此外，还有机夹硬质合金刀片单刃铰刀和浮动铰刀等。

加工公差等级为 IT8 至 IT9、表面粗糙度 Ra 为 $0.8 \sim 1.6$ μm 的孔时,通常采用标准铰刀,加工公差等级为 IT5 至 IT7、表面粗糙度 Ra 为 0.7 μm 的孔时,可采用机夹硬质合金单刃铰刀。如图 8-45 所示,刀片 3 通过楔套 4 用螺钉 1 固定在刀体上,通过螺钉 7,销子 6 可调节铰刀尺寸。导向块 2 可采用黏结和铜焊的方式固定。机夹单刃铰刀应有很高的刃磨质量。因为精密铰削时,半径上的铰削余量在 10 μm 以下,所以刀片的切削刃口要磨得异常锋利。

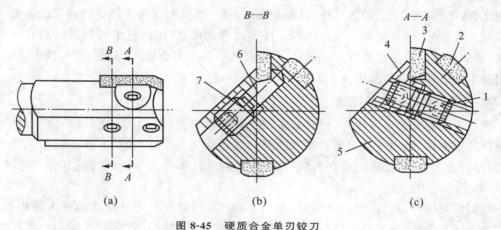

图 8-45　硬质合金单刃铰刀
1、7—螺钉;2—导向块;3—刀片;4—楔套;5—刀体;6—销子

铰削公差等级为 IT6 至 IT7、表面粗糙度 Ra 为 $0.8 \sim 1.6$ μm 的大直径通孔时,可选用专为加工中心设计的浮动铰刀。图 8-46 所示为加工中心上使用的浮动铰刀。在装配时,先根据所要加工孔的大小调节好可调式浮动铰刀体 2,在铰刀体 2 插入刀杆体 1 的长方孔后,在对刀仪上找正,然后移动定位滑块 5,使圆锥端螺钉 3 的锥端对准刀杆体上的定位窝,拧紧螺钉 6 后,调整圆锥端螺钉,使铰刀体有 $0.04 \sim 0.08$ mm 的浮动量(用对刀仪观察),调整好后,将螺母 4 拧紧。

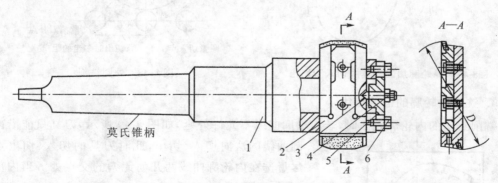

莫氏锥柄

图 8-46　加工中心上使用的浮动铰刀
1—刀杆体;2—可调式浮动铰刀体;3—圆锥端螺钉;4—螺母;5—定位滑块;6—螺钉

浮动铰刀既能保证在换刀和进刀过程中刀片不会从刀杆的长方孔中滑出,又能较准确地定心。它有两个对称刃,能自动平衡切削力,在铰削过程中又能自动补偿因刀具安装误差或刀杆的径向圆跳动而引起的加工误差,因而加工精度稳定。浮动铰刀的寿命比高速钢铰刀长 $8 \sim 10$ 倍,且具有直径调整的连续性。

8.3.4 数控铣削及加工中心走刀路线的确定

1. 顺铣和逆铣的进给路线

铣削有顺铣和逆铣两种方式。在铣削加工中,顺铣时铣刀的走刀方向与在切削点的切削分力方向相同;而在铣削加工中,逆铣时铣刀的走刀方向与在切削点的切削分力方向相反。当工件表面无硬皮、机床进给机构无间隙时,应选用顺铣,按照顺铣安排进给路线。顺铣加工时,零件已加工表面质量好,刀齿磨损小。精铣时,尤其是零件材料为铝镁合金、钛合金或耐热合金时,应尽量采用顺铣。当工件表面有硬皮、机床的进给机构有间隙时,应选用逆铣,按照逆铣安排进给路线。逆铣时,刀齿是从已加工表面切入,不会崩刀,机床进给机构的间隙不会引起振动和爬行。

2. 铣削外轮廓的进给路线

铣削平面零件的外轮廓时,一般采用立铣刀侧刃切削,刀具切入工件时,应避免沿零件外轮廓的法向切入,而应沿切削起始点的延伸线逐渐切入工件,保证零件曲线的平滑过渡。同理,在切离工件时,也应避免在切削终点处直接抬刀,要沿着切削终点的延伸线逐渐切离工件,如图 8-47 所示。

当用圆弧插补方式铣削外整圆时,如图 8-48 所示,要安排刀具从切向进入圆周铣削加工。整圆加工完毕后,不要在切点处直接退刀,而应让刀具沿切线方向多运动一段距离,以免取消刀补时,刀具与工件表面相碰,造成工件报废。

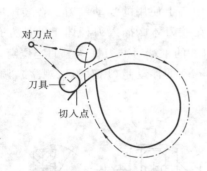

图8-47 外轮廓加工刀具的切入和切出

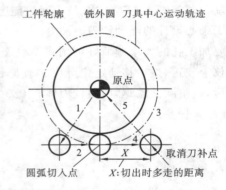

图 8-48 外圆铣削

3. 铣削内轮廓的进给路线

铣削封闭的内轮廓表面时,若内轮廓曲线不允许外延,如图 8-49 所示,刀具只能沿内轮廓曲线的法向切入、切出,此时刀具的切入、切出点应尽量选在内轮廓曲线两几何元素的交点处。当内部几何元素相切无交点时,如图 8-50 所示,为防止刀补取消时在轮廓拐角处留下凹口[见图 8-50(a)],刀具切入、切出点应远离拐角[见图 8-50(b)]。

当用圆弧插补方式铣削内圆弧时也要遵循从切向切入、切出的原则,最好安排从圆弧过渡到圆弧的加工路线,如图 8-51 所示,以提高内孔表面的加工精度和

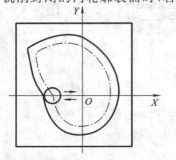

图 8-49 内轮廓加工刀具的切入和切出

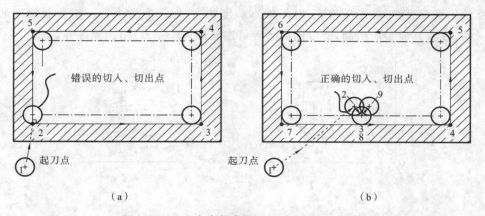

图 8-50　无交点内轮廓加工刀具的切入和切出

质量。

4. 铣削内槽的进给路线

内槽是指以封闭曲线为边界的平底凹槽。内槽一律用平底立铣刀加工，刀具圆角半径应符合内槽的图样要求。图 8-52 所示为加工内槽的三种进给路线。图 8-52（a）和图 8-52（b）所示分别为用行切法、环切法加工内槽的路线。两种进给路线的共同点是，都能切净内腔中的全部面积，不留死角，不伤轮廓，同时尽量减少重复进给的搭接量。不同点是，行切法的进给路线比环切法的短，但行切法将在每两次进给的起点与终点间留下残留面积，而达不到所要求的表面粗糙度；用环切法比用行切法获得的表面粗糙度要低，但环切法需要逐次向外扩展轮廓线，刀位点计算稍微复杂一些。采用图 8-52（c）所示的进给路线，即先用行切法切去中间部分余量，最后用环切法环切一刀以使轮廓表面完整，既能使总的进给路线较短，又能获得较低的表面粗糙度。

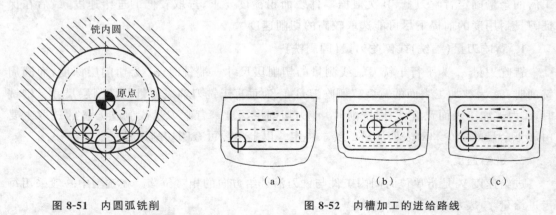

图 8-51　内圆弧铣削　　　　　图 8-52　内槽加工的进给路线

5. 铣削曲面轮廓的进给路线

铣削曲面时，常用球头刀采用行切法进行加工。所谓行切法是指刀具与零件轮廓的切点轨迹是一行一行的，而行间的距离是按零件加工精度的要求确定的。

对于边界敞开的曲面加工，可采用两种加工路线，如图 8-53 所示的发动机大叶片，当采用图 8-53（a）所示的加工方案时，每次沿直线加工，刀位点计算简单，程序少，加工过程符合直纹面的形成，可以保证母线的直线度。当采用图 8-53（b）所示的加工方案时，符合这类零件数据给出情况,便于加工后检验,叶形的准确度较高,但程序较多。由于曲面零件的边界是敞开的,没有其他表面限制,所以曲面边界可以延伸,球头刀应由边界外开始加工。

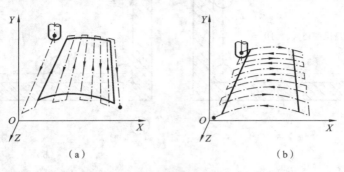

图 8-53　(发动机大叶片)曲面加工的进给路线

在走刀路线确定中要注意一些问题:轮廓加工中应避免进给停顿,否则会在轮廓表面留下刀痕;在被加工表面范围内垂直下刀和抬刀,也会划伤表面。为提高工件表面的精度和降低表面粗糙度,可以采用多次走刀的方法,精加工余量一般以 0.2~0.5 mm 为宜。

选择工件在加工后变形小的走刀路线。对横截面积小的细长零件或薄板零件,应采用多次走刀加工达到最后尺寸,或采用对称去余量法安排走刀路线。

8.3.5　铣削用量的选择

铣削用量包括切削速度、进给速度、背吃刀量和侧吃刀量。铣削用量的基本选择原则是:在保证加工质量和刀具耐用度的前提下,使生产率达到最高,从而获得最大的切削效益。一般而言,切削用量的确定顺序是:粗加工时,先选取尽可能大的背吃刀量或侧吃刀量,其次选定尽可能高的进给速度,最后根据刀具耐用度确定最佳切削速度。精加工时,先根据粗加工后的余量确定背吃刀量,其次根据零件表面粗糙度要求,选取较低的进给速度,最后在保证刀具耐用度的前提下尽可能选取较高的切削速度。

1. 背吃刀量(端铣)或侧吃刀量(圆周铣)

背吃刀量 a_p 为平行于铣刀轴线测量的切削层尺寸。端铣时,a_p 为切削层深度;而圆周铣削时,a_p 为被加工表面的宽度。侧吃刀量 a_e 为垂直于铣刀轴线测量的切削层尺寸。端铣时,a_e 为被加工表面宽度;圆周铣削时,a_e 为切削层深度。背吃刀量或侧吃刀量的选取主要由加工余量的多少和对表面质量的要求决定。以上参数可查阅切削用量手册。

2. 进给速度

进给速度 V_f 是指单位时间内工件与铣刀沿进给方向的相对位移。在铣削中一般采用每齿进给量 f_z 表示。

每齿进给量 f_z 的选取主要取决于工件材料和刀具材料的力学性能、工件表面粗糙度值等因素。工件材料强度、硬度越高,f_z 可取越小的值;反之则可取越大的值。刀具材料的硬度越高,f_z 可取越大的值;反之则 f_z 可取越小的值。例如硬质合金铣刀的每齿进给量一般大于同结构高速钢铣刀的每齿进给量。工件表面粗糙度要求值越小,f_z 就应选取越小的值。工件刚度高或刀具强度低时,f_z 应取小值。每齿进给量的确定可参考表 8-10 选取。

表 8-10　各种铣刀每齿进给量

工件材料	每齿进给量 f_z/(mm/z)			
	粗　　铣		精　　铣	
	高速钢铣刀	硬质合金铣刀	高速钢铣刀	硬质合金铣刀
钢	0.10～0.15	0.10～0.25	0.02～0.05	0.10～0.15
铸铁	0.12～0.20	0.15～0.30		

3. 切削速度

铣削的切削速度计算公式为:

$$V_c = \frac{C_v d^q}{T^m f_z^{y_v} a_e^{p_v} a_p^{x_v} Z^{x_v} 60^{1-m}} k_v \tag{8-3}$$

由式(8-3)可知铣削的切削速度与刀具耐用度 T、每齿进给量 f_z、背吃刀量 a_p、侧吃刀量 a_e 以及铣刀齿数 z 成反比,而与铣刀直径 d 成正比。其原因为 f_z、a_p、a_e 和 z 增大时,刀刃负荷增加,而且同时工作齿数也增多,使切削热增加,刀具磨损加快,从而限制了切削速度的提高。刀具耐用度的提高使允许使用的切削速度降低。但是加大铣刀直径 d 则可改善散热条件,因而可提高切削速度。

式(8-3)中的系数及指数是经过实验求出的,可参考有关切削用量手册选用。

此外,铣刀的切削速度可参考表 8-11 选取。

表 8-11　铣刀的切削速度

工件材料	硬度/HBS	切削速度/(m/min)	
		高速钢铣刀	硬质合金铣刀
钢	小于 225	18～42	66～150
	225～325	12～36	54～120
	325～425	6～21	36～75
铸铁	小于 190	21～36	66～150
	190～260	9～18	45～90
	160～320	4.5～10	21～30

8.3.6　典型零件的数控铣削及加工中心加工工艺

本节以一个典型实例简要介绍加工中心的加工工艺,以助读者进一步掌握制订零件加工中心加工工艺的方法和步骤。

盖板是机械加工中常见的零件,加工表面有平面和孔,通常需经铣平面、钻孔、扩孔、镗孔、铰孔及攻螺纹等工步才能加工完成。下面以图 8-54 所示盖板零件简图为例介绍其加工中心加工工艺。

1. 零件图分析,选择加工内容

该盖板的材料为铸铁,故毛坯为铸件。由图 8-54 可知,盖板的四个侧面为不加工表面,全部加工表面都集中在 A、B 面上。最高精度为 IT7 级。从工序集中和便于定位两个方面考虑,选择 B 面及位于 B 面上的全部孔在加工中心上加工,将 A 面作为主要定位基准,并在前道工序中预先加工好。

2. 选择加工中心

由于 B 面及位于 B 面上的全部孔只需单工位加工即可完成,故选择立式加工中心。加工表面不多,只需粗铣、精铣、粗镗、半精镗、精镗、钻、扩、锪、铰及攻螺纹等工步,所需刀具不超过 20 把。选用国产 XH714 型立式加工中心即可满足上述要求。该机床工作台尺寸为 400 mm×800 mm,X 轴行程为 600 mm,Y 轴行程为 400 mm,Z 轴行程为 400 mm,主轴端面至工作台台面距离为 125～525 mm,定位精度和重复定位精度分别为 0.02 mm 和 0.01 mm,刀库可容纳 18 把刀,工件一次装夹后可自动完成铣、钻、镗、铰及攻螺纹等工步的加工。

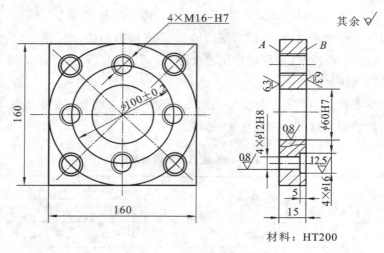

图 8-54　盖板零件简图

3. 工艺设计

1）选择加工方法

B 平面用铣削方法加工,因其表面粗糙度 Ra 值为 6.3 μm,故采用粗铣-精铣方案;φ60H7 孔已铸出毛坯孔,为达到 IT7 级精度和 Ra0.8 μm 的表面粗糙度值,需经三次镗削,即采用粗镗-半精镗-精镗的方案;对 φ12H8 孔,为防止钻偏和达到 IT8 级精度要求,按钻中心孔—钻孔—扩孔—铰孔方案进行;φ16 mm 沉头孔在 φ12 mm 孔基础上锪至尺寸即可;M16 螺纹孔采用先钻底孔后攻螺纹的加工方法,即按钻中心孔—钻底孔—倒角—攻螺纹的方案加工。

2）确定加工顺序

加工顺序按照先面后孔、先粗后精的原则确定。具体加工顺序为粗、精铣 B 面—粗镗、半精镗、精镗 φ60H7 孔—钻各孔和螺纹孔的中心孔-钻、扩、锪、铰 φ12H8 及 φ16 mm 孔—钻 M16 螺纹的底孔、倒角和攻螺纹。具体顺序详见表 8-12 工序卡。

表 8-12 数控加工工序卡

（工厂）	数控加工工序卡		产品名称（代号）	零件名称	材料	零件图号		
				盖板	HT200			
工序号	程序编号	夹具名称	夹具编号	使用设备	车间			
		台虎钳		XH714				
工步号	工步内容		加工面	刀具号	刀具规格 /mm	主轴转速 /(r/min)	进给速度 /(mm/min)	背吃刀量 /mm	备注
1	粗铣 B 平面，留余量 0.5 mm			T01	φ100	300	70	3.5	
2	精铣 B 平面至尺寸			T01	φ100	350	50	0.5	
3	粗镗 φ60H7 孔至 φ58 mm			T02	φ58	400	60		
4	半精镗 φ60H7 至 φ59.95 mm			T03	φ59.95	450	50		
5	精镗 φ60H7 至尺寸			T04	φ60H7	500	40		
6	钻 4×φ12H8 及 4×M16 中心孔			T05	φ3	1000	50		
7	钻 4×φ12H8 至 φ10 mm			T06	φ10	600	60		
8	扩 4×φ12H8 至 11.85 mm			T07	φ11.85	300	40		
9	锪 4×φ16 mm 至尺寸			T08	φ16	150	30		
10	铰 4×φ12H8 至尺寸			T09	φ12H8	100	40		
11	钻 4×M16 螺纹底孔至 φ14 mm			T10	φ14	450	60		
12	倒 4×M16 底孔端角			T11	φ18	300	40		
13	攻 4×M16 螺纹			T12	M16	100	200		
编制			审核		批准		共 页	第 页	

3）确定装夹方案和选择夹具

该盖板零件形状简单，四个侧面较光整，加工面与不加工面之间的位置精度要求不高，故可选用通用台虎钳，以盖板底面 A 和两个侧面定位，用虎钳钳口从侧面夹紧。

4）选择刀具

所需刀具有面铣刀、镗刀、中心钻、麻花钻、铰刀、立铣刀（锪 φ16 mm 孔）及丝锥等，其规格根据加工尺寸选择。B 面粗铣铣刀直径应选小一些，以减少切削力矩，但也不能太小，以免影响加工效率;B 面精铣铣刀直径应选大一些,以减少接刀痕迹,但要考虑到刀库允许装刀直径(XH714 型加工中心的允许装刀直径:无相邻刀具时为 $\phi150$ mm,有相邻刀具时为 $\phi80$ mm),但也不能太大。刀柄柄部根据主轴锥孔和拉紧机构选择。XH714 型加工中心主轴锥孔 ISO40,适用刀柄为 BT40(日本标准 JISB6339),故刀柄柄部应选择 BT40。具体所选刀具及刀柄如表 8-13 所示。

表 8-13　数控加工刀具卡片

产品名称（代号）		零件名称	盖板	零件图号		程序号	
工步号	刀具号	刀具名称	刀柄型号	刀具		补偿量/mm	备注
				直径/mm	刀长/mm		
1	T01	面铣刀 $\phi100$	BT40－XM32－75	$\phi100$			
2	T01	面铣刀 $\phi100$	BT40－XM32－75	$\phi100$			
3	T02	镗刀 $\phi58$	BT40－TQC50－180	$\phi58$			
4	T03	镗刀 $\phi59.95$	BT40－TQC50－180	$\phi59.95$			
5	T04	镗刀 $\phi60$H7	BT40－Z10－45	$\phi60$H7			
6	T05	中心钻 $\phi3$	BT40－MI－45	$\phi3$			
7	T06	麻花钻 $\phi10$	BT40－MI－45	$\phi10$			
8	T07	扩孔钻 $\phi11.85$	BT40－MI－45	$\phi11.85$			
9	T08	阶梯铣刀 $\phi16$	BT40－MW2－55	$\phi16$			
10	T09	铰刀 12H8	BT40－MI－45	$\phi12$H8			
11	T10	麻花钻 $\phi14$	BT40－MI－45	$\phi14$			
12	T11	麻花钻 $\phi18$	BT40－M2－50	$\phi18$			
13	T12	机用丝锥 M16	BT40－G12－130	M16			
编制		审核		批准		共　页	第　页

5）确定进给路线

B 面的粗、精铣削加工进给路线根据铣刀直径确定,因所选铣刀直径为 $\phi100$ mm,故安排沿 X 方向两次进给(见图 8-55)。所有孔加工进给路线均按最短路线确定,因为孔的位置精度要求不高,机床的定位精度完全能保证,图 8-56 至图 8-60 所示为各孔加工工步的进给路线。

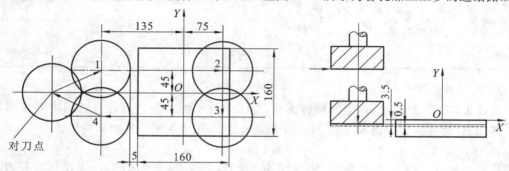

图 8-55　铣 B 平面的进给路线

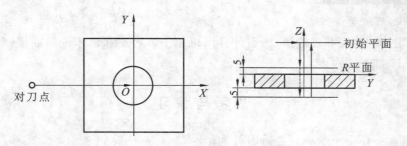

图 8-56 镗 ϕ60HC 的进给路线

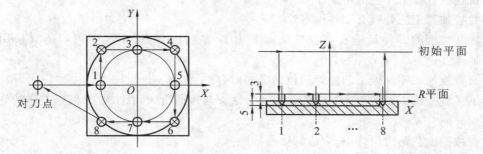

图 8-57 转中心孔的进给路线

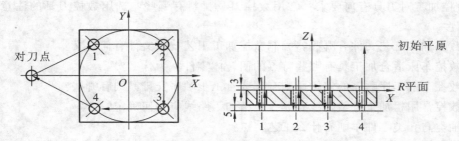

图 8-58 钻、扩、铰 $4\times\phi$12H8 的进给路线

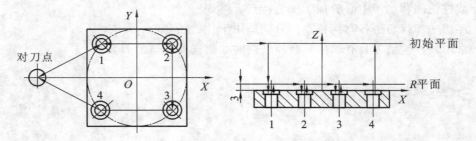

图 8-59 锪 $4\times\phi$16 mm 的进给路线

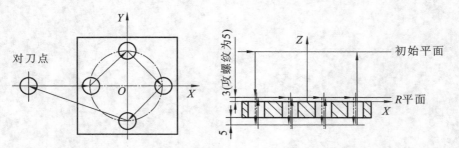

图 8-60 钻螺纹底孔、攻 $4\times$M16 螺纹的进给路线

6）选择切削用量

查表确定切削速度和进给量，然后计算出机床主轴转速和机床进给速度。具体切削用量详见表 8-12 加工工序卡。

思考与练习

8-1 什么是数控加工工艺？其主要内容是什么？

8-2 试述数控加工工艺的特点。

8-3 数控加工工艺处理有哪些内容？

8-4 哪些类型的零件最适宜在数控机床上加工？零件上的哪些加工内容适宜采用数控加工？

8-5 对数控加工零件做工艺性分析包括哪些内容？

8-6 试述数控机床加工工序划分的原则和方法。与普通机床相比，数控机床工序的划分有何异同？

8-7 在数控工艺路线设计中，应注意哪些问题？

8-8 什么是数控加工的走刀路线？确定走刀路线时通常要考虑什么问题？

8-9 数控加工对刀具有何要求？常用数控刀具材料有哪些？选用数控刀具的注意事项有哪些？

8-10 数控加工工艺文件有哪些？编制数控加工工艺技术文件有何意义？

8-11 数控车床适合加工具有哪些特点的回转体零件？为什么？

8-12 数控车削工序顺序的安排原则有哪些？工步顺序安排原则有哪些？

8-13 数控常用粗加工进给路线有哪些？精加工路线应如何确定？

8-14 轴类与孔类零件车削有什么工艺特点？

8-15 常用数控车床车刀有哪些类型？安装车刀有哪些要求？

8-16 数控铣削和加工中心的加工工艺特点有哪些？

8-17 环切法和行切法各有何特点？分别适用于什么场合？

8-18 常用数控铣削刀具有哪些？数控铣削时如何选择合适的刀具？

第9章 数控程序的编制

 ## 9.1 数控编程基础

9.1.1 数控编程的概念及分类

1. 数控编程的概念

数控加工是指在数控机床上进行零件加工的一种工艺方法。原来在普通机床上加工零件时,操作者按工艺卡片规定的过程加工零件;在自动机床上加工零件时,通常利用凸轮、靠模,机床自动地按凸轮或靠模规定的"程序"加工零件;在数控机床上加工零件时,根据零件的加工图样把待加工零件的全部工艺过程、工艺参数、位移数据和方向及操作步骤等内容以数字化信息的形式记录在控制介质上,用控制介质上的信息来控制机床的运动,从而实现零件的全部加工过程。

通常将从零件图样到制作成控制介质的全部过程称为数控加工程序的编制,简称数控编程。

2. 数控编程方法

数控编程方法包括手动编程和自动编程两种方法。

1) 手动编程

手动编程是指零件数控加工程序编制的各个步骤,即从零件图样的分析、工艺的决策、加工路线的确定和工艺参数的选择、刀位轨迹坐标数据的计算、零件的数控加工程序单的编写直至程序的检验,均由人工来完成。对于点位加工或几何形状不太复杂的轮廓的编程,由于几何计算较简单,程序段不多,采用手动编程即可实现。如简单阶梯轴的车削加工,一般不需要复杂的坐标计算,往往可以由技术人员根据工序图样数据,直接编写数控加工程序。但对于轮廓形状不是由简单的直线、圆弧组成的复杂零件,特别是空间复杂曲面零件的编程,数值计算相当烦琐,工作量大,且容易出错和不易校验,采用手动编程是难以完成的,这时就采用自动编程的方法。

2) 自动编程

自动编程也称计算机辅助编程,借助计算机和相应的软件来完成数控程序的编制的全部或者部分工作。自动编程大大降低了编程人员的劳动强度,能解决手动编程无法解决的复杂零件的编程难题,且工件表面形状越复杂,工艺过程越烦琐,自动编程优势越明显。

9.1.2 数控编程的内容及步骤

数控编程过程的主要内容包括:零件图纸分析、工艺处理、数值计算、编写程序单、制作控制介质、程序校验和首件试加工。

1. 零件图纸分析

首先要进行零件材料、形状、尺寸、精度、批量,毛坯形状和热处理要求的分析,以便确定

该零件是否适合在数控机床上加工，或适合在哪种数控机床上加工。

2. 工艺处理

在分析零件图的基础上，选择适合数控加工的工艺，确定零件的加工方法、加工路线及切削用量等工艺参数。数控加工工艺分析与处理是数控编程的前提和依据，而数控编程就是将数控加工工艺内容程序化。

3. 数值计算

根据零件图的几何尺寸、确定的工艺路线及设定的坐标系，计算零件粗、精加工运动的轨迹，得到刀位数据。对于形状比较简单的零件（如由直线和圆弧组成的零件）的轮廓加工，要计算出几何元素的起点和终点、圆弧的圆心、两几何元素的交点或切点坐标值等，如果数控装置无刀具补偿功能，则要计算刀具中心的运动轨迹坐标值。对于形状比较复杂的零件（如由非圆曲线、曲面组成的零件），需要用直线段或圆弧段逼近，根据加工精度的要求计算出节点坐标值，这种数值计算一般要用计算机来完成。

4. 编写程序单

根据加工路线、切削用量、刀具号码、刀具补偿量、机床辅助动作及刀具运动轨迹，按照数控系统使用的指令代码和程序段的格式编写零件加工的程序单，并校核上述两个步骤的内容，纠正其中的错误。

5. 制作控制介质

把编制好的程序单上的内容记录在控制介质上，作为数控装置的输入信息。通过程序的手工输入或通信传输送入数控系统。

6. 程序校验和首件试加工

编程的程序单，必须经过校验和首件试加工才能正式使用。校验的方法是直接将控制介质上的内容输入数控系统中，让机床空运转，以检查机床的运动轨迹是否正确。在有CRT图形显示的数控机床上，用模拟刀具与工件切削过程的方法进行校验更为方便。程序校验只能检验运动轨迹是否正确，不能检验被加工零件的加工精度。因此，要通过进行零件的首件试加工，检查加工工艺及有关切削参数设定是否合理，加工精度及加工功效如何，以便进一步改进，直至达到零件图纸要求。

9.1.3 数控机床坐标轴和运动方向的确定

在数控编程时，为了描述机床的运动、简化程序编制的方法及保证记录数据的互换性，数控机床的坐标系和运动方向均已标准化。

1. 数控机床坐标系的确定

1）数控机床相对运动的规定

在数控机床上，我们始终认为工件静止，而刀具是运动的。这样编程人员在不考虑机床上工件与刀具具体运动的情况下，就可以依据零件图样，确定机床的加工过程。

2）数控机床坐标系的规定

在数控机床上，机床的动作是由数控装置来控制的。为了确定数控机床上的成形运动和辅助运动，必须先确定机床上运动的位移和运动的方向，这就需要通过坐标系来实现，这个坐标系称为数控机床坐标系。标准机床坐标系中，X、Y、Z坐标轴的相互关系用右手笛卡儿直角坐标系确定。

① 伸出右手的大拇指、食指和中指,并互为 90°。其中大拇指代表 X 坐标轴,食指代表 Y 坐标轴,中指代表 Z 坐标轴。

② 大拇指的指向为 X 坐标轴的正方向,食指的指向为 Y 坐标轴的正方向,中指的指向为 Z 坐标轴的正方向。

③ 围绕 X、Y、Z 坐标轴旋转的旋转坐标轴分别用 A、B、C 表示。根据右手定则,大拇指的指向为 X、Y、Z 坐标轴中任意的正向,则其余手指的指向为旋转坐标轴 A、B、C 的正向,如图 9-1 所示。

3）运动方向的规定

增大刀具与工件距离的方向即为各坐标轴的正方向。图 9-2 所示为数控机床上两个运动的正方向。

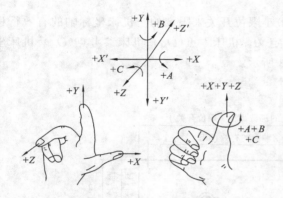

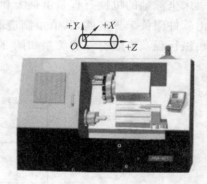

图 9-1　笛卡儿直角坐标系　　　　图 9-2　数控机床上两个运动的正方向

2. 坐标轴方向的确定

1）Z 坐标轴

Z 坐标轴的运动方向是由传递切削动力的主轴所决定的,即平行于主轴轴线的坐标轴为 Z 坐标轴。Z 坐标轴的正向为刀具离开工件的方向。

如果机床上有几个主轴,则选一个垂直于工件装夹平面的主轴方向为 Z 坐标轴方向;如果主轴能够摆动,则选垂直于工件装夹平面的方向为 Z 坐标轴方向;如果机床无主轴,则选垂直于工件装夹平面的方向为 Z 坐标轴方向。

2）X 坐标轴

X 坐标轴平行于工件的装夹平面,一般在水平面内。确定 X 轴的方向时,要考虑以下两种情况。

① 如果工件做旋转运动,则刀具离开工件的方向为 X 坐标轴的正方向。

② 如果刀具做旋转运动,则分为两种情况:当 Z 坐标轴水平时,观察者面对刀具主轴向工件看时,$+X$ 运动方向指向右方;当 Z 坐标轴垂直时,观察者面对刀具主轴向立柱看时,$+X$ 运动方向指向右方。

3）Y 坐标轴

在确定 X、Z 坐标轴的正方向后,可以根据 X 和 Z 坐标轴的方向,按照右手直角笛卡儿坐标系来确定 Y 坐标轴的方向。

3. 附加坐标系

为了编程和加工的方便,有时还要设置附加坐标系。

对于直线运动,通常可以采用的附加坐标系有:第二组 U、V、W 坐标;第三组 P、Q、R 坐标。

4. 数控机床坐标系、机床零点和机床参考点

数控机床坐标系是机床固有的坐标系,机床坐标系的原点称为机床原点或机床零点。在机床经过设计、制造和调整后,这个原点便被确定下来,它是固定的点。

数控装置上电时并不知道机床零点,为了正确地在机床工作时建立机床坐标系,通常在每个坐标轴的移动范围内设置一个机床参考点(测量起点),机床启动时,通常需要自动或手动回参考点,以建立机床坐标系。

机床参考点可以与机床零点重合,也可以不重合,通过参数指定机床参考点到机床零点的距离。

机床回到了参考点位置,也就知道了该坐标轴的零点位置,找到所有坐标轴的参考点,数控系统就建立起了机床坐标系。

机床坐标轴的机械行程是由最大和最小限位开关来限定的。机床坐标轴的有效行程范围是由软件限位来界定的,其值由制造商定义。机床零点(O_M)、机床参考点(O_m)、机床坐标轴的机械行程及有效行程的关系如图 9-3 所示。

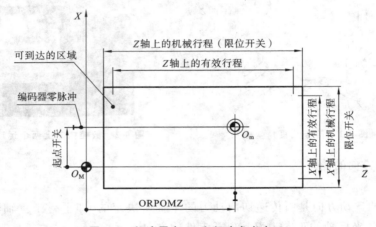

图 9-3 机床零点 O_M 和机床参考点 O_m

常见数控机床的坐标系如图 9-4 所示。

9.1.4 数控加工程序段格式

1. 程序的构成

一个完整的零件加工程序由程序号(名)和若干程序段组成,每段程序由若干个指令字组成,每个指令字又由字母、数字、符号组成。例如:

```
O0600
N0010   G92   X0   Y0;
N0020   G90   G00   X50   Y60;
N0030   G01   X10   Y50   F150   S300   T12   M03;
    ⋮
N0100   G00   X-50   Y-60   M02;
```

上面是一个完整的零件加工程序,它由一个程序号和 10 段程序组成。最前面的"O0600"是整个程序的程序号,也叫程序名。每一段独立的程序都应有程序号,它可以作为识别、调用该段程序的标志。程序号的格式为:

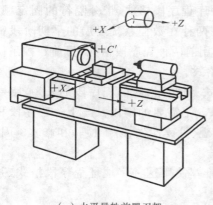

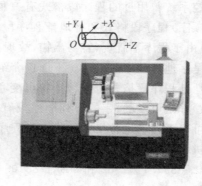

（a）水平导轨前置刀架　　　　　　　（b）倾斜导轨后置刀架

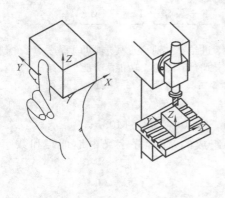

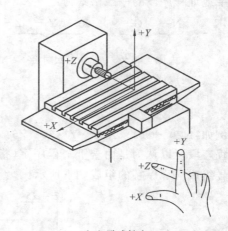

（c）立式铣床　　　　　　　　　　（d）卧式铣床

图 9-4　各类数控机床的坐标系

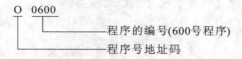

O　0600
程序的编号(600号程序)
程序号地址码

不同的数控系统，程序号地址码所用的字符可不相同。如 FANUC 系统用 O，AB8400 系统用 P，而 Sinumerik 系统则用％作为程序号的地址码。编程时一定要根据说明书的规定使用，否则系统是不会接收的。

每段程序以序号"N××××"开头，用"；"（还有的系统用 LF、CR、EOB 等符号）表示结束，每段程序中有若干个指令字，每个指令字表示一种功能。一段程序表示一个完整的加工工步或动作。

一个程序的最大长度取决于数控系统中零件程序存储区的容量。现代数控系统的存储区容量已足够大，一般情况下能满足使用需求。一段程序的字符数也有一定的限制，如某些数控系统规定一段程序的字符数应不多于 90 个，一旦多于限定的字符数时，应把它分成两段或多段程序。

2. 程序段格式

程序段格式是指程序段中字的排列顺序和表达方式。不同的数控系统往往有不同的程序段格式。程序段格式不符合要求，数控系统就不能接收。

数控系统曾用过的程序段格式有三种：固定顺序程序段格式、带分隔符的固定顺序（也称表格顺序）程序段格式和字地址程序段格式。前两种在数控系统发展的早期阶段曾经使用过，但由于程序不直观，容易出错，故现在几乎不用前两种程序段格式，目前数控系统广泛采用的是字地址程序段格式。下面仅介绍这一种格式。

字地址程序段格式也叫地址符可变程序段格式。这种格式的程序段的长短、字数和字长（位数）都是可变的，字的排列顺序没有严格要求。不需要的字以及与上一程序段相同的续效字可以不写。这种格式的优点是程序简短、直观、可读性强、易于检验和修改。因此，现代数控机床广泛采用这种格式。

ISO 6983—1—1982 和 GB/T 8870—1988 都推荐使用这种字地址程序段格式，并做了具体规定。

字地址程序段的一般格式为：

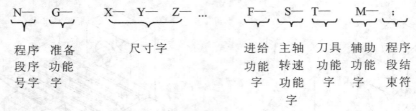

例如：N20 G01 X25 Y－36 Z64 F100 S300 T02 M03. ;

程序段可以认为是由若干个程序字（指令字）组成的，而程序字又由地址码和数字及代数符号组成。程序字的组成如下所示：

程序段的一般格式中，各程序字可根据需要选用，不用的可省略，在程序段中表示地址码的英文字母可分为尺寸地址码和非尺寸地址码两类。

常用地址码及其含义如表 9-1 所示。

表 9-1　常用地址码及其含义

	地 址 码	说　明
程序段序号	N	程序段顺序编号地址
坐标字	X、Y、Z、U、V、W、P、Q、R	直线坐标轴
	A、B、C、D、E	旋转坐标轴
	R	圆弧半径
	I、J、K	圆弧中心坐标
准备功能	G	指令机床动作方式
辅助功能	M	机床辅助动作指令
补偿值	H 或 D	补偿值地址
切削用量	S	主轴转速
	F	进给量或进给速度
刀具号	T	刀库中的刀具编号

3. 主程序和子程序

数控加工程序可分为主程序和子程序。在一个加工程序中,如果连续的几段程序在多处重复出现(例如,在一块较大的工件上加工多个相同形状和尺寸的部位),就可将这些重复使用的程序按规定的格式独立编写成子程序,输入数控装置的子程序存储区,以备调用。程序中子程序以外的部分便称为主程序。在执行主程序的过程中,如果需要,则可调用子程序,并可以多次重复调用子程序。有些数控系统,子程序执行过程中还可以调用其他子程序,即子程序嵌套。这样可以简化程序设计,缩短程序的长度。带子程序的程序执行过程如图 9-5 所示。

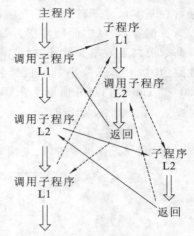

图 9-5　带子程序的程序执行过程

9.1.5　数控编程中的数值计算

数控编程中的数值计算是指根据工件图样要求,按照已经确定的加工路线和允许的编程误差,计算出数控系统所需要输入的数据。对于带有自动刀补功能的数控装置来说,通常要计算出零件轮廓上的一些点的坐标数字。数值计算主要包括数值换算、坐标值计算等。

1. 数值换算

数值换算主要包括标注尺寸换算和尺寸链解算两大类,而标注尺寸换算又包括尺寸换算和公差转换两种。

1)尺寸换算与公差转换

图 9-6 所示为尺寸换算和公差转换的实例。图 9-6(a)为零件图,图 9-6(b)中的尺寸除 30 mm 以外,其余均为按图 9-6(a)中标注的尺寸经换算后而得到的编程尺寸。其中 $\phi59.94$ mm,$\phi20$ mm 及 140.08 mm 三个尺寸分别为各自尺寸的两极限尺寸平均值后得到的编程尺寸,也即公差转换。

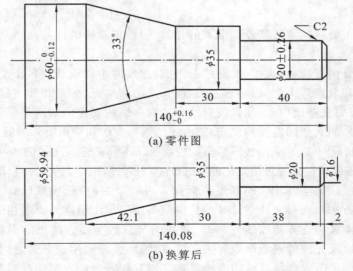

(a) 零件图

(b) 换算后

图 9-6　尺寸换算与公差转换的实例

零件图的工作表面或配合表面一般都有偏差,公差带的位置也不相同。一般来说,当加工外轮廓时,尺寸偏小会导致零件报废(为降低废品率,外轮廓偏差通常在基本尺寸的基础上向负方向偏);当加工内轮廓时,尺寸偏大就不可修复,导致零件报废(一般内轮廓的偏差通常在基本尺寸基础上向正方向偏)。在编程过程中,通常将公差尺寸进行转换,使公差带成对称偏置,再以中值尺寸作为公差尺寸进行编程,从而最大限度地减少不合格品的产生,提高数控加工效率和经济效益。对普通数控机床而言,当进行公差转换求中值尺寸,遇到小数点值时,对第三位小数点值采用四舍五入,保留小数点后两位即可。例如:孔的尺寸为 $\phi 20^{+0.025}_{0}$ mm 时,尺寸值取 $\phi 20.01$;孔的尺寸为 $\phi 16^{+0.07}_{0}$ mm 时,尺寸值取 $\phi 16.04$;轴尺寸为 $\phi 16^{0}_{-0.07}$ mm 时,尺寸值取 $\phi 15.97$。

2)尺寸链解算

例 9-1　如图 9-7 所示,求编写切断程序时的 L 尺寸。

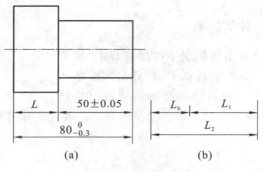

图 9-7　尺寸链解算图

解　尺寸链解算图如图 9-7(b)所示,分析得出 L 为封闭环 L_0,尺寸 $L_2 = 80$ mm 为增环,尺寸 $L_1 = 50$ mm 为减环,因此封闭环 $L_0 = 80$ mm $- 50$ mm $= 30$ mm。

$$L_{0\,max} = L_{2\,max} - L_{1\,min} = 80 \text{ mm} - 49.95 \text{ mm} = 30.05 \text{ mm}$$
$$L_{0\,min} = L_{2\,min} - L_{1\,max} = 79.7 \text{ mm} - 50.05 = 29.65 \text{ mm}$$
$$L(\text{中值}) = (L_{0\,max} + L_{0\,min})/2 = 29.85 \text{ mm}$$

所以编程时的 L 尺寸为 29.85 mm,加工时需要控制 L 的变化范围为 29.85～30.05 mm。

2. 坐标值计算

坐标值计算主要有对零件基点和节点的计算、刀位点轨迹的计算和辅助计算。

1)基点和节点的计算

零件轮廓主要由直线、圆弧、二次曲线等组成,编程时主要就是找各个交点的坐标,这些点可以分成基点和节点两大类。基点是指几何元素的连接点,如两相邻直线的交点,直线与圆弧、圆弧与圆弧的交点或切点,圆弧或直线与二次曲线的交点或切点等。当零件的形状由直线或圆弧段之外的其他圆曲线构成(非圆曲线是指除直线和圆弧以外的能用数学方程描述的曲线,如渐开线、双曲线、列表曲线等),而数控系统又不具备这些曲线的插补功能时,一般用若干微小直线段或圆弧段来逼近给定的曲线,微小直线段或圆弧段的交点或切点称为节点。

直线或圆弧组成的零件轮廓的基点坐标通常可以通过画图、代数计算、平面几何计算、三角函数计算等方法来获得。数据计算的精度应与图样加工精度的要求相适应。

当用直线或圆弧逼近非圆曲线轮廓时,曲线的节点数与逼近线段的形状(直线、圆弧)、曲线方程的特征以及允许的逼近误差有关。节点计算,就是利用这三者之间的数学关系,求解出各节点的坐标。节点坐标计算的方法很多。用直线段逼近非圆曲线时常用的节点计算方法有等间距法、等步长法和等误差法等。用圆弧段逼近零件轮廓时常见的圆弧逼近插补有圆弧分割法和三点作圆法。

应用技巧：节点坐标计算的方法有很多，可以根据轮廓曲线的特性及加工精度要求等选择。当轮廓曲线的曲率变化不大时，可以采用等步长计算插补节点；当曲线曲率变化比较大时，采用等误差法计算节点；当加工精度要求比较高时，可以采用逼近程度较高的圆弧逼近插补法计算插补节点。

2）刀位点轨迹的计算

对于具有刀具半径补偿的数控机床而言，只需按照图形轮廓来计算基点或节点；而对于没有刀具半径补偿功能的数控机床，需要计算刀具中心轨迹的交点坐标，这种计算稍微复杂一些，必须根据刀具类型、零件轮廓、偏置方向等来进行计算。

3. 辅助计算

辅助计算主要包括辅助程序段的坐标值计算、切削用量的辅助计算、脉冲数计算三类。

辅助程序段是指开始加工时，刀具从对刀点到切入点，或加工结束后从切出点返回到对刀点，以及换刀或回参考点等而需要特意安排的程序段，这些路径必须在绘制进给路线时明确地表达出来，数值计算时，必须按进给路线图计算出各相关点的坐标。

切削用量的辅助计算主要是对由经验估算的切削用量（如不同刀具的主轴转速、进给速度，以及与背吃刀量相关的加工余量分配等）进行分析与核算。

脉冲数的计算主要是指对某些规定采用脉冲数输入方式的数控系统，需要将已经计算出来的基点或节点的坐标值转换成编程所需要的脉冲数。现在数控机床上已经很少使用了。

对于点位控制的数控机床加工的零件，一般不需要进行数值计算，只有当零件图样坐标系与编程坐标系不一致时，才需要对坐标进行转换；对于形状比较简单，轮廓由直线和圆弧组成的零件，数值计算比较简单，可手工完成计算；对于形状比较复杂的零件，轮廓由非圆直线、曲面组成的零件，需要用直线段或圆弧段逼近，根据要求的精度计算出各节点的坐标，这种情况的数值计算就要由计算机来完成。

 9.2 数控车床编程

9.2.1 数控车床的编程特点

1. 数控车床的工件坐标系的建立

数控车床的编程坐标系如图 9-8 所示，纵向为 Z 轴方向，正方向是远离卡盘而指向尾座的方向；径向为 X 轴方向，与 Z 轴相垂直，正方向为刀架远离主轴轴线的方向。编程原点 O_p 一般取在工件端面与中心线的交点处。

2. 工件坐标系的设定

建立工件坐标系使用 G50 功能指令。

功能：该指令以程序原点为工件坐标系的中心（原点），指定刀具出发点的坐标值。

格式：G50 X_Z_；

说明：X、Z 是刀具出发点在工件坐标系中的坐标值；通常 G50 编在加工程序的第一段；运行程序前，刀具必须位于 G50 指定的位置。

如图 9-9 所示，设定工件坐标系，程序如下。

G50 X128.7 Z375.1；

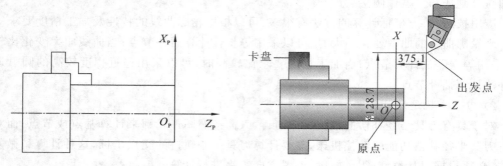

图 9-8　数控车床编程坐标系　　　　图 9-9　G50 设定工件坐标系

3. 数控车床的编程特点

（1）数控车床上工件的毛坯大多为圆棒料，加工余量较大，一个表面往往需要进行多次反复的加工。如果对每个加工循环都编写若干段程序，就会增加编程的工作量。为了简化加工程序，一般情况下，数控车床的数控系统中都有车内外圆、车端面和车螺纹等不同形式的循环功能。

（2）数控车床的数控系统中都有刀具补偿功能。在加工过程中，对于刀具位置的变化、刀具几何形状的变化及刀尖的圆弧半径的变化，都无须更改加工程序，只要将变化的尺寸或圆弧半径输入到存储器中，刀具便能自动进行补偿。

（3）数控车床的编程有直径、半径两种方法。所谓直径编程是指 X 轴上的有关尺寸为直径值，半径编程是指 X 轴上的有关尺寸为半径值。FANUC 数控车床采用直径编程。

（4）绝对编程方式与增量编程方式。采用绝对编程方式时，数控车床的程序目标点的坐标以地址 X、Z 表示；采用增量编程方式时，目标点的坐标以 U、W 表示。此外，数控车床还可以采用混合编程，即在同一程序段中绝对编程方式与增量编程方式可同时出现，如 G00X50W0。

（5）数控车床工件坐标系的设定大都使用准备功能指令 G50 完成，也可以用 G54 至G59 指令预置工件坐标系，G50 与 G54 至 G59 不能出现在同一程序段中，否则 G50 会被G54 至 G59 取代。

9.2.2　数控车削加工工艺

理想的加工程序不仅应保证加工出符合图样的合格工件，而且应能使数控机床的功能得到合理的应用和充分的发挥。除必须熟练掌握其性能、特点和操作方法外，还必须在编程之前正确地确定加工工艺。

由于生产规模的差异，同一零件的车削加工方案应有所不同，应根据具体条件，选择经济、合理的车削工艺方案。

1. 加工工序的划分

在数控机床上加工零件，工序可以比较集中，一次装夹应尽可能完成全部工序。常用的划分工序方法有：①以粗、精加工划分工序；②以一个完整数控程序连续加工内容为一道工序；③以一次安装所进行的加工内容划分工序；④以同一把刀具对工件的加工内容组合为一道工序；⑤按加工部位划分工序。

实际生产中，数控加工工序的划分要综合考虑零件的结构特点、技术要求等情况，数控加工工序划分的主要原则是保持精度和提高生产效率。

2. 进给加工路线的确定

1）进给加工路线的确定原则

确定进给加工路线的主要原则有：

（1）按已定工步顺序确定各表面进给加工路线的顺序。

（2）所定进给加工路线应能保证零件轮廓表面加工后的精度和粗糙度要求。

（3）寻求最短加工路线（包括空行程路线和切削路线），减少行走时间以提高加工效率。

（4）要选择零件在加工时变形小的路线，对横截面积小的细长零件或薄壁零件应采用分几次走刀加工到最后尺寸或对称去余量法安排进给路线。

（5）简化数值计算和减少程序段，减小编程工作量。

（6）根据工件的形状、刚度、加工余量和机床系统的刚度等情况，确定循环加工次数。

（7）合理设计刀具的切入与切出的方向。

（8）采用单向趋近定位方法，避免了因传动系统反向间隙而产生的定位误差。

精加工进给基本上都是沿零件轮廓顺序进行的，因此确定进给加工路线的工作重点在于确定粗加工及空行程的进给路线。

2）粗加工进给加工路线的确定

常用的粗加工进给路线有"矩形"循环进给路线、沿轮廓形状等距线循环进给路线和"三角形"循环进给路线三种，如图 9-10 所示。

 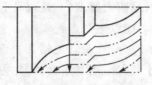 

(a)"矩形"循环   (b)沿轮廓形状等距线循环   (c)"三角形"循环

图 9-10　常用的粗加工进给路线

对以上三种进给路线，经分析和判断，可知"矩形"循环进给路线的进给长度总和最短。因此，在同等条件下，其切削所需时间（不含空行程）最短，刀具的损耗最小，为常用粗加工切削进给路线，但也有粗加工后的精车余量不够均匀的缺点，所以一般需要安排半精加工。

3）空行程最短进给路线的确定

在保证加工质量的前提下，应尽量通过合理设置起刀点和合理设置换（转）刀点等措施，使加工程序具有空行程最短的进给加工路线，这样不仅可以节省整个加工过程的执行时间，还能减少机床进给机构滑动部件的磨损等。

4）精加工进给路线的确定

当安排一刀或多刀进行的精加工进给路线时，零件的最终轮廓应由最后一刀连续加工而成，并且加工刀具的进刀、退刀位置要考虑妥当，尽量不要在连续的轮廓中切入和切出或换刀及停顿，以免因切削力突然变化而造成弹性变形，致使光滑连接轮廓上产生表面划伤、形状突变或滞留刀痕等缺陷。在精加工中若要换刀，则主要根据工步顺序要求决定各刀加工的先后顺序及各刀进给路线的衔接。另外，在精加工过程中还要注意切入、切出及接刀点位置的选择，应选在有空刀槽或表面有拐点、转角的位置，而曲线要求相切或光滑连接的部位不能作为切入、切出及接刀点位置。

5）螺纹车削的进给路线

在车削螺纹过程中，当有一些多次重复进给的动作，且每次进给的轨迹相差不大时，进给路线可由系统固定循环功能确定。车螺纹时，刀具沿螺纹方向的进给应与工件主轴旋转保持严格的速比关系。如图 9-11 所示，加工时引入空刀导入量、空刀导出量，这样在切削螺纹时，能保证在升速完成后使刀具接触工件，刀具离开工件后再降速，从而保证螺纹的导程。

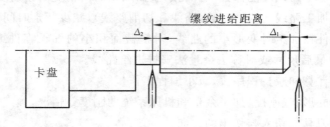

图 9-11 螺纹切削的空刀导入量和空刀导出量

6）特殊的进给路线

在数控车削加工中，一般情况下，Z 坐标轴方向的进给运动都是沿着负方向进给的，但有时按这种方式安排进给路线并不合理，甚至可能车坏零件。

3．夹具的选择、工件装夹方法的确定

1）夹具的选择

数控加工中的夹具主要应满足两大要求：一是应具有足够的精度和刚度；二是应有可靠的定位基准。选用夹具时，通常考虑以下几点：

（1）尽量选用可调整夹具、组合夹具及其他适用夹具，避免采用专用夹具，以缩短生产准备时间。只有在成批生产时才考虑采用专用夹具，并力求结构简单。

（2）装卸工件要迅速、方便，以减少机床的停机时间。

（3）夹具在机床上安装要准确可靠，以保证工件在正确的位置上加工。

2）夹具的类型

数控车床上的夹具主要有两类：一类用于盘类或短轴类零件，工件毛坯装夹在可调卡爪的卡盘（三爪、四爪）中，由卡盘带动工件旋转，如图 9-12 所示；另一类用于轴类零件，毛坯装在主轴顶尖和尾座顶尖间，工件由主轴上的拨动卡盘传动旋转。

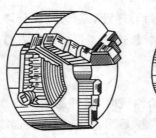 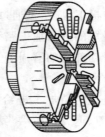

(a) 三爪自定心卡盘　　　(b) 四爪单动卡盘

图 9-12 常用机床夹具

3）零件的安装

数控车床上零件的安装方法与普通车床的一样，要合理选择定位基准和夹紧方案，主要注意以下两点：

（1）力求设计、工艺与编程计算的基准统一，这样有利于提高编程时数值计算的简便性和精确性。

（2）尽量减少装夹次数，尽可能一次装夹后加工出全部待加工面，避免二次装夹的定位误差。

4．切削用量的确定

数控编程时，编程人员必须根据工艺人员确定的每道工序的切削用量，以指令的形式写入程序中。切削用量包括主轴转速、背吃刀量及进给速度等。合理选择切削用量的原则：粗加工时，一般以提高生产率为主，但也要考虑经济性和加工成本；半精加工和精加工时，在保证加工质量的前提下，兼顾切削效率、经济性和加工成本。

1）主轴转速的确定

主轴转速应根据允许的切削速度和工件（或刀具）直径来选择。其计算公式为：

$$n = 1000v/\pi d$$

式中：d 为工件切削部分的最大直径（mm）；v 为切削速度（m/min）。

小提示：主轴转速 n 的范围为机床的最低转速至最高转速。

2）进给速度的确定

进给速度是数控机床切削用量中的重要参数，主要根据零件加工精度和表面粗糙度的要求，以及刀具、工件的材料性质选取。最大进给速度受机床刚度和进给系统的性能限制。确定进给速度的原则如下。

（1）当工件的质量要求能够得到保证时，为提高生产效率，可选择较高的进给速度，一般在 100～200 mm/min 范围内选取。

（2）当切断、加工深孔或用高速钢刀具加工时，宜选择较低的进给速度，一般在 20～50 mm/min 范围内选取。

（3）当加工精度、表面粗糙度要求较高时，进给速度应选小些，一般在 20～50 mm/min 范围内选取。

（4）刀具空行程时，特别是远距离"回零"时，可以选用该机床数控系统设定的最高进给速度。

3）背吃刀量的确定

背吃刀量根据机床、工件和刀具的刚度来决定，在刚度允许的条件下，应尽可能使背吃刀量等于工件的加工余量，这样可以减少走刀次数，提高生产效率。为了保证加工表面质量，可留少许精加工余量，一般为 0.2～0.5 mm。

以上切削用量（a_p、f、v）选择是否合理，对于实现优质、高产、低成本和安全操作具有很重要的作用。车削用量的选择原则如下。

（1）粗车时，首先考虑选择一个尽可能大的背吃刀量 a_p，其次选择一个较大的进给量 f，最后确定一个合适的切削速度 v。增大背吃刀量 a_p 可使走刀次数减少，增大进给量 f 有利于断屑，因此根据以上原则选择粗车切削用量对提高生产效率、减少刀具损耗、降低加工成本是有利的。

（2）精车时，加工精度和表面粗糙度要求较高，加工余量不大且均匀，因此选择较小（但不能太小）的背吃刀量 a_p 和进给量 f，并选用切削性能好的刀具材料和合理的几何参数，以尽可能提高切削速度 v。

（3）当安排粗、精车削用量时,应注意机床说明书给定的允许切削用量范围。对于主轴采用交流变频调速的数控车床,由于主轴低转速时转矩减小,尤其应注意此时的切削用量选择。

总之,切削用量的具体数值应根据机床性能、相关的手册并结合实际经验确定。同时,使主轴转速、背吃刀量及进给速度三者能相互适应,以形成最佳切削用量。

5. 刀具的选择及对刀点、换刀点的确定

1) 刀具的选择

与普通机床加工相比,数控机床加工对刀具提出了更高的要求,刀具不仅需要刚度高、精度高,而且要求尺寸稳定、耐用度高、断屑和排屑性能好;同时要求安装调整方便,以满足数控机床高效率的要求。数控机床上所选的刀具常采用适应高速切削性能的刀具材料(如高速钢、超细粒度硬质合金),并使用可转位刀片。常用车刀的种类、形状和用途如图9-13所示。

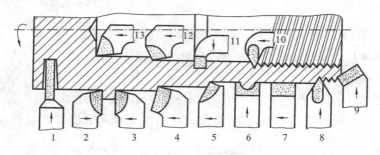

图 9-13　常用车刀的种类、形状和用途

1—切槽(断)刀;2—90°左偏刀;3—90°右偏刀;4—弯头车刀;5—直头车刀;6—成形车刀;7—宽刃精车刀;

8—外螺纹车刀;9—端面车刀;10—内螺纹车刀;11—内切槽车刀;12—通孔车刀;13—不通孔车刀

2) 对刀点、换刀点的确定

工件装夹方式在机床确定后,通过确定工件原点来确定工件坐标系,用加工程序中的各运动轴代码控制刀具做相对位移。

在程序执行的一开始,必须确定刀具在工件坐标系中开始运动的位置,这一位置即为程序执行时刀具相对于工件运动的起点,所以称为程序起始点或起刀点。通常把对刀点称为程序原点。在编制程序时,要正确选择对刀点的位置。对刀点设置的原则如下。

（1）便于数值计算和简化程序编制。

（2）易于找正,在加工过程中便于检查。

（3）引起的加工误差小。

对刀点可以设置在被加工零件上,也可以设置在与工件定位基准有一定尺寸关系的夹具上或机床上。为了提高零件的加工精度,对刀点应尽量设置在零件的设计基准或工艺基准上。例如,以外圆或孔定位零件,可以取外圆或孔的中心与端面的交点作为对刀点。对刀时应使对刀点与刀位点(刀具的定位基准点,如车刀刀尖、钻头的钻尖)重合。

加工过程中需要换刀时,应规定换刀点。所谓“换刀点”,是指刀架转动换刀时的位置。换刀点应设在工件或夹具的外部,以换刀时不碰工件及其他部件为准。数控车床常见的刀架有立式刀架、水平刀架,换刀时,立式刀架要保证 X 方向的足够安全距离,水平刀架要保证 X、Z 两个方向的足够安全距离。

6. 数控车床对刀

数控车削编程中的各个点的坐标都是针对工件坐标系而言的,所以在编程之前应先对刀,建立工件坐标系。对刀主要是存储刀具刀位点在机床坐标系中的坐标值来建立工件坐标系,对刀是数控机床加工中极其重要的工作,对刀的精度直接影响零件的加工精度。

1) 刀补

数控车床刀架上有一个刀具参考点。数控系统通过控制该点运动,间接地控制每把刀的刀位点运动。不同的刀具装在刀架上后,由于刀具的几何形状及安装位置不同,每把刀的刀位点在两个坐标方向上到刀架基准点的位置尺寸是不同的,这就需要测出各刀的刀位点相对刀具参考点的距离,即刀补值(X',Z'),并将其输入 CNC 的刀具补偿寄存器中。当程序执行调用刀具时,FANUC 系统中程序也必须调用刀具对应的刀补,这样数控系统才会自动补偿两个方向的刀偏量,从而准确控制每把刀的刀尖轨迹。

刀补值的测量过程称为对刀操作。对刀常用的方法有试切削对刀、对刀仪对刀。

各种数控机床的对刀方法有很多种,但是对刀的原理是一致的,即通过对刀操作,将刀补值测出来后输入 CNC 系统,加工时系统根据刀补值自动补偿两个方向的刀偏量。

2) 试切法的对刀步骤

以 FANUC 数控车削系统为例介绍试切法的对刀步骤。已知编程坐标系建立在右端面中心,如图 9-14 所示。

设 1 号刀为 90°的外圆车刀,作为基准刀;2 号刀为切槽刀;3 号刀为螺纹刀。

(1) 每把刀对应一个不同的刀补号(寄存器),为了避免混乱出错,1 号刀的刀补信息存储在 1 号刀补寄存器中,2 号刀的刀补信息存储在 2 号刀补寄存器中,3 号刀的刀补信息存储在 3 号刀补寄存器中。图 9-15(a)所示为刀补参数输入界面。

(2)用 1 号刀车削工件右端面,车削时 Z 坐标不动,沿 X 轴向负方向切削,沿正方向退出,单击"OFSET SET"→"补正"→"形状",把光标移动到

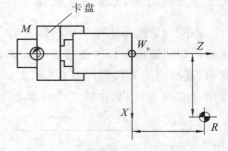

图 9-14 编程坐标系

G001 对应的 Z 的位置,输入"Z0",单击"测量",则 Z 向对刀完成,即当前切削点 Z 坐标的坐标为编程坐标系 Z＝0 的位置,如图 9-15(b)所示。

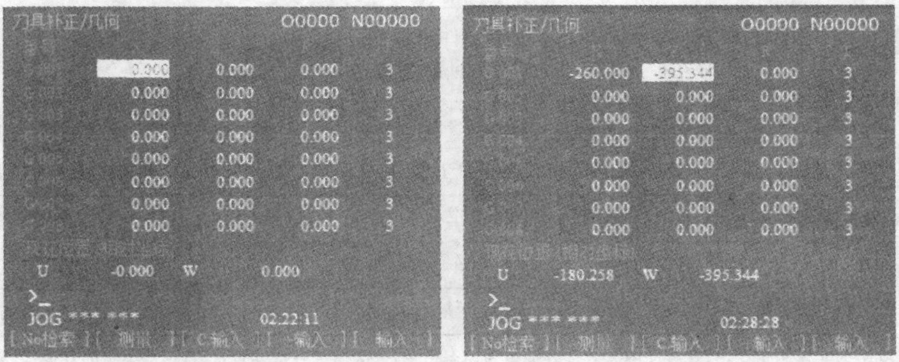

(a) 刀补参数输入界面   (b) 1号刀对刀结果

图 9-15 FANUC 系统对刀界面

（3）用 1 号刀车削工件外径，车削时，X 坐标不变，沿 Z 轴切削，Z 轴退刀，把主轴停下来，用外径千分尺测量一下加工圆柱面的直径值，单击"OFSET SET"→"补正"→"形状"，把光标移动到 G001 对应的 X 轴位置，输入"外圆直径值"，单击"测量"，则 X 向对刀完成。如果测得直径 30 mm，则输入"X30"，再单击"测量"，即当前切削点 X 的坐标为编程坐标系 X＝30 的位置。

（4）1 号刀退刀到换刀点，换 2 号切槽刀。让切槽刀左刀尖与工件右端面对齐，光标移动到 G002 对应的 Z 的位置，输入"Z0"，单击"测量"，则 2 号刀的 Z 向对刀完毕。

（5）移动刀具使切槽刀的主切削刃与工件外径对齐，把对刀界面中光标移动到 G002 对应的 X 的位置，输入"外圆直径值"，单击"测量"，则 2 号刀的 X 向对刀完毕。

（6）2 号刀退刀到换刀点，换 3 号螺纹刀。让螺纹刀的刀尖与工件的右端面对齐，光标移动到 G003 对应的 Z 的位置，输入"Z0"，单击"测量"，则 3 号刀的 Z 向对刀完成。

（7）移动刀具使螺纹刀的刀尖与工件外径对齐，把对刀界面中光标移动到 G003 对应的 X 的位置，输入"外圆直径值"，单击"测量"，则 3 号刀的 X 向对刀完成。

应用技巧：在对完基准刀的基础上对 2、3 号刀具，刀具逼近端面或工件外径时，可以采用 INC 增量逼近，INC 增量值越小，刀具之间的误差值就越小，对刀精度就越高。

9.2.3 数控车床基本编程指令

不同的数控车床除个别的指令定义有所不同外，其余编程指令的定义均相同。数控车床常用的功能指令有准备功能 G 代码、辅助功能 M 代码、刀具功能 T 代码、主轴转速功能 S 代码、进给功能 F 代码。表 9-2 和表 9-3 分别给出了 FANUC-0i 系统与华中数控 HNC-21T 常用的 G 指令代码，供读者学习时参考。

表 9-2 FANUC-0i 系统常用的 G 指令代码

代码	组	意　　义	代码	组	意　　义	代码	组	意　　义
G00*		快速点定位	G32	01	螺纹切削	G74		端面沟槽、钻孔循环
G01		直线插补	G40*		刀补取消	G75	00	内、外径切槽循环
G02	01	顺圆插补	G41	07	左刀补	G76		车螺纹复合循环
G03		逆圆插补	G42		右刀补	G90		车外圆固定循环
G04	00	暂停延时	G50		设定工件坐标系，最高主轴转速设定	G92	01	车螺纹固定循环
G20	06	英制单位	G52		局部坐标系设置	G94		车端面固定循环
G21*		公制单位	G70	00	精加工循环	G96		恒线速控制
G27	00	回参考点检查	G71		外圆粗车复合循环	G97*	12	恒转速控制
G28		回参考点	G72		端面粗车复合循环	G98		每分钟进给方式
G29		返回参考点	G73		车闭环复合循环	G99*	05	每转进给方式

注：1. 表内 00 组为非模态指令，只在程序内有效。其他组为模态指令，一次指定后持续有效，直到被本组的其他代码所取代。
　　2. 标有 ∗ 的 G 代码为数控系统通电启动后的默认状态。

表 9-3 华中数控 HNC-21T 常用的 G 指令代码

G 代码	组	功　　能	参数（后续地址字）
G00	01	快速定位	X、Z
G01		直线插补	X、Z
G02		顺圆插补	X、Z、I、K、R
G03		逆圆插补	X、Z、I、K、R
G04	00	暂停	P
G20	08	英寸输入	X、Z
G21*		毫米输入	X、Z
G28	00	返回到参考点	
G29		由参考点返回	
G32	01	螺纹切削	X、Z、R、E、P、F
G36*	17	直径编程	
G37		半径编程	
G40*	09	取消刀具半径补偿	
G41		左刀补	T
G42		右刀补	T
G54*	11	选择坐标	
G55			
G56			
G57			
G58			
G59			
G65		宏指令简单调用	P，A 至 Z
G71	06	外径/内径车削复合循环	X、Z、U、W、C、P、Q、R、E
G72		端面车削复合循环	
G73		闭环车削复合循环	
G76		螺纹车削复合循环	
G80		外径/内径车削固定循环	X、Z、I、K、C、P、R、E
G81		端面车削固定循环	
G82		螺纹车削固定循环	
G90*	13	绝对编程	X、Z
G91		相对编程	
G92	00	设定工件坐标系	
G94*	14	每分钟进给	
G95		每转进给	
G96	16	恒线速度切削	S
G97*		取消恒线速度功能	

注：1. 00 组为非模态代码,其余为模态代码。

　　2. * 标记的为默认值。

这里以 FANUC-0i 系统为例介绍数控车床的基本编程指令。

1. 进给功能设定（G98、G99）

1）每分钟进给量 G98（模态指令）

格式：G98　F_;

说明：G98 进给量单位为毫米/分（mm/min），指定 G98 后，在 F 后用数值直接指定刀具每分钟的进给量。

2）每转进给量 G99（模态指令）

格式：G99　F_;

说明：G99 进给量单位为毫米/转（mm/r），指定 G98 后，在 F 后用数值直接指定每转的刀具进给量。G99 为数控车床的初始状态。

2. 主轴转速功能设定

主轴转速功能有恒线速度控制和恒转速度控制两种指令方式，并可限制主轴最高转速。

1）主轴最高转速限制指令 G50（模态指令）

格式：G50　S_;

说明：该指令可防止主轴转速过高、离心力太大而产生危险及影响机床寿命。最高转速单位为转/分（r/min）。

2）恒表面切削速度控制指令 G96（模态指令）

格式：G96 S_;

说明：恒表面切削速度单位为米/分（m/min）。该指令用于车削端面或工件直径变化较大的场合，采用此功能，可保证当工件直径变化时，主轴的线速度不变，从而保证切削速度不变，提高了加工质量。

注意：设置成恒表面切削速度时，为了防止主轴转速过高发生危险，在设置前应用 G50 指令将主轴最高转速设置为某一限定值。

3）主轴速度以转速设定指令 G97

格式：G97　S_;

说明：该指令用于切削螺纹或工件直径变化较小的场合。采用此指令，可设定主轴转速并取消恒线速度控制。主轴速度单位为转/分（r/min）。

例如：设定主轴速度。

G96 S150;　　　　　　　线速度恒定，切削速度为 150 m/min

G50 S2500;　　　　　　设定主轴最高转速为 2500 r/min

G97 S300;　　　　　　　取消线速度，恒定功能，主轴转速 300 r/min

3. 基本移动 G 指令

1）快速移动指令 G00（模态指令）

功能：使刀具以点位控制方式，从刀具所在点快速移动到目标点。

格式：G00 X(U)_Z(W)_;

说明：

（1）X、Z 为绝对坐标方式时的目标点坐标；U、W 为增量坐标方式时的目标点坐标。

（2）常见 G00 轨迹如图 9-16 所示，从 A 到 B 有四种方式：直线 AB、直角线 ACB、直角线 ADB、折线 AEB。折线的起始角 β 是固定的（22.5°或 45°），它决定于各坐标轴的脉冲当量。

2）直线插补指令 G01（模态指令）

功能：使刀具以给定的进给速度，从所在点出发，直线移动到目标点。

格式:G01　X(U)_Z(W)_F_;

说明:

(1)X、Z 为绝对坐标方式时的目标点坐标;U、W 为增量坐标方式时的目标点坐标。

(2)F 是进给速度。

3)圆弧插补指令 G02、G03(模态指令)

功能:使刀具从圆弧起点沿着圆弧移动到圆弧终点;其中 G02 为顺时针圆弧插补,G03 为逆时针圆弧插补。

圆弧的顺、逆方向的判断:沿与圆弧所在平面(如 *XOZ*)相垂直的另一坐标轴的正方向向负方向(如−*Y*)看去,顺时针为 G02,逆时针为 G03。图 9-17 所示为数控车床上圆弧的顺、逆方向。

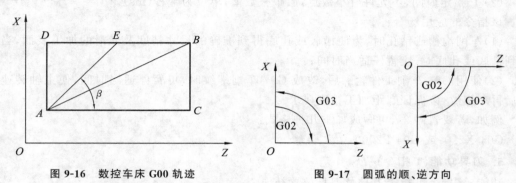

图 9-16　数控车床 G00 轨迹　　　　　图 9-17　圆弧的顺、逆方向

格式:G02(G03)X(U)_Z(W)_I_K_F_;或 G02(G03)X(U)_Z(W)_R_F_;

说明:

(1) X(U)、Z(W)是圆弧终点坐标。

(2) I、K 分别是圆心相对圆弧起点的增量坐标,I 为半径值编程(也有的机床厂家指定 I、K 都为起点相对于圆心的坐标增量)。

(3) R 是圆弧半径,不带正负号。

(4) 刀具相对工件以 F 指令的进给速度,从当前点向终点进行插补加工。

例如顺时针圆弧插补,如图 9-18 所示。

① 绝对坐标方式下指令为:

G02 X64.5 Z−18.4 I15.7 K−2.5 F0.2;或 G02 X64.5 Z−18.4 R15.9 F0.2;

② 增量坐标方式下指令为:

G02 U32.3 W−18.4 I15.7 K−2.5 F0.2;或 G02 U32.3 W−18.4 R15.9 F0.2;

例如逆时针圆弧插补,如图 9-19 所示。

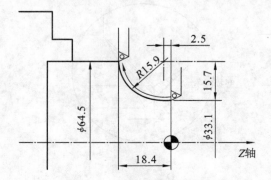 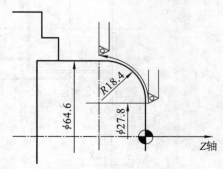

图 9-18　G02 顺时针圆弧插补　　　　　图 9-19　G03 逆时针圆弧插补

① 绝对坐标方式下指令为：

G03X64.6 Z－18.4 I0 K－18.4 F0.2；或 G03 X64.6 Z－18.4 R18.4 F0.2；

② 增量坐标方式下指令为：

G03 U36.8 W－18.4 I0 K－18.4 F0.2；或 G03 U36.8 W－18.4 R18.4 F0.2；

4．暂停指令（G04 ）

功能：该指令可使刀具做短时间的停顿。

格式：G04 X(U)＿；或 G04 P＿；

说明：

（1）X、U 指定时间，允许有小数点，单位为秒(s)。

（2）P 指定时间，不允许有小数点，后跟整数值，单位为毫秒(ms)。

该指令的应用场合：

（1）车削沟槽或钻孔时，为使槽底或孔底得到准确的尺寸精度及光滑的加工表面，当加工到槽底或孔底时，应暂停适当时间；

（2）使用 G96 车削工件轮廓后，改成 G97 车削螺纹时，可暂停适当时间，使主轴转速稳定后再车螺纹，以保证螺距加工精度要求。

例如，若要暂停 2s，可写成如下几种格式：

G04 X2.0；或 G04 P2000；

5．刀具功能（T 指令）

功能：该指令可指定刀具及刀具位置补偿。

格式：T＿ ＿ ＿ ＿；

说明：

（1）前两位表示刀具序号(0～99)，后两位表示刀具补偿号(0～99)。

（2）刀具的序号可以与刀盘上的刀位号相对应。

（3）刀具补偿包括形状补偿和磨损补偿，刀具补偿值一般作为参数设定并由手动输入（MDI）方式输入数控装置。

（4）刀具序号和刀具补偿号不必相同，但为了方便通常使它们一致。

（5）取消刀具补偿的 T 指令格式为：T00 或 T＿ ＿ 00。

例如：T0202 表示选择第二号刀具，二号偏置量。

T0300 表示选择第三号刀具，刀具偏置取消。

刀具位置补偿又称刀具偏置补偿，包含刀具几何位置及磨损补偿（见图 9-20）。

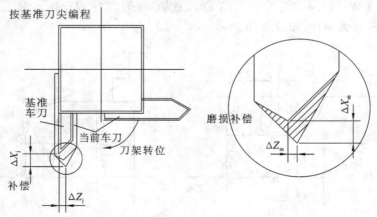

图 9-20　刀具几何位置补偿及磨损补偿

刀具几何位置补偿是用于补偿各刀具安装好后,其刀位点(如刀尖)与编程时理想刀具或基准刀具刀位点的位置偏移的。通常是在所用的多把车刀中选定一把车刀作基准车刀,对刀编程主要是以该车刀为准。

磨损补偿主要是针对某把车刀而言的,某把车刀批量加工一批零件后,刀具自然磨损后导致刀尖位置尺寸改变,此即为该刀具的磨损补偿。批量加工后,都应考虑对各把车刀进行磨损补偿(包括基准车刀)。

6. 刀尖圆弧半径自动补偿(G41、G42、G40)

编制数控车床加工程序时,理论上是将车刀刀尖看成一个点,如图 9-21(a)所示的 P 点就是理论刀尖。但为了提高刀具的使用寿命和降低加工工件的表面粗糙度,通常将刀尖磨成半径不大的圆弧(一般圆弧半径 R 为 $0.4 \sim 1.6$)。图 9-21(b)所示 X 向和 Z 向的交点 P 称为假想刀尖,该点是编程时确定加工轨迹的点,数控系统控制该点的运动轨迹。然而实际切削时起作用的切削刃是圆弧的切点 A、B 之间的一段圆弧,它们是实际切削加工时形成工件表面的点。很显然假想刀尖点 P 与实际切削点 A、B 是不同点,所以如果在数控加工或数控编程时不对刀尖圆角半径进行补偿,仅按照工件轮廓进行编制的程序来加工,势必会产生加工误差。图 9-22 所示为未用刀尖半径补偿造成的少切和过切现象。目前的数控车床都具备刀

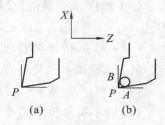

图 9-21 理论刀尖和假想刀尖

具半径自动补偿功能。编程时,只需按工件的实际轮廓尺寸编程即可,而不必考虑刀具的刀尖圆弧半径的大小。加工时由数控系统将刀尖圆弧半径加以补偿,便可加工出所要求的工件。

图 9-23 所示为车刀刀尖类型。

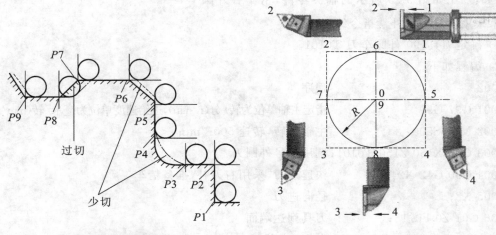

图 9-22 少切和过切现象　　　　图 9-23 车刀刀尖类型

刀尖圆弧半径补偿指令 G41、G42、G40(模态指令)介绍如下。

功能:

G41 为刀具半径左补偿指令。在刀具路径上向切削前进方向看,刀具在工件的左方。

G42 为刀具半径右补偿指令。在刀具路径上向切削前进方向看,刀具在工件的右方。

G40 为取消刀具半径补偿指令,按程序路径进给。图 9-24 表示根据刀具与工件的相对

位置及刀具的运动方向判断如何选用 G41 或 G42 指令。

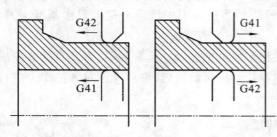

图 9-24　G41、G42 指令的选用方法

格式：

G40G00(G01)X(U)_Z(W)_:取消以前可能加载的刀具半径补偿(如果以前未用过 G41 或 G42,则可以不写这一行)。

G41(G42)G01(G00)X(U)_Z(W)_:在要引入刀补的含坐标移动的程序行前加上 G41 或 G42。

说明：

(1) G41、G42、G40 必须与 G01 或 G00 指令组合完成,不能用 G02、G03、G71 至 G73 指令。G01 程序段有倒角控制功能时也不能进行刀补。在调用新刀具前,必须用 G40 取消刀补。

(2) G41、G42 不带参数,其补偿号(代表所用刀具对应的刀尖半径补偿值)由 T 代码指定。其刀尖圆弧补偿号与刀具偏置补偿号对应。

(3) X(U)、Z(W)是 G01、G00 运动的目标点坐标。

(4) G01 虽是进给指令,但刀具半径补偿引入和卸载时,刀具位置的变化是一个渐变的过程,在刀尖圆弧半径补偿建立和取消中只能用于空行程序段。

(5) 当输入刀补数据时给的是负值,则 G41、G42 互相转化。

(6) G41、G42 指令不要重复规定,否则会产生一种特殊的补偿。

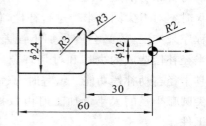

图 9-25　轴类零件

例如:加工如图 9-25 所示的轴类零件,精车各外圆面,要求采用刀具半径补偿指令编程。

(1) 确定刀具:90°外圆车刀 T0101。

(2) 编程如下。

O002	程序
N001 G97 G99	指定主轴单位为转/分(r/min),进给速度单位为毫米/转(mm/r)
N002 M03 S500;	主轴正转,转速 500r/min
N003 G00 X150 Z150 T0101;	调用 1 号外圆刀
N004 G00 G42 X24 Z1;	快速进刀,采用右刀补,准备精车
N005 X8;	径向进刀
N06 G01 Z0 F0.15;	刀具到达端面
N07 G03 X12 Z−2 R2;	车 $R2$ 逆圆弧
N08 G01 Z−27;	车 $\phi12$ 圆柱面
N09 G02 X18 Z−30 R3;	车 $R3$ 顺圆弧
N010 G03 X24 Z−33 R3;	车 $R3$ 逆圆弧
N011 G01 Z−64;	车 $\phi24$ 圆柱面
N012 G00 G40 X30 Z−68;	取消刀补

N013	X150；	回刀具起点
N014	Z150；	
N015	M05；	主轴停转
N016	M30；	程序结束

7. 参考点返回指令（G28）

功能：G28 指令刀具先快速移动到指令值所指令的中间点位置，然后自动回到参考点。

格式：G28X(U)_Z(W)_；

说明：X(U)、Z(W)为参考点返回时经过的中间点的坐标值。数控车床参考点如图 9-26 所示。

8. 英制和公制输入指令（G20、G21）

格式：G20(G21)；

说明：

（1）G20 表示英制输入，G21 表示公制输入。G20 和 G21 是两个可以互相取代的代码。机床出厂前一般设定为 G21 状态，机床的各项参数均以公制单位设定，所以数控车床一般适合用于公制尺寸工件加工。如果程序开始用 G20 指令，则表示程序中相关的一些数据均为英制（单位为英寸）；如果程序用 G21 指令，则表示程序中相关的一些数据均为公制（单位为毫米）。

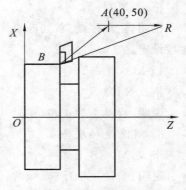

图 9-26 数控车床参考点

（2）在一个程序内，不能同时用 G20 或 G21 指令，且该指令必须在坐标系确定前指定。

（3）机床断电后的状态为 G21 状态。

9. 辅助功能

1）M00 程序暂停

格式：M00；

说明：

（1）执行 M00 功能后，机床的所有动作均被切断，机床处于暂停状态。重新启动程序启动按钮后，系统将继续执行后面的程序段。例如：

N10 G00 X100.0 Z200.0；

N20 M00；

M30 X50.0Z110.0；

在执行上述程序的过程中，当执行到 N20 程序段时，进入暂停状态，数控车床重新启动后将从 N30 程序段开始继续进行。在机床电器上进行尺寸检验、排屑或插入必要的手工动作时，用此功能很方便。

（2）M00 程序必须单独设一程序段。

（3）如果在 M00 状态下按复位键，则程序将回到开始位置。

2）M01 选择停止

格式：M01；

说明：

（1）在机床的操作面板上有一"任选停止"开关，当该开关处于"ON"位置时，程序中如

遇到 M01 代码,其执行过程与 M00 的相同;当上述开关处于"OFF"位置时,数控系统对 M01 不予理睬。例如:

N10 G00 X100.0 Z200.0;

N20 M01;

N30 X50.0 Z110.0;

如将"任选停止"开关置于"OFF"位置,则当数控系统执行到 N20 程序段时,不影响原有的任何动作,而是接着往下执行 N30 程序段。

(2)此功能通常用来进行尺寸检验,而且 M01 应作为一个程序段单独设定。

3)M02 程序结束

格式:M02;

说明:主程序结束,切断机床所有动作,并使程序复位。M02 程序必须单独作为一个程序段设定。

4)M03 主轴正转

格式:M03 S_;

说明:启动主轴正转(逆时针)。S 表示主轴转速。

5)M04 主轴反转

格式:M04 S_;

说明:启动主轴反转(顺时针)。S 表示主轴转速。

6)M05 主轴停止

格式:M05;

说明:使主轴停止转动。

7)M08、M09 切削液开关

格式:M08(M09);

说明:

(1)M08 表示打开切削液,M09 表示关闭切削液。

(2)M00、M01 和 M02、M30 也可以将切削液关掉,如果机床有安全门,则当打开安全门时,也会将切削液关闭。

8)M30 复位并返回程序开始位置

格式:M30;

说明:

(1)在记忆(MEMORY)方式下操作时,此指令表示程序结束,数控车床停止运行,并且程序自动返回开始位置。

(2)在记忆重新启动(MEMORY RESTART)方式下操作时,机床先停止自动运行,而后又从程序的开始处再次运行。

9.2.4 数控车床固定循环指令

当零件外径、内径或端面的加工余量较大时,采用车削固定循环功能可以简化编程,缩短程序的长度,使程序更为清晰、可读性更强。车削固定循环功能分为单一固定循环和复合固定循环。

1. 单一固定循环指令 G90、G94

1）内径、外径车削循环指令 G90

功能：加工零件的内、外柱面（圆锥面），当毛坯余量较大或直接从棒料车削零件时，精车前，进行粗车可选用该指令，以去除大部分毛坯余量。

（1）直线车削循环。

格式：G90X(U)_Z(W)_F_;

例如，图 9-27 所示的 G90 直线车削圆柱面循环动作轨迹，刀具从定位点 A 开始沿 $A \rightarrow B \rightarrow C \rightarrow D \rightarrow A$ 的轨迹运动，其中 X(U)、Z(W) 给出了 C 点的位置。图中 1(R) 表示第一步是快速运动，2(F) 表示第二步按进给速度切削，3(F) 表示第三步按进给速度切削，4(R) 表示第四步是快速运动。

（2）锥体车削循环。

格式：G90X(U)_Z(W)_R_F_;

例如，图 9-28 所示的 G90 切削圆锥面循环动作轨迹，刀具从定位点 A 开始沿 $A \rightarrow B \rightarrow C \rightarrow D \rightarrow A$ 的轨迹运动，其中 X(U)、Z(W) 给出了 C 点的位置，格式中 R 的正负由 B 点和 C 点的 X 坐标之间的关系确定，图中 B 点的 X 坐标值比 C 点的 X 坐标值小，所以 R 应取负值。

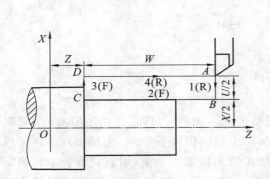

图 9-27　G90 直线车削圆柱面循环动作轨迹

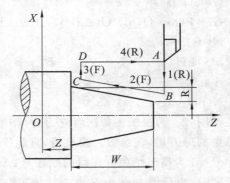

图 9-28　G90 切削圆锥面循环动作轨迹

2）端面车削循环指令 G94

（1）平端面切削循环。

格式：G94 X(U)_Z(W)_F_;

例如，图 9-29 所示的 G94 平端面车削循环动作轨迹，刀尖从起始点 A 开始按 1、2、3、4 顺序循环，2(F)、3(F) 表示 F 代码指令的工进速度，1(R)、4(R) 表示刀具快速移动。

（2）锥面切削循环。

格式：G94 X(U)_Z(W)_R_F_;

例如，图 9-30 所示的 G94 锥面切削循环动作轨迹，刀尖从起始点 A 开始按 1、2、3、4 顺序循环，格式中的 R 是端面斜线在 Z 轴的投影距离，有正负之分。

2. 复合固定循环指令 G71、G72、G73、G70

当工件的形状较复杂，如有台阶、锥度、圆弧等时，如果使用基本切削指令或循环切削指令，为了考虑精车余量，则粗车坐标点的计算可能会很复杂；如果使用复合固定循环指令，则只需要依指令格式设定粗车时每次的切削深度、精车余量、进给量等参数，在接下来的程序段中给出精车的加工路径，CNC 控制器即可自动计算粗车的刀具路径，自动进行粗加工，因此可以节省很多编制程序的时间。

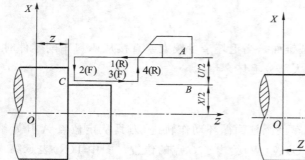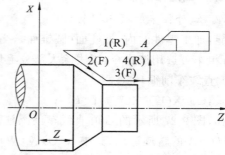

图 9-29 G94 平端面车削循环动作轨迹　　**图 9-30** G94 锥面切削循环动作轨迹

使用粗加工固定循环 G71、G72、G73 指令后，必须使用 G70 指令进行精车，使工件达到所要求的尺寸精度和表面粗糙度。

1）轴向粗车复合循环指令 G71

（1）适用场合：棒料毛坯粗车外圆或粗车内径，以切除毛坯的较大余量。

（2）指令格式：

G71 U(Δd)　R(e)

G71 P(ns) Q(nf) U(Δu) W(Δw)　F(Δf) S△s) (t)

N(ns)…；

S(s)F(f)；

⋮

N(nf)…；

说明：Δd 为粗加工每次背吃刀量（用半径值表示），无符号（即一定为正值）；e 为每次切削结束的退刀量，该参数为模态值，直到指定另一个值前保持不变；ns 为精车开始程序段的顺序号；nf 为精车结束程序段的顺序号；Δu 为 X 方向精加工余量（用直径值表示），粗车内孔轮廓时，为负值；Δw 为 Z 方向精加工余量；Δf 为粗车时的进给量；Δs 为粗车时的主轴功能；t 为粗车时所用的刀具；s 为精车时的主轴功能；f 为精车时的进给量。

（3）G71 指令的刀具路径。例如，图 9-31 所示的轴向粗车复合循环加工路线。

（4）使用 G71 指令的注意事项如下。

① 由循环起始点到精加工轮廓起始点只能使用 G00、G01 指令，且不可有 Z 轴方向移动指令。

② 车削的路径必须是单调递增或递减的，即不可有内凹的轮廓外形。

③ 粗车循环过程中从 N(ns) 到 N(nf) 之间的程序段中的 F、S 功能均被忽略，只有 G71 指令中指定的 F、S 功能有效。

④ 在粗车削循环过程中，刀尖半径补偿功能无效。

2）径向粗车复合循环指令 G72

（1）适用场合：Z 向余量小、X 向余量大的棒料粗加工，G72 与 G71 指令加工方式相同，只是 G72 指令的车削循环是沿着平行于 X 轴的轨迹进行的。

（2）指令格式：

G72 W(Δd) R(e)；

G72 P(ns) Q(nf) U(Δu) W(Δw) F(Δf) S(Δs) T(t)；

N(ns)…；

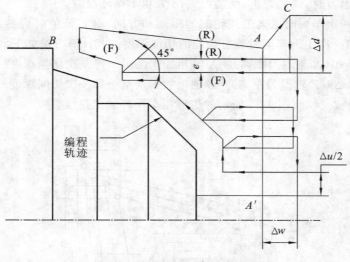

图 9-31　轴向粗车复合循环加工路线

S(s) F(f);

⋮

N(nf)⋯;

说明：G72 指令中各参数的含义与 G71 指令中的相同。

（3）G72 指令的刀具路径。例如，图 9-32 所示的径向粗车复合循环加工路线。

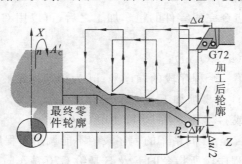

图 9-32　径向粗车复合循环加工路线

3）仿形粗车循环指令 G73

（1）适用场合：仿形粗车循环是按照一定的切削形状，逐渐地接近最终形状的循环切削方式。一般用于毛坯的形状已用锻造或铸造方法成形的零件的粗车，加工效率很高。

（2）指令格式：

G73 U(Δi) W(Δk) R(d);

G73 P(ns) Q(nf)U(Δu) W(Δw) F(Δf) S(Δs) T(t);

N(ns)⋯;

S(s) F(f);

⋮

N(nf)⋯⋯;

说明：ns、nf、Δu、Δw、F 和 S 的含义与 G71 指令中的相同；Δi 为 X 轴的退刀距离和方向（用半径值表示），当向 +X 方向退刀时，该值为正，反之为负；Δk 为 Z 轴的退刀距离和方向，当向＋Z 轴方向退刀时,该值为正,反之为负;d 为粗车循环次数。

Δi、Δk 为第一次车削时退离工件轮廓的距离和方向,确定该值时应参考毛坯的粗加工余量大小,以使第一次走刀车削时就有合理的切削深度。其计算方法如下。

$$\Delta i(X\ 轴退刀距离)=X\ 轴粗加工余量-每一次切削深度$$
$$\Delta k(Z\ 轴退刀距离)=Z\ 轴粗加工余量-每一次切削深度$$

（3）刀具路径。例如,图 9-33 所示的仿形粗车循环加工路线。

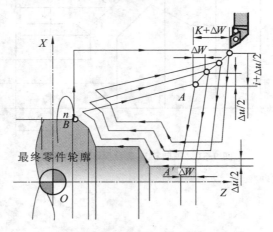

图 9-33　仿形粗车循环加工路线

4）精加工循环指令 G70

使用 G71、G72、G73 指令完成零件的粗车加工之后,可以用 G70 指令进行精加工,切除粗车循环中留下的余量。

（1）指令格式：G70 P(ns) Q(nf)；

说明：ns 为精车程序第一个程序段的顺序号；nf 为精车程序最后一段程序的顺序号。

（2）使用 G70 指令的注意事项如下。

① 在使用 G71、G72 或 G73 指令后,才可使用 G70 指令。

② G70 指令指定了 ns 至 nf 间精车的程序段中不能调用子程序。

③ ns 至 nf 间精车的程序段所指令的 F 及 S 是给 G70 精车时使用的。

④ 精车时的 S 也可以于 G70 指令前指定,在换精车刀的同时指令。

⑤ 使用 G71、G72 或 G73 及 G70 指令的程序必须存储于 CNC 控制器的内存中,即有复合循环指令的程序不能通过计算机以边传输边加工的方式（DNC 模式）控制 CNC 机床。

例如：试用 G71、G70 循环指令编写图 9-34 所示的零件的粗、精加工程序,毛坯为 $\phi45$ 的棒料。选定粗车的背吃刀量为 2 mm,预留精车余量 X 方向为 0.5 mm,Z 方向为 0.25 mm,粗车进给速度为 0.3 mm/r,主轴转速为 850 r/min,精车进给速度为 0.15 mm/r,主轴转速为 1 000 r/min。

程序如下：

O0302

G99；

S850M03；

T0101；

G00 X47.0 Z3.0；

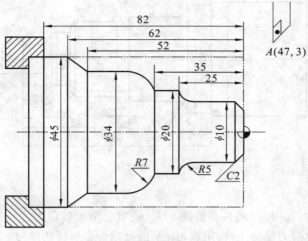

图 9-34 零件

G71 U2.0 R2.0；

G71 P10 Q20 U0.5 W0.25 F0.3；

N10 G00 X6.0 S1000；

G42 G01 Z0.0 F0.15；

X10.0 Z−2.0；

Z−20.0；

G02 X20. Z−25.0 R5.0；

G01 Z−35.0；

G03 X34.0 Z−42.0 R7.0；

G01 Z−52.0；

X45.0 Z−62.0；

N20 G00 G40 X47.0；

G00 X80.0 Z150.0 T0000；

T0202；

G00 X47.0 Z3.0；

G70 P10 Q20；

G00 X80.0 Z150.0；

M30；

9.2.5 数控车床的加工编程实例

编制图 9-35 所示零件的加工程序。毛坯为直径 50 mm 的圆棒料，材料为 45 钢，倒角为 C2。

1. 编程要点分析

1）加工内容分析及加工工艺顺序的确定

已知毛坯为直径 50 mm 的圆棒料，经分析零件图可知要加工的内容有外轮廓、5×2 的槽（螺纹退刀槽）和 M33×2 的螺纹；加工工艺顺序为先加工外轮廓，再加工 5×2 的螺纹退刀槽，最后加工 M33×2 的螺纹。

273

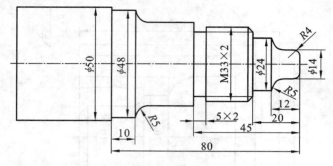

图 9-35　零件图

2）刀具的选用

（1）外轮廓加工：选用 55°的机夹外圆车刀（硬质合金可转位刀片），安装在 1 号刀位置。

（2）5×2 的螺纹退刀槽加工：选用宽 4 mm 的硬质合金焊接切槽刀，安装在 2 号刀位置。

（3）M33×2 螺纹加工：选用 60°的硬质合金机夹螺纹刀，安装在 3 号刀位置。

3）加工指令的选用

（1）外轮廓加工：经分析该轮廓 $-Z$ 方向单向递增，且无凹槽，要加工部分长径比大，从加工效率角度出发，优先选用 G71 循环指令进行粗加工，粗加工后用 G70 进行精加工。

（2）5×2 的螺纹退刀槽加工：用 G01 指令沿 X 向切入，因切槽刀宽 4 mm，需要切削两次。

（3）M33×2 螺纹循环加工：螺距≤2 mm，因此选用 G92 指令加工（G76 适用于大螺距条件下的加工，G32 编程效率低）。

4）工件坐标系的确定

工件坐标系选择在毛坯右端面中心。

5）相关计算

（1）外轮廓精加工走刀轨迹为 $a-b-c-d-e-f-g-h-i-j-k-B$，如图 9-36 所示，各基点坐标的计算略。

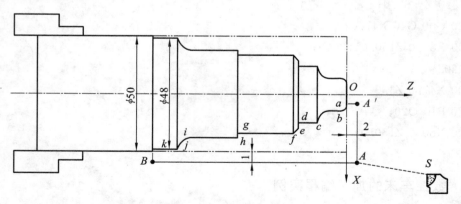

图 9-36　外轮廓粗、精加工工序简图

（2）螺纹单边总切削深度：$h=0.649\,5$ mm，$P=0.649\,5\,\text{m}×2≈1.299$ mm。

2. 编写加工程序

根据分析结果，编写程序如下：

O0160	程序名
N010　G99　G21;	初始化

N020	M03 S800 F0.2;	
N030	T0101;	调用刀具
N040	G00 X52 Z2;	快速靠近工件
N050	G71 U1.5 R1;	调用粗车循环
N060	G71 P070 Q200 U0.2 W0;	循环从形状程序的 N070 执行到 N170
N070	G01 X6;	
N080	G01 Z0;	直线插补移动到 R4 圆弧的起点
N090	G03 X14 Z−4 R4;	逆圆进给加工 R4 圆弧
N100	G01 Z−7;	直线插补加工到 R5 圆弧起点的一段柱面
N110	G02 X24 Z−12 R5;	顺圆加工 R5 圆弧
N120	G01 Z−20;	直线插补加工 φ24 的圆柱面
N130	X29;	车削端面,到达倒角起点
N140	X32.8 Z−22;	加工倒角
N150	Z−45;	车削螺纹部分的圆柱面
N160	X38;	车削槽处的台阶端面
N170	Z−65;	加工 φ38 的圆柱面,到达圆弧起点
N180	G02 X48 Z−70 R5;	顺圆加工圆弧
N190	G01 Z−80;	加工 φ48 的圆柱面
N200	X54;	径向退出毛坯
N210	G00 X100 Z100;	刀具快速退刀
N200	M05;	主轴停止
N230	M00;	程序停止,对粗加工后的零件进行测量
N240	M03 S1000 F0.05;	主轴重新启动
N250	T0101;	重新调用 1 号刀 1 号刀补,引入刀具偏移量或磨损
N260	G70 P070 Q200;	从 N070 至 N170 对轮廓进行精加工
N270	G00 X100;	刀具沿 X 向快退
N280	Z100;	刀具沿轴向快退
N290	M05;	主轴停止
N300	M00;	暂停,精加工后的工件测量
N310	T0202;	换刀宽为 4 mm 的割刀
N320	M03 S200 F0.05;	主轴重新启动
N330	G00 Z−45;	先轴向快速移动
N340	X40;	径向快速移动,到达切槽起点
N350	G01 X29;	切第一刀,加工了 4 mm 的槽
N360	X40;	X 向退刀
N370	Z−44;	Z 向移动 1 mm
N380	X29;	切槽切第二刀
N390	X40;	X 向退刀
N400	G00 X100;	刀具沿 X 向快退
N410	Z100;	刀具沿 Z 向快退
N420	T0303;	换螺纹刀 3 号刀

N430	M03	S600	F0.1；	主轴转动,改变转速
N440	G00	X34	Z－17；	快速到达螺纹起点
N450	G92	X32.1Z－22	F2；	调用螺纹循环,第 1 刀切深 0.9
N460	X31.5；			第 2 刀螺纹切削,切深 0.6
N470	X30.9；			第 3 刀切深 0.6
N480	X30.5；			第 4 刀切深 0.4
N490	X30.4；			第 5 刀切深 0.1
N500	G00	X100；		退刀
N510	Z100；			
N520	M30；			程序结束

9.3 数控铣床(加工中心)编程

9.3.1 数控铣床(加工中心)概述

1. 数控铣削加工特点

1) 零件加工的适应性强、灵活性好

数控铣床和加工中心适合多品种、不同结构形状工件的加工,能完成钻孔、镗孔、铰孔、铣平面、铣斜面、铣槽、铣曲面(凸轮)、攻螺纹等,能加工普通铣床无法加工或很难加工的零件(如用数学模型描述的复杂曲线零件以及三维空间曲面类零件)。

2) 加工精度高、加工质量稳定

数控铣床和加工中心具有较高的加工精度,一般情况下都能保证工件精度。另外,数控加工还避免了操作人员的操作失误,同一批加工零件的尺寸一致性好,大大提高了产品质量。

3) 生产效率高

数控铣床和加工中心具有铣床、镗床、钻床的功能,能加工一次装夹定位后,需进行多道工序加工的零件,工序高度集中,大大提高了生产效率并减小了工件装夹误差。数控铣床和加工中心的主轴转速实现无级变速,有利于选择最佳切削用量。另外,数控铣床和加工中心具有快进、快退、快速定位功能,可大大减少机动时间。

4) 降低操作者劳动强度

数控铣床和加工中心对零件加工是按事先编好的加工程序自动完成的,操作者除了操作键盘、装卸刀具和工件、测量,以及观察机床运行外,不需要进行繁重的重复性手工操作,其劳动强度大大降低。

2. 数控铣床(加工中心)编程时应注意的问题

(1) 了解数控铣床的功能及规格。在不同的数控系统中,编写数控加工程序的格式及指令是不完全相同的。

(2) 熟悉零件的铣削加工工艺。

(3) 合理选择刀具、夹具及切削用量、切削液。

(4) 编程尽量使用子程序。

(5) 编程坐标系原点的选择要使数据计算简单。

9.3.2 数控铣床(加工中心)加工工艺

1. 数控铣床(加工中心)加工零件的工艺性分析

在选择并决定利用数控铣床(加工中心)加工零件后,应对零件加工工艺性进行全面、认真、仔细的分析,主要包括零件图工艺性分析、零件结构工艺性分析、零件毛坯的工艺性分析等内容。

在进行工艺分析时,首先应熟悉零件在产品中的作用、位置、装配关系和工作条件,搞清楚各项技术要求对零件装配质量和使用性能的影响,找出主要的和关键的技术要求,然后对零件的图样进行分析。零件图的工艺性分析主要包括:图样尺寸的标注是否方便编程、是否齐全;零件尺寸所要求的加工精度、尺寸公差是否都可以得到保证;零件上有无统一基准以保证两次装夹加工后其相对位置的正确性;分析零件的形状及原材料的热处理状态,会不会在加工过程中变形等。零件的结构工艺性是指所设计的零件在满足使用要求的前提下制造的可行性和经济性。良好的结构工艺性,可以使零件加工容易,节省工时和材料。而较差的零件结构工艺性,会使加工困难,浪费工时和材料,有时甚至无法加工。因此,零件各加工部位的结构工艺性应符合数控加工的特点。零件毛坯工艺性的分析主要包括分析毛坯是否有充分、稳定的加工余量,分析毛坯的装夹适应性,分析毛坯的变形、余量大小及均匀性等。

2. 加工路线的确定

加工路线指数控机床加工过程中刀具相对于工件运动的轨迹和方向。加工路线确定的一般原则主要有:①应能达到零件的加工精度和表面粗糙度的要求;②应尽量缩短加工线路,减少刀具空行程时间和其他辅助时间;③要方便数值计算,减少编程工作量,减少程序段数量;④一般先加工外轮廓,再加工内轮廓。

(1) 切入和切出路线的确定。铣削平面零件时,一般采用立铣刀侧刃进行切削。为保证切入过程平稳、减少接刀痕迹和保证零件表面质量,要合理选取起刀点、切入点和切入方式,精心设计切入和切出程序。当连续铣削平面内外轮廓时,应使铣刀的切入和切出点尽量沿轮廓曲线的延长线切入、切出,而不应沿法向直接切入零件,以避免加工表面产生划痕,从而保证零件轮廓光滑,如图 9-37 所示。

当铣削的内轮廓表面切入和切出无法外延时,铣刀可沿零件轮廓的法向切入和切出,并将其切入、切出点选在零件轮廓两几何元素的交点处。

(2) 内凹槽的加工路线的确定。加工内凹槽一律使用平底铣刀,刀具边缘部分的圆角半径应符合内凹槽的图样要求。内凹槽的切削分两步,第一步切内腔,第二步切轮廓。切轮廓通常又分为粗加工和精加工两步。粗加工时从内凹槽轮廓线向里平移铣刀半径 R 的距离并且留出精加工余量。由此得出的粗加工刀位线形是计算内腔走刀路线的依据。切削内腔时,环切和行切在生产中都有应用,如图 9-38(a)和(b)所示。两种走刀路线的共同点是都要切净内腔中的全部面积,不留死角,不伤轮廓,同时尽量减少重复走刀的搭接量。环切法的刀位点计算稍复杂,需要逐次向里收缩轮廓线,算法的应用局限性稍大。例如,当内凹槽中带有局部凸台时,对于环切法就难于设计通用的算法。从走刀路线的长短方面来说,行切法要略优于环切法。但当加工小面积内槽时,环切的程序量要比行切的小。图 9-38(c)所示方案结合了环切法和行切法的特点。

(3) 尽量缩短加工路线。钻削加工时,在满足零件精度的前提下,注意缩短加工线路,

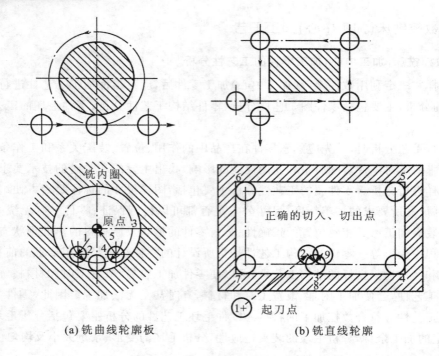

(a) 铣曲线轮廓板　　　　　　　　　(b) 铣直线轮廓

图 9-37　刀具的切入、切出路线

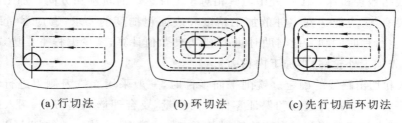

(a) 行切法　　　　　(b) 环切法　　　　　(c) 先行切后环切法

图 9-38　内凹槽加工路线

如图 9-39 所示。图 9-39(b)所示路线编程时一般习惯采用,图 9-39(c)所示路线编程时需要进行尺寸换算,但是走刀路线最短,缩短了空行程距离。

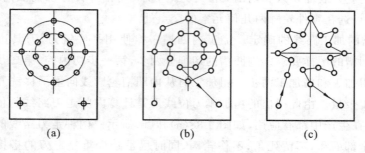

(a)　　　　　　　　(b)　　　　　　　　(c)

图 9-39　孔加工路线

　　(4) 空间曲面加工走刀路线的确定。对于边界敞开的直纹曲面,加工时采用球头刀进行"行切法"加工,即刀具与零件轮廓的切点轨迹是一行一行的,行间距根据零件加工精度要求来确定。如图 9-40 所示,发动机大叶片(直纹曲面)可采用两种加工路线。当采用图 9-40(a)所示的加工方案时,符合这类零件数据给出情况,便于加工后检验,叶形的准确度高,但程序较多。当采用图 9-40(b) 所示的加工方案时,每次沿直线加工,刀位点计算简单,程序少,加工过程符合直纹面的形成,可以保证母线的直线度。由于曲面零件的边界是敞开的,没有其他表面限制,因此曲面边界可以延伸,球头刀应由边界外开始加工。

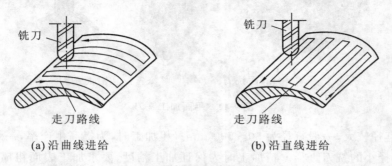

(a) 沿曲线进给   (b) 沿直线进给

图 9-40 直纹曲面的加工路线

立体曲面加工应根据曲面形状、刀具形状及加工精度要求采用不同的铣削方法。

(5) 镗削加工中,精镗孔系时,要保证各孔定位方向一致,单向趋近定位点,避免传动系统误差对加工精度的影响,如图 9-41 所示。图 9-41(c) 所示加工路线优于图 9-41(b) 所示加工路线。

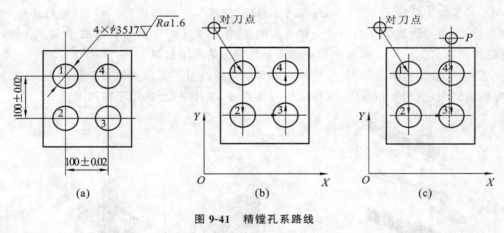

(a)   (b)   (c)

图 9-41 精镗孔系路线

(6) 轮廓铣削进给过程中工艺系统产生弹性变形并处于相对平衡状态,应避免进给中途停顿。若进给中途停顿,则会引起切削力的突然变化,会在停顿处轮廓表面留下刀痕。

(7) 若零件的加工余量较大,则可分多次进给,逐渐切削,最后留少量精加工余量(0.2~0.5 mm)。

3. 刀具选择

刀具的选择是数控加工工艺中的重要内容,它不仅影响机床的加工效率,而且直接影响加工质量。与传统的加工方法相比,数控加工对刀具的要求更高,不仅要求精度高、刚度高、耐用度高,而且要求尺寸稳定、安装和调整方便。这就要求采用新型优质材料制造数控加工刀具,并优选刀具参数。被加工零件的几何形状是选择刀具类型的主要依据。

1) 平面加工

平面加工,尤其铣削较大平面时,为了提高生产效率和降低加工表面粗糙度,一般采用刀片镶嵌式盘形面铣刀,如图 9-42 所示。面铣刀(也称端铣刀)的圆周表面和端面上都有切削刃,端部切削刃为副切削刃。

(a)面铣刀 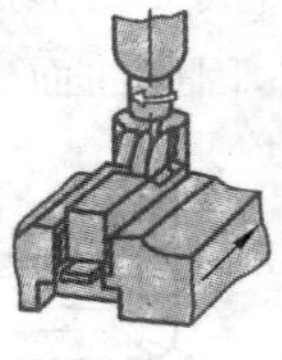 　　　　　　　(b)面铣刀铣平面

图 9-42　平面加工铣刀

面铣刀直径较大,一般直径为 50～500 mm。粗加工时,为提高生产率,一般选择较大的铣削量,宜选择小的铣刀直径。精加工时为保证加工精度,要求加工表面粗糙度要低,应避免在精加工面上留下接刀痕迹,所以精加工时可选直径大一些的铣刀。

2)铣小平面、台阶面或沟槽

铣小平面、台阶面或沟槽时一般采用通用的立铣刀,如图 9-43 所示。

立铣刀是数控机床上使用最多的一种铣刀。立铣刀的圆柱表面和端面上都有切削刃,通常由 3～6 个刀齿组成,每个刀齿和主切削刃均匀分布在圆柱面上,呈螺旋线形,其螺旋角为 30°～45°,这样有利于提高切削过程的平稳性,提高加工精度,它们可同时进行切削,也可单独进行切削,刀齿的副切削刃分布在底端面上,用来加工与侧面垂直的底平面。立铣刀结构有整体式和机夹式等。高速钢和硬质合金是铣刀的常用材料。

立铣刀可分为粗齿立铣刀、中齿立铣刀和细齿立铣刀。粗齿立铣刀由于刀齿数少、强度高、容屑空间大,适用于粗加工;细齿立铣刀齿数多,工作平稳,适用于精加工。

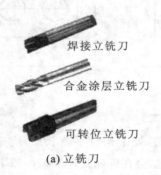

焊接立铣刀

合金涂层立铣刀

可转位立铣刀

(a)立铣刀 　　　　　(b)立铣刀铣垂直面 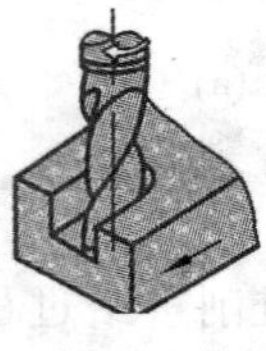 　　　(c)立铣刀铣沟槽

图 9-43　通用立铣刀

3)铣键槽

铣键槽时,为了保证槽的尺寸精度,一般用两刃键槽铣刀,如图 9-44 所示。

4)孔加工

孔加工时,可采用钻头、镗刀、铰刀等孔加工刀具,如图 9-45 所示。

5)螺纹加工

加工螺纹时的常用刀具有丝锥和螺纹铣刀,如图 9-46 所示。

(a) 键槽铣刀　　　　(b) 键槽铣刀铣键槽

图 9-44　键槽铣刀

(a) 麻花钻 (b) 不通孔镗刀 (c) 通孔镗刀 (d) 铰刀

图 9-45　孔加工刀具

(a) 丝锥

(b) 螺纹铣刀

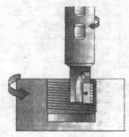  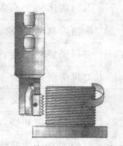

(c) 内螺纹加工示意图　　　(d) 内螺纹实际加工图　　　(e) 外螺纹加工示意图

图 9-46　螺纹加工刀具及加工图

6) 曲面类零件加工

加工曲面类零件时,为了保证刀具切削刃与加工轮廓在切削点相切,而避免刀刃与工件轮廓发生干涉,一般采用球头刀,粗加工用两刃铣刀,半精加工和精加工用四刃铣刀,刀刃数还与铣刀直径有关。球头铣刀如图 9-47 所示。

(a) 球头铣刀　　　　(b) 球头铣刀铣成形面

图 9-47　球头铣刀

9.3.3　数控铣床(加工中心)功能指令

1. 准备功能 G 指令

准备功能 G 指令用来规定刀具和工件的相对运动轨迹、机床坐标系坐标平面、刀具补偿、坐标偏置等多种加工操作。G 指令有非模态 G 指令和模态 G 指令之分。表 9-3 所示为FANUC-0i Mate-MB 系统常用的 G 代码及其含义。

表 9-3　FANUC-0i Mate-MB 系统常用 G 代码及其含义

G 代码	组别	含　义	G 代码	组别	含　义
* G00	01	定位（快速移动）	G73	09	高速深钻孔循环
G01		直线插补	G74		左螺旋加工循环
G02		顺时针圆弧插补	G76		精镗孔循环
G03		逆时针圆弧插补	* G80		取消固定循环
G04	00	暂停	G81		钻孔循环
* G17	02	XY 面选择	G82		钻台阶孔循环
G18		XZ 面选择	G83		深孔往复钻削循环
G19		YZ 面选择	G84		右螺旋加工循环
G28	00	返回机床原点	G85		粗镗孔循环
G30		返回机床第 2 原点	G85		镗孔循环
* G40	07	取消刀具半径补偿	G87		反向镗孔循环
G41		刀具半径左补偿	G88		镗孔循环
G42		刀具半径右补偿	G89		镗孔循环
G43	08	刀具长度正补偿	* G90	03	绝对坐标指令
G44		刀具长度负补偿	G91		相对坐标指令
* G49		取消刀具长度补偿	G92	00	设置工件坐标系
* G94	05	每分进给	* G98	10	固定循环返回起始点
G95		每转进给	G99		返回固定循环 R 点

注：带 * 的为开机时会初始化的代码。

2. 辅助功能 M 指令

辅助功能 M 指令由地址字 M 和其后的一或两位数字组成，主要用于控制零件程序的走向以及机床各种辅助功能的开关动作。M 功能有非模态 M 功能和模态 M 功能两种形式。非模态 M 功能（当段有效代码）只在书写了该代码的程序段中有效；模态 M 功能（续效代码）是一组可互相注销的 M 功能，这些功能在被同一组和另一个功能注销前一直有效。表 9-4 所示为 FANUC-0i Mate-MB 系统常用 M 代码及含义。

表 9-4　FANUC-0i Mate-MB 系统常用 M 代码及含义

代　码	含　义
M00	程序停止
M01	程序选择停止
M02	程序结束
* M03	主轴正转（CW）
* M04	主轴反转（CCW）
* M05	主轴停止

代　码	含　义
M06	换刀(加工中心)
＊M07	切削液开
＊M08	切削液开
＊M09	切削液关
M19	主轴定向停止
M30	程序结束(复位)并回到程序开头
M98	子程序调用
M99	子程序结束

注:带＊的为模态 M 功能的代码。

3. 主轴功能 S 指令

与数控车床主轴功能 S 指令的含义和使用方法一致。

4. 进给速度 F 指令

F 指令表示工件被加工时刀具相对于工件的合成进给速度,F 的单位取决于 G94(每分进给量)或 G95(每转进给量),利用操作面板上的倍率按键可在一定范围内进行倍率修调,当执行攻螺纹循环 G74 和 G84 时倍率开关失效,进给倍率固定为 100%。

5. 刀具功能 T 指令

T 代码用于加工中心选刀,其后的数值表示选刀的刀号。在加工中心上执行 T 指令,刀库转动,选择所需的刀具并将其置于换刀位置。当执行到 M06 指令时,执行换刀动作。

6. 刀补功能 D 和 H 指令

刀补功能 D 指令用于刀具半径补偿,刀补功能 H 指令用于刀具长度补偿。其后的数值表示刀具补偿寄存器号码。一把刀具可以匹配从 01 到 400 刀补寄存器中的刀补值(刀补长度和刀补半径),刀补值一直有效直到再次换刀调入新的刀补值。刀具半径补偿 D 指令必须与 G41/G42 指令一起执行;刀具长度补偿 H 指令必须与 G43/G44 指令一起执行。如果没有编写 D 指令、H 指令,则刀具补偿值无效。

9.3.4　数控铣床(加工中心)基本加工编程指令

虽然数控铣床编程与数控车床编程的基本指令有很多类似的地方,但是也有一些不同。数控铣床编程时应注意以下事项。

1. 数控铣床系统的初始状态

数控机床开机完成后,数控系统将处于初始状态,数控系统的一系列默认功能被激活,如默认的 G 代码功能(表 9-5 中标注" ＊ "的 G 代码)被激活。数控系统的初始状态与数控系统参数设置有关,机床在出厂或调试时对其进行了设置,一般不对其进行修改。由于开机后数控系统的状态可通过 MDI 方式进行改变,且随着程序的执行也会发生变化,为了保证程序的运行安全,建议在编写程序的开始就写入初始化状态指令。

表 9-5 FANUC-0i 系统数控铣床、加工中心常用 G 指令

代码	组	意 义	代码	组	意 义	代码	组	意 义
G00*	01	快速点定位	G43	08	刀具长度正补偿	G76		精镗孔循环
G01		直线插补	G44		刀具长度负补偿	G80*		取消固定循环
G02		顺圆插补	G49*		刀具长度补偿取消	G81		简单钻孔循环
G03		逆圆插补	G50*	11	取消比例缩放	G82		锪孔循环
G04	00	暂停延时	G51		比例缩放	G83		深孔钻循环
G09		准确停止检查	G52	00	局部坐标系	G84	09	右旋螺纹攻螺纹循环
G10		可编程参数输入	G53		选择机床坐标系	G85		镗孔循环
G17*	02	XY 平面选择	G54*	12	选择 G54 工件坐标系	G86		镗孔循环
G18		ZX 平面选择	G55		选择 G55 工件坐标系	G87		背镗孔循环
G19		YZ 平面选择	G56		选择 G56 工件坐标系	G88		镗孔循环
G20	06	英制单位	G57		选择 G57 工件坐标系	G89		镗孔循环
G21*		公制单位	G58		选择 G58 工件坐标系	G90*	03	绝对坐标编程
G27*	00	回参考点检查	G59		选择 G59 工件坐标系	G91		增量坐标编程
G28		回参考点	G61	15	准确停止方式	G92	00	工件坐标系设定
G29		返回参考点	G62		自动拐角倍率	G94*	05	每分钟进给方式
G30		返回 2、3、4 参考点	G63		攻螺纹模式	G95		每转进给方式
G33	01	螺纹切削	G64*		切削模式	G98*	10	固定循环返回起始点
G40*	07	刀具半径补偿取消	G65	00	宏程序调用	G99		固定循环返回 R 点
G41		刀具半径左补偿	G73	09	高速深孔钻循环			
G42		刀具半径右补偿	G74		左旋螺纹攻螺纹循环			

注:1. 表内 00 组为非模态指令,只在本程序段内有效。其他组为模态指令,一次指定后持续有效,直到被本组其他代码所取代。

2. 标有"*"的 G 代码为数控系统通电启动后的默认状态。

3. G15(极坐标指令取消)、G16(极坐标指令)、G68(坐标系旋转)、G69(取消坐标系旋转)等指令也较常用。

数控铣床加工中心编程初始化一般格式:

G54 G90 G40 G49 G80 G17 G21

说明:

G54(G54 至 G59 根据实际情况选用)为建立工件坐标;

G90 为采用绝对坐标方式编程;

G40 为取消刀具半径补偿;

G49 为取消刀具长度补偿;

G80 为取消固定循环功能;

G17 为选择 XY 平面,即工作平面在 XY 平面;

G21 为采用公制单位编程。

注意:数控铣床系统,默认进给单位为毫米/分(mm/min);主轴转速单位为转/分(r/min)。

2. 工件坐标系的设置

工件坐标系的建立包含两个方面。

(1) 在程序中建立工件坐标系,即在程序中编写建立工件坐标系的指令(G54 至 G59 等指令)。

(2) 在实际操作中把工件坐标系原点在机床坐标系中的确切位置找出并输入到数控系统的对应界面,即对刀操作,一般由操作人员来完成。

数控铣床一般采用增量式检测装置,因此在开机后需执行回参考点操作,即"回零",才能建立机床坐标系。一般在正确建立机床坐标系后通过"对刀"操作将工件坐标系原点在机床坐标系的位置(坐标值)找出,并将其输入到 G54 至 G59 其中一个或多个工件坐标系设置界面设定工件坐标系。在一个程序中,最多可设定六个工件坐标系。

一旦设定了工件坐标系,后续程序段中的绝对坐标值均为相对于此点的坐标值,即采用绝对坐标方式(G90)编程时,所有点的坐标值都是相对于此点来计算的。

G54 至 G59 工件坐标系的设置界面如图 9-48 所示。

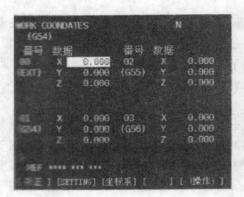 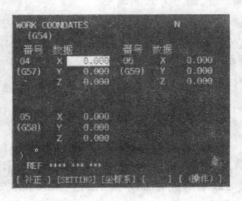

图 9-48 G54 至 G59 工件坐标系的设置界面

在数控铣床中除了用 G54 至 G59 指令建立工件坐标系外,还可用 G92 X_Y_Z_指令来设定工件坐标系。

G92 指令通过指定刀具当前位置在工件坐标系中的坐标值来建立工件坐标系。

指令格式:G92 X_Y_Z_;

说明:X、Y、Z 值为刀具刀位点当前位置在工件坐标系中的坐标值。

G92 指令并不驱动机床刀具或工作台运动,数控系统通过 G92 确定刀具当前位置相对于工件坐标系原点(编程坐标系原点)的距离关系,从而建立工件坐标系,如图 9-49 所示。

通过手动对刀操作确定刀具距离工件坐标系原点的距离(即通过手动操作将刀具移动到工件坐标系中指定的点,如 X20.0Y10.0Z10.0)后,执行 G92 X20.0Y10.0Z10.0)即可。

注意:

(1) G92 指令与 G54 至 G59 指令虽然都是用于建立工件坐标系的,但在使用中是有区别的。G92 指令是通过程序来设定、选用加工坐标系

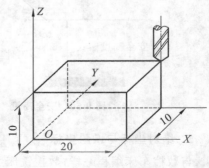

图 9-49 工件坐标系

的,执行该指令时刀具当前位置必须在指定的位置,否则工件坐标系会随之偏移,即数控系统是通过刀具的当前位置来反推得到工件坐标系原点的。数控系统不存储 G92 指令设定的工件坐标系原点,数控系统重启后工件坐标系原点即失效。

(2)G54 至 G59 指令是调用事先输入数控系统的偏移量来确定工件坐标系原点的,一旦设定,工件坐标系原点在机床坐标系中的位置就不会变化,它与刀具的当前位置无关,除非人为改变系统中的偏置值。其坐标值存储在系统内存中,数控系统重启后其数值依然有效,工件原点不会产生变化。

因此,在实际加工中,一般采用 G54 至 G59 指令来建立工件坐标系。

3. 安全高度

对于铣削加工,起刀点和对刀点必须与工件或夹具中最高表面保持一定的安全距离,保证刀具在停止状态时,不与工件、夹具等发生碰撞。在安全高度位置时刀位点所在的平面称为安全平面,如图 9-50 所示。

4. 进、退刀方式的确定

对于铣削加工,刀具切入、切出工件的方式不仅影响工件加工的质量,同时直接关系到加工的安全。对于加工二维外轮廓,一般要求立铣刀从安全高度下降到切削高度的过程,刀具应与工件毛坯边缘保持一定的距离,不能直接下刀切削到工件,以免发生危险。到达切削高度后开始切削工件时,一般要求刀具沿工件轮廓切线切入、切出,或从非重要表面切入、切出,如一些面与面的相交处切入、切出。

对于型腔的粗铣加工,一般应预先钻一个工艺孔至型腔底面(留有一定精加工余量),并扩孔以便所使用立铣刀能从工艺孔进刀,进行型腔粗加工,也可以采用斜坡下刀和螺旋下刀方式(见图 9-51)来进行型腔的粗加工。刀具下到切削深度后,从内向外依次铣削,根据实际情况可以采用行切法或环切法进行粗加工去除余量。下刀运动一般采用直线插补(G01),以保证加工安全。

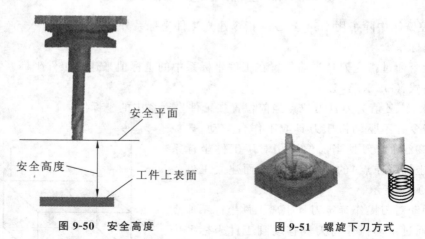

图 9-50　安全高度　　　　图 9-51　螺旋下刀方式

5. 绝对坐标与增量坐标

与数控车床编程一样,数控铣床编程也有绝对坐标和增量坐标两种编程坐标值表示方式。其含义与车床编程中的相同。但在数控铣床编程中,绝对坐标和增量坐标的表示方法与数控车床中的截然不同,它们通过 G 指令来指定(G90 表示绝对坐标编程,G91 表示增量坐标编程)。在同一程序中可使用 G90 和 G91 两种方式混合编程,但是在同一程序段不能同时使用 G90 和 G91 两种方式混合编程。例如：

O11	G91 G1X−110. Y0. ；
G54 G90G40 G49 G80 G17 G21；	G1X0. Y100. ；
M3S800；	G1X100. Y0. ；
G0X80. Y−50. ；	G1X0. Y−110. ；
G0Z100. ；	G90 G40G0x50. Y−80. ；
G0Z5. ；	G01Z5；
G01Z−5. F100；	G0Z100；
G41G01X60. Y−50. D01. ；	M5；
G91G28Z0. ；	M30；
G28X0. Y0. ；	

以上编程是没有问题的,但在同一程序段采用绝对坐标与增量坐标混合编程,在数控铣床编程、加工中心中是不允许的。

例如：

G90G01X−50. G91Y100. ；

6. 基本插补指令

基本插补指令用于控制机床按照指令轨迹做进给运动,包括快速定位、直线插补和圆弧插补等指令。

1）快速定位（G00 或 G0）

该指令控制刀具从当前所在位置快速移动到指令给定的目标位置。该指令不控制刀具的运动轨迹和运动速度。运动轨迹和运动速度由系统参数设定。故该指令用于快速定位,不能用于切削加工。

指令格式:G00 X_Y_Z_；

说明:X、Y、Z 值表示目标点坐标。

G00 可以指令一轴、两轴或三轴移动。

2）直线插补（G01 或 G1）

该指令控制刀具以直线运动轨迹从刀具当前位置按给定的进给速度运动到目标点位置。该指令不仅控制刀具的运动轨迹而且控制刀具的运动速度。

指令格式:G01 X_Y_Z_F_；

说明:X、Y、Z 值表示目标点坐标;F 表示进给速度,默认单位为毫米/分（mm/min）。

3）圆弧插补指令（G02、G03 或 G2、G3）

（1）平面选择（G17、G18、G19）。在三维坐标系中,每两根坐标轴确定一个平面,第三根坐标轴始终垂直于该平面,并定义刀具进给深度。

在编程时要求知道控制系统在哪一个平面上加工,从而可以判断圆弧插补指令顺、逆方向,正确地计算刀具半径补偿。各平面及平面指定指令如下:G17 表示切削平面为 XY 平面;G18 表示切削平面为 ZX 平面;G19 表示切削平面为 YZ 平面。

G17、G18、G19 为模态指令,系统默认平面指定指令为 G17。

（2）圆弧插补指令（G02、G03 或 G2、G3）。圆弧插补指令控制刀具在指定的平面内,从刀具当前点（圆弧起点）沿圆弧运动到指令给定目标位置（圆弧终点）。圆弧的半径可以直接给出或通过 G02 圆弧起点和圆弧圆心点数控系统自动计算。G02（或 G2）为顺圆弧插补或螺旋插补,刀具沿顺时针方向走刀切削圆弧;G03（或 G3）为逆圆弧插补或螺旋插补,刀具沿逆时针方向切削圆弧。其判断方法为：在右手笛卡儿坐标系中，从垂直于圆弧所在平角那根轴的正方向往负方向看，顺时针为 G02，逆时针为 G03，如图 9-52 所示。

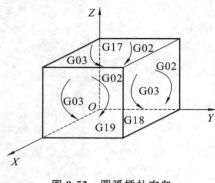

图 9-52　圆弧插补方向

① 半径编程时的指令格式如下。

$$G17 \begin{Bmatrix} G02 \\ G03 \end{Bmatrix} X\_\ Y\_\ R\_\ F\_\ ;$$

$$G18 \begin{Bmatrix} G02 \\ G03 \end{Bmatrix} X\_\ Z\_\ R\_\ F\_\ ;$$

$$G19 \begin{Bmatrix} G02 \\ G03 \end{Bmatrix} Y\_\ Z\_\ R\_\ F\_\ ;$$

② 圆心坐标编程时的指令格式如下。

$$G17 \begin{Bmatrix} G02 \\ G03 \end{Bmatrix} X\_\ Y\_\ I\_\ J\_\ F\_\ ;$$

$$G18 \begin{Bmatrix} G02 \\ G03 \end{Bmatrix} X\_\ Z\_\ I\_\ K\_\ F\_\ ;$$

$$G19 \begin{Bmatrix} G02 \\ G03 \end{Bmatrix} Y\_\ Z\_\ J\_\ K\_\ F\_\ ;$$

说明：X、Y、Z 为圆弧的终点坐标，可用 G90 或 G91（绝对坐标或增量坐标）表示；I、J、K 为圆弧圆心相对于圆弧起点在 X、Y、Z 轴方向的增量，即 I 的值为 $X_{圆心}-X_{圆弧起点}$ 的值，J 的值为 $Y_{圆心}-Y_{圆弧起点}$ 的值，K 的值为 $Z_{圆心}-Z_{圆弧起点}$ 的值；R 为圆弧半径，用圆弧半径编程时，当圆弧圆心角 $\alpha \geqslant 180°$ 时，R 取正值，若圆心角 $180°<\alpha<360°$ 时，R 取负值，当 $\alpha \geqslant 360°$ 时，则不能用 R 编程，只能用圆心坐标编程；F 为进给速度。

（3）螺旋插补（G02、G03 或 G2、G3）。螺旋插补可以用于螺旋下刀、圆周铣削、螺纹铣削或油槽等加工。

指令格式：

$$G17 \begin{Bmatrix} G02 \\ G03 \end{Bmatrix} X\_Y\_R\_Z\_F\_ ;$$

$$G17 \begin{Bmatrix} G02 \\ G03 \end{Bmatrix} X\_Z\_I\_J\_F\_ ;$$

$$G18 \begin{Bmatrix} G02 \\ G03 \end{Bmatrix} X\_Z\_R\_Y\_F\_ ;$$

$$G18 \begin{Bmatrix} G02 \\ G03 \end{Bmatrix} X\_Z\_I\_K\_Y\_F\_ ;$$

$$G19 \begin{Bmatrix} G02 \\ G03 \end{Bmatrix} Y\_Z\_R\_X\_F\_ ;$$

$$G19 \begin{Bmatrix} G02 \\ G03 \end{Bmatrix} Y\_Z\_J\_K\_X\_F\_ ;$$

说明：X、Y、Z 是由 G17、G18、G19 平面选定的两个坐标为螺旋线投影圆弧的终点，意义同圆弧插补，第 3 坐标是与选定平面相垂直轴的终点。其余参数同圆弧插补，该指令对另一个不在圆弧平面上的坐标轴施加运动指令。

注意：一段螺旋插补程序只能加工一段小于等于 360° 的螺旋线。

7. 暂停指令(G04 或 G4)

该指令使系统保持给定时间后再继续执行后续程序。该指令为非模态指令,只在本程序段内有效。G04 的程序段不能有其他指令。

指令格式:G04 X_;或 G04 P_;

说明:X、P 均表示暂停时间,其中 X 后面可用带小数点的数,单位为秒(s)。

如 G04X1,表示在执行到此程序段后,要保持 1 s,然后才执行下一程序段。

地址 P 后不允许用带小数点的数,单位为毫秒(ms)。

例如要暂停 1 s,用 P 表示为:G04P1000。

G40 指令可使刀具做短暂的无进给光整加工,以获得圆整而光滑的表面。如在加工盲孔的过程中,当刀具进给到最后深度时,用暂停指令使刀具做无进给光整切削,然后退刀,以保证孔底表面质量。

8. 与参考点有关的指令(G27、G28、G29、G30)

(1)返回参考点检查(G27)。数控机床通常长时间连续运转,为了提高加工中的可靠性即保证尺寸的正确性,可用 G27 指令来检查工件原点的正确性。

指令格式:G90(G91) G27 X_Y_Z_;

说明:使用 G90 编程时,X、Y、Z 值指参考点在工件坐标系的绝对值(即工件坐标系偏置值取反);使用 G91 编程时,X、Y、Z 值表示机床参考点相对刀具当前点的增量坐标(即刀具当前点的机械坐标值取反)。

用法:当完成一个循环时,在程序结束前执行 G27 指令,刀具将以快速定位(G00)方式自动返回机床参考点,如果刀具到达参考点位置,则操作面板上的参考点返回指示灯亮;若某轴返回参考点有误,则该轴对应的指示灯就不亮,系统报警。

(2)自动返回参考点(G28)。

该指令可使坐标轴自动返回参考点。

指令格式:G90(G91) G28 X_Y_Z_;

说明:X、Y、Z 值为返回参考点时所经过的中间点。

执行该指令,指定的受控轴将快速定位到中间点,然后从中间点返回到参考点。一般在加工之前和加工结束后可以让机床自动返回参考点。出于安全考虑,一般先使 Z 轴返回参考点,然后 X、Y 轴再返回参考点。

例如:G91G28Z0.;   以刀具当前点为中间点使 Z 轴返回参考点

G91G28X0.Y0.   以刀具当前点为中间点使 X、Y 轴返回参考点

(3)从参考点返回(G29)。执行该指令使刀具由机床参考点经过中间点到达目标点。

指令格式:G29 X_Y_Z_;

说明:X、Y、Z 的值为刀具的目标点坐标。

这里经过的中间点是由 G28 指令所指定的中间点,故刀具可以通过一条安全路径到达欲切削加工的目标点位置。所以用 G29 指令之前,必须先用 G28 指令。G29 指令不能单独使用。

(4)第 2、3、4 参考点返回(G30)。执行该指令使刀具由当前位置经过中间点返回到第 2、3、4 参考点。G30 指令与 G28 指令类似,差别是 G28 指令返回第 1 参考点(机床原点),而 G30 指令是返回第 2、3、4 参考点,如换刀点等。

指令格式:

$$G17 \begin{bmatrix} P2 \\ P3 \\ P4 \end{bmatrix} X\_Y\_Z\_;$$

说明：P2、P3、P4 即选择第 2 参考点，或第 3 参考点，或第 4 参考点，选择第 2 参考点时可以省略不写 P2；X、Y、Z 值为返回参考点时所经过的中间点。第 2、3、4 参考点的机械坐标位置在参数中设定。G30 指令通常在自动换刀时使用，一般 Z 轴的换刀位置与 Z 轴机床原点不重合，换刀时需要先回到换刀位置即第 2 参考点。

9.3.5 数控铣床(加工中心)固定循环指令

数控铣床上有许多固定循环指令，只用一个指令、一个程序段，即可完成某特定表面的加工。孔加工(包括钻孔、镗孔、攻螺纹或螺旋槽等)是铣床上常见的加工任务，下面介绍 FANUC 系统中，孔加工的固定循环功能指令。

1. 孔加工循环的组成动作

如图 9-53 所示，孔加工循环一般由以下六个动作组成。

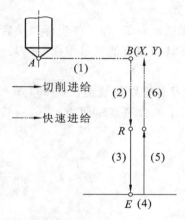

图 9-53　孔加工循环的组成动作

1）$A \rightarrow B$

刀具快进至孔位坐标(X、Y)，即循环初始点 B。

2）$B \rightarrow R$

刀具 Z 向快进至加工表面附近的 R 点平面。

3）$R \rightarrow E$

加工动作，如钻、攻螺纹、镗等。

4）E 点

孔底动作，如进给暂停、刀具偏移、主轴准停、主轴反转等。

5）$E \rightarrow R$

返回到 R 点平面。

6）$R \rightarrow B$

返回到初始点 B。

下面介绍几个与孔加工循环相关的平面。

（1）初始平面　初始点所在的与 Z 轴垂直的平面称为初始平面。初始平面是为安全下刀而规定的一个平面。初始平面到零件表面的距离可以任意设定，当使用同一把刀具加工若干孔时，只有孔间存在障碍需要跳跃或全部孔加工完了，才使用 G98 功能指令使刀具返回到初始平面上的初始点。

（2）R 点平面　R 点平面又叫做 R 参考平面，这个平面是刀具下刀时自快进转为工进的高度平面，距工件表面的距离主要考虑工件表面尺寸的变化，一般可取 2～5 mm。使用 G99 功能指令时，刀具将返回到该平面上的 R 点。

（3）孔底平面　加工不通孔时孔底平面就是孔底的 Z 轴高度，加工通孔时一般刀具还要伸出工件底平面一段距离，钻削加工时还应考虑钻头钻尖对孔深的影响。

孔加工循环与平面选择指令(G17、G18、G19)无关，即不管选择了哪个平面，孔加工都是在 XY 平面上定位并在 Z 轴方向上钻孔。

2. 孔加工循环指令格式

孔加工循环指令的指令格式：

G90 G98

G△△X_Y_Z_R_Q_P_F_L_；

G91 G99

说明：

（1）G98 指令使刀具返回初始点 B 点，G99 指令使刀具返回 R 点平面，如图 9-54 所示。

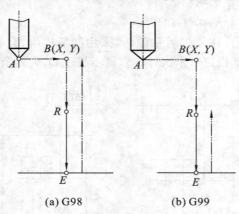

(a) G98   (b) G99

图 9-54 G98 和 G99 指令功能

（2）G△△ 为各种孔加工循环方式指令，如表 9-6 所示。

（3）X、Y 为孔位坐标，可为绝对、增量坐标方式。

（4）Z 为孔底坐标，采用增量坐标方式时，它为孔底相对 R 点平面的增量值。

（5）R 为 R 点平面的 Z 坐标，采用增量坐标方式时，它为 R 点平面相对 B 点的增量值。

表 9-6 孔加工循环指令

G 代码	孔加工动作 （−Z 方向）	在孔底的动作	刀具返回方式 （＋Z 方向）	用　　途
G73	间歇进给	—	快速	高速深孔往复排屑钻
G74	切削进给	暂停，主轴正转	切削进给	攻左旋螺纹
G76	切削进给	主轴定向停止，刀具位移	快速	精镗孔
G80	—			取消固定循环
G81	切削进给	—	快速	钻孔
G82	切削进给	暂停	快速	锪孔、镗阶梯孔
G83	间歇进给	—	快速	深孔往复排屑钻
G84	切削进给	暂停，主轴反转	切削进给	攻右旋螺纹
G85	切削进给	—	切削进给	精镗孔
G86	切削进给	主轴停止	快速	镗孔
G87	切削进给	主轴停止	快速返回	反镗孔
G88	切削进给	暂停，主轴停止	手动操作	镗孔
G89	切削进给	暂停	切削进给	精镗阶梯孔

（6）Q 在 G73 或 G83 方式中，用来指定每次的背吃刀量，在 G76 或 G87 方式中规定孔底刀具偏移量（增量值）。

（7）P 用来指定刀具在孔底的暂停时间，以毫秒（ms）为单位，不允许有小数点。

（8）F 指定孔加工切削进给时的进给速度，单位为毫米/分（mm/min），这个指令是模态的，即使取消了固定循环，在其后的加工中仍然有效。

（9）L 是孔加工重复的次数，L 指定的参数仅在被指令的程序段中才有效。

3. 几种加工方式的图示说明

1）高速深孔往复排屑钻循环（G73）

图 9-55 所示为高速深孔往复排屑钻循环，采用间断进给，有利于排屑。每次背吃刀量为 Q，退刀量为 d（系统内部设定），末次背吃刀量不超过 Q，为剩余量。

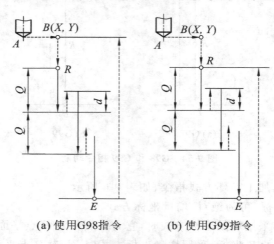

(a) 使用G98指令　　　　(b) 使用G99指令

图 9-55　高速深孔往复排屑钻循环

2）左旋攻螺纹循环（G74）

如图 9-56 所示，主轴下移至 R 点启动，反转切入，至孔底 E 点后正转退出。

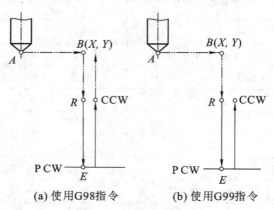

(a) 使用G98指令　　　　(b) 使用G99指令

图 9-56　左旋攻螺纹循环

CW—主轴正转；CCW—主轴反转；P—进给暂停

3）精镗循环（G76）

如图 9-57 所示，精镗孔底后，有进给暂停（P）、主轴准停即定向停止（OSS）、刀具偏移 Q 距离（→）三个孔底动作，然后退刀，这样可使刀头不划伤精镗表面。

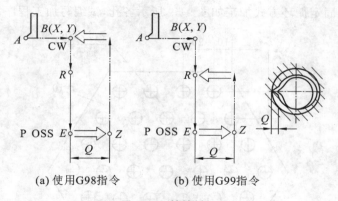

(a) 使用G98指令　　　　(b) 使用G99指令

图 9-57　精镗循环

P—进给暂停；OSS—主轴准停；CW—主轴正转

4）背镗循环(G87)

如图 9-58 所示，刀具至 $B(X、Y)$ 后，主轴准停，主轴沿刀尖的反方向偏移 Q，然后快速定位至孔底(Z 点)，再沿刀尖正向偏移至 E 点，主轴正转，刀具向上工进至 R 点，主轴准停，刀具偏移 Q，快退并偏移 Q 至 B 点，主轴正转，继续执行下面的程序。

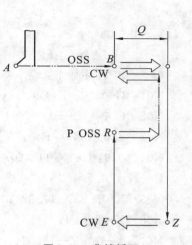

图 9-58　背镗循环

4. 孔加工循环的注意事项

（1）孔加工循环指令是模态指令，一旦建立，一直有效，直到被新的加工方式代替或被撤销；孔加工数据也是模态值。

（2）撤销孔加工固定循环指令为 G80，此外，G00、G01、G02、G03 也起撤销作用。

（3）孔加工固定循环指令执行前，必须先用 M 指令使主轴转动。

（4）孔加工固定循环中，当刀具至 R 点时刀具长度补偿指令生效。

对孔加工数据保持和取消举例如下：

N1　G91 G00 X_M03；	先主轴正转，再按增量值方式沿 X 轴快速定位
N2 G81 X_ Y_ Z_ R_　F_；	规定固定循环原始数据，按 G81 执行钻孔动作
N3　Y_；	钻削方式和钻削数据与 N2 相同，按 Y 值移动后，执行 N2 的钻孔动作
N4　G82　X_ P_ L_；	先按 X 值移动，再按 G82 执行钻孔动作，并重复执行 L 次
N5　G80X_　Y_M05；	这时不执行钻孔动作，除 F 代码之外，全部钻削数据被清除
N6　G85　X_ Z_ R_P_；	必须再一次指定 Z 和 R，本段不需要的 P 也被存储
N7　X_ Z_；	按 X 值移动后，按本段的 Z 值执行 G85 的钻孔动作，前段 R 仍有效
N8 G89X_ Y_；	按 X、Y 值移动后，按 G89 方式钻孔，前段的 Z 与 N6 段中的 R、P 仍有效
N9　G01　X_ Y_；	这时孔加工方式及孔加工数据(F 除外)全部被清除

例 9-2　采用固定循环方式加工如图 9-59 所示各孔,试编写加工程序。

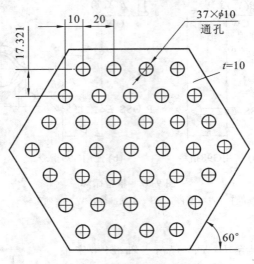

图 9-59　固定循环加工示例

解　加工程序如下：

N01　G90　G80　G92　X0.　Y0.　Z100.；

N02　G00　X－50.　Y51.963　M03 S800；

N03　Z20. M08　F40；

N04　 G91 G81 G99 X20.　Z－18.

R－17.　L4；

N05　X10.　Y－17.321；

N06　X－20. L4；

N07　X－10. Y－17.321；

N08　X20.　L5；

N09　X10.　Y－17.321；

N10　X－20. L6；

N11　X10.　Y－17.321；

N12　X20. L5；

N13 X－10.　Y－17.321；

N14　X－20. L4：

N15　X10.　Y－17.321；

N16　X20.　L3；

N17　G80　M09；

N18　G90　G00 Z100.：

N19　X0.　Y0. M05：

N20　M30；

当要加工很多相同的孔时,应认真研究孔分布的规律,尽量简化程序。本例中各孔按等间距线形分布,可以使用重复固定循环加工指令,即用地址 L 规定重复次数。采用这种方式编程,在进入固定循环之前刀具不能定位在第一个孔的位置,而要向前移动一个孔的位置。

因为当执行固定循环时,刀具要先定位,然后才执行钻孔的动作。

9.3.6 数控铣床加工中心编程实例

零件如图 9-60 所示,毛坯为 136 mm×100 mm×32 mm 板材,六面已加工过,工件材料为 45 钢。

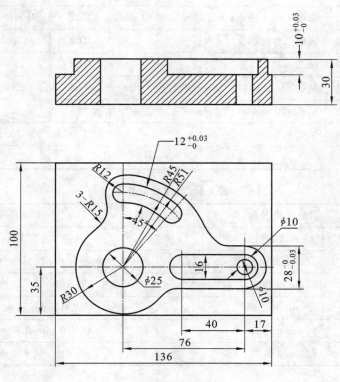

图 9-60 零件

1. 工艺分析

(1) 零件毛坯为矩形,六个面已经加工过,长宽方向尺寸到位。采用平口钳装夹,工件原点设置在工件中心上表面。

(2) 加工工序及刀具如下。

① 铣削工件上表面,保证厚度尺寸 30 mm,选用 ϕ125 mm 的面铣刀。

② 铣削凸台轮廓,选择 ϕ25 mm 的圆柱立铣刀。

③ 铣槽,选择 ϕ12 mm 的键槽铣刀。加工 12 mm 宽的槽时,先沿槽的中心加工,加工 16 mm 宽的槽时按照轮廓进行精加工。

④ 钻孔 ϕ10 mm 和 ϕ25 mm 底孔,选用 ϕ10 mm 的钻头。

⑤ 钻孔 ϕ25 mm,选用 ϕ25 mm 的钻头。

零件加工工序和数控加工刀具分别如表 9-7、表 9-8 所示。

表9-7 零件加工工序

零件名称		数量/个		材 料	45 钢	
工序		名称	工艺及工艺要求	刀具号	主轴转速/(r/min)	进给速度/(mm/min)
1	毛坯	136 mm×100 mm×32 mm				
2	铣削	1	铣削工件上表面,保证厚度尺寸 30 mm	T01	800	120
		2	铣削凸台轮廓	T02	500	80
		3	铣槽	T03	1000	100
		4	钻孔 φ10 mm 和 φ25 mm 中心孔	T04	2000	50
		5	钻孔 φ10 mm 和 φ25 mm 底孔	T05	800	50
		6	钻孔 φ25 mm	T06	300	50
3	检验					

表9-8 数控加工刀具

刀具号	刀具规格名称	数 量	加工内容
T01	φ125 mm 面铣刀	1	铣削工件上表面
T02	φ25 mm 圆柱立铣刀	1	铣削凸台轮廓
T03	φ12 mm 键槽铣刀	1	铣槽
T04	φ5 mm 中心钻	1	钻 φ10 mm 和 φ25 mm 定位孔
T05	φ10 mm 钻头	1	钻 φ10 mm 孔和 φ25 mm 定位孔
T06	φ25 min 钻头	1	钻 φ25 mm 孔

2. 确定走刀路线

零件的六个表面已经加工过,因此不存在淬硬层问题。为了得到较好的表面质量并保护刀具,在铣削时采用顺铣比较合理。具体走刀路线如图 9-61 所示。

3. 数值计算

将工件坐标系建立在工件上表面对称中心上,按照图 9-61 所示的走刀路线计算各基点坐标,如表 9-9 所示。

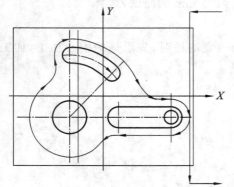
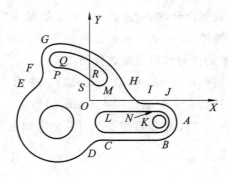

图 9-61 走刀路线

表 9-9　各基点坐标

基点	X	Y	基点	X	Y
A	65.0	-15.0	J	51.0	-1.0
B	51.0	-29.0	K	51.0	-23.0
C	9.409	-29.0	L	11.0	-23.0
D	-2.06	-34.333	M	11.0	-7.0
E	-42.171	9.6	N	51.0	-7.0
F	-36.447	26.4	P	-25.0	24.0
G	-25.0	42.0	Q	-25.0	36.0
H	27.172	7.958	R	11.062	21.062
I	40.901	-1.0	S	2.577	12.577

4. 编写程序

参考程序如下：

O3022	程序名
G54G90G40G49G80G17G21；	初始化
G91G28Z0.；	Z 轴自动返回参考点
G91G28X0.Y0.	X、Y 轴自动返回参考点
T01；	T01 为 ϕ125 mm 面铣刀，用于加工上表面
M6；	将 T01 换到主轴上
M3S800；	主轴正向启动，转速为 800 r/min
G90G0X135.Y$-$20.；	快速定位到下刀点
G43G0Z100.H01；	调用 H01 补偿值，建立刀具长度补偿，采用 Z 轴对刀数据作为补偿值
Z5.；	快速下刀到进给高度，即距离工件上表面 5 mm 处
G1Z$-$2.F100；	刀具下到切削深度 Z$-$2.0 位置
G1X$-$135.F120；	铣削平面
G1Z5.；	刀具抬起到进给高度
G0Z100.；	刀具抬起到安全高度
G49Z0.；	取消刀具长度补偿（G54 坐标系中 Z 值为 0）
G91 G28 Z0.；	Z 轴自动返回参考点
G91G28 X0.Y0.；	X、Y 轴自动返回参考点
T02；	ϕ25 mm 的圆柱立铣刀，铣削外形轮廓
M06；	将 T02 换到主轴上
G54G90G40G49G80G17G21；	初始化
M3S500；	主轴正向启动，转速为 500 r/min
G0X90.Y70.；	快速定位到下刀点

G43G0Z100H02.；	调用 H02 补偿值,建立刀具长度补偿,采用 Z 轴对刀数据作为补偿值
Z5.；	快速下刀到进给高度,即距离工件上表面 5 mm 处
G1Z−10.F100；	刀具下到切削深度 Z−10.0 位置
G41G1X65.D01；	调用 D01 补偿值,建立刀具半径左补偿值
Y−15.；	凸台轮廓加工
G2X51.Y−29.R14.；	凸台轮廓加工
G1X9.409；	凸台轮廓加工
G3X−2.06Y−34.333R15.；	凸台轮廓加工
G2X−42.171Y9.6R−30.；	凸台轮廓加工
G3X−36.447Y26.4R15.；	凸台轮廓加工
G2X−25.Y42.R12.；	凸台轮廓加工
X27.172Y7.958R57.；	凸台轮廓加工
G3X40.901Y−1.R15.；	凸台轮廓加工
G1Y−70.；	凸台轮廓加工
G40X90.；	凸台轮廓加工完成,刀具退出,取消刀具半径补偿
Z5.	刀具抬起到进给高度
G00Z100.；	刀具抬起到安全高度
G49Z0.；	取消刀具长度补偿(G54 坐标系中 Z 值为 0)
G91G28Z0.；	Z 轴自动返回参考点
G91G28X0.Y0.；	X、Y 轴自动返回参考点
T03；	ϕ12 mm 的键槽铣刀,铣削两槽
M06；	将 T03 换到主轴上
G54G90G40G49G80G17G21；	初始化
M3S1000；	主轴正向启动,转速为 1 000 r/min
G0X−25.Y30.；	快速定位到下刀点
G43G0Z100.H03；	调用 H03 补偿值,建立刀具长度补偿,采用 Z 轴对刀数据作为补偿
Z5.；	快速下刀到进给高度,即距离工件上表面 5 mm 处
G1Z−10.F100；	刀具下到切削深度 Z−10.0 位置
G2X6.28Y16.82R45.；	铣圆弧槽
G1Z5.；	刀具抬起到进给高度
G0X45.Y−15.；	定位到下刀点
G1Z−10.F100；	下刀切削深度
G41G1X52.Y−22.D03；	调用 D03 补偿值,建立刀具半径左补偿
G3X59.Y−15.R7.；	加工腰型槽引入
G3X51.Y−7.R8.；	加工腰型槽
G1X11.；	加工腰型槽

G3X11. Y−23. R8. ;	加工腰型槽
G1X51. Y−23. ;	加工腰型槽
G3X59. Y−15. R8. ;	加工腰型槽
G3X52. Y−8. R7. ;	加工圆弧槽引出
G1G40X45. Y−15. ;	圆弧槽加工结束,取消刀具半径补偿
Z5. ;	刀具抬起到进给高度
G1X90. Y70. ;	定位到腰型槽加工下刀点
G90G41G1X65. D05;	调用 D05 补偿值,建立刀具半径左补偿,精加工凸台
Y−15. ;	凸台轮廓精加工
G2X51. Y−29. R14. ;	凸台轮廓精加工
G1X9.409;	凸台轮廓精加工
G3X−2.06Y−34.333R15. ;	凸台轮廓精加工
G2X−42.171Y9.6R−30. ;	凸台轮廓精加工
G3X−36.447Y26.4R15. ;	凸台轮廓精加工
G2X−25. Y42. R12. ;	凸台轮廓精加工
X27.172Y7.958R57. ;	凸台轮廓精加工
G3X40.901Y−1. R15. ;	凸台轮廓精加工
G1X51. ;	凸台轮廓精加工
G2X65. Y−15. R14. ;	凸台轮廓精加工
G1Y−70. ;	凸台轮廓精加工
G40X90;	凸台轮廓精加工结束,取消刀具半径补偿
G1Z5. ;	刀具抬起到进给高度
G0Z100. ;	刀具抬起到安全高度
G49Z0. ;	取消刀具长度补偿(G54 坐标系中 Z 值为 0)
G91G28Z0. ;	Z 轴自动返回参考点
G91G28X0. Y0. ;	X、Y 轴自动返回参考点
T04;	ϕ5 mm 中心钻
M6;	将 T04 换到主轴上
G54G90G40G49G80G17G21;	初始化
M3S2000;	主轴正向启动,转速为 2 000 r/min
G0X51. Y−15. ;	快速定位到第一个孔的中心位置
G43G0Z100H04;	调用 H04 补偿值,建立刀具长度补偿
G81Z−5. R5. F50;	钻第一个孔
X−25. Y−15. ;	钻第二个孔
G80;	取消钻孔循环
G49Z0. ;	取消刀具长度补偿
G91G28Z0. ;	Z 轴自动返回参考点
G91G28X0. Y0. ;	X、Y 轴自动返回参考点

T05;	ϕ10 mm 钻头,加工 ϕ10 mm 孔与 ϕ25 mm 底孔
M6;	将 T05 换到主轴上
G54G90G40G49G80G17G21;	初始化
M3S800;	主轴正向启动,转速为 800 r/min
G0X51.Y−15.;	快速定位到第一个孔的中心位置
G43G0Z100H05.;	调用 H05 补偿值,建立刀具长度补偿
G81Z−35.R5.F50;	钻第一个孔
X−25.Y−15.;	钻第二个孔
G80;	取消钻孔循环
G49Z0.;	取消刀具长度补偿
G91G28Z0.;	Z 轴自动返回参考点
G91G28.X0.Y0.;	X、Y 轴自动返回参考点
T06;	ϕ25 mm 钻头加工 ϕ25 mm 孔
M06;	将 T06 换主轴上
G54G90G40G49G80G17G21;	初始化
M3S300;	主轴正向启动,转速为 800 r/min
G0X−25.Y−15.0;	快速定位到 ϕ25 mm 孔的中心位置
G43G0Z100.H06.;	调用 H06 补偿值,建立刀具长度补偿
G81Z−35.R5.F100;	钻 ϕ25 mm 孔
G80;	取消钻孔循环
G49Z0.;	取消刀具长度补偿
G91G28Z0.;	X、Y、Z 轴自动返回参考点
G91G28X0.Y0.;	X、Y 轴自动返回参考点
M30;	程序结束

9.4 用户宏程序编程

9.4.1 用户宏程序编程基础

1. 宏程序的概念

用变量的方式进行数控编程的方法称为数控宏程序编程。

数控宏程序分为 A 类和 B 类宏程序,其中 A 类宏程序,编写起来比较费时、费力,B 类宏程序编程类似于 C 语言编程,编写起来很方便。不论是 A 类还是 B 类宏程序,其运行的效果都是一样的。目前 B 类宏程序得到大量使用,因此本节主要介绍 B 类宏程序的使用。

2. 宏程序的应用场合

(1) 可以编写一些非圆曲线,如宏程序编写椭圆、双曲线、抛物线等。

(2) 为大批相似零件加工编程的时候,可以用宏程序编写,这样只需要改动部分数据就可以了,没有必要进行大量重复编程。

3．宏程序编程格式

宏程序编程格式为：

O～（0001～9999 为宏程序号）

N10 指令

⋮

N～

M99

上述宏程序内容中，除通常使用的编程指令外，还可以使用变量、算术运算指令及其他控制指令。变量在宏程序调用指令中赋给。

4．宏程序变量

在常规的主程序和子程序内，总是将一个具体的数值赋给一个地址，而用户宏功能的最大特点是可以对变量进行运算，使程序应用更加灵活、方便。

1）变量的表示

变量可以由"#"号加变量程序来表示，如 #1、#12 等；也可以用表达式来表示变量，如 #【19－#3】、#【8＋4/2】等。

2）变量的引用

将跟随在一个地址后的数值用一个变量来代替，即引入了变量。

例如，已知一定义的宏变量 #32＝50、#26＝100 和 #3＝1，若数控系统执行程序段：

G#3 Z－#26 F#32

则实际上执行的是：

G01Z－100F50

小提示：改变引用变量值的符号，要把负号（－）放在 # 的前面，如 Z－#26。

3）变量的类型

变量根据变量号可以分成四种类型，如表 9-10 所示。

表 9-10　变量的类型及功能

变 量 号	变量类型	功　　　能
#0	空变量	该变量总是空，没有值能赋给该变量
#1 至 #33	局部变量	局部变量只能用在宏程序中存储数据，如运算结果。当断电时，局部变量被初始化为空，调用宏程序时，自变量对局部变量赋值
#100 至 #199 #500 至 #999	公共变量	公共变量在不同的宏程序中的意义相同。当断电时，变量 #100 至 #199初始化为空，变量 #500 至 #999 的数据保存，即使断电也不会丢失
#1000	系统变量	系统变量用于读和写 CNC 运行时各种数据的变化，如刀具的当前位置和补偿值

小提示：变量值一定要在所允许的范围内，否则可能会出现报警或者程序不能正常执行的现象。

5．宏程序运算指令

1）赋值运算

例：#I＝100。

2）算术运算

算术运算符有＋（加）、－（减）、＊（乘）、/（除）。

例如：＃I＝＃j＋＃k，＃I＝＃j－＃k，＃I＝＃j＊＃k，＃I＝＃j/＃k。

3）函数运算

常见的函数运算符及其含义如表 9-11 所示。

表 9-11　函数运算符及其含义

运算符	含义	举例	使用说明
SIN［＃j］	正弦	＃I＝SIN［＃j］	角度单位符号为（°）
COS［＃j］	余弦	＃I＝COS［＃j］	
TAN［＃j］	正切	＃I＝TAN［＃j］	
ATAN［＃j］	反正切	＃I＝ATAN［＃j］	
SQRT［＃j］	平方根	＃I＝SQRT［＃j］	
ABS［＃j］	绝对值	＃I＝ABS［＃j］	
ROUND［＃j］	四舍五入化整	＃I＝ROUND［＃j］	ROUND 用于语句中的地址,按各地址的最小设定单位进行四舍五入
FIX［＃j］	下取整	＃I＝FIX［＃j］	取整后的绝对值比原值小为下取整
FUP［＃j］	上取整	＃I＝FUP［＃j］	取整后的绝对值比原值大为上取整
BIN［＃j］	BCD→BIN（二进制）	＃I＝BIN［＃j］	用于与 PMC 的信号交换
BCN［＃j］	BIN→BCD	＃I＝BCN［＃j］	
LN［＃j］	自然对数	＃i＝LN［＃j］	
EXP［＃j］	指数函数	＃i＝EXP［＃j］	

4）逻辑运算

常见的逻辑运算符及其含义如表 9-12 所示。

表 9-12　逻辑运算符及其含义

运算符	含义	举例
OR	或	＃I＝＃J OR ＃k
XOR	异或	＃I＝＃J XOR ＃k
AND	与	＃I＝＃J AND ＃k

说明：逻辑运算逐位地按二进制数执行。

5）关系运算

常见的关系运算符及其含义如表 9-13 所示。

表 9-13 关系运算符及其含义

运 算 符	含 义	举 例
EQ	等于(=)	#j EQ #k
NE	不等于(≠)	#j NE #k
GT	>	#j GT #k
LT	<	#j LT #k
GE	≥	#j GE #k
LE	≤	#j LE #k

6. 宏程序控制指令

1）无条件转移指令（GOTO 语句）

格式：

GOTO n；

使用说明：

(1) n 为顺序号，取值范围为 1～99999。可用表达方式制定顺序号。

(2) 该指令的功能是转移到标有顺序号 n 的程序段。当指定 1～99999 以外的顺序号时，出现 P/S 报警（NO.128）。

2）条件转移指令

格式：

IF ［条件表达式］ GOTO n

使用说明：

(1) 条件表达式按照关系运算部分的举例书写。

(2) 如果条件表达式的条件得以满足，则转而执行程序段号为 n 的相应操作，程序段号 n 可以由变量或表达式替代。

(3) 如果表达式中条件未满足，则顺序执行下一段程序。

(4) 如果程序做无条件转移，则条件部分可以被省略。

例 9-3 试编写宏程序计算数值 1～100 的总和。

程序编写如下：

O9500	程序名
#1=0；	存储和数变量的初值
#2=1；	被加数变量的初值
N10 IF[#2 GT 100]GOTO 20；	当被加数大于 10 时移到 N20
#1=#1+#2；	计算和数
#2=#2+#1；	下一个被加数
GOTO 10；	转到 N10
N20 M30；	程序结束

3）重复执行指令

格式：

WHILE ［条件表达式］DO m(m=1,2,3)

END m

使用说明：

（1）条件表达式满足时，程序段 DO m 至 END m 即重复执行。

（2）条件表达式不满足时，程序转到 END m 后执行。

（3）如果 WHILE[条件表达式]部分被省略，则程序段 DO m 至 END m 之间的部分将一直重复执行。

（4）WHILE DO m 和 END m 必须成对使用。

（5）DO 语句允许有三层嵌套。

（6）DO 语句范围不允许交叉，即如下语句是错误的。

DO 1

DO 2

END 1

END 2

小思考：试用 WHILE[＜条件式＞]DO m 语句写宏程序以计算数值 1～100 的总和。

7. 宏程序的调用指令

宏程序的简单调用是指在主程序中，宏程序可以被单个程序段单独调用。

调用指令格式：

G65　P(宏程序号)　L(重复次数)(变量分配)

使用说明：

（1）G65 为宏程序调用指令。

（2）P(宏程序号)为被调用的宏程序代号。

（3）L(重复次数)为宏程序重复运行的次数，重复次数为 1 时，可省略不写。

（4）(变量分配)为宏程序中使用的变量赋值。

（5）宏程序与子程序相同的一点是，一个宏程序可被另一个宏程序调用，最多可调用四重。

9.4.2　用户宏程序编程实例

1. 实例一

加工如图 9-62 所示的椭圆零件，棒料直径为 68 mm，材料为 45 钢。

编程要点分析：

（1）为便于计算，编程坐标系原点选择在图 9-62(b)所示位置。

（2）毛坯余量较大，应分为粗、精加工。粗加工指令用 G71 指令，用 G70 实现精加工，加工走刀路线为 1—2—3—4—5—6。

（3）刀具选择 75°外圆车刀，安装在 1 号刀位置。

（4）利用宏程序加工，走刀时沿 Z 轴步进，步长选择 0.1，相邻两点用 G01 指令实现，如图 9-62(c)所示。

程序编制：

O0300　　　　　　　　　　　　　　　　程序名

N0010　G98　G21；

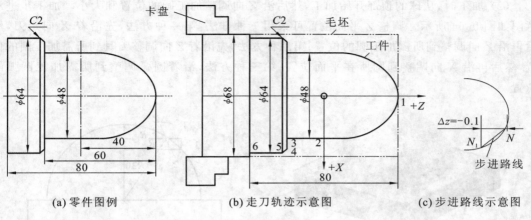

(a) 零件图例   (b) 走刀轨迹示意图   (c) 步进路线示意图

图 9-62   椭圆零件

N0020   M03   S800；

N0030   T0101；

N0040   G00   X68   Z42；   粗加工循环起点

N0050   G71   U1.5   R2   粗加工循环

N0060   G71   P0070   Q0180   U1   W0   F150；

N0070   G01   X0；

N0080   Z40；

N0090   ♯1＝40；   初始化

N0100   WHILE［♯1 GE 0］DO1

N0110   G01   X［6＊SQRT［1600－♯1＊♯1］/5］   Z［♯1］ F150；

N0120   ♯1＝♯1－0.1；

N0130   END1

N0140   G01   Z－20；

N0150   X60；

N0160   X64   Z－22；   倒角 C2 加工

N0170   Z－40；

N0180   X68；

N0190   M03   S1200

N0200   G70   P0070   Q0180   F80；

N0210   G00   X100；

N0220   Z150；

N0230   M30；

2. 实例二

加工图 9-63 所示的半球零件，毛坯为 80 mm×80 mm×45 mm 的方料，材料为 45 钢。

编程要点分析：

(1) 由于球面由 Z 向半径不同的圆构成，因此，加工球面时通常采用分层加工，即先将刀具定位在每一圆所在的 Z 平面，然后刀具在每一层所在的平面内走整圆，这样不断调整 Z 平面位置，就可以加工出整圆，因此可以选择 Z 向距离为宏变量。

（2）加工时,从球的顶部开始加工,然后沿 Z 向调整加工圆的位置和大小。加工步进示意图如图 9-64 所示。调整 Z 平面位置可采用三种方法:第一种方法,先沿着 X 向走刀,然后再沿 Z 向调整到所需加工圆的位置;第二种方法,先沿着 Z 向调整刀具到所需加工圆的位置,然后再沿 X 向调整到圆所在平面位置;第三种方法,沿着圆弧调整到所需加工圆弧的位置。

图 9-63　半球零件

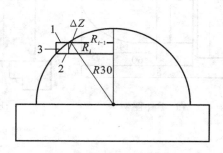

图 9-64　加工步进示意图

（3）刀具选择铣刀,半径为 2 mm。

程序编制:

三种步进路径的宏程序如表 9-14 所示。

表 9-14　三种步进路径的宏程序

路径 1 宏程序	路径 2 宏程序	路径 3 宏程序
G54　G17G90	G54 G17G90	G54　G17G90
M3S450	M3S450	M3S450
#1=0.5	#1=0.5	#1=0.5
G41G0X0.Y0D01	G41G0X0.Y0D01	G41G0X0.Y0D01
WHILE[#1LE30.]DO1	WHILE[#1LE30.]DO1	WHILE[#1LE30.]DO1
#2=30.−#1	#2=30.−#1	#2=30.−#1
#3=SQRT[900.−[#2*#2]]	#3=SQRT[900.−[#2*#2]]	#3=SQRT[900.−[#2*#2]]
GIX−#3F100	GIZ−#1F100	G18G02X−#3Z−#1R30F100
Z−#1	X−#3	
G17G2I#3F100	G17C2I#3F100	G17C2I#3F100
#1=#1+0.5	#1=#1+0.5	#1=#1+0.5
END1	END1	END1
G0Z50.	G0Z50.	G0Z50.
G40G00X0Y0M5	G40G00X0Y0M5	G40G00X0YOM5
M30	M30	M30

小思考:试分析以上三种路径的优劣。

9.5 自动编程

9.5.1 自动编程概述

自动编程是指用计算机编制数控加工程序的过程。自动编程的优点是效率高、程序错误少。自动编程由计算机代替人完成复杂的坐标计算和书写程序单的工作,它可以解决许多手工编程无法完成的复杂零件编程难题,但其缺点是必须具备自动编程系统或自动编程软件。自动编程较适合形状复杂零件的加工程序编制,如模具加工、多轴联动加工等场合。

CAD/CAM 软件编程加工过程为:图样分析、零件分析、三维造型、生成加工刀具轨迹;后置处理生成加工程序、程序校验、程序传输并进行加工。

9.5.2 常见图形交互式自动编程软件简介

1. UG

UG(Unigraphics)起源于麦道飞机制造公司,是由 EDS 公司开发的集成化 CAD、CAE、CAM 系统,是当前国际、国内最为流行的工业设计平台。其庞大的模块群为企业提供了从产品设计、产品分析、加工装配、检验到过程管理、虚拟动作等全系列的支持,其主要模块有数控造型、数控加工、产品装配等通用模块和计算机辅助工业设计、钣金设计加工、模具设计加工、管路设计布局等。该软件的容量较大,对计算机的硬件配置要求也较高,所以早期版本在我国使用不太广泛,但随着计算机配置的不断升级,该软件在国际、国内的 CAD、CAE、CAM 市场上已占有了很大的份额。

2. Pro/Engineer

Pro/Engineer 是由美国 PTC(参数科技公司)于 1989 年开发的,它开创了三维 CAD、CAM 参数化的先河,采用单一数据库的设计,是基于特征、全参数、全相关性的 CAD、CAE、CAM 系统。它包含零件造型、产品装配、数控加工、模具开发、钣金件设计、外形设计、逆向工程、机构模拟、应力分析等功能模块,因而广泛应用于机械、汽车、模具、工业设计、航天、家电、玩具等行业,在国内外尤其是制造业发达的地区有着庞大的用户群。

3. SolidWorks

SolidWorks 是一个在微机平台上运行的通用设计的 CAD 软件,它具有高效、方便的计算机辅助,有极强的图形格式转换功能,几乎所有的 CAD、CAE、CAM 软件都可以与 SolidWorks 软件进行数据转换,美中不足的是其数控加工功能不够强大而且操作较烦琐,所以该软件常作为数控自动化编程中的造型软件,再将造型完成的三维实体通过数据转换到 UG、Mastercam、Cimatron 软件中进行自动化编程。

4. Mastercam

Mastercam 是由美国 CNC Software 公司推出的基于 PC 平台,集二维绘图、三维曲面设计、体素拼合、数控编程、刀具路径模拟及真实感模拟为一身的 CAD、CAM 软件,该软件在复杂曲面的生成与加工方面具有独到的优势,但其零件设计、模具设计功能不强。该软件由于对运行环境要求较低、操作灵活且易掌握、价格便宜,因此受到我国中小数控企业的欢迎。

5. Cimatron

Cimatron 系统是以色列的 Cimatron 公司提供的一套集成 CAD、CAE、CAM 的专业软件,具有模具设计、三维造型、生成工程图、数控加工等功能。该软件在我国数控加工方面得到了广泛的使用。

6. CAXA 制造工程师

CAXA 制造工程师是我国北航海尔软件有限公司研制开发的全中文、面向数控铣床与加工中心的三维 CAD、CAM 软件,它既具有线框造型、曲面造型和实体造型的设计功能,又具有生成二至五轴的加工代码的数控加工功能,可用于加工具有复杂三维曲面的零件。该软件由我国自行研发,采用了全中文的操作界面,学习与操作都很方便,而且价格也比较低。另外,CAXA 系列软件中的"CAXE 线切割"也是一款方便、实用的线切割自动编程软件。

9.5.3 基于 UG NX 软件的自动编程实例

编制如图 9-65 所示手机外壳零件的数控加工程序。

图 9-65 手机外壳零件图

1. 零件几何建模

限于篇幅,零件几何建模过程此处从略,设置零件几何模型名称为 xijg.prt。

2. 加工方案与加工参数的合理选择

1) 工艺分析

对建好的手机外壳零件几何模型进行分析,可知该零件的主要特征为该零件的顶面是曲面,侧面是倾斜程度高的曲面,底面是平面。零件模型的尺寸为 $170 \times 80 \times 19.5$,有一个带有曲面和圆角的凸台,因此选择工件的毛坯尺寸为 $170 \times 80 \times 20$。

2) 确定加工工艺

(1) 编程坐标原点系设定在上表面中心,便于对刀。

(2) 通过工艺分析可知该零件有余量,因此首先采用大直径的刀具对整个模型进行粗加工,然后采用小直径的刀具分别对各个特征部位进行半精加工和精加工。

(3) 加工方案的确定。由于零件顶面不规则,因此首先采用型腔铣加工方法对整个零件进行粗加工,然后采用等高轮廓铣对零件侧壁进行精加工,再采用平面铣对底面进行精加工,最后采用固定轴曲面铣对手机外壳顶面进行精加工。

(4) 每个工步的加工方法、刀具参数、公差余量等加工参数见表 9-15。

表 9-15　加工工步安排

工　步	程 序 名	加工方法	刀　具	加工余量	主轴转速/（r/min）	进给速度/（mm/min）
粗加工	CAVITY_MILL	型腔铣	D12R1	0.5	2 200	250
侧面精加工	ZLEVEL_PROFILE	等高轮廓铣	D10R0	0	2 000	400
底面精加工	PLANAR_MILL	平面铣	D5R0	0	2 200	1 800
顶面精加工	FIXED_CONTOUR	固定轴曲面铣	B10R5	0	3 200	2 000

3. 加工准备

加工准备主要包括毛坯的创建、加工环境的设置、坐标系的建立、安全高度和几何体的设置、刀具的创建等。

1）毛坯的创建

打开 UG NX7，单击标准工具框中的"打开"按钮，在"打开"对话框中选择已建立的零件模型文件 xijg. prt，单击"OK"按钮，进入建模环境。

（1）分析零件的顶面与底座的底面之间的最大距离，执行"分析"→"偏差"→"检查"命令，弹出"偏差检查"对话框，如图 9-66（a）所示，在"类型"下拉列表框中选择"面至面"选项。在图形区选择零件的顶面及底座的底面，单击"检查"按钮，打开"信息"窗口，如图 9-66（b）所示。

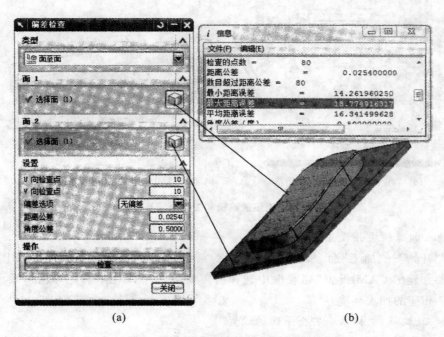

(a)　　　　　　　　　　　　　　　(b)

图 9-66　"偏差检查"对话框和"信息"窗口

从分析结果中可以看出"最大距离误差"为 18.774916317，那么创建的毛坯高度应该大于该值。

（2）在"特征"工具栏上单击按钮，选择零件模型的底面四条边为拉伸截面，设置"开始"

距离为 0，"结束"距离为 20，"布尔"选项为"无"，其余按默认设置，单击"确定"按钮完成拉伸操作，毛坯创建如图 9-67 所示。

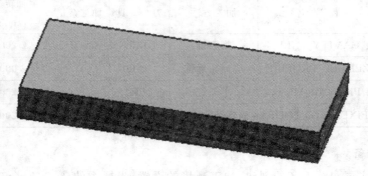

图 9-67 毛坯创建

（3）选取上一步拉伸的实体，执行"编辑"→"对象显示"命令，弹出"编辑对象显示"对话框，如图 9-68(a)所示。设置模型的颜色为绿色，拖动"透明度"滑块至 70 处，单击"确定"按钮，完成毛坯模具的创建和编辑。为了方便后续加工程序编制中加工坐标系的创建以及安全平面的设置，将工件坐标系的原点放在毛坯的顶面，如图 9-68(b)所示。

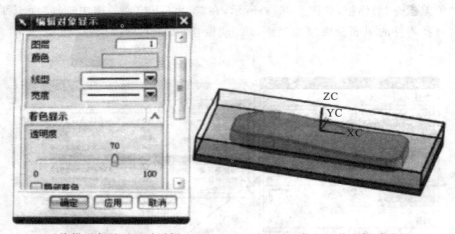

(a) "编辑对象显示"对话框 　　(b) 毛坯透明化和工件坐标系设置

图 9-68 毛坯的编辑和工件坐标系设置

2）进入加工模块并设置加工环境

执行"开始"→"加工"命令，进入加工模块，系统弹出"加工环境"对话框，如图 9-69 所示。在"要创建的 CAM 设置"列表框中选择所需要的选项，单击"确定"按钮，系统即启用 UG NX 7 相应的加工环境。

3）加工（编程）坐标系和安全平面的设置

单击"导航器"工具栏中的"几何视图"按钮，由操作导航器切换到几何视图。在"操作导航器"窗口中选择 MCS_Mill 节点，右击，并执行"编辑"命令，或者双击 MCS_Mill 节点，弹出"Mill Orient"对话框，如图 9-70 所示。在"Mill Orient"对话框的"间隙"下拉列表框中选择"平面"选项，然后单击下面的"指定安全平面"按钮，弹出"平面构造器"对话框，选取毛坯模型的上表面，在"偏置"文本框中输入 10，即设置的安全平面位于毛坯模型表面上方 10 mm

处,单击"确定"按钮,回到"Mill Orient"对话框。其余各项采用默认设置,单击"确定"按钮,完成坐标系和安全平面的设置,如图 9-71 所示。

图 9-69　"加工环境"对话框　　　　　图 9-70　"Mill Orient"对话框

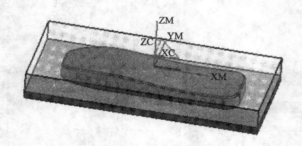

图 9-71　加工坐标系和安全平面的设置结果

4) 几何体的创建

在"操作导航器"窗口中选择 WORKPIECE 节点,右击,执行"编辑"命令,或者双击 WORKPIECE 节点,弹出"铣削几何体"对话框,如图 9-72 所示。在该对话框中单击"指定部件"右侧的 按钮,弹出"部件几何体"对话框,选择零件模型,单击"确定"按钮,回到"铣削几何体"对话框。单击"铣削几何体"对话框中的"指定毛坯"右侧的 按钮,弹出"毛坯几何体"对话框,选择前面创建的毛坯模型,单击"确定"按钮,完成毛坯几何体的选择,回到"铣削几何体"对话框。单击"铣削几何体"对话框下方的"确定"按钮,完成所有几何体的创建。选择绘图区的毛坯模型并将其隐藏。

5) 创建刀具

单击工具栏中 按钮或者单击"插入"工具栏中的"创建刀具"按钮,弹出如图 9-73(a) 所示的"创建刀具"对话框。在"类型"下拉列表框中选择 mill_contour 选项,刀具子类型选择 MILL,在"名称"文本框中输入 D12R1,单击"应用"或者"确定"按钮,弹出如图 9-73(b)所示的"铣刀-5 参数"对话框。按图 9-73(b)所示设置刀具参数,设置后单击"确定"按钮,完成刀具的创建。

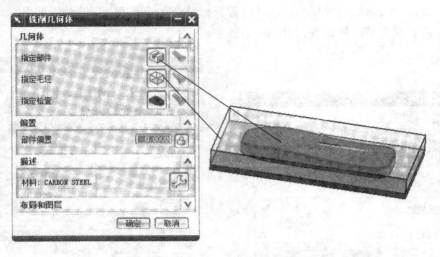

图 9-72 "铣削几何体"对话框

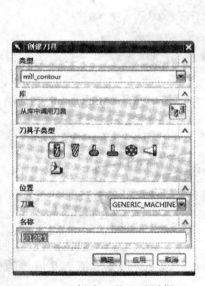

(a) "创建刀具"对话框

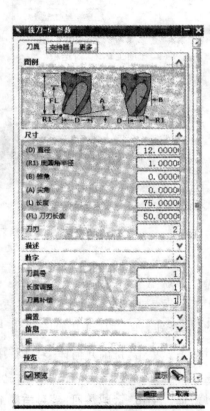

(b) 刀具的参数设置对话框

图 9-73 刀具创建

按照上述步骤,依次创建刀具 D10R0、D5R0,部分参数设置见表 9-15,其余参数默认。在"创建刀具"对话框中,"刀具子类型"选择 BALL_MILL,创建球铣刀 B10R5 用于零件顶面的曲面加工,部分参数设置见表 9-16,其余参数默认。

表 9-16　刀具参数设置

刀具类型	刀具名称	刀具直径	底圆角半径	刀具号	长度调整	刀具补偿
MILL	D12R1	12	1	1	1	1
MILL	D10R0	10	0	2	2	2
MILL	D5R0	5	0	3	3	3
BALL_MILL	B10R5	10	5	4	4	4

4. 创建加工操作

1）创建粗加工操作

（1）在"插入"工具栏中单击"创建操作"按钮 ，弹出"创建操作"对话框，如图 9-74（a）所示。在"类型"下拉列表框中选择 mill_contour 选项。在"操作子类型"选项组中单击"型腔铣"按钮 ，参数设置如图 9-74（b）所示，设置完成后单击"确定"按钮，弹出"型腔铣"对话框，如图 9-75 所示。

（a）"创建操作"对话框　　　　（b）参数设置

图 9-74　"创建操作"对话框参数设置

（2）在"型腔铣"对话框中选择"切削模式"下拉列表框中的"跟随部件"选项，部分参数设置如图 9-75 所示，其余参数默认。

（3）单击"确定"按钮，回到"型腔铣"对话框。

（4）在"型腔铣"对话框中单击底部的"生成"按钮 ，系统开始计算刀具路径。计算完成后，生成的粗加工刀位轨迹如图 9-76 所示。

（5）仿真粗加工的刀位轨迹。单击"型腔铣"对话框底部的"确认"按钮 ，弹出"刀轨可视化"对话框。选择"2D 动态"选项卡，单击播放控制按钮 中的"播放"

313

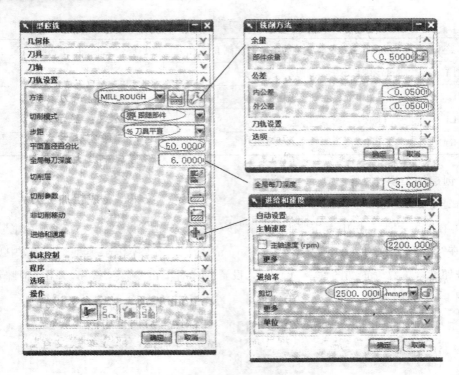

图 9-75　"型腔铣"对话框参数设置

按钮 ▶ ,系统会以三维实体的方式进行切削仿真,通过仿真过程可以查看刀位轨迹是否正确,仿真结果如图 9-77 所示。

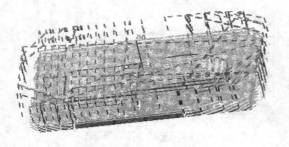

图 9-76　粗加工刀位轨迹

图 9-77　粗加工仿真结果

提示:

①"创建操作"对话框中"位置"下的"程序"选项中的 NC_PROGRAM 和 PRO_GRAM 选项,其作用相当于文件夹。

②"2D 动态"切削和"3D 动态"切削的区别如下。

"3D 动态"切削方式:在图形窗口中动态显示刀具的切削过程,显示移动的刀具和刀柄沿刀具路径切除工件材料的过程。它允许在图形窗口中放大、缩小、移动等显示刀具切削的过程。

"2D 动态"切削方式:显示刀具沿刀具路径切除工件材料的过程,它以三维实体方式仿真刀具的切削过程,但不允许在图形窗口中放大、缩小、移动等显示刀具切削的过程。

(6)单击"确定"按钮,完成粗加工刀具轨迹的仿真操作。

2）创建侧面精加工操作

（1）在"插入"工具栏中单击"创建操作"按钮 ，弹出"创建操作"对话框。在"类型"下拉列表框中选择 mill_contour 选项，其余参数设置如图 9-78 所示。单击"创建操作"对话框中的"确定"按钮，弹出"深度加工轮廓"对话框，部分参数设置如图 9-79 所示，其余参数使用默认设置。

图 9-78 "创建操作"对话框参数设置

（2）在图形区选取模型的所有侧面，选取结束后单击"确定"按钮，回到"深度加工轮廓"对话框。

（3）在"深度加工轮廓"对话框中单击"非切削移动"按钮 ，系统弹出"非切削移动"对话框。选择"传递/快速"选项卡，在"传递类型"下拉列表框中选择"前一平面"选项，其余参数按默认设置，如图 9-80 所示。单击"确定"按钮，回到"深度加工轮廓"对话框。

（4）在"深度加工轮廓"对话框中单击"生成"按钮 ，系统开始计算刀具路径。计算完成后，生成的侧面精加工刀位轨迹如图 9-81 所示。

（5）仿真精加工刀位轨迹。单击"深度加工轮廓"对话框底部的"确认"按钮 ，弹出"刀轨可视化"对话框。选择"2D 动态"选项卡，单击"播放"按钮，系统会以三维实体的方式进行切削仿真，通过仿真过程可查看刀位轨迹是否正确，仿真结果如图 9-82 所示。

（6）单击"确定"按钮，完成侧面精加工刀具轨迹的仿真操作。

3）创建底座顶面精加工操作

（1）在"插入"工具栏中单击"创建操作"按钮 ，弹出"创建操作"对话框。在"类型"下拉列表框中选择 mill_planar 选项，在"操作子类型"选项组中单击"平面铣"按钮 ，其余参

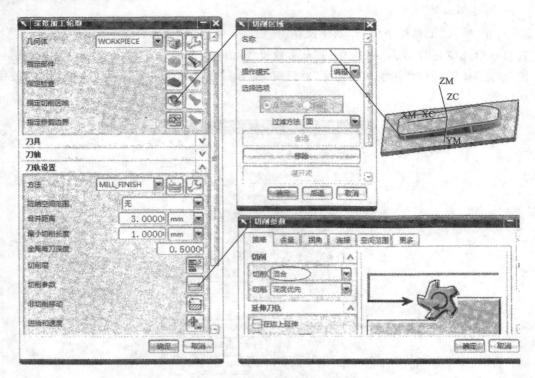

图 9-79 "深度加工轮廓"对话框及参数设置

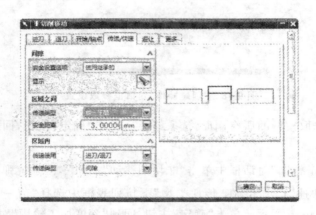

图 9-80 "非切削移动"对话框

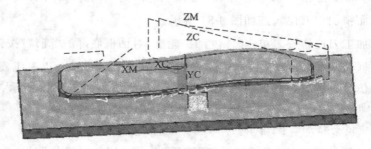

图 9-81 侧面精加工刀位轨迹

图 9-82　侧面精加工仿真结果

数设置如图 9-83 所示。单击"确定"按钮,弹出"平面铣"对话框,如图 9-84 所示。

图 9-83　"创建操作"对话框参数设置

图 9-84　"平面铣"对话框

（2）展开"几何体"选项组,单击"选择或编辑部件边界"按钮 ,弹出如图 9-85 所示的"边界几何体"对话框。

（3）在"边界几何体"对话框中的"模式"下拉列表框中选择"曲线/边"选项,弹出"创建边界"对话框（见图 9-86）,并设置相关参数,选择凸起部分的下边缘为边界 1,如图 9-87 所示。

图 9-85　"边界几何体"对话框

图 9-86　"创建边界"对话框

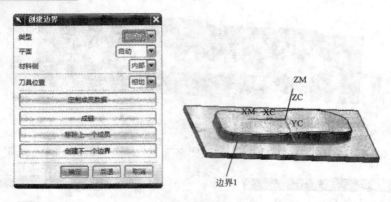

图 9-87　创建边界 1

（4）在"创建边界"对话框中单击"创建下一个边界"按钮,并设置参数,选择底板的上边缘为边界 2,如图 9-88 所示。

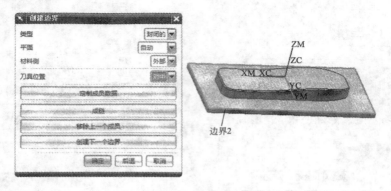

图 9-88　创建边界 2

（5）单击"确定"按钮回到"平面铣"对话框,单击"指定底面"按钮,弹出如图 9-89 所示的"平面构造器"对话框,在图形区选取底座的顶面。

（6）单击"确定"按钮,回到"平面铣"对话框,其余参数全部采用默认设置。在"平面铣"对话框中单击"生成"按钮,系统开始计算刀具路径。计算完成后,生成的刀位轨迹如图 9-90 所示。

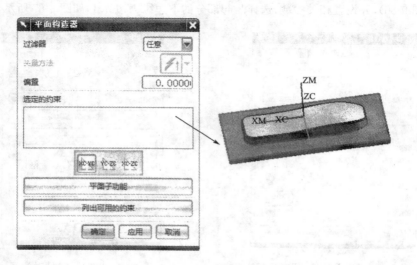

图 9-89　"平面构造器"对话框

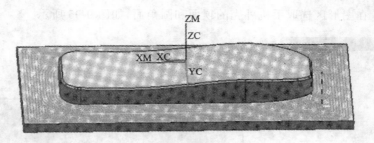

图 9-90 手机外壳底座顶面精加工刀位轨迹

（7）仿真精加工。单击"平面铣"对话框底部的"确认"按钮，弹出"刀轨可视化"对话框，选择"2D 动态"选项卡，单击"播放"按钮进行仿真，仿真结果如图 9-91 所示。

图 9-91 手机外壳底座顶面精加工仿真结果

（8）单击"确定"按钮，完成侧面精加工刀具轨迹的仿真操作。

4）创建手机外壳顶面精加工操作

（1）在"插入"工具栏中单击"创建操作"按钮，弹出"创建操作"对话框。在"类型"下拉列表框选择 mill_contour 选项。在"操作子类型"选项组中单击"固定轮廓铣"按钮。其余参数设置如图 9-92 所示。单击"确定"按钮，弹出"固定轮廓铣"对话框，如图 9-93 所示。

图 9-92 "创建操作"对话框参数设置

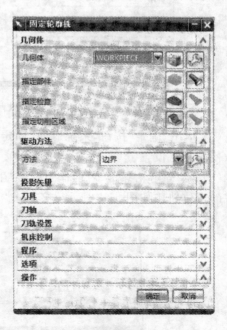

图 9-93 "固定轮廓铣"对话框

（2）展开"几何体"选项组，单击"指定切削区域"按钮，系统弹出如图 9-94 所示的"切削区域"对话框。在图形区选取手机外壳的顶面和圆角面,如图 9-95 所示。

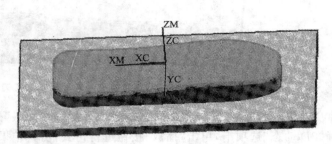

图 9-94　"切削区域"对话框　　　　图 9-95　选取手机外壳的顶面和圆角面

（3）单击"确定"按钮,系统返回"固定轮廓铣"对话框,完成切削区域的选择。

（4）在"驱动方法"选项组"方法"下拉列表框中选择"区域铣削"选项,单击"编辑"按钮 ,系统弹出"区域铣削驱动方法"对话框,部分参数设置如图 9-96 所示,其余参数使用默认设置。

图 9-96　"区域铣削驱动方法"对话框参数设置

（5）单击"确定"按钮,系统返回"固定轮廓铣"对话框。在"固定轮廓铣"对话框中其余参数使用默认设置。

（6）在"固定轮廓铣"对话框中单击"生成"按钮,系统开始计算刀具路径。计算完成后,生成的刀位轨迹如图 9-97 所示。

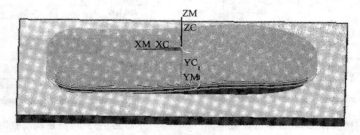

图 9-97　手机外壳顶面精加工的刀位轨迹

（7）仿真精加工的刀位轨迹。单击"固定轮廓铣"对话框底部的"确认"按钮，弹出"刀轨可视化"对话框，选择"2D 动态"选项卡，单击下面的"播放"按钮进行切削仿真，仿真结果如图 9-98 所示。

图 9-98　手机外壳顶部精加工的仿真结果

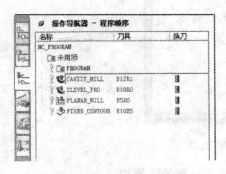

图 9-99　"程序顺序"视图

（8）单击"确定"按钮，完成侧面精加工刀具轨迹的仿真操作。至此所有的刀位轨迹全部创建完毕。

5．NC 程序的生成

（1）在显示资源条中单击"操作导航器"按钮 ，系统打开"操作导航器"窗口。单击"操作导航器"下面的按钮 ，"操作导航器"窗口显示为"程序顺序"视图，如图 9-99 所示。

（2）在操作导航器"程序顺序"视图中 NC_PROGRAM 节点下面显示已经创建好的四个加工操作。

（3）右击"CAVITY_MILL"，弹出快捷菜单，执行"后处理"命令，系统弹出如图 9-100 所示的"后处理"对话框。

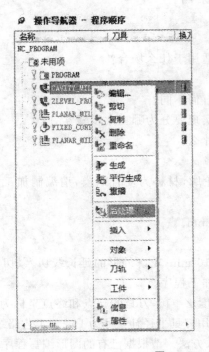

图 9-100　"后处理"对话框

（4）在"后处理器"列表中选择 MILL_3_AXIS 选项。在"输出文件"选项组中单击 按钮，浏览查找一个输出文件，指定输出文件的放置位置和名称后，单击"确定"按钮，系统计算一段时间后，打开后处理程序"信息"窗口，该窗口文件显示的即为数控加工程序，如图 9-101 所示。

图 9-101 后处理程序"信息"窗口

（5）按照步骤（3）和步骤（4）可依次创建其余三个加工操作的数控程序。

提示：上述实例利用 UG NX 自带的处理器转化成数控程序可以适用 FANUC-0i 系统，如需要转化成适用其他类型数控系统的数控程序，可采用后处理构造器构造自己的后处理器。

思考与练习

9-1 简述数控编程的内容和步骤。

9-2 数控加工程序编制方法有哪些？它们分别适用于什么场合？

9-3 如何确定数控机床坐标系和运动方向？

9-4 机床坐标系和工件坐标系是如何建立的？有何不同？

9-5 为什么要进行刀具轨迹补偿？刀具补偿的实现要分为哪三大步骤？

9-6 什么是刀具长度补偿？长度补偿的作用是什么？

9-7 试编制图 9-102 所示各零件的数控加工程序。

9-8 在数控铣床上加工图 9-103 所示零件的外轮廓，材料为复合蜡模，请编制加工程序，刀具直径为 12 mm。

9-9 某零件的外轮廓如图 9-104 所示，厚度为 6 mm。

刀具：直径为 12 mm 的立铣刀。

进刀、退刀方式：安全平面距离零件上表面 10 mm，轮廓外形的延长线切入、切出。

要求：利用刀具半径补偿功能，手工编制精加工程序。

9-10 已知零件的外轮廓如图 9-105 所示，切削深度 $Z=10$，刀具的起点和终点坐标为（0,30），精铣其轮廓。采用 10 mm 的立铣刀。要求用刀具半径补偿号为 D02。工艺路线走刀方向如图 9-105 箭头所示。采用绝对坐标输入方法。请根据已有的图形编写程序。

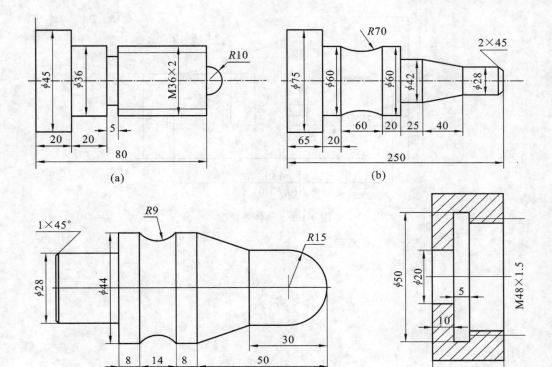

图 9-102 零件

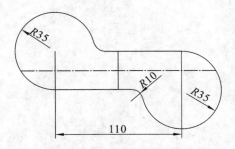

图 9-103 零件的外轮廓

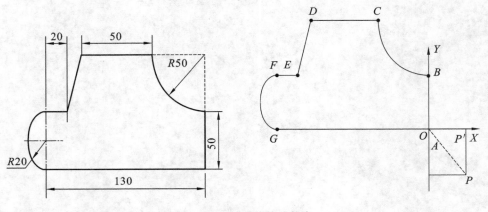

图 9-104 某零件的外轮廓

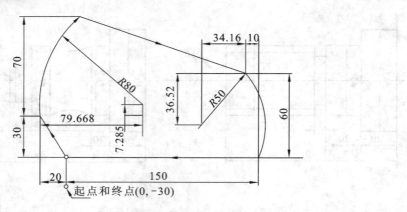

图 9-105 零件外轮廓

参 考 文 献

[1] 唐友亮,佘勃.数控技术[M].北京:北京大学出版社,2013.

[2] 吴瑞明.数控技术[M].北京:北京大学出版社,2012.

[3] 刘军.数控技术及应用[M].北京:北京大学出版社,2013.

[4] 陈俊龙.数控技术与数控机床[M].2版.杭州:浙江大学出版社,2007.

[5] 朱晓春.数控技术[M].2版.北京:机械工业出版社,2011.

[6] 田春霞.数控加工工艺[M].北京:机械工业出版社,2011.

[7] 王爱玲.数控机床故障诊断与维修[M].2版.北京:机械工业出版社,2013.

[8] 张平亮.数控机床原理、结构与维修[M].北京:机械工业出版社,2010.

[9] 吴明友,程国标.数控机床与编程[M].武汉:华中科技大学出版社,2013.

[10] 李雪梅,王斌武.数控机床[M].2版.北京:电子工业出版社,2010.

[11] 严峻.数控机床入门技术基础[M].北京:机械工业出版社,2011.

[12] 周利平.数控装备设计[M].重庆:重庆大学出版社,2011.

[13] 刘鹏玉.数控车床编程100例[M].北京:机械工业出版社,2012.

应用型本科机电类专业"十三五"规划精品教材

华中出版

超越传统出版　影响未来文化

全国免费服务热线：400-6679-118

策划编辑：康序

E - mail ： hustpeiit@163.com

责任编辑：张琼

封面设计：原色设计

ISBN 978-7-5680-1855-5

9 787568 018555 >

定价:45.00元